数Ⅲ方式ガロアの理論

アイデアの変遷を追って

矢ヶ部　巌

現代数学社

は　し　が　き

活きてる数学を，死んだ教科書で封じ込めちゃ，助からない——この本を貫くスローガンである．

「建築が落成した後に足場が残るようでは見っともない」と，ガウスはいう．積極的に足場を見せ，どのように建築されたかを再現しよう，というのが，この本の立脚点なのである．

この本の内容は，雑誌『現代数学』で連載したものに筆を加え，新しく二つの話題を付け加えたものである．この連載は，九州大学における《一般数学》の講義が基となっている．だから，予備知識としては，高校の数学IIまでしか，仮定していない．

代数方程式に関する，ガロアの理論を主題とする．ガロアは，どのようにして彼の理論を建設したのか——それを演出してみよう，というものである．

3次方程式・4次方程式の根の公式にさかのぼり，ラグランジュの思想へと到達する．そこから，ルフィニ＝アーベルの結果，すなわち，「5次以上の方程式には，代数的解法による，根の公式は存在しない」という歴史的な業績へと導かれる．

根の公式は存在しないが，具体的に係数を与えると，代数的に解けるものはある．そこで，複素係数方程式の代数的可解性を，どのように判定するか，が問題となる．その判定法を，ガロアは達成する．それが，ガロアの理論である．

ガロアの理論は，彼以前の方程式論の集大成の上に立つもので，とくに，ラグランジュの理論の類比として得られること，を明らかにする．

ガロアの理論は，デデキントの手を経て，現在の「ガロア理論」へと成長する．その様を，最後の話題として，取り上げている．

可能な限り，原典にあたっている．それらの論文には「足場」は残されていない．演出者が代われば，別のドラマが展開されよう．著者の意図が，どの程度まで成功しているかは，大方の批判を待つしかない．

現代数学社の方々には，大変にお世話になった．心から，お礼を申し述べたい．

1976年1月

矢ヶ部　巌

復刊に際して

復刊や復刻は著者没後のものばかりと思い込んでいたので，いささか戸惑いました．もっとも，体調を崩しレイム・ダック状態の身なので，状況は同じといえるかも知れません．

自著を読み返すという習慣は，私にはありません．何年ぶり，いや何十年ぶりに取り出すと，カバーのガロアに睨まれました．

重たいですね．計ってみました．暑さ約2.5センチ，重さ約700グラム．よくぞ書いたものです．若気の至りでしょうか．

「はしがき」で触れたように，雑誌『現代数学』に連載，加筆して出来上がっています．連載期間は一年ということで出発しましたが，延びに延びて二年数ヶ月にも及びます．

連載にあたって，文体は対話形式と決めていました．教科書風には絶対にしたくなかったので．また，これだと一つの事柄を種々の面から考察するのに適当だから．

登場人物は ——二人だと単調な質疑応答に落ち入りやすく，四人以上だと複雑でこなしきれません．三人に絞ります．

登場人物の名前は

小川三四郎・佐々木与次郎・広田先生．

夏目漱石『三四郎』から拝借しました．小川君と佐々木君は小説では大学一年．そこに魅せられます．

この連載は楽しかったですね．毎回，楽しみました．一人三役の会話は考えるだけで楽しく，うまく運んだ時などは最高です．資料の調査は，一般には知られていない事実に打ち当る喜びがあり，それを記事にする楽しみがあります．

復刊の話は，実は，一昨年にもありました．四十数年前に書いたもので，現在の読者には受け入れられないだろうから，と辞退しました．二度目の今回はお受けしました．私の心配は解消してなかったのですが，八十も半ばになると，丸くなるもの．

今は，私の心配は杞憂に過ぎないことを祈るのみ．

平成28年 早緑月　著者識

目　次

第1章　ガロアの遺書を読む

天正10年（1582年）6月2日は本能寺の変で，
1832年6月2日はガロア葬儀の日である．
そこで，彼の遺書をひもとく事とする．

ヘンな絵だナ．誰がかいたの，叔父さん――引っ越しの手伝いに来ている，与次郎である．静かだと思ったら，油を売っている．

広田　どれどれ，ここにサインがあるだろう．

佐々木　それはワカッてる．でも，読めない．

広田　EV. GALOIS――ガロア．

佐々木　ガロアって，誰だい？

広田　20歳で死んだ，数学者．

佐々木　若いね．

広田　不滅の業績を残した，天才だ．

佐々木　僕と，三つしか違わない！

広田　この間，鹿児島大学へ行った．学生食堂がある．その名前を公募したそうだ．その結果「軽食堂ガロア」となっている．

鹿児島大学　軽食堂「ガロア」

学生活動家としても，有名なのだ．数学に通じない者も，ガロアだけは知っている．

佐々木　もっと詳しく話してくれよ．

広田　1811年10月25日，パリ郊外のブール・ラ・レーヌという村で生れた．

1811年といえば，江戸時代も後期だな．

佐々木　翌年の1812年は，ナポレオンがロシヤ遠征に失敗した年だね．

広田　1815年には，座頭の高利貸禁止令が出ている．

佐々木　「必殺仕掛人」時代だね．

広田　お父さんは，そこの村長をした事もある教養人だ．お母さんも，有名な法律家の家柄の出身だ．独創的で探求心のはげしい，つよい性格の人だった――と，いわれている．

ガロアの性格の一部は，この母親から受けついだものらしい．

しかし，父方にも母方にも，数学方面にすぐれた人物がいたという記録は，ないそうだ．

佐々木　突然変異だね．何時頃から，数学的才能を発揮し出したの．

広田　1823年に，パリのルイ・ル・グランという中学校に入学している．ヴィクトル・ユーゴーも，この中学の出身だ．

この時から，ガロアにとって初めての，学校生活が始まる．それまでは，お母さんの教育を受けていた.

1823年といえば…

佐々木 アメリカが，モンロー主義を宣言した年だね.

広田 シーボルトが来日した年でもある.

佐々木 入学して，どうなったの.

広田 退屈だったらしい．落第している.

佐々木 落第!?

広田 落第した学年で，初めて数学を聴講する.

佐々木 必修じゃ，ないのか.

広田 これが，天才数学者の誕生へとつながるから，人生は面白い.

佐々木 落第も悪くない!

広田 その時の教科書が，また，良かった．ルジャンドルという，一流数学者の書いた「幾何学原論」という本だ.

ガロアは，この本のトリコとなる.

よくできる生徒でも，ルジャンドルをマスターするには，ふつう2年はかかったそうだ．ガロアは，捕物帖でも読むように，一気に通読している.

佐々木 数学の魚が，水を得た.

広田 1827年――小林一茶が他界し，頼山陽が「日本外史」をあらわした年――の事だ.

佐々木 そこのけ，そこのけ，ガロアが通る.

広田 ラグランジュとか，アーベルとかいった，当時の一流数学者の専門書や論文にまでも，手をのばし始める．1828年には，「循環連分数に関する一定理の証明」という処女論文を，数学の雑誌に発表している.

佐々木 それじゃ，数学の成績も満点だね.

広田 ところが，そうではない．中位だった.

佐々木 オカシイな.

広田 学校の成績評価とは，そういうものだ．天才を計る事は出来ない.

佐々木 僕の成績も，計れない.

広田 ガロアにとって，学校の授業はツマラなかった，らしい．教師や試験官に対して，わかりきった事をクドクドと説明するのは，ニガテだったようだ.

ラグランジュ

アーベル

リシャールという数学の先生だけが，ガロアの理解者だったようだ．

佐々木　それじゃ，今なら，大学の入学試験も危いね．

広田　その通り．事実，高等理工科学校を二度受験して，二度とも失敗している．

佐々木　どんな学校？

広田　さしずめ，フランスの有名大学と，いったところだ．モンジュという数学者の建言で，世界最高の科学・数学教育をするために，1794年に設立されたと，伝えられている．

ラグランジュも，ここで教えていた事がある．コーシーという偉い数学者も，この学校の出身で，卒業してから，ここで教えている．

佐々木　二浪のあとは？

広田　あきらめて，高等師範学校に入る．

この頃——1829年7月2日に，お父さんの自殺という，不幸に見舞われている．

佐々木　どうして，自殺なんかしたの．

広田　さっきも話したように，ブール・ラ・レーヌ村の村長をしていた．専制政治の下で，忠実に職務を果していた．が，僧侶に対しては村民の味方で，後楯となっていた．

そこで，僧侶たちの反対に会い，選挙運動にからんで，卑劣な中傷を受けた．ひどく傷つけられたのが，原因らしい．

佐々木　お母さんは？

広田　1872年，84の歳まで生きている．

佐々木　昔から，女性の方が長生きだね．

広田　1830年には，いわゆる，7月革命が起こる．これが，革命児ガロアを生む，直接の切っ掛けとなる．

共和主義の側に立ち，過激運動へと走る．

佐々木　それからは…

広田　それからは，放校·逮捕·再逮捕．そして，1832年5月29日に，仮釈放されたのが，最後となる．

佐々木　最後って？

広田　5月30日の早朝，決闘にたおれる．

佐々木　どうして，決闘なんかしたの．

広田　真相は，よくは，わからない．

死を予感したのか，5月29日の夜に，三通の手紙を書いている．2名の共和主義者の友人あてのもの，共和主義者全体へのアピール，そして友人のシュヴァリエあてのものと．

第一の手紙の中で，決闘を誰にも知らさない約束をしている事，恋愛事件が原因となっている事——を，したためている．

しかし，『ガロアの生涯』という伝記の作者，インフェルト氏の説では，警察の挑発となっている．

佐々木　歴史は，時間とともに，限りなく，その意味を変えるものだ．

広田　決闘の後，介添え人もなく，ひとりで路上に横たわっているのを発見される．コシン病院で，弟にみとられながら，31日午前10時に，息を引きとる．

佐々木　1832年——頼山陽他界の年だね．

広田　6月2日に，ガロアの葬儀が行われた．3000名もの共和主義者が参列して，モンパルナスの共同墓地に埋葬される．今では，そのあとはないそうだ．

佐々木　だから，彼の墓が何処にあったのかは，さだかでない．

広田　これが，ガロアのすべて——だ．

佐々木　それにしても，よく知ってるし，よく憶えてるね．さすが，歴史学者だね．

広田　叔父さんは，旧制高校時代に，数学の教師から初めて聞いた．それ以来，ヤミツキになった．

ガロアについての文献も集めた．この本(注)もその一つだ．

佐々木　さっきの遺書も載ってるの？

広田　無論．中学時代にリシャール先生に教わった，初等幾何の証明まで収録してある．シュヴァアリエへの手紙は，173頁から始まる．

佐々木　数学者の遺書って，どんな事が書いてあるのかな．なんだかゾクゾクする．

叔父さん，ホンヤクしてくれよ．

広田　そうだナ．あらかた片付いたし，一息いれるか．

オーギュスト・シュヴァリエへの手紙

1832年5月29日，パリにて

親愛なる友よ．

僕は，解析の分野で，新しい結果を得た．

方程式論に関するものと，積分関数に関するものとだ．

方程式論では，方程式が累乗根で解けるための条件を追求した：そのためにこの理論を深く研究し，方程式が累乗根では解けない場合にも適用できる変換を，全部かきあげる事となった．

これらの結果は，三つの論文に，まとめられる．

第一の論文は，できあがっている．ポアソンが文句をつけたが，訂正して保存してある．

第二の論文は，方程式論への面白い応用を含んでいる．特に重要な結果を抜粋しておく：

1°　第一論文の命題 II と III によれば，方程式に，その補助方程式の根を一つ添加する場合と，全部を添加する場合とでは，大変な違いがある．

このような添加をする時，どの場合にも，方程式の群は，同じ置換によって互いに移りあう組へと，分解される．しかし，これらの組が同じ置換を持つという条件は，第二の場合にしか成立しない．これを，固有分解と呼ぶ事とする．

いいかえると，群 G が群 H を含むとき，群 G は

$$G=H+HS+HS'+\cdots$$

と，Hの順列に同じ置換を掛けて作られる組へと分解されるし，また

$$G=H+TH+T'H+\cdots$$

と，同じ置換にHの順列を掛けて作られる組へとも分解される．

この二通りの分解は，通常は，一致しない．一致する時が，固有分解と呼ばれるものだ．

方程式の群が固有分解されない場合には，その方程式をどんなに変換しても，変換された方程式の群は，いつでも同じ個数の順列を持つ事が，すぐに判る．

これに反して，方程式の群がN個の順列を持つM個の組へと固有分解される場合には，与えられた方程式を二つの方程式によって解く事ができる：方程式の群が，M個の順列を持つものと，N個の順列を持つものとで．

だから，与えられた方程式の群を，あらゆる仕方で固有分解して行けば，遂には，変換はできるが，いつでも同じ個数の順列を持つという群へと到達する．

これらの群が素数個の順列を持てば，その方程式は累乗根で解ける．そうでなければ，累乗根では解けない．

分解不可能な群が持つ事のできる順列の個数で最小なものは，素数の場合を除けば，$5\times4\times3$ だ．

2°　最も簡単な分解は，ガウス氏の方法によって，得られる．

この分解は，方程式の群の形から見て明らかだから，それを説明するのは時間の浪費だ．

ガウス氏の方法で簡単化されない方程式に対しては，どのような分解が適用されるのか？

ガウス氏の方法で簡単化されない方程式を，僕は，原始的と呼ぶ：このような方程式は，実際に分解不可能というわけではない．累乗根で解けるものさえある．

累乗根で解ける原始方程式の理論への準備として，1830年6月に *Bulletin de Férussac* 誌上に発表した「数論について」という論文で，虚数についての考察をしている．

ここに同封した論文では，次の定理を証明している：

(1) 原始方程式が累乗根で解けるためには，その次数は p^ν でなければならない，p は素数.

(2) このような方程式の順列は，すべて

$$x_{k,l,m}/x_{ak+bl+cm+\cdots+f,\ a_1k+b_1l+c_1m+\cdots+g,\ \cdots}$$

という形をしている．$k, l, m, \cdots$ は，それぞれ，p 個の値をとる ν 個の指数で，それによって，すべての根が指定される．これらの指数は法 p で考える，すなわち，指数に p の倍数を加えても，指定される根は同じだ.

この一次形の置換を，すべて施して得られる群は，全部で $p^\nu(p^\nu-1)(p^\nu-p)\cdots(p^\nu-p^{\nu-1})$ 個の順列を持つ.

一般の場合には，このような条件を満足するからといって，その方程式が累乗根で解けるとは結論できない.

Bulletin de Férussac 誌上で指摘しておいた，方程式が累乗根で解けるための条件は，あまりに強すぎる．例外がある，稀にだが.

最後の結果は，楕円関数のモジュラ方程式への，方程式論の応用だ.

周期の p^2-1 分の一を角度とする正弦を，根に持つ方程式の群は

$$x_{k,l},\quad x_{ak+bl,ck+dl}$$

となる事は知られている.

だから，これに対応するモジュラ方程式は，群

$$x_{\frac{k}{l}},\quad x_{\frac{ak+bl}{ck+dl}}$$

を持つ.

ここで，$\dfrac{k}{l}$ は $p+1$ 個の値 $\infty, 0, 1, 2, \cdots, p-1$ をとる事ができる.

だから，k が無限大になる事を許すと，簡単に

$$x_k,\quad x_{\frac{ak+b}{ck+d}}$$

と書ける．a, b, c, d に，すべての値を与えると，$(p+1)p(p-1)$ 個の順列が得られる.

ところで，この群は，置換

$$x_k,\quad x_{\frac{ak+b}{ck+d}}$$

を持つ二つの組に固有分解される．ここで，$ad-bc$ は p の平方剰余となるものだ．

このように簡単化された群は $\dfrac{(p+1)p(p-1)}{2}$ 個の順列から構成されているが，$p=2$ または $p=3$ の場合を除くと，もうこれ以上は固有分解されない。

そうなると，方程式をどんなに変換しても，その群はいつも同じ個数の順列を持つ．

しかし，次数が下げられないか，という問題が残る．

先ず，p より低くは下げられない．p より低い次数を持つ方程式は，その群を構成する順列の個数の因数として，p を持ち得ないからだ．

だから，$p+1$ 次の方程式は，p 次まで下げられないかを調べる．ただし，この方程式の根 x_k は k に，無限大も含めて，すべての値を与える事によって表わされ，この方程式の群は，置換として

$$x_k,\quad x_{\frac{ak+b}{ck+d}}\qquad (ad-bc \text{ は平方数})$$

を持つものとする．

このとき次数低下が起こるなら，その群は，それぞれ $\dfrac{(p+1)(p-1)}{2}$ 個の順列を持つ，p 個の組に分解されなければならない（勿論，これは固有分解ではない）．

これらの組の一つに，二つの文字0と∞とを対応させる．0と∞とを変えない置換は

$$x_k,\quad x_{m^2k}$$

という形をとる．

だから，1に対応する文字が M なら，m^2 に対応する文字は m^2M だ．M が平方数のときは，$M^2=1$．しかし，こんなに簡単化されるのは，$p=5$ の場合しか起こらない．

$p=7$ の場合には，$\dfrac{(p+1)(p-1)}{2}$ 個の順列を持つ群が求まる．ただし，文

字の間の対応関係は

∞	1	2	4
0	3	6	5

となる．上段の文字が，下段の文字と対応する．

この群は，

$$x_k,\quad x_{a\frac{k-b}{k-c}}$$

という形の置換を持つ．b は c に対応し，a は，c と同時に，剰余や非剰余となる．

$p=11$ の場合．同じ記号の下で，同じ置換を得る．ただし，対応関係は

∞	1	3	4	5	9
0	2	6	8	10	7

となる．

このように，$p=5, 7, 11$ の場合には，モジュラ方程式は p 次まで下げられる．

より高次の場合には，厳密にいえば，このような次数低下はできない．

第三の論文は，積分に関するものだ．

同じ種類の楕円関数の和は，ただ一つの項と，代数的な量または対数的な量との和で表わされる事は，よく知られている．

こんな性質を持つ関数は，外にはない．

しかし，よく似た性質が，代数関数の積分の場合に，見られる．

導関数が一変数の関数で，しかも，無理関数となる積分も同時に考察する．その際，この無理関数が累乗根であるか，ないかは関係ない．また，累乗根で表わされるか，されないかも関係ない．

与えられた無理関数の最も一般的な積分の，異なる周期の個数は，いつも偶数になっている．

この個数を $2n$ とする．次の定理が得られる：

いくつかの積分の和は，n 個の項と，その残りの項――代数的な量または対数的な量――との和で表わされる．

代数的な部分と対数的な部分とが，零となるものを，第一種の関数と呼ぶ．

この種の関数には，n 個の異なるものがある．

残りの項が純粋に代数的な量となっているものを，第二種の関数と呼ぶ．

この種の関数にも，n 個の異なるものがある．

この外の関数の導関数は $x=a$ の時だけ無限大となり，残りの項は対数的な量 $\log P$（P は代数的な量）だけとなる——と仮定できる．この関数を $\Pi(x, a)$ で表わすと，次の定理が得られる

$$\Pi(x, a)-\Pi(a, x)=\sum \varphi a \psi x,$$

φa と ψx とは，第一種と第二種の関数．

$\Pi(a)$ と ψ とを，x に関する，$\Pi(x, a)$ と ψx との周期と呼ぶ事にすると

$$\Pi(a)=\sum \psi \times \varphi a$$

が導かれる．

このように，第三種の関数の周期は，いつも，第一種の関数と第二種の関数とで表わされる．

ルジャンドルの定理

$$E'F''-E''F'=\frac{\pi}{2}\sqrt{-1}$$

と類比の定理も導ける．

第三種の関数を定積分に帰着させるという，ヤコビ氏の最も素晴らしい発見は，楕円関数の場合を除いては，実現できない．

積分関数と整数との乗法は，加法の場合のように，n 次方程式——項を簡約するために，積分に代入する値を根として持つ方程式——によって実行される．

周期を p 個の等しい部分に分ける方程式は $p^{2n}-1$ 次だ．その群は，全部で $(p^{2n}-1)(p^{2n}-p)\cdots(p^{2n}-p^{2n-1})$ 個の順列を持つ．

n 個の項の和を p 個の等しい部分に分ける方程式は，p^{2n} 次だ．それは累乗根で解ける．

変換について．

先ず，アーベルが最後の論文で使ったのと同じ論法で，次が証明される：積分の間に同じ関係が成立していて，二つの関数

$$\int \varphi(x, X)dx, \qquad \int \psi(y, Y)dy,$$

ただし後者の周期は $2n$, が得られると，y と Y とは，ただ一つの n 次方程式によって，x と X との関数として表わされる.

この事から，これ等の変換は二つの積分の間だけで，いつも成立するものと仮定できる．y と Y との任意の有理関数をとると，明らかに

$$\sum \int f(y, Y)dy = \int F(x, X)dx$$

となるからだ.

両辺の積分が，どちらも，同じ個数の周期を持たない場合には，この等式は明らかに簡約される.

だから，どちらも同じ個数の周期を持つ積分だけを，比べればよい.

このような二つの積分が持つ，無理性の最小次数については，一方が他方よりも大きくはなり得ない事が，証明される.

それから，与えられた積分を他の積分――その第一の周期は元の周期を素数 p で割ったものとなり，その外の残りの $2n-1$ 個の周期は元のままとなっている――へ，いつも変換できる事がわかる.

だから，周期が両方とも同じな積分――したがって，一方の n 個の項が，他方の項によって，n 次のただ一つの方程式によって表わされ，その逆も成立するような積分――を比べる事だけが残っている．これについては，少しもわかっていない.

オーギュスト君，僕の研究は，これだけではないのだ――察してくれ．最近の思索は，超越的な解析へ曖昧の理論を応用する事に，向けられている．超越的な量や超越関数の間の関係が与えられたとき，この関係を保ちながら，どのような交換ができるのか，どのような量を与えられた量と置き換えられるのか――を前もって知る事が問題なのだ．そのためには，今までの知識では不十分だ．しかし，僕には時間がない．この広大な領域への僕の思索は，まだ十分には展開されていないのだ.

この手紙を *Revue Encyclopédique* 誌に発表してくれ.

自信のない命題を主張するという無茶も，これまで度々した．しかし，ここに書いたものは，一年程あたためて来たものだし，不完全な定理を発表しているのではないか，という疑いをかけられないように，細心の注意も払ってある．

ヤコビかガウスに公開質問状を出してくれ．これらの定理の真実性についてではなく，重要性について，彼等の意見を聞かせてくれるようにだ．

以上ゴタゴタと書いた事を判読して，それが役に立つと気づく人々が，きっと現われると思っている．

心から，君を胸に抱きしめつつ．

E. ガロア
1832年5月29日

数III方式　ガロアの理論

佐々木　数学の事ばかりだね．ペラペラと訳してくれたけど，内容はわかってるの？

広田　正直いって，ヨコのものをヨコにしただけの所もある．というのはだな，第三の論文というのは，残ってない．書く時間が無かったらしい．ここに書いてある事の中にも，何の事か，専門の数学者にも，わからない事があるそうだ．

佐々木　専門の数学者にも？

広田　そうだ．最後の「曖昧の理論」については，憶測しか，されてない．

佐々木　ヘェー．本当に，アイマイの理論だね．

広田　第二の論文というのは，まとまってはいないが，断片がある．第一の論文は，チャントしている——これが，ガロアを不滅にした業績だ．

佐々木　どんな内容？

広田　与次郎は，たしか，高三だったな．

佐々木　なったばかりだよ．

広田　だったら，2次方程式の根の公式は知ってるな．

佐々木　中学生でも知ってるよ．2次方程式

$$ax^2+bx+c=0 \qquad (a\neq 0)$$

の根は

$$x=\frac{-b\pm\sqrt{b^2-4ac}}{2a}$$

だよ．

広田　根は，係数 a, b, c の間の四則と平方根とを使って表わされてるな．3次や4次の場合にも，係数の間の四則と累乗根とを使って，根を表わす公式がある．16世紀の話だ．

佐々木　5次方程式は？

広田　それが問題だ．なかなか判らなかったが，とうとう19世紀になって，ルフィニという人と，アーベルとが解決した．5次以上の方程式には，こんな公式はない――というのだ．

ガロア

佐々木　面白いね．

広田　一般的な公式はないが，具体的に係数を与えると，四則と累乗根とで表わされる場合がある．そこで，係数の間の四則と累乗根とを使って，根が表わされるための必要十分条件を求めたのが，この第一論文なのだ．

方程式を離れて，これを別の角度から見直したのが，デデキントという，これまた偉い数学者で――それが，現在，「ガロア理論」と呼ばれている数学の始まりだ．

デデキントの「ガロア理論」の入り口までなら，シロウトながら，叔父さんも知っている．

佐々木　ホント．じゃ教えてくれよ．さっきから，知りたくてムズムズしてたんだ．

広田　今すぐ，というワケには行くものか，時間を掛けて，ユックリと話してあげよう．

佐々木　そんなにムズカシイのかい．アマチュアの叔父さんにも判るというのに．

広田　マトモにぶっつかるのでは，確かに難しい．しかし，叔父さんが勉強した方法でやれば，時間は掛かり，遠まわりだが，ヤサシイ．

佐々木　どんな風に勉強するの？

広田　歴史的に，一つずつ段階を追ってゆく．

佐々木　叔父さんお得意の方法だね．

広田　これだと，複素数と2次方程式と順列の知識とから出発できる．

佐々木　それじゃ，数Ⅰと数Ⅱで十分だね．数Ⅲ方式という訳だね．僕にも，できそうだね．

広田　無論，できる．この方法だと，一つの理論が出来上るまでに，人類がどのように苦労したかという，過程までが理解される．生きた数学が味わえる．

佐々木　是非，話してくれよ．

広田　質問しながら，与次郎にも考えて貰いながら，話をしよう．

佐々木　なんだか，一人では心細いな．数学の好きな友達を連れて来てもいいかい．

広田　何という友達だい．

佐々木　小川三四郎．

広田　三四郎でも四五郎でも，何人でも連れてこい．友，遠方ヨリ来タル，マタ，楽シカラズヤ——だ．

佐々木　遠方ヨリ，叔母さんが呼んでるよ．

広田　ホイキタ，また片付けものを始めるか．

(注)　R. Bourgne-J. P. Azra, *Écrits et mémoires mathématiques d'Évariste Galois*, Gauthier-Villars (1962).

第2章　3次方程式を斬る

ガロア理論の起源は3次方程式・4次方程式の解法にある．
そこで，まず，3次方程式の「すべて」を考察する．そこでは，2次方程式の解法が決め手となる．

29番44号は妙に細い通りの中程にある．古い家だ．格子戸を開けると，叔父さんが待っている．

目　　標

広田　ガロア理論の発端は3次方程式・4次方程式の解法だ．そこで，今日は，3次方程式の解法を調べよう．高校では教わらないだろう．

佐々木　出て来たよ．

広田　本当か．

佐々木　数Iで．たとえば，3次方程式

$$x^3+2x^2-5x-6=0.$$

定数項 -6 の因数を，片っぱしから，左辺の x に代入する．1はダメだが，-1 を代入すると0になるから，左辺は $x+1$ を因数にもつ．

ほかの因数を見つけるために，$x+1$ で割る．割るといっても，多項式の割算なんてチャチな事はしない．高三だから組立除法を使う：

$$\begin{array}{rrrr|r} 1 & 2 & -5 & -6 & -1 \\ & -1 & -1 & 6 & \\ \hline 1 & 1 & -6 & 0 & \end{array}$$

から，商は x^2+x-6 で，問題の方程式は

$$(x+1)(x-2)(x+3)=0$$

と因数分解される．だから

$$x=-1,\quad x=2,\quad x=-3$$

と求まる．

チャンと習ってるよ．

小川　それは，叔父さんのおっしゃってる「3次方程式の解法」とは意味が違うんじゃない．

広田　小川君のいう通りだ．3次方程式

$$ax^3+bx^2+cx+d=0 \qquad (a\neq 0)$$

で，係数 a, b, c, d がどんな数の時にも通用する解き方——つまり，根の公式を求めようというのだ．

与次郎の例では，係数の間にウマイこと関係があってスグに因数分解された．高校で出て来る3次方程式は，おそらく，このタグイのもので，2次方程式の解法に導かれる特別なものだけだろう．

佐々木　ぼく，オッチョコチョイな奴．

小川　根の公式は，どうなるのですか．

広田　どうなるかな——それを考えてもらう．

佐々木　考えろって．どういう風に．

広田　経験を生かせ．

佐々木　因数分解する方法しか経験してない．でも，それは通用しないよ．

広田　新しい問題に直面したら似た問題を思い出す．あるだろう．

小川　2次方程式の解法ですか．

2次方程式解法の反省

広田　2次方程式の根の公式は，どうやって見つけたか――反省しよう．

佐々木　a, b, c が実数のとき，2次方程式

$$ax^2+bx+c=0 \qquad (a \neq 0)$$

の根の公式だね．

定数項を右辺に移項すると

$$ax^2+bx=-c,$$

両辺に $4a$ を掛けると

$$4a^2x^2+4abx=-4ac,$$

両辺に b^2 を加えて，左辺を変形すると

$$(2ax+b)^2=b^2-4ac,$$

だから

$$2ax+b=\pm\sqrt{b^2-4ac},$$

これから

$$x=\frac{-b\pm\sqrt{b^2-4ac}}{2a}.$$

広田　感心,感心．入学試験に出したら，結果はサンザンだった――という話を聞いた事がある．さすが，現役だけの事はある．

ところで，この解き方で使ったアイデアは何だ．

佐々木　方程式の両辺に適当な定数を加えて，左辺を完全平方式に変形して

完全平方式　＝　定数

という形の方程式を作る事だよ．

小川　一番簡単な2次方程式

$$X^2=\text{定数}$$

に帰着させる事ですね．

広田　このアイデアを3次方程式に応用してみよう．

完全立方式への変形

小川　a, b, c, d が実数のとき，3次方程式

$$ax^3+bx^2+cx+d=0 \qquad (a \neq 0)$$

を

$$(x\ \text{の整式})^3=\text{定数}$$

という方程式に変形するのですね．

広田　そうだ．計算を見通しよくするために，x^3 の係数を簡単にしておくのがよい．両辺を a で割った

$$x^3+\frac{b}{a}x^2+\frac{c}{a}x+\frac{d}{a}=0$$

という方程式を変形しよう．

　これでも，初めの計画に狂いはない．

小川　初めの方程式と同値だからですね．

佐々木　問題の整式は x の1次式しかないよ．2次以上だと，その3乗は6次以上だから．

小川　それで，A, B を実数として

$$(Ax+B)^3=\text{定数}$$

という形を目的にします．

$$(Ax+B)^3=A^3x^3+3A^2Bx^2+3AB^2x+B^3$$

と

$$x^3+\frac{b}{a}x^2+\frac{c}{a}x+\frac{d}{a}$$

との差が定数となるには，x を含む項が消えないといけませんね．

佐々木　x^3 の係数を比べて

$$A^3=1,$$

A は実数だから，$A=1$ ときまる．

小川　x^2 の係数を比べると

$$\frac{b}{a}=3A^2B=3B$$

から，$B=\dfrac{b}{3a}$ ときまります．

ですから，問題の整式は

$$x+\frac{b}{3a}$$

しかありませんね．

佐々木　でも

$$\begin{aligned}&\left(x^3+\frac{b}{a}x^2+\frac{c}{a}x+\frac{d}{a}\right)-\left(x+\frac{b}{3a}\right)^3\\&=\left(x^3+\frac{b}{a}x^2+\frac{c}{a}x+\frac{d}{a}\right)-\left(x^3+\frac{b}{a}x^2+\frac{b^2}{3a^2}x+\frac{b^3}{27a^3}\right)\\&=\frac{3ac-b^2}{3a^2}x+\frac{27a^2d-b^3}{27a^3}\end{aligned}$$

となって，$3ac-b^2=0$ という場合の外は，一般には定数にはならないよ．

小川　という事は

$$(x\text{ の整式})^3=\text{定数}$$

という方程式には変形できない——という事ですね．

佐々木　完全な失敗だ．時間の浪費だ．

広田　「失敗は成功のもと」という．失敗にも教訓はある．

佐々木　転んでもタダでは起きない．

広田　問題の差は x の1次式となっている．これは使える．

$$\begin{aligned}&\frac{3ac-b^2}{3a^2}x+\frac{27a^2d-b^3}{27a^3}\\&=\frac{3ac-b^2}{3a^2}\left(x+\frac{b}{3a}\right)-\frac{3abc-b^3}{9a^3}+\frac{27a^2d-b^3}{27a^3}\\&=\frac{3ac-b^2}{3a^2}\left(x+\frac{b}{3a}\right)+\frac{27a^2d-9abc+2b^3}{27a^3}\end{aligned}$$

と，$x+\dfrac{b}{3a}$ の1次式で表わされる．

小川　アッ，そうか．

$$y=x+\frac{b}{3a},\quad p=\frac{3ac-b^2}{3a^2},\qquad q=\frac{27a^2d-9abc+2b^3}{27a^3}$$

とおくと，最初の方程式は新しい未知数 y についての3次方程式

$$y^3+py+q=0$$

に変形されるのですね．

2次の項がなくなった，少し簡単な方程式に変形されるのですね．

佐々木　でも，どうやって解くの．

広田　そこで，もう一度，2次方程式を反省しよう．2次方程式を扱うとき，根の公式の外に，大事な性質があっただろう．

小川　根と係数との関係ですか？

根と係数との関係

佐々木　2次方程式

$$ax^2+bx+c=0 \qquad (a\neq 0)$$

の二根を α, β とすると

$$\alpha+\beta=-\frac{b}{a}, \qquad \alpha\beta=\frac{c}{a}$$

かい．

広田　これを使って連立方程式が解けるだろう．たとえば

$$\begin{cases} x+y=4 \\ xy=1. \end{cases}$$

小川　x, y は2次方程式

$$t^2-4t+1=0$$

の二根ですね．これを解いて

$$t=2\pm\sqrt{3},$$

これから

$$\begin{cases} x=2+\sqrt{3} \\ y=2-\sqrt{3} \end{cases} \qquad \begin{cases} x=2-\sqrt{3} \\ y=2+\sqrt{3}. \end{cases}$$

広田　この問題とは逆に，2次方程式

$$x^2-5x+6=0$$

は，根と係数との関係から，すぐに解けるだろう．

佐々木　和が5，積が6となる二つの数，2と3だ．

広田　それは，連立方程式

$$\begin{cases} u+v=5 \\ uv=6 \end{cases}$$

を解く事だ.

小川　そうか．初めの2次方程式を解く事は

$$\begin{cases} u+v=-\dfrac{b}{a} \\ uv=\dfrac{c}{a} \end{cases}$$

という連立方程式を解く事に帰着されるのですね.

広田　この連立方程式が最初の2次方程式よりも簡単に解ける場合——たとえば，見ただけで解ける時——だけしか有効ではないのだがね.

佐々木　このアイデアを3次方程式に応用するんだね.

連立方程式への変形

小川　3次方程式

$$y^3+py+q=0$$

の三根を α, β, γ とすると

$$\begin{cases} \alpha+\beta+\gamma=0 \\ \alpha\beta+\beta\gamma+\gamma\alpha=p \\ \alpha\beta\gamma=-q \end{cases}$$

ですね.

佐々木　これを α, β, γ の連立方程式と考えて解くといいわけだ．連立方程式を解く定跡どおりに，つぎつぎと未知数を消去していく．第一式から

$$\gamma=-(\alpha+\beta),$$

これを，あとの二つの式に代入すると

$$\begin{cases} \alpha\beta-(\alpha+\beta)^2=p \\ -\alpha\beta(\alpha+\beta)=-q \end{cases}$$

つまり

$$\begin{cases} \alpha^2+\alpha\beta+\beta^2=-p \\ \alpha^2\beta+\alpha\beta^2=q \end{cases}$$

と，まず γ が消去される.

つぎに，βを消去する．第一式にαを掛けた式から，第二式を引くと

$$\begin{array}{rl} & \alpha^3+\alpha^2\beta+\alpha\beta^2=-\alpha p \\ -) & \qquad \alpha^2\beta+\alpha\beta^2=q \\ \hline & \alpha^3 \qquad\qquad\quad =-\alpha p-q \end{array}$$

つまり

$$\alpha^3+p\alpha+q=0.$$

なんだ，もとの方程式にもどってしまったよ．

小川　それはアタリマエですね．α は初めの方程式の根なのだから．

広田　その通りだ．2次の場合でも，連立方程式から未知数を消去して行けば，最初の2次方程式に返る．

連立方程式に直して解くのが有効なのは，係数の間に特別な関係があって，根の公式を使わないで簡単に解ける場合だけだ――といったろう．

佐々木　ぼく，ダメな奴．

広田　この場合にも「特別な関係」を利用するしか手はない．あるだろう．

佐々木　トクベツな，トクベツな――と．

$$\alpha+\beta+\gamma=0$$

だな．これはp, qとは無関係に何時でも成立する「特別な関係」だ．

でも，どう利用するの．

小川　これから

$$\gamma=-\alpha-\beta$$

で，γは初めの3次方程式の根だから

$$(-\alpha-\beta)^3+p(-\alpha-\beta)+q=0.$$

2次方程式から根と係数との関係を求め，逆に，それを連立方程式と考えて解いたように――これを α, β の方程式と考えて解くのですか．

佐々木　これだって，もとの3次方程式とあまり違わないじゃないか．

広田　これしか手掛りはないだろう．

未知数 u, v についての方程式

$$(u+v)^3+p(u+v)+q=0$$

の一組の根がみつかれば，最初の3次方程式は解ける，という方針が立つ．

小川　根の和は初めの方程式の根ですから，佐々木君がさっき実演したように，初めの方程式は1次式と2次式との 積に 因数分解 される からですね．

佐々木　やっぱり，因数分解にもどるじゃない．でも，この方程式を解くのは難しそうだな．

広田　方程式を解くというのは，すべての根を求める事だな．その意味では，難しいだろう．しかし，さっきもいったように，少なくとも一組の根がみつかればよいのだから，話は簡単だ．

佐々木　どうして．

広田　未知数が二つだから，一方を消去して他方だけの方程式に**還元させる**——という原則があるだろう．ところが．全部ではなく少なくとも一組の根がみつかればよいのだから，かなり自由に未知数が消去できる．

小川　u と v とを適当な関係で結びつけ，一方を他方で表わして，解き方を知っている方程式に導くのですね．

広田　その方針で行ってみよう．u と v とを結びつける関係としては，何が浮かぶ．

小川　文字の計算では，加法と乗法とが基本ですから

$u+v=$定数　　とか　　$uv=$定数

とかですね．

佐々木　第一の関係はダメだよ．右辺の定数をみつける事は，もとの3次方程式にもどる事だから．

広田　第二の関係はどうだい．

小川　適当な定数があるかどうか，方程式の左辺を展開してみます．この関係が出てくるように注意して変形します．

$$\begin{aligned}(u+v)^3&=u^3+3u^2v+3uv^2+v^3\\&=u^3+3uv(u+v)+v^3\end{aligned}$$

ですから

$$u^3+v^3+(3uv+p)(u+v)+q=0$$

と変形されます．それで

$$3uv=-p$$

という関係が考えられますね．

佐々木　これは使える．この関係から v を u で表わすと

$$v=-\frac{p}{3u},$$

これを，もとの方程式に代入して

$$u^3-\frac{p^3}{27u^3}+q=0$$

つまり

$$(u^3)^2+qu^3-\frac{p^3}{27}=0$$

となって，解ける方程式に導けるよ．大成功だ．

小川　チョッと，気になるナ．

佐々木　何が．

小川　u で割るところ．連立方程式

$$\begin{cases} u^3+v^3=-q \\ uv=-\dfrac{p}{3} \end{cases}$$

を解くわけだけど，この根は連立方程式

$$\begin{cases} u^3+v^3=-q \\ u^3v^3=-\dfrac{p^3}{27} \end{cases}$$

を満足するから，u^3 と v^3 とは 2 次方程式

$$t^2+qt-\frac{p^3}{27}=0$$

の根でしょう．こう考えると，u が 0 かどうかを気にしなくてもスムんだけど．

佐々木　どっちにしても，最後の 2 次方程式は同じ形だよ．

広田　今までの所をマトメてみよう．

佐々木　3 次方程式

$$y^3+py+q=0$$

を解くには，u, v についての方程式

$$(u+v)^3+p(u+v)+q=0$$

の一組の根を見つけるといい．

そのような一組の根は，連立方程式

$$\begin{cases} u^3+v^3=-q \\ uv=-\dfrac{p}{3} \end{cases}$$

から求まる．

この連立方程式の根の3乗 u^3 と v^3 とは，2次方程式

$$t^2+qt-\frac{p^3}{27}=0$$

の二根である．

小川　逆に，この2次方程式の二根となる u^3 と v^3 との値で

$$uv=-\frac{p}{3}$$

となる u と v との値の和 $u+v$ は，3次方程式

$$y^3+py+q=0$$

の根となる――ですね．

佐々木　この2次方程式を解くと

$$t=\frac{-q\pm\sqrt{q^2+\dfrac{4}{27}p^3}}{2}$$

小川　それよりも

$$t=-\frac{q}{2}\pm\sqrt{\left(\frac{q}{2}\right)^2+\left(\frac{p}{3}\right)^3}$$

の方が覚えやすい．

佐々木　そうだな．これから

$$\begin{cases} u^3=-\dfrac{q}{2}+\sqrt{\left(\dfrac{q}{2}\right)^2+\left(\dfrac{p}{3}\right)^3} \\ v^3=-\dfrac{q}{2}-\sqrt{\left(\dfrac{q}{2}\right)^2+\left(\dfrac{p}{3}\right)^3} \end{cases}$$

小川　u と v とを入れかえたのもあるけど，$u+v$ の値が問題だから，その必要はありませんね．

佐々木　これから

$$\begin{cases} u=\sqrt[3]{-\dfrac{q}{2}+\sqrt{\left(\dfrac{q}{2}\right)^2+\left(\dfrac{p}{3}\right)^3}} \\ v=\sqrt[3]{-\dfrac{q}{2}-\sqrt{\left(\dfrac{q}{2}\right)^2+\left(\dfrac{p}{3}\right)^3}} \end{cases}$$

で，この積は明らかに $-\dfrac{p}{3}$ だから，3次方程式

$$y^3+py+q=0$$

の一つの根

$$\sqrt[3]{-\frac{q}{2}+\sqrt{\left(\frac{q}{2}\right)^2+\left(\frac{p}{3}\right)^3}}+\sqrt[3]{-\frac{q}{2}-\sqrt{\left(\frac{q}{2}\right)^2+\left(\frac{p}{3}\right)^3}}$$

が求まった．

広田　その推論に疑問がある．

佐々木　どこ？

広田　3乗根の記号だよ．

佐々木　どうして．

3乗根の記号

広田　3乗根の記号 $\sqrt[3]{}$ をキヤスク使ってるが，それでイイノカという事だ．

佐々木　いいハズだよ．3乗して A になる数を $\sqrt[3]{A}$ で表わすのだもの．

小川　もう少し精確にいうと，Aが正のとき，3乗して A になる正の数がただ一つある．A が負のときも，3乗してAになる負の数がただ一つある．これらを $\sqrt[3]{A}$ で表わす――です．

広田　それはAが実数のときだろう．

小川　アッ，そうか．2次方程式

$$t^2+qt-\frac{p^3}{27}=0$$

の判別式が負のとき，式で書くと

$$q^2+\frac{4}{27}p^3<0$$

のとき，この2次方程式の根は虚根だから

$$\sqrt[3]{-\frac{q}{2}+\sqrt{\left(\frac{q}{2}\right)^2+\left(\frac{p}{3}\right)^3}}$$

の $\sqrt[3]{}$ の中は虚数ですね．

Aが虚数のとき，記号 $\sqrt[3]{A}$ の意味は――まだ，習っていません．

広田　形式的に記号 $\sqrt[3]{}$ を使っても，内容がわからないのでは，しようがな

いだろう．

佐々木　Aが複素数だって，$\sqrt[3]{A}$ は，3乗してAになる複素数の意味だよ．

広田　A が実数のときは，小川君がいったように，3乗してAになる実数がただ一つある．ただ一つだから，3乗して A になる実数として記号 $\sqrt[3]{A}$ の意味が確定する．

A が複素数のとき，3乗して A になる複素数は，ただ一つだろうか．

小川　一般的には三つあります．3乗してAになるものは方程式

$$X^3=A$$

の根ですから．

佐々木　数IIBで，ド・モアブルの定理

$$(\cos\theta+i\sin\theta)^n=\cos n\theta+i\sin n\theta$$

の応用に出て来た．

広田　もう一度確かめてごらん．

小川　AとXとを極形式で表わします：

$$A=r(\cos\theta+i\sin\theta),\quad X=R(\cos\Theta+i\sin\Theta).$$

このとき，ド・モアブルの定理から

$$R^3\cos 3\Theta+iR^3\sin 3\Theta=r\cos\theta+ir\sin\theta,$$

ですから，R と Θ との連立方程式

$$\begin{cases} R^3\cos 3\Theta=r\cos\theta \\ R^3\sin 3\Theta=r\sin\theta \end{cases}$$

に帰着されます．

佐々木　2乗して加えると

$$R^6=r^2,$$

つまり

$$(R^3-r)(R^3+r)=0.$$

$R>0$, $r>0$ だから

$$R^3-r=0$$

で，結局 $R=\sqrt[3]{r}$ ときまる．

Rもrも実数だから，これは意味がある．

小川　この結果

$$\begin{cases} \cos 3\Theta=\cos\theta \\ \sin 3\Theta=\sin\theta. \end{cases}$$

第一の方程式から

$$3\Theta=2n\pi\pm\theta \qquad (n=0,\ \pm1,\ \pm2,\ \cdots),$$

第二の方程式から

$$3\Theta=2n\pi+\theta \quad \text{または} \quad 3\Theta=(2n+1)\pi-\theta \quad (n=0,\ \pm1,\ \pm2,\ \cdots),$$

で，この両方の条件を満足しないといけないから

$$\Theta=\frac{2n\pi}{3}+\frac{\theta}{3} \qquad (n=0,\ \pm1,\ \pm2,\ \cdots)$$

ときまります．

佐々木　だから，3乗して

$$A=r(\cos\theta+i\sin\theta)$$

になるものは

$$\sqrt[3]{r}\left(\cos\frac{\theta}{3}+i\sin\frac{\theta}{3}\right),$$

$$\sqrt[3]{r}\left(\cos\left(\frac{\theta}{3}+\frac{2\pi}{3}\right)+i\sin\left(\frac{\theta}{3}+\frac{2\pi}{3}\right)\right),$$

$$\sqrt[3]{r}\left(\cos\left(\frac{\theta}{3}+\frac{4\pi}{3}\right)+i\sin\left(\frac{\theta}{3}+\frac{4\pi}{3}\right)\right),$$

の三つだよ．

n を変化させても，このどれかと一致するから．

小川　n を変化させるとき，偏角 Θ は $\frac{2\pi}{3}$ ずつズレます．ですから，複素平面上で考えると，原点を中心とする半径 $\sqrt[3]{r}$ の円に内接する正三角形の三つの頂点しかありません．

広田　$\frac{2\pi}{3}$ ずつズレる事を式で表現すると？

小川　絶対値が1で，偏角が $\frac{2\pi}{3}$ の複素数

$$\cos\frac{2\pi}{3}+i\sin\frac{2\pi}{3}=\frac{-1+i\sqrt{3}}{2}$$

を，つぎつぎと掛ける事です．

広田　その通りだ．もとに返ると，Aが一般の複素数のとき，3乗してAになる三つの複素数の中のどれか一つを $\sqrt[3]{A}$ で表わす事になっている．三つの中のどれでも良いが，一度きめると，同じ数Aの3乗根を取り扱う際には，$\sqrt[3]{A}$ で表わされるものは一貫して同じ数だと約束する．$\sqrt[3]{A}$ で表わした数をフラフラと変えてはイケナイ．

とくに，Aが実数のときは，$\sqrt[3]{A}$ はサッキの通りだ．

佐々木　なんだ．やっぱり，$\sqrt[3]{A}$ は3乗してAになる複素数じゃないか．「どれか一つ」が抜けただけだ．

小川　一般の複素数Aに対しては，3乗根の意味が広くなるのですね．$\sqrt[3]{A}$ で表わされない残りの二つは，どう書くのですか．

広田　残りの二つは，さっき調べたように，複素数

$$\frac{-1+i\sqrt{3}}{2}$$

を，$\sqrt[3]{A}$ にツギツギに掛けたものだな．

そこで，この特別な役割をもつ複素数はギリシャ文字ωで表わされる．そして……

小川　そして，Aの三つの3乗根は

$$\sqrt[3]{A},\qquad \sqrt[3]{A}\,\omega,\qquad \sqrt[3]{A}\,\omega^2$$

で表わされるのですね．$\omega^3=1$ だから．

広田　記号 $\sqrt[3]{}$ の意味を確かめたから，もとの問題に返ろう．

根の公式

佐々木　一々書くのは面倒だから

$$t_1=-\frac{q}{2}+\sqrt{\left(\frac{q}{2}\right)^2+\left(\frac{p}{3}\right)^3},\qquad t_2=-\frac{q}{2}-\sqrt{\left(\frac{q}{2}\right)^2+\left(\frac{p}{3}\right)^3}$$

とおくよ．

方程式

$$u^3=t_1,\qquad v^3=t_2$$

の根をゼンブ求めると，今の事から，それぞれ

$$u=\sqrt[3]{t_1},\quad \sqrt[3]{t_1}\,\omega,\quad \sqrt[3]{t_1}\,\omega^2$$
$$v=\sqrt[3]{t_2},\quad \sqrt[3]{t_2}\,\omega,\quad \sqrt[3]{t_2}\,\omega^2$$

と表わされる．

条件 $uv=-\dfrac{p}{3}$ を満足する u と v との和は

$$\sqrt[3]{t_1}+\sqrt[3]{t_2},\quad \sqrt[3]{t_1}\,\omega+\sqrt[3]{t_2}\,\omega^2,\quad \sqrt[3]{t_1}\,\omega^2+\sqrt[3]{t_2}\,\omega$$

の三つだよ．

小川　$$\sqrt[3]{t_1}\sqrt[3]{t_2}=\sqrt[3]{t_1t_2}=-\sqrt[3]{\left(\frac{p}{3}\right)^3}$$

で，$\left(\dfrac{p}{3}\right)^3$ は実数ですから

$$\sqrt[3]{t_1}\sqrt[3]{t_2}=-\frac{p}{3}$$

だし，$\omega^3=1$ ですからね．

広田　まだ，記号 $\sqrt[3]{\ }$ の意味がわかってないな．

一般に，a と b とが実数のとき，等式

$$\sqrt[3]{a}\sqrt[3]{b}=\sqrt[3]{ab}$$

は確かに成立する．$\sqrt[3]{a}$ と $\sqrt[3]{b}$ とは，それぞれ，3乗して a, b となる実数を表わし，$\sqrt[3]{ab}$ も3乗して ab となる実数を表わしているからだ．

しかし，a と b とが一般の複素数のときは，そうはいかない．$\sqrt[3]{a}$，$\sqrt[3]{b}$，$\sqrt[3]{ab}$ は，それぞれ，3乗して a, b, ab となる複素数の中のどれか一つを表わすという任意性があるからだ．

たとえば

$$a=(2+i)^3,\qquad b=(2-i)^3$$

とする．

$$\sqrt[3]{a}=2+i,\qquad \sqrt[3]{b}=(2-i)\omega$$

と指定しよう．一方

$$ab=5^3$$

という実数だから

$$\sqrt[3]{ab}=5$$

だ．だから，このとき

$$\sqrt[3]{a}\sqrt[3]{b}=5\omega\neq\sqrt[3]{ab}.$$

佐々木　ヤヤコシイんだナ．

小川　しかし，$\sqrt[3]{a}$，$\sqrt[3]{b}$，$\sqrt[3]{ab}$ が指定されたとき

$$(\sqrt[3]{a}\sqrt[3]{b})^3=ab$$

ですから，$\sqrt[3]{ab}$ は

$$\sqrt[3]{a}\sqrt[3]{b},\ \sqrt[3]{a}\sqrt[3]{b}\,\omega,\ \sqrt[3]{a}\sqrt[3]{b}\,\omega^2$$

の中の一つに等しくなりますね．

広田　その通りだ．

小川　そうしますと，初めに返って

$$(\sqrt[3]{t_1}\sqrt[3]{t_2})^3=-\left(\frac{p}{3}\right)^3$$

ですから

$$\sqrt[3]{t_2},\ \sqrt[3]{t_2}\,\omega,\ \sqrt[3]{t_2}\,\omega^2$$

の中には，$\sqrt[3]{t_1}$ との積が $-\dfrac{p}{3}$ となるものがありますね．

佐々木　そうか．

$$uv=-\frac{p}{3}$$

となる，t_1 と t_2 の3乗根があるから，それをアラタメて $\sqrt[3]{t_1}$，$\sqrt[3]{t_2}$ と指定する――と修正するといいわけだ．

そうすると，3次方程式

$$y^3+py+q=0$$

の根は，さっきと同じ形で表わされる．

これで，完全に解けたぞ．

広田　そう速断していいかな．方程式を解くというのは，スベテの根を求める事だったろう．

佐々木　3次方程式は三つの根しか持たないよ．

広田　問題の3次方程式

$$y^3+py+q=0$$

で

$$y=u+v$$

と未知数を変えると，これは u, v についての方程式

$$(u+v)^3+p(u+v)+q=0$$

となった．

この u, v についての方程式の一組の根を見つけるために，連立方程式

$$\begin{cases} u^3+v^3=-q \\ uv=-\dfrac{p}{3} \end{cases}$$

を利用した．

この連立方程式と，u, v についての単独方程式とは同値かどうかは確かめてない．

だから，この連立方程式から得られたものの外にも，問題の3次方程式の根があるかも知れない——という心配があるだろう．

与次郎が求めた根は，見かけ上は互いに違うようだけど，もし同じになるものがあれば，これでゼンブだとは主張できないだろう．

佐々木　一般的な場合を考えてるから，この三つは互いに違う事は明らか——だと思うけどな．

小川　コレダケかどうかは

$$(y-\sqrt[3]{t_1}-\sqrt[3]{t_2})(y-\sqrt[3]{t_1}\,\omega-\sqrt[3]{t_2}\,\omega^2)(y-\sqrt[3]{t_1}\,\omega^2-\sqrt[3]{t_2}\,\omega)=y^3+py+q$$

が恒等的に成立するかどうかを調べるといいですね．

もし成立すると，3次方程式

$$y^3+py+q=0$$

の根 y_0 に対して

$$(y_0-\sqrt[3]{t_1}-\sqrt[3]{t_2})(y_0-\sqrt[3]{t_1}\,\omega-\sqrt[3]{t_2}\,\omega^2)(y_0-\sqrt[3]{t_1}\,\omega^2-\sqrt[3]{t_2}\,\omega)=0$$

で，複素数の積が0なら，その中の少なくとも一つは0ですから，y_0 は三つの根のどれかと一致しますから．

広田　そういう手もある．

小川　この恒等式は成立します．因数分解の公式

$$a^3+b^3+c^3-3abc=(a+b+c)(a+b\omega+c\omega^2)(a+b\omega^2+c\omega)$$

で

$$a=y,\quad b=-\sqrt[3]{t_1},\quad c=-\sqrt[3]{t_2}$$

とすると

$$b^3+c^3=q,\qquad -3abc=py$$

ですから．

広田　整理しよう．

要　　約

佐々木　3次方程式

$$ax^3+bx^2+cx+d=0\qquad (a\neq 0)$$

で

$$x=y-\frac{b}{3a}$$

とおいて

$$y^3+py+q=0$$

という方程式に変形する．

この係数 p, q から作られる二つの数

$$t_1=-\frac{q}{2}+\sqrt{\left(\frac{q}{2}\right)^2+\left(\frac{p}{3}\right)^3}\quad と\quad t_2=-\frac{q}{2}-\sqrt{\left(\frac{q}{2}\right)^2+\left(\frac{p}{3}\right)^3}$$

との3乗根の中で，その積が $-\dfrac{p}{3}$ となるものを，$\sqrt[3]{t_1}$, $\sqrt[3]{t_2}$ とする．

3次方程式

$$ax^3+bx^2+cx+d=0\qquad (a\neq 0)$$

の根は

$$\begin{cases} x_1=-\dfrac{b}{3a}+\sqrt[3]{t_1}+\sqrt[3]{t_2} \\ x_2=-\dfrac{b}{3a}+\sqrt[3]{t_1}\,\omega+\sqrt[3]{t_2}\,\omega^2 \\ x_3=-\dfrac{b}{3a}+\sqrt[3]{t_1}\,\omega^2+\sqrt[3]{t_2}\,\omega \end{cases}$$

である．

小川　3次方程式の解法は，2次方程式と，一番簡単な3次方程式

$$X^3=定数$$

との解法に帰着されました．

広田　これは，発見者に因んで，カルダノの公式とよばれている．

小川　カルダノも，僕達と同じように考えて，解いたのですか．

広田　イヤ，違う．それと公式の練習とは，またの機会にしよう．夜も，だいぶ更けて来た．

小川　心残りですね．

佐々木　早く帰ろうよ．

——格子戸をくぐる．夜気が，ホテッタ頬に心地よい．

第3章　3次方程式を手玉に取る

ガロア理論の起源は，3次方程式・4次方程式の解法にある．3次方程式のそれは，すでに見た．

ここでは，3次方程式解法の歴史を振り返り，根の公式を練習する．

「寿」の包をぶら下げて帰る．小川君と与次郎とが，首を長くしている．

広田　待たせたな．

佐々木　結婚式だったんだって．

広田　教え子の披露宴に招待された．そこ迄は良かったが，媒酌人が時間を間違えた．式は遅れ，披露宴も延びてしまった．

佐々木　うまく祝辞がいえるだろうか——て，叔母さんが心配してたよ．

広田　心配ない．『披露宴百科』という本で勉強した．

佐々木　そんな本も持ってるの．

広田　昨晩，たち読みして来た．それによると，媒酌人の場合には一定の型があるそうだ．新郎新婦の経歴を紹介するとか．しかし，来賓の祝辞には一定の型はない．賞めれば良い——と書いてある．だから，賞めて来た．

ところで，今日は何を話そうか．

目　標

小川　カルダノの方法を話していただく約束でした．

佐々木　公式の練習もだよ．

広田　どっちを先にする．

佐々木　僕は，歴史には興味ないよ．

広田　それはイカン．「数学をするには歴史はいらぬ」とか，「サシミのツマだ」とかいって，軽視する人が多いが，とんでもない．

本当は，「ニギリのサビ」でなくちゃ．

佐々木　サビぬきニギリは食べられない!?

小川　ニギリの味もサビ次第——ですか．とにかく，佐々木君の顔を立てて，公式の練習から始めて下さい．

広田　根の公式は覚えているだろうな．

根の公式

佐々木　3次方程式

$$ax^3+bx^2+cx+d=0 \qquad (a\neq 0)$$

で

$$x=y-\frac{b}{3a}$$

とおいて

$$y^3+py+q=0$$

という方程式に変形する．

この係数 p, q から作られる二つの数

$$t_1=-\frac{q}{2}+\sqrt{\left(\frac{q}{2}\right)^2+\left(\frac{p}{3}\right)^3} \quad と \quad t_2=-\frac{q}{2}-\sqrt{\left(\frac{q}{2}\right)^2+\left(\frac{p}{3}\right)^3}$$

との3乗根の中で，その積が $-\frac{p}{3}$ となるものを，$\sqrt[3]{t_1}$，$\sqrt[3]{t_2}$ とする．すなわち

$$\sqrt[3]{t_1}\sqrt[3]{t_2}=-\frac{p}{3}.$$

このとき，3次方程式

$$ax^3+bx^2+cx+d=0 \qquad (a\neq 0)$$

の三つの根は

$$\begin{cases} x_1=-\dfrac{b}{3a}+\sqrt[3]{t_1}+\sqrt[3]{t_2} \\ x_2=-\dfrac{b}{3a}+\sqrt[3]{t_1}\,\omega+\sqrt[3]{t_2}\,\omega^2 \\ x_3=-\dfrac{b}{3a}+\sqrt[3]{t_1}\,\omega^2+\sqrt[3]{t_2}\,\omega \end{cases}$$

と表わされる．ここで

$$\omega=\frac{-1+i\sqrt{3}}{2}.$$

広田　公式は知っているが，使った事がないでは，「タタミの上のスイレン」だ．

佐々木　免許証はあるが，クルマを持たない，叔父さんのようなものだね．

広田　高速道路を80マイルでとばした昔もある．

それは兎も角，筋肉に訴え，ハダで感じ取る事が大切だ．

例　題（一）

広田

$$x^3+3x^2+9x+5=0$$

は，どうだい．

小川

$$a=1,\qquad b=3$$

の場合ですから

$$x=y-1$$

とおきます．

$$\begin{aligned} x^3&=y^3-3y^2+3y-1 \\ 3x^2&=\phantom{y^3-{}}3y^2-6y+3 \\ 9x&=\phantom{y^3-3y^2+{}}9y-9 \end{aligned}$$

ですから

$$x^3+3x^2+9x+5=y^3+6y-2$$

で，結局

$$y^3+6y-2=0$$

と変形されます．

佐々木　$p=6,\quad q=-2$

の場合で

$$\frac{p}{3}=2,\quad \frac{q}{2}=-1$$

で

$$\left(\frac{p}{3}\right)^3+\left(\frac{q}{2}\right)^2=9$$

だから

$$t_1=4,\quad t_2=-2$$

となる．

t_1, t_2 は実数だから，$\sqrt[3]{t_1}, \sqrt[3]{t_2}$ として実数の 3 乗根

$$\sqrt[3]{4},\quad -\sqrt[3]{2}$$

をとると

$$\sqrt[3]{4}\cdot(-\sqrt[3]{2})=-\sqrt[3]{8}=-2$$

となって，$-\dfrac{p}{3}$ に等しい．

だから，求める根は

$$-1+\sqrt[3]{4}-\sqrt[3]{2},\quad -1+\sqrt[3]{4}\,\omega-\sqrt[3]{2}\,\omega^2,\quad -1+\sqrt[3]{4}\,\omega^2-\sqrt[3]{2}\,\omega,$$

だよ．

広田　チャンと，$A+Bi$ という形にしろよ．

小川　$\omega=\dfrac{-1+i\sqrt{3}}{2},\quad \omega^2=\dfrac{-1-i\sqrt{3}}{2}$

ですから，結局，この方程式は一つの実根

$$-1+\sqrt[3]{4}-\sqrt[3]{2}$$

と，二つの虚根

$$-1-\frac{1}{2}(\sqrt[3]{4}-\sqrt[3]{2})\pm\frac{\sqrt{3}}{2}(\sqrt[3]{4}+\sqrt[3]{2})i$$

とを持ちます．

佐々木　一般に，t_1, t_2 が実数のときは，それらの積が $-\dfrac{p}{3}$ となるものとして，実数の 3 乗根 $\sqrt[3]{t_1}$，$\sqrt[3]{t_2}$ がとれて，3 次方程式

$$ax^3+bx^2+cx+d=0 \qquad (a\neq 0)$$

は，一つの実根

$$-\frac{b}{3a}+\sqrt[3]{t_1}+\sqrt[3]{t_2}$$

と，共役な二つの虚根

$$-\frac{b}{3a}-\frac{1}{2}(\sqrt[3]{t_1}+\sqrt[3]{t_2})\pm\frac{\sqrt{3}}{2}(\sqrt[3]{t_1}-\sqrt[3]{t_2})i$$

とを持つわけだ．

小川　$$\sqrt[3]{t_1}-\sqrt[3]{t_2}\neq 0$$

つまり

$$t_1\neq t_2$$

という条件があるとき，虚根ですね．

広田　a, b が実数という前提も忘れない．

例　題（二）

広田　$$x^3+6x=20$$

は，どうだい．

小川　これは，初めから

$$y^3+py+q=0$$

の型で

$$p=6, \qquad q=-20$$

の場合ですね．

$$\frac{p}{3}=2, \qquad \frac{q}{2}=-10$$

ですから

$$\left(\frac{p}{3}\right)^3+\left(\frac{q}{2}\right)^2=108$$

で

$$t_1=10+\sqrt{108}, \qquad t_2=10-\sqrt{108}$$

です．

佐々木　t_1, t_2 は実数だから，さっき調べた事から，求める根は

$$\sqrt[3]{10+\sqrt{108}}+\sqrt[3]{10-\sqrt{108}},$$

$$-\frac{1}{2}(\sqrt[3]{10+\sqrt{108}}+\sqrt[3]{10-\sqrt{108}})\pm\frac{\sqrt{3}}{2}(\sqrt[3]{10+\sqrt{108}}-\sqrt[3]{10-\sqrt{108}})i$$

だよ．ゴチャ，ゴチャするー．

広田　もっと簡単になるハズだ．

佐々木　どうして．

広田　どうしても．

小川　わかった．この方程式は数Ｉで習った方法で解けます．定数項－20の約数を，絶対値が小さいのから，順々に代入します．2が一つの根です．

組立除法を使って

$$\begin{array}{rrrr|l} 1 & 0 & 6 & -20 & \underline{2} \\ & 2 & 4 & 20 & \\ \hline 1 & 2 & 10 & \underline{|0} & \end{array}$$

ですから，この方程式は

$$(x-2)(x^2+2x+10)=0$$

と因数分解されます．そして，残りの根は

$$-1\pm3i$$

です．

広田　二人の結果を比べると

$$\begin{cases} \sqrt[3]{10+\sqrt{108}}+\sqrt[3]{10-\sqrt{108}}=2 \\ \sqrt[3]{10+\sqrt{108}}-\sqrt[3]{10-\sqrt{108}}=2\sqrt{3} \end{cases}$$

で，なければならない．これは

$$\sqrt[3]{10+\sqrt{108}}=1+\sqrt{3}, \quad \sqrt[3]{10-\sqrt{108}}=1-\sqrt{3}$$

と，3乗根が開ききれる事を意味している．

小川　確かに，そうなります．

佐々木　チョットやソットでは気がつかないよ．

広田　公式をキカイ的に適用しただけでは，この例のように，有理数の根が無

理数の仮面をかぶっている事がある．根の近似値が知りたいとき等は，これで差がつく．注意が必要だ．

小川　有理数の根を持つときは，数Ⅰの方法を使うのがいいですね．

佐々木　有理数の根を持つかどうか，どうして判る．

小川　定数項の約数を代入してみるといい．

佐々木　それでは整数の根しか判らない．

小川　この方程式のように，x^3 の係数が1で，その外の項の係数や定数項が整数のときは，有理数の根は整数だけだもの．

佐々木　どうして．

小川　b, c, d が整数のとき，方程式

$$x^3+bx^2+cx+d=0$$

が，有理数の根を持つとしますね．

それを既約分数で表わしたのを $\dfrac{n}{m}$ とする．分母の m は正の整数としていい．

$$\left(\frac{n}{m}\right)^3+b\left(\frac{n}{m}\right)^2+c\left(\frac{n}{m}\right)+d=0$$

の両辺に m^3 を掛けて

$$n^3+bmn^2+cm^2n+dm^3=0,$$

これから

$$n^3=-m(bn^2+cmn+m^2d)$$

となって，n^3 は m で割り切れないといけない．

ところが，m と n との最大公約数は1だったから，n^3 と m との最大公約数も1．だから，$m=1$ となって，有理数の根は整数だけ．

それから，上の式で m は1だから

$$d=-n(n^2+bn+c),$$

これから，n は d の約数でないといけない．

つまり，有理数の根は整数だけで，それは定数項の約数だから，定数項の約数を代入してみると，有理数の根を持つかどうか判りますね．

佐々木　そういえば，学校で習ったな．でも，x^3の係数が1でないときは？

広田　a, b, c, d が整数のとき，方程式

$$ax^3+bx^2+cx+d=0 \qquad (a\neq 0)$$

が，既約分数 $\dfrac{n}{m}$ を根に持てば，分子 n は定数項 d の約数で，分母 m は最高次の項の係数 a の約数である——が小川君の論法で判る．

$a=1$ のときは，確かにそうなっているだろう．

小川　そうですね．

$$a\left(\frac{n}{m}\right)^3+b\left(\frac{n}{m}\right)^2+c\left(\frac{n}{m}\right)+d=0$$

の両辺に m^3 を掛けて

$$an^3+bmn^2+cm^2n+dm^3=0.$$

これから

$$an^3=-m(bn^2+cmn+dm^2),\text{ と }\ dm^3=-n(an^2+bmn+cm^2)$$

とが出ます．

第一の関係式から，an^3 は m で割り切れますが，n^3 と m との最大公約数は1ですから，m は a を割り切ります．第二の関係式から，同じようにして，n は d を割り切る事が導かれます．

何次でも，この論法が通用しますね．

佐々木　これで，係数や定数項が整数のときは，それが有理数の根を持つかどうか，判定できるんだね．

小川　係数や定数項が有理数のときも使えますね．

そのときは，係数や定数項の分母の最小公倍数を方程式の両辺に掛けると，係数や定数項が整数となるから．

広田　係数や定数項が有理数のときは，初めに，この方法を使ってみる．有理数の根が一つ見つかれば，あとは数 I の方法で解ける．有理数の根がないと判れば，公式を使う．もっとも，これは原則的な話だが．

小川　最高次の係数が1でないときは，時間がかかりそうですね．

佐々木　急がば回れ！

例　題（三）

広田　　$x^3-15x-4=0$

は，どうだい．

小川　先ず，有理数の根を持つか，調べるのですね．

広田　タテマエはそうだが，今は公式の練習が目的だから，キカイ的に使ってごらん．

小川

$$y^3+py+q=0$$

の型で

$$p=-15, \qquad q=-4$$

の場合ですね．

$$\frac{p}{3}=-5, \qquad \frac{q}{2}=-2$$

ですから

$$\left(\frac{p}{3}\right)^3+\left(\frac{q}{2}\right)^2=-121$$

で

$$t_1=2+11i, \qquad t_2=2-11i$$

です．今度は，t_1 と t_2 は虚数ですね．

佐々木　虚数だから要注意だ．積が $-\dfrac{p}{3}=5$ となる，3乗根の組を

$$\sqrt[3]{2+11i}, \qquad \sqrt[3]{2-11i}$$

とすると，求める根は

$$\sqrt[3]{2+11i}+\sqrt[3]{2-11i}, \quad \sqrt[3]{2+11i}\,\omega+\sqrt[3]{2-11i}\,\omega^2, \quad \sqrt[3]{2+11i}\,\omega^2+\sqrt[3]{2-11i}\,\omega,$$

だよ．

広田　また，また．チャンと，$A+Bi$ という形にしろよ．

佐々木　$2+11i$ や $2-11i$ を極形式で表わして，3乗根を見つけようとしても，偏角がうまく求まらないよ．

小川　$\sqrt[3]{t_1}$ と $\sqrt[3]{t_2}$ とは，その積が5となるような組なら何でもよかったので，先ず $\sqrt[3]{t_1}$ を一つ求めます．

$$(A+Bi)^3=2+11i$$

とおいて，これを満足する実数の一つの組 A, B を求めます．

左辺を展開して，実数部と虚数部を比べて

$$\begin{cases} A(A^2-3B^2)=2 \\ B(3A^2-B^2)=11 \end{cases}$$

です．さっきの有理数の根を求める方法をアレンジして，定数項2, 11の約数をためすと

$$A=2, \qquad B=1$$

が求まります．それで

$$\sqrt[3]{2+11i}=2+i$$

と，なります．

佐々木　そうすると

$$\sqrt[3]{2-11i}=\frac{5}{2+i}=2-i$$

で，求める根は

$$(2+i)+(2-i)=4,$$
$$(2+i)\omega+(2-i)\omega^2=-2-\sqrt{3},$$
$$(2+i)\omega^2+(2-i)\omega=-2+\sqrt{3},$$

と，みんな実数だ．

広田　初めの割り算は，しなくてスム．全部が実根になる事も「計算なし」で判る．

小川　t_1 と t_2 とが共役ですから，$\sqrt[3]{t_1}$ を一つきめると，それと共役なものは，t_2 の3乗根の一つです．それを $\sqrt[3]{t_2}$ とすると，t_2 の残りの3乗根は

$$\sqrt[3]{t_2}\,\omega, \qquad \sqrt[3]{t_2}\,\omega^2$$

です．それで，$\sqrt[3]{t_1}$ との積が $-\dfrac{p}{3}$ という実数となるものは，$\sqrt[3]{t_1}$ と共役な $\sqrt[3]{t_2}$ しかありませんね．

ですから，第一の根

$$\sqrt[3]{t_1}+\sqrt[3]{t_2}$$

は実数です．第二の根

$$\sqrt[3]{t_1}\,\omega+\sqrt[3]{t_2}\,\omega^2$$

では，ω と ω^2 とが共役ですから，$\sqrt[3]{t_1}\,\omega$ と $\sqrt[3]{t_2}\,\omega^2$ とが共役で，結局これも実数です．第三の根

$$\sqrt[3]{t_1}\,\omega^2+\sqrt[3]{t_2}\,\omega$$

も，同じ理由で実数ですね．

広田　どういう場合に，t_1 と t_2 とは共役な虚数となるのかな．

佐々木　係数が実数で，p と q は係数の間の加減乗除で作られていたから，p と q も実数．そして

$$t_1=-\frac{q}{2}+\sqrt{\left(\frac{q}{2}\right)^2+\left(\frac{p}{3}\right)^3},\qquad t_2=-\frac{q}{2}-\sqrt{\left(\frac{q}{2}\right)^2+\left(\frac{p}{3}\right)^3}$$

だから

$$\left(\frac{q}{2}\right)^2+\left(\frac{p}{3}\right)^3<0$$

の場合だけだよ．

　そうでないと

$$\left(\frac{q}{2}\right)^2+\left(\frac{p}{3}\right)^3\geqq 0$$

で，t_1 と t_2 は実数だから．

広田　この場合には，いま調べたように，方程式の根はゼンブ実数となる．ところが，根の公式を適用すると，必ず虚数の3乗根を使わなければならない．

小川　さっき，有理数の根が無理数を使って表わされたのと，同じような現象ですね．

広田　これは，カルダノ時代の人々にとっては，「奇妙な現象」とうつったようだ．

佐々木　どうして．

広田　与次郎たちは虚数を自由自在に使っているが，当時では，そうでなかった．まだ，数としては認められていない．小学生にマイナスの数を使ってみせるようなものだ．不可思議だったに違いない．

　そこで，虚数の出現を避けるために，実数だけの累乗根を使って，実根を表

わす工夫を色々と考えたようだ.

佐々木　できたの？

広田　すべて失敗した．そこで，仕方なく虚数の計算をオソル，オソル始める事となる．そして，次第に虚数と親しんでいく．

学校では，2次方程式の解法と関連して，虚数を導入するが，歴史的には，3次方程式の解法が，その発端なのだ．ちょうど名前が出てきたので，カルダノの方法を見る事としよう．

カルダノの方法

広田　カルダノの方法は幾何学的なものだ．図形の変形を利用する．

佐々木　「代数」なのに「幾何」とは，ヘンだね．

広田　当時は，「代数」が記号化されていないからだ．

代数的演算や方程式の形式的表現と関連して，「代数の記号化」が進む．それは，三つの発展段階に区別される——という説がある．

佐々木　三つ，というと．

広田　それは

（イ）　言語代数，（ロ）　省略代数，（ハ）　記号代数

と，呼ばれている．

最初の段階が「言語代数」だ．そこでは，記号は全くない．計算の全過程が「言葉」で述べられている．アラビヤやペルシャの代数学が，これに属する．

小川　計算を全部「言葉」でするんでは，大変だったでしょうね．

広田　第二の段階が「省略代数」だ．その方法は，本質的には，第一段階と同じに言語的だ．ただ，繰り返し，繰り返し，よく現われる概念や演算だけは，一定な省略記号で表わすようになる．

方程式の場合では，未知数は記号化されているが，既知数は記号化されてない．たとえば

“Cubo & rebus æqualibus numero.”

で

$$x^3+ax=b$$

という型の方程式を表わす．

小川　cubo は「未知数の3乗」で，rebus は「未知数」で，numero は「数」の意味なのですね．

広田　具体的に係数が与えられると，たとえば

　　“cubus p̃. 6. rubus æqualis 20.”

と書く．p̃ は「＋」の省略記号だ．

小川　それでは，これは

$$x^3+6x=20$$

という方程式ですね．

佐々木　さっき解いた方程式だ．

広田　この「省略代数」の段階は，3世紀のディオファントスから16世紀のカルダノの時代までつづく．

佐々木　最後の「記号代数」が現代だね．

広田　「記号代数」の段階では，演算や式は完全に記号で表わされる．それは，16世紀末のヴィエトに始まる．既知数の記号化が初めて行われ，記号を使っての一般的な推論への道が開かれる．

ヴィエト
（フランス　1540〜1603）

小川　ある意味で，ヤサシクなったわけですね．

佐々木　「代数」の大衆化！

広田　「言語代数」や「省略代数」の段階では，方程式は幾何学の「言語」で解かれている．

佐々木　カルダノも例外ではない――のだね．

図形の変形

広田　2次方程式は紀元前から解かれている．たとえば

$$x^2+6x=7$$

は，次のように，図形の変形で解く．

　左辺は $x(x+6)$ だから，長方形

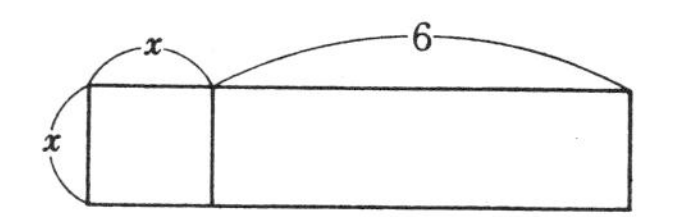

の面積と解釈される．これを次のように変形して

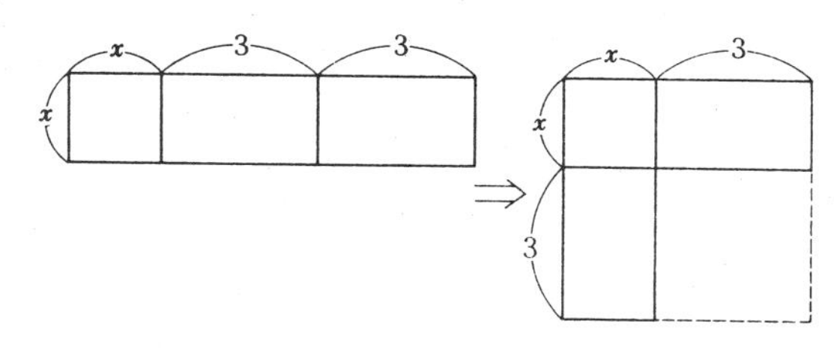

一辺が $x+\dfrac{6}{2}$ の正方形を作る．

小川　この正方形の面積は，長方形の面積 7 と，一辺が 3 の正方形の面積との和で，16ですね．

佐々木　そうすると，一辺の長さが 4 で

$$x+3=4$$

から，$x=1$ と解けるんだね．ウマイ方法だ．

小川　これを式の変形で解釈し直したのが，2 次方程式の根の公式を導く方法なのですね．

佐々木　2 次方程式が正方形なら，3 次方程式には立方体を利用するんだね．

広田　その通り．この 2 次方程式の解法で，本質的なものは何だ．

佐々木　それは，正方形が

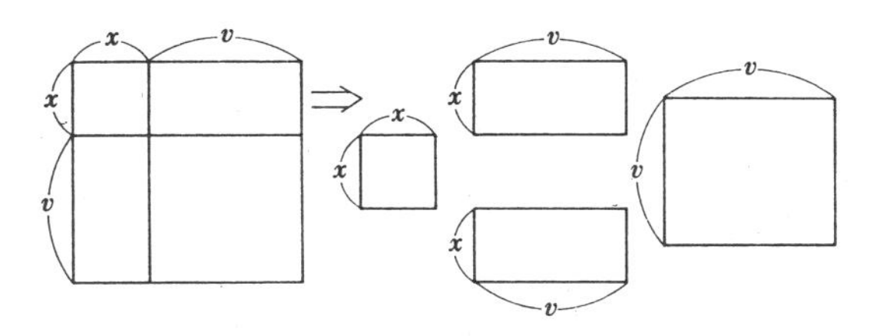

と分割される事だよ．

小川　式の変形で解釈すると

$$(x+v)^2=x^2+2vx+v^2$$

ですね．

広田　カルダノは，このアイデアで

$$x^3+6x=20$$

を解いている．

先ず，一辺がuの立方体を，次のように分割する．

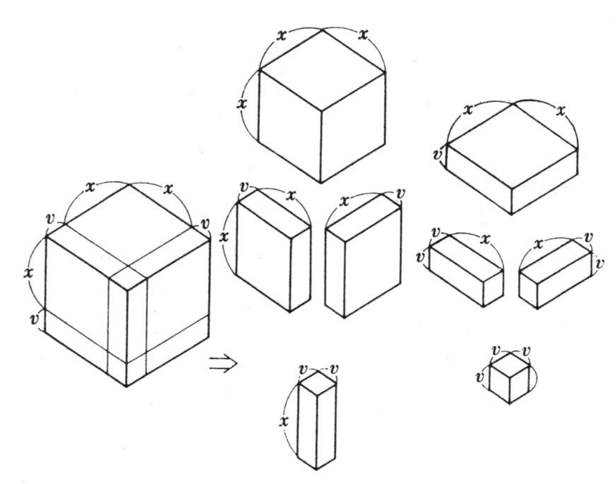

集め直すと

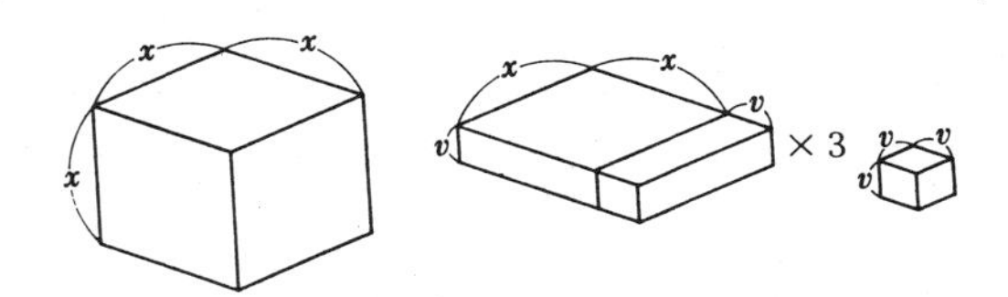

だから

$$u^3=x^3+3uvx+v^3$$

が導かれる．

小川　式の変形で解釈すると，$u=x+v$ を3乗する事ですね．

広田　いま導いた関係式

$$u^3=x^3+3uvx+v^3$$

と，問題の方程式

$$x^3+6x=20$$

とを比べると，解法のヒントが浮かぶ．

$$u=x+v$$

だったから，u と v とが求まればよい．

上の二つの関係から，u, v を決定する方程式が作れないか．

小川　わかりました．第一の関係式で，x の係数が6となるように，u, v を選ぶといいのですね．

佐々木　連立方程式

$$\begin{cases} uv=\dfrac{6}{3} \\ u^3-v^3=20 \end{cases}$$

だね．

小川　u^3, v^3 を，それぞれ，X, Y と書くと

$$\begin{cases} XY=\left(\dfrac{6}{3}\right)^3 \\ X-Y=20 \end{cases}$$

ですね．

広田　これは，図形の変形で，解けるだろう．

小川　解けます，解けます．

$$X=Y+20$$

から

$$XY=(Y+20)Y$$

ですから，長方形

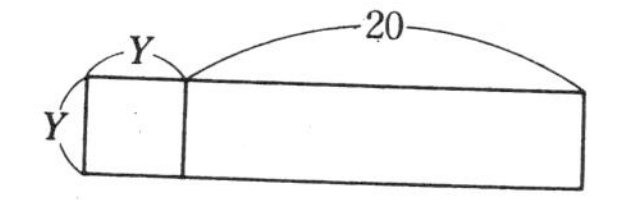

から出発して，次のように正方形を作ります．

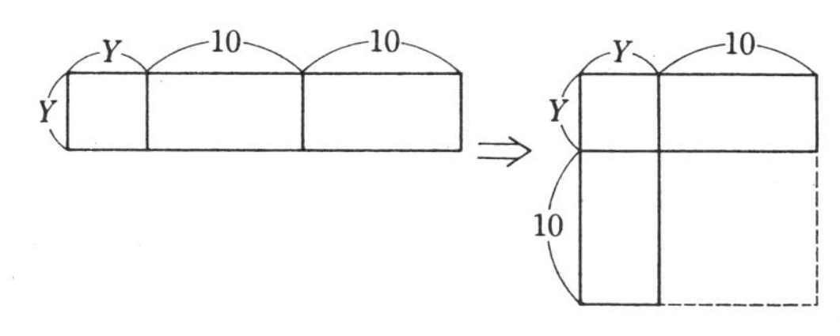

佐々木　この正方形の面積は

$$\left(\frac{6}{3}\right)^3+\left(\frac{20}{2}\right)^2=108$$

で，一辺が $Y+\dfrac{20}{2}$ だから

$$Y=\sqrt{108}-10$$

で，

$$X=\sqrt{108}+10$$

だね．

小川　これから

$$u=\sqrt[3]{\sqrt{108}+10},\qquad v=\sqrt[3]{\sqrt{108}-10}$$

となり

$$x=\sqrt[3]{\sqrt{108}+10}-\sqrt[3]{\sqrt{108}-10}$$

と，求まるのですね．

広田　この特別な方程式を解く手順から

$$x^3+ax=b$$

という一般的な型の解法の規則を，次のように帰納している：未知数の係数の $\dfrac{1}{3}$ を立方し，それに定数項の $\dfrac{1}{2}$ の平方を加える．そして，この和の平方根を作る．この数に，定数項の $\dfrac{1}{2}$ を加えたものと，定数項の $\dfrac{1}{2}$ を引いたものとを作る．前者の3乗根から，後者の3乗根を引いたものが，求める数である．

ここで，定数項というのは，右辺の b の事だ．

小川　既知数が記号で表わされていないので，表現が複雑なのですね．

佐々木　記号で表わすと，僕たちが求めた公式での，第一の根と一致する．あとの二つは，どうなるの．

広田　考えていない．それが幾何学的な方法の特徴だ．

しかし，この規則を適用しているうちに，さっき話したように，虚数が数として認められるようになる．そして，3次方程式は三つの根を持つという認識が一般的なものとなっていくのだ．

さて，今日のところを総括しておこう．

要　約

佐々木　根の公式を練習した．公式を使っただけでは，有理数の根が無理数の形で表わされる事があるので，3乗根が開ききれるか，に注意する．それから，カルダノの方法を調べた．

小川　それは，図形の変形という．幾何学的なものでした．

佐々木　もっと解いてみたいなー．

練習問題

広田　それでは，これは：

(1)　$x^3+6x^2+3x+2=0$

(2)　$x^3-9x^2+36x-48=0$

(3)　$x^3+3\sqrt{2}\,x^2=4\sqrt{2}+9$

(4)　$x^3-x-6=0$

(5)　$x^3+9x=34\sqrt{2}$

(6)　$x^3+10x=6x^2+4$

(7)　$x^3+21x=9x^2+5$

(8)　$x^3-9x+2\sqrt{2}=0$

チャンと，$A+Bi$ (A, B は実数) という形で求めるのだぞ．

佐々木　もう一題．

広田　それでは

(9)　ヴィエトは3次方程式

$$x^3+px+q=0$$

を解くのに

$$y^2+xy=\frac{p}{3}$$

とおいて，新しい未知数 y を利用した．この方法で，根の公式を導け．

佐々木　これで，サンサン九モン．めでたしメデタシ．

問題の答

(1)　$-2-\sqrt[3]{3}-\sqrt[3]{9}$，$\dfrac{1}{2}(\sqrt[3]{3}+\sqrt[3]{9}-4)\pm\dfrac{\sqrt{3}}{2}(\sqrt[3]{3}-\sqrt[3]{9})i$.

(2)　$3+\sqrt[3]{3}-\sqrt[3]{9}$，$\dfrac{1}{2}(6-\sqrt[3]{3}+\sqrt[3]{9})\pm\dfrac{\sqrt{3}}{2}(\sqrt[3]{3}+\sqrt[3]{9})i$.

(3)　$3-\sqrt{2}$，$-\dfrac{1}{2}(3+2\sqrt{2})\pm\dfrac{\sqrt{3}}{2}i$.

(4)　2，$-1\pm\sqrt{2}\,i$.　　(5)　$2\sqrt{2}$，$-\sqrt{2}\pm\sqrt{15}\,i$.

(6)　2，$2\pm\sqrt{2}$.　　(7)　5，$2\pm\sqrt{3}$.

(8)　$2\sqrt{2}$，$-\sqrt{2}\pm\sqrt{3}$.

(9)　カルダノの公式と同じ．

第4章　4次方程式を斬る

3次方程式・4次方程式の解法が，ガロア理論の発端である．3次方程式の解法は，すでに，みた．

ここでは，4次方程式の「すべて」を考察する．そこでは，2次方程式・3次方程式の解法が決め手となる．

叔父さんは，歌磨式の顔に西洋人の鼻をつけている．鼻の下にはヒゲがある．ヒゲを二三度ひねって，おもむろに口を開く．

目　　標

広田　今日は，4次方程式の解法を調べよう．

佐々木　4次方程式

$$ax^4+bx^3+cx^2+dx+e=0 \quad (a \neq 0)$$

で，係数 a, b, c, d, e がどんな数のときにも通用する解き方——つまり，根の公式を調べるのだね．

広田　その通りだ．

佐々木　3次方程式のときは，数Iに出てくる，因数分解で解く方法と勘違いして，ハジをかいた．でも，もう大丈夫だ．

数Iの方法は，係数の間にウマイこと関係のある，特別な方程式にだけ使えるものだった．

広田　与次郎も，一つ，利口になったな．

佐々木　ホメられツイデに，もう一つ，いわせて貰うと——新しい問題に直面したら，似た問題を思い出す——のだった．

広田　その通りだ．2次方程式と3次方程式との解法の反省から，始めよう．

2次・3次方程式解法の反省

佐々木　2次方程式で使ったアイデアは，方程式の両辺に適当な定数を加えて

完全平方式 ＝ 定数

という形の，一番簡単な2次方程式を作る事だった．

小川　3次方程式の場合も，方程式の両辺に適当な定数を加えて

完全立方式 ＝ 定数

という，一番簡単な3次方程式へ変形する——というのが基本方針でした．

佐々木　でも，この変形は出来なかった．

広田　この変形には失敗したが，そこから解法の糸口がつかめた．今度も，この方針で行ってみよう．

佐々木　また失敗すると思うよ．

広田　そういう直観は大切だ．しかし，「直観」は「論理」で裏付けされなければならない．

完全4乗式への変形

小川　a, b, c, d, e が実数のとき，4次方程式

$$ax^4+bx^3+cx^2+dx+e=0 \qquad (a \neq 0)$$

を

$$(x \text{ の整式})^4 = \text{定数}$$

という方程式に変形するのですね．

広田　その通りだ．

佐々木　計算を見通しよくするために，最高次の項の係数を簡単にしておくのだったね．両辺を a で割った

$$x^4+\frac{b}{a}x^3+\frac{c}{a}x^2+\frac{d}{a}x+\frac{e}{a}=0$$

という方程式を変形する．

これでも，初めの計画は狂わない．

小川　最初の方程式と同値ですからね．

佐々木　問題の整式は x の１次式しかないよ．２次以上だと，その４乗は８次以上だから．

小川　それで，A, B を実数として

$$(Ax+B)^4=\text{定数}$$

という形を目的にします．

$$(Ax+B)^4=A^4x^4+4A^3Bx^3+6A^2B^2x^2+4AB^3x+B^4$$

と

$$x^4+\frac{b}{a}x^3+\frac{c}{a}x^2+\frac{d}{a}x+\frac{e}{a}$$

との差が定数となるには，x を含む項が消えないといけませんね．

佐々木　x^4 の係数を比べて

$$A^4=1,$$

A は実数だから，$A=\pm1$ ときまる．

小川　x^3 の係数を比べると

$$\frac{b}{a}=4A^3B=\pm4B$$

から，$B=\pm\dfrac{b}{4a}$ ときまります．

ですから，問題の整式は

$$x+\frac{b}{4a}\quad と\quad -\left(x+\frac{b}{4a}\right)$$

しかありませんね．

佐々木　でも

$$\left(x^4+\frac{b}{a}x^3+\frac{c}{a}x^2+\frac{d}{a}x+\frac{e}{a}\right)-\left(x+\frac{b}{4a}\right)^4$$

$$=\left(x^4+\frac{b}{a}x^3+\frac{c}{a}x^2+\frac{d}{a}x+\frac{e}{a}\right)-\left(x^4+\frac{b}{a}x^3+\frac{3b^2}{8a^2}x^2+\frac{b^3}{16a^3}x+\frac{b^4}{256a^4}\right)$$

$$=\frac{8ac-3b^2}{8a^2}x^2+\frac{16a^2d-b^3}{16a^3}x+\frac{256a^3e-b^4}{256a^4}$$

となって

$$8ac-3b^2=0 \quad と \quad 16a^2d-b^3=0$$

とが同時に成立する場合の外は，一般的には定数にはならない．

小川　という事は

$$(x \text{ の整式})^4=定数$$

という方程式には変形できない——という事ですね．

佐々木　僕の「直観」は正しかった！

広田　3次方程式の場合には，それから，どうした？

小川　3次方程式

$$ax^3+bx^2+cx+d=0 \qquad (a\neq 0)$$

の場合には，これと同値な方程式

$$x^3+\frac{b}{a}x^2+\frac{c}{a}x+\frac{d}{a}=0$$

を

$$(x \text{ の整式})^3=定数$$

という方程式に変形しようとしたのですが，問題の整式の候補としては

$$x+\frac{b}{3a}$$

しか，ありませんでした．

佐々木　でも

$$\left(x^3+\frac{b}{a}x^2+\frac{c}{a}x+\frac{d}{a}\right)-\left(x+\frac{b}{3a}\right)^3=\frac{3ac-b^2}{3a^2}x+\frac{27a^2d-b^3}{27a^3}$$

となって，一般的には定数にならなかった．

小川　しかし，この差が

$$\frac{3ac-b^2}{3a^2}x+\frac{27a^2d-b^3}{27a^3}=\frac{3ac-b^2}{3a^2}\left(x+\frac{b}{3a}\right)+\frac{27a^2d-9abc+2b^3}{27a^3}$$

と，$x+\dfrac{b}{3a}$ の1次式で表わされる事に注目して

$$y=x+\frac{b}{3a}, \qquad p=\frac{3ac-b^2}{3a^2}, \qquad q=\frac{27a^2d-9abc+2b^3}{27a^3}$$

とおいて，最初の 3 次方程式を新しい未知数 y についての 3 次方程式

$$y^3+py+q=0$$

へと変形しました.

広田　このアイデアを 4 次方程式に応用すると？

より簡単な 4 次方程式への変形

佐々木　問題の差

$$\left(x^4+\frac{b}{a}x^3+\frac{c}{a}x^2+\frac{d}{a}x+\frac{e}{a}\right)-\left(x+\frac{b}{4a}\right)^4$$

$$=\frac{8ac-3b^2}{8a^2}x^2+\frac{16a^2d-b^3}{16a^3}x+\frac{256a^3e-b^4}{256a^4}$$

を，$x+\dfrac{b}{4a}$ の整式として表わすのだね.

$$\frac{8ac-3b^2}{8a^2}x^2$$

$$=\frac{8ac-3b^2}{8a^2}\left(x+\frac{b}{4a}\right)^2-\frac{8abc-3b^3}{16a^3}x-\frac{8ab^2c-3b^4}{128a^4}$$

$$=\frac{8ac-3b^2}{8a^2}\left(x+\frac{b}{4a}\right)^2-\frac{8abc-3b^3}{16a^3}\left(x+\frac{b}{4a}\right)+\frac{8ab^2c-3b^4}{64a^4}-\frac{8ab^2c-3b^4}{128a^4}$$

$$=\frac{8ac-3b^2}{8a^2}\left(x+\frac{b}{4a}\right)^2-\frac{8abc-3b^3}{16a^3}\left(x+\frac{b}{4a}\right)+\frac{8ab^2c-3b^4}{128a^4},$$

だし

$$\frac{16a^2d-b^3}{16a^3}x=\frac{16a^2d-b^3}{16a^3}\left(x+\frac{b}{4a}\right)-\frac{16a^2bd-b^4}{64a^4}$$

だから，結局

$$\left(x^4+\frac{b}{a}x^3+\frac{c}{a}x^2+\frac{d}{a}x+\frac{e}{a}\right)-\left(x+\frac{b}{4a}\right)^4$$

$$=\frac{8ac-3b^2}{8a^2}\left(x+\frac{b}{4a}\right)^2+\frac{16a^2d-8abc+2b^3}{16a^3}\left(x+\frac{b}{4a}\right)$$

$$+\frac{256a^3e-64a^2bd+16ab^2c-3b^4}{256a^4}$$

だね.

アー，ちかりたびー.

広田　ダラシがないぞ！

小川　もっと簡単に計算できますね．

佐々木　ホント？

小川　組立除法を，繰り返し，使うと

$$\begin{array}{llll}
\dfrac{8ac-3b^2}{8a^2} & \dfrac{16a^2d-b^3}{16a^3} & \dfrac{256a^3e-b^4}{256a^4} & -\dfrac{b}{4a} \\[2ex]
 & -\dfrac{8abc-3b^3}{32a^3} & -\dfrac{32a^2bd-8ab^2c+b^4}{128a^4} & \\[2ex]
\dfrac{8ac-3b^2}{8a^2} & \dfrac{32a^2d-8abc+b^3}{32a^3} & \dfrac{256a^3e-64a^2bd+16ab^2c-3b^4}{256a^4} & \\[2ex]
 & -\dfrac{8abc-3b^3}{32a^3} & & \\[2ex]
\dfrac{8ac-3b^2}{8a^2} & \dfrac{16a^2d-8abc+2b^3}{16a^3} & &
\end{array}$$

だから

$$\text{定数項}=\frac{256a^3e-64a^2bd+16ab^2c-3b^4}{256a^4}$$

$$x+\frac{b}{4a}\ \text{の係数}=\frac{16a^2d-8abc+2b^3}{16a^3}$$

$$\left(x+\frac{b}{4a}\right)^2\ \text{の係数}=\frac{8ac-3b^2}{8a^2}$$

と求まります．

佐々木　どうして．

小川　問題の差が

$$A\left(x+\frac{b}{4a}\right)^2+B\left(x+\frac{b}{4a}\right)+C$$

と変形される，係数 A, B, C を求めたいわけですね．これは

$$\left(x+\frac{b}{4a}\right)\left\{A\left(x+\frac{b}{4a}\right)+B\right\}+C$$

と書けるから，定数項 C は，問題の差を $x+\dfrac{b}{4a}$ で割った余りでしょう．

それから，そのときの商は

$$A\left(x+\frac{b}{4a}\right)+B$$

だから，これを $x+\dfrac{b}{4a}$ で割った余りが，$x+\dfrac{b}{4a}$ の係数 B で，その商が，$\left(x+\dfrac{b}{4a}\right)^2$ の係数 A でしょう．

佐々木　ナルホド．組立除法を使うと，一々，式を展開しなくてもスムんだな．

広田　もとに返ると…

小川　それで

$$y=x+\frac{b}{4a},\quad p=\left(x+\frac{b}{4a}\right)^2 \text{ の係数},$$

$$q=\left(x+\frac{b}{4a}\right) \text{ の係数},\quad r=\text{定数項}$$

とおくと，最初の4次方程式

$$ax^4+bx^3+cx^2+dx+e=0 \qquad (a\neq 0)$$

は，新しい未知数 y についての4次方程式

$$y^4+py^2+qy+r=0$$

に変形されます．

佐々木　3次の項がなくなった，少し簡単な方程式に変形される．

広田　これが解ければよい．この解き方をみつけるために，3次方程式の場合を反省すると…

佐々木　3次方程式

$$y^3+py+q=0$$

のときは，根と係数との関係を利用して，連立方程式に変形した．

小川　この方程式の三根を α, β, γ とすると

$$\begin{cases} \alpha+\beta+\gamma=0 \\ \alpha\beta+\beta\gamma+\gamma\alpha=p \\ \alpha\beta\gamma=-q \end{cases}$$

ですが，p, q の値が変化しても，それとは無関係に，何時でも成立する「特別な関係」の

$$\alpha+\beta+\gamma=0$$

を利用しました．

佐々木　この「特別な関係」から

$$\gamma=-\alpha-\beta$$

で，γ は初めの方程式の根だから

$$(-\alpha-\beta)^3+p(-\alpha-\beta)+q=0$$

でないといけない．

逆に，これを α, β の方程式と考えて解くのだった．

小川　未知数 u, v についての方程式

$$(u+v)^3+p(u+v)+q=0$$

の一組の根がみつかると，最初の3次方程式は解ける，からでした．

佐々木　そのような一組の根は，連立方程式

$$\begin{cases} u^3+v^3=-q \\ uv=-\dfrac{p}{3} \end{cases}$$

から求まった．

小川　この連立方程式の根の3乗 u^3 と v^3 は，連立方程式

$$\begin{cases} u^3+v^3=-q \\ u^3v^3=-\dfrac{p^3}{27} \end{cases}$$

つまり，2次方程式

$$t^2+qt-\frac{p^3}{27}=0$$

の根として，求まるからでした．

広田　このアイデアを応用しよう．

連立方程式への変形

小川　4次方程式

$$y^4+py^2+qy+r=0$$

の四根を $\alpha, \beta, \gamma, \delta$ とすると

$$\begin{cases} \alpha+\beta+\gamma+\delta=0 \\ \alpha\beta+\alpha\gamma+\alpha\delta+\beta\gamma+\beta\delta+\gamma\delta=p \\ \alpha\beta\gamma+\alpha\beta\delta+\beta\gamma\delta+\gamma\delta\alpha=-q \\ \alpha\beta\gamma\delta=r \end{cases}$$

ですね.

佐々木　この中で，p, q, r の値が変化しても，それとは無関係に何時でも成立する「特別な関係」は

$$\alpha+\beta+\gamma+\delta=0$$

だけだよ．これを利用するのだね.

小川　これから

$$\delta=-\alpha-\beta-\gamma$$

で，δ は最初の4次方程式の根だから

$$(-\alpha-\beta-\gamma)^4+p(-\alpha-\beta-\gamma)^2+q(-\alpha-\beta-\gamma)+r=0.$$

これを α, β, γ の方程式と考えて解くのですね.

佐々木　つまり，未知数 u, v, w の方程式

$$(u+v+w)^4+p(u+v+w)^2+q(u+v+w)+r=0$$

の一組の根をみつけるわけだ.

小川　一組の根がみつかると，それらの和は最初の方程式の根ですから，最初の方程式は1次式と3次式との積に因数分解されて，完全に解けるからですね.

佐々木　でも，どうやって一組の根をみつける？

広田　さっき復習したように，3次方程式

$$(u+v)^3+p(u+v)+q=0$$

の場合には，この一組の根は，連立方程式

$$\begin{cases} u^3+v^3=-q \\ u^3v^3=-\dfrac{p^3}{27} \end{cases}$$

から求まった.

この連立方程式を発見するときに使った「基本方針」は何だった？

小川　u と v とを適当な関係で結びつけ，　一方を消去して他方だけの方程式——それも，解き方を知っている方程式に導く，というのでした．

全部ではなく，少なくとも一組の根がみつかるとよかったからです．

広田　その方針で行ってみよう．u と v と w とを結びつける関係を探そう．

佐々木　三つの未知数から二つを消去して，解き方を知っている，一つの未知数の方程式を作るのだから，今度は二つの関係が必要だね．難しいぞ．

小川　3次のときは，解き方を知っている方程式として，u^3 と v^3 とを二根とする2次方程式に導かれる関係がみつかりましたね．

それで今度は，u, v, w の何乗かが3次方程式の三つの根となるような関係がみつかりそうですね．

佐々木　そうウマク行くかな．たとえば，1乗だったら

$$\begin{cases} u+v+w=\text{定数} \\ uv+vw+wu=\text{定数} \\ uvw=\text{定数} \end{cases}$$

という形だけど，これはダメだよ．第一式の定数をみつける事は，もとの4次方程式を解く事だから．

小川　2乗だったら

$$\begin{cases} u^2+v^2+w^2=\text{定数} \\ u^2v^2+v^2w^2+w^2u^2=\text{定数} \\ u^2v^2w^2=\text{定数} \end{cases}$$

という形ですね．

こんな定数がウマクみつかるかどうか，方程式

$$(u+v+w)^4+p(u+v+w)^2+q(u+v+w)+r=0$$

の左辺を展開して，三つの項

$$u^2+v^2+w^2,\quad u^2v^2+v^2w^2+w^2u^2,\quad u^2v^2w^2$$

が，どのように現われるか調べてみます．

まず

$$(u+v+w)^2=u^2+v^2+w^2+2(uv+vw+wu)$$

と，$u^2+v^2+w^2$ が現われます．それで

$$X^2=A$$

の根は

$$\sqrt{r}\left(\cos\frac{\theta}{2}+i\sin\frac{\theta}{2}\right)$$

と

$$\sqrt{r}\left(\cos\left(\frac{\theta}{2}+\pi\right)+i\sin\left(\frac{\theta}{2}+\pi\right)\right)$$

つまり

$$\pm\sqrt{r}\left(\cos\frac{\theta}{2}+i\sin\frac{\theta}{2}\right)$$

です．

広田　とくに，A が負の場合には，$\theta=\pi$ だから

$$\sqrt{-A}\,i \quad と \quad -\sqrt{-A}\,i$$

だね．数Iでは，前者を $\sqrt{A}$ で表わす事になっているのだ．

佐々木　そうすると，Aが虚数のときも，Aの平方根のどちらかを$\sqrt{A}$ で表わすと，方程式

$$X^2=A$$

の根は $X=\pm\sqrt{A}$ と表わされて，さっき

$$u^2=t_1,\quad v^2=t_2,\quad w^2=t_3$$

から

$$u=\pm\sqrt{t_1},\quad v=\pm\sqrt{t_2},\quad w=\pm\sqrt{t_3}$$

と解いたのは，いいじゃない．

広田　その意味は確定したが，今度は計算がいけない．記号 $\sqrt{\quad}$ の任意性から，一般に

$$\sqrt{abc}=\sqrt{a}\sqrt{b}\sqrt{c}$$

は成立しない．

たとえば

$$a=2^2,\quad b=(2+i)^2,\quad c=(2-i)^2$$

とする．$\sqrt{a}=2$ だが

$$\sqrt{b}=2+i, \qquad \sqrt{c}=-(2-i)$$

と指定しよう．一方

$$abc=10^2$$

だから，$\sqrt{abc}=10$ で，このとき

$$\sqrt{a}\sqrt{b}\sqrt{c}=-10\neq\sqrt{abc}.$$

同じ事を，3乗根のときも，注意したろう．

小川　しかし，$\sqrt{a}$，$\sqrt{b}$，$\sqrt{c}$ が指定されたとき

$$(\sqrt{a}\sqrt{b}\sqrt{c})^2=abc$$

ですから，$\sqrt{abc}$ は

$$\sqrt{a}\sqrt{b}\sqrt{c} \quad \text{か} \quad -\sqrt{a}\sqrt{b}\sqrt{c}$$

かの，どれかと等しくなりますね．

広田　その通りだ．

小川　そうしますと，初めに返って

$$(\sqrt{t_1}\sqrt{t_2}\sqrt{t_3})^2=\left(-\frac{q}{8}\right)^2$$

だから，$-\dfrac{q}{8}$ は

$$\sqrt{t_1}\sqrt{t_2}\sqrt{t_3} \quad \text{か} \quad -\sqrt{t_1}\sqrt{t_2}\sqrt{t_3}$$

の，どちらかですね．ですから，t_3 の平方根

$$\sqrt{t_3} \quad \text{と} \quad -\sqrt{t_3}$$

の中には，$\sqrt{t_1}\sqrt{t_2}$ との積が $-\dfrac{q}{8}$ となるものがありますね．

広田　その点に注意すると，根はどう表わされる？

根の公式

佐々木　そうか．

$$uvw=-\frac{q}{8}$$

となる，t_1, t_2, t_3 の平方根があるから，それをアラタメて，$\sqrt{t_1}$，$\sqrt{t_2}$，$\sqrt{t_3}$ と指定する——と修正すると，いいわけだ．

そうすると，４次方程式

$$y^4+py^2+qy+r=0$$

の一つの根 y_1 は，q の符号を気にしないで

$$y_1=\sqrt{t_1}+\sqrt{t_2}+\sqrt{t_3}$$

で表わされる．

小川　$\sqrt{t_1}$，$\sqrt{t_2}$，$\sqrt{t_3}$ の中の二つにマイナスをつけたものの積も $-\frac{q}{8}$ だから

$$y_2=\sqrt{t_1}-\sqrt{t_2}-\sqrt{t_3},$$
$$y_3=-\sqrt{t_1}+\sqrt{t_2}-\sqrt{t_3},$$
$$y_4=-\sqrt{t_1}-\sqrt{t_2}+\sqrt{t_3}$$

も根ですね．

佐々木　これで，ゼンブ求まったぞ．

広田　そう速断してはイケナイのだったな．

u, v, w についての連立方程式

$$\begin{cases} u^2+v^2+w^2=-\dfrac{p}{2} \\ u^2v^2+v^2w^2+w^2u^2=\dfrac{p^2}{16}-\dfrac{r}{4} \\ uvw=-\dfrac{q}{8} \end{cases}$$

の根は，単独方程式

$$(u+v+w)^4+p(u+v+w)^2+q(u+v+w)+r=0$$

を満足する．

しかし，逆に，この単独方程式の根は，連立方程式を満足するかどうかは，確かめてないのだから．

佐々木　そうだった．３次方程式のときも，これで失敗した．

小川　これ以外に根がないかどうかは

$$(y-y_1)(y-y_2)(y-y_3)(y-y_4)=y^4+py^2+qy+r$$

が恒等的に成立するかどうかを調べるといいですね.

もし成立すると，4次方程式

$$y^4+py^2+qy+r=0$$

の根 y_0 に対して

$$(y_0-y_1)(y_0-y_2)(y_0-y_3)(y_0-y_4)=0$$

で，四つの複素数の積が0なら，その中の少なくとも一つは0ですから，y_0 は y_1, y_2, y_3, y_4 のどれかと一致しますから.

佐々木　この恒等式は成立するよ．計算すると

$$\begin{aligned}&(a-b-c-d)(a-b+c+d)(a+b-c+d)(a+b+c-d)\\&=a^4+b^4+c^4+d^4-2(a^2b^2+a^2c^2+a^2d^2+b^2c^2+b^2d^2+d^2c^2)-8abcd\\&=a^4-2(b^2+c^2+d^2)a^2-8bcda+(b^2+c^2+d^2)^2-4(b^2c^2+c^2d^2+d^2b^2)\end{aligned}$$

だから

$$a=y,\quad b=\sqrt{t_1},\quad c=\sqrt{t_2},\quad d=\sqrt{t_3}$$

とおくと

$$\begin{aligned}&(y-y_1)(y-y_2)(y-y_3)(y-y_4)\\&=y^4-2(t_1+t_2+t_3)y^2-8\sqrt{t_1}\sqrt{t_2}\sqrt{t_3}\,y+(t_1+t_2+t_3)^2-4(t_1t_2+t_2t_3+t_3t_1)\end{aligned}$$

で

$$t_1+t_2+t_3=-\frac{p}{2},\qquad \sqrt{t_1}\sqrt{t_2}\sqrt{t_3}=-\frac{q}{8},\qquad t_1t_2+t_2t_3+t_3t_1=\frac{p^2}{16}-\frac{r}{4}$$

だから.

広田　整理しよう.

要　　約

佐々木　4次方程式

$$ax^4+bx^3+cx^2+dx+e=0\qquad(a\neq 0)$$

で

$$x=y-\frac{b}{4a}$$

とおいて

$$y^4+py^2+qy+r=0$$

という方程式に変形する.

この係数 p, q, r から作られる3次方程式

$$t^3+\frac{p}{2}t^2+\left(\frac{p^2}{16}-\frac{r}{4}\right)t-\frac{q^2}{64}=0$$

の三根を t_1, t_2, t_3 とする.

これらの平方根の中で，その積が $-\frac{q}{8}$ となるものを $\sqrt{t_1}$, $\sqrt{t_2}$, $\sqrt{t_3}$ とする：

$$\sqrt{t_1}\sqrt{t_2}\sqrt{t_3}=-\frac{q}{8}.$$

4次方程式

$$ax^4+bx^3+cx^2+dx+e=0 \qquad (a\neq 0)$$

の根は

$$\begin{cases} x_1=-\dfrac{b}{4a}+\sqrt{t_1}+\sqrt{t_2}+\sqrt{t_3}, \\ x_2=-\dfrac{b}{4a}+\sqrt{t_1}-\sqrt{t_2}-\sqrt{t_3}, \\ x_3=-\dfrac{b}{4a}-\sqrt{t_1}+\sqrt{t_2}-\sqrt{t_3}, \\ x_4=-\dfrac{b}{4a}-\sqrt{t_1}-\sqrt{t_2}+\sqrt{t_3} \end{cases}$$

である.

小川 4次方程式の解法は，2次方程式と3次方程式との解法に帰着されました.

広田 これは，発見者に因んで，オイラーの解法とよばれているものだ.

佐々木 そうすると，オイラーという人が初めて4次方程式の根の公式をみつけたのだね.

広田 オイラーではない．フェラリだ．カルダノのお弟子さんで，16世紀の事

だ．オイラーは18世紀の人なんだぞ．

小川　フェラリの解法は，これと違うんですね．

広田　その通りだ．

小川　では，それも話して下さい．

広田　それと，公式の練習とは，またの機会にしよう．

小川　心残りですね．

——叔父さんは，だまって，ヒゲをなでている．

オイラー

第5章　4次方程式をフェラリに見る

　3次方程式・4次方程式の解法が，ガロア理論の発端である．3次方程式の解法と，4次方程式でのオイラーの解法とは，すでに見た．
　ここでは，4次方程式でのフェラリの解法を調べ，公式を練習する．

　見ると，叔父さんのヒゲがない．

佐々木　どうして剃ったの？

広田　90702356670-0107 から 90702356670-0173へ移行するためにだ．

佐々木　!?

広田　気がつくと，免許証の期限がない．最近の写真もない．三年前の写真は，さいわい，あった．

佐々木　それで，写真に顔を合わせたのだね．

小川　「二分間写真」というのがありますよ．

広田　「二分間マッ」ほど，ジッとガマンの子ではない．なに，あと二週間もすれば，もと通りになる．
　ところで，今日は何を話そうか．

目　　標

小川　フェラリの方法を話していただく約束でした．

佐々木　公式の練習もだよ．

広田　どっちを先にする.

佐々木　3次方程式のときは，僕の顔を立てて，公式の練習を先にしてくれたから，今度はフェラリの方法から始めてくれよ.

図形の変形

広田　フェラリはカルダノのお弟子さんだから，当然，カルダノと同時代の人だ.

小川　という事は「省略代数」時代の人という事で，幾何学的に考えて解いたのですね.

佐々木　2次方程式には正方形を，3次方程式には立方体を利用したから，4次方程式には4次元空間の「四方体」でも利用するの.

広田　そんなものは目に見えない.「言葉」あって「実体」なしだ.

佐々木　それじゃ，どうしたの？

広田　2次方程式に正方形が利用できたのは，どうしてだったかな？

佐々木　正方形を

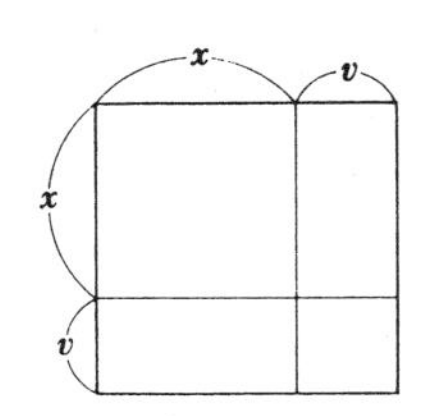

と分割して集め直すと

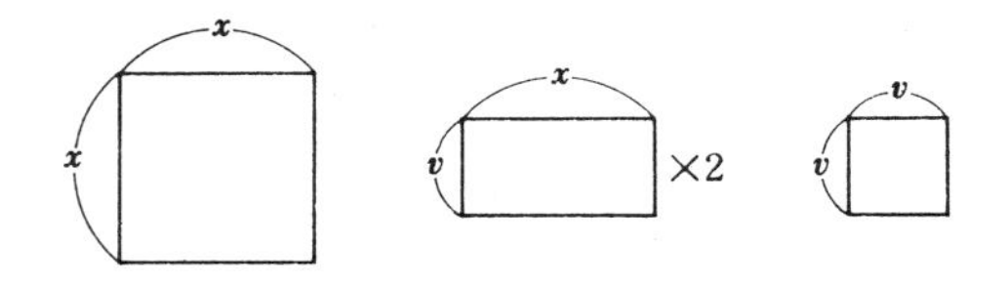

と変形されたからだよ.

広田　3次方程式に立方体が利用できたのは？

小川　立方体を

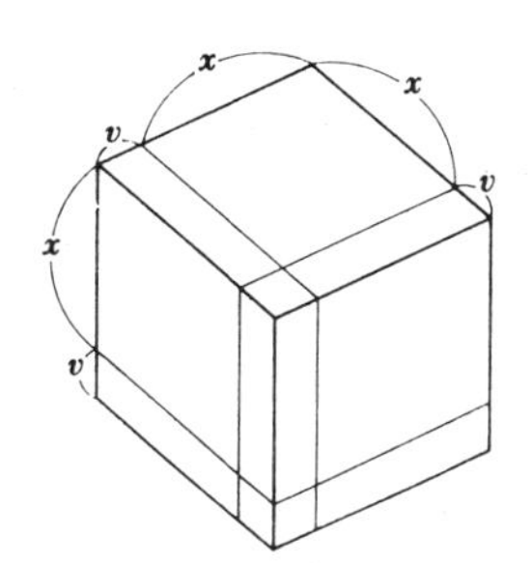

と分割して集め直すと

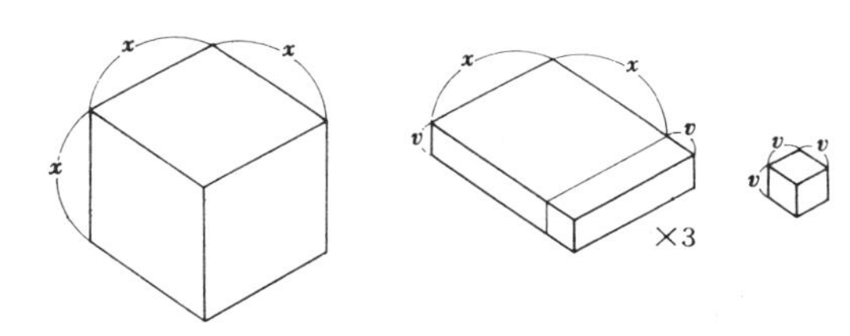

と変形されたからです．

広田　この二つの分割の仕方で共通な点は？

小川　えーと，正方形の分割法です．立方体の分割は，その面の分割から決まっています．が，その面の分割の仕方は，初めの正方形の分割法と同じです．

佐々木　2次方程式の解法で使った正方形の分割法を，ソックリそのまま立方体に応用して，カルダノは3次方程式を解いたのだね．

広田　フェラリも，この正方形の分割法を応用する．

佐々木　どうやって？

広田　この分割法を，二度，適用する．

　先ず，正方形を

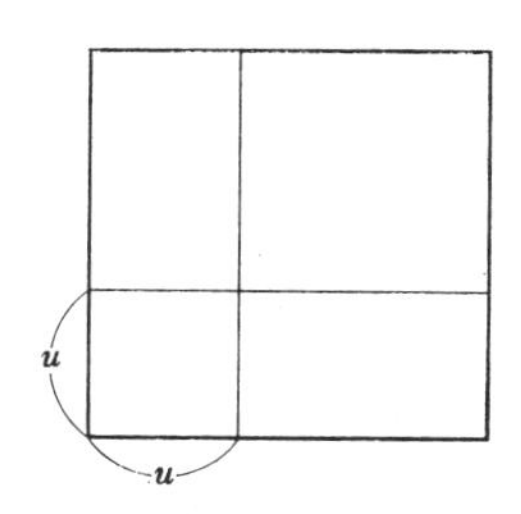

と分割する．そして，右上の正方形に，また問題の分割法を適用して

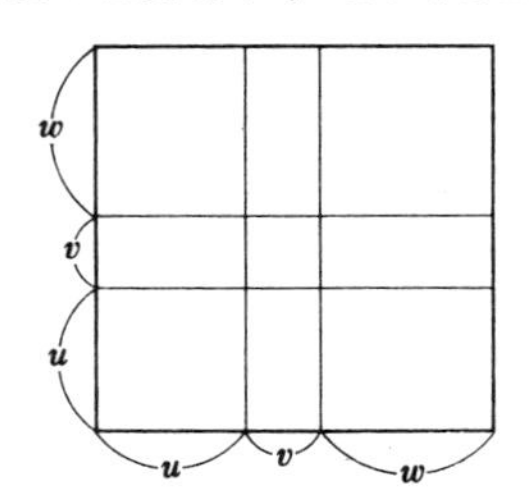

とする．バラバラにして

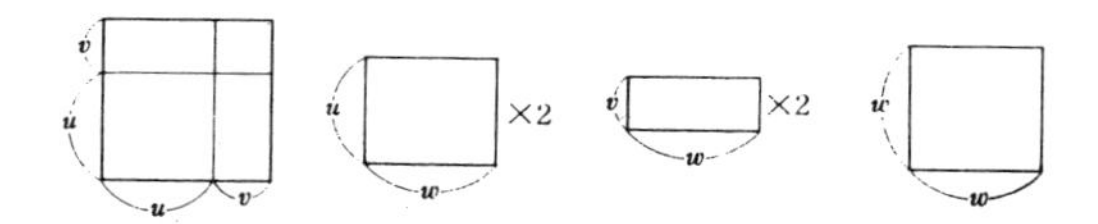

と集め直す．

小川　式の変形で解釈すると

$$(u+v+w)^2=(u+v)^2+2uw+2vw+w^2$$

ですね．

広田　フェラリは，この図形の変形を利用する．

フェラリの方法

広田　カルダノが挙げた

$$x^4+6x^2+36=60x$$

という例で説明しよう．

佐々木　「カルダノ」でなく「フェラリ」じゃないの．

広田　フェラリの方法は，カルダノの著書『アルス・マグナ』に，先生のカルダノ自身から紹介されているからだ．この本も後で見せてあげよう．

ところで，この方程式の左辺は x^2 の2次式だから，正方形で表現できるな．

佐々木　簡単だね．

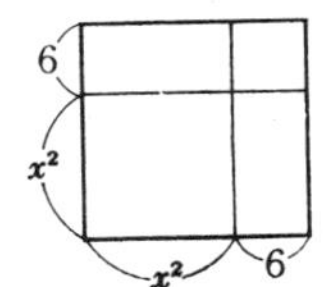

だよ．

小川　それでは $6x^2$ だけ多い．

佐々木　そうか．でも，もとの方程式の両辺に $6x^2$ を加えた

$$(x^2+6)^2=6x^2+60x$$

の左辺と考えると，いいじゃない．

小川　そうだね．

佐々木　これから，どうするの．

広田　さっき調べた変形を，まだ，使ってない．

佐々木　使うには，同じ形にしない――と．さっきの形と比べると，$u=x^2$，$v=6$ として，w がない．

小川　それで，正方形の辺を w だけ延長して

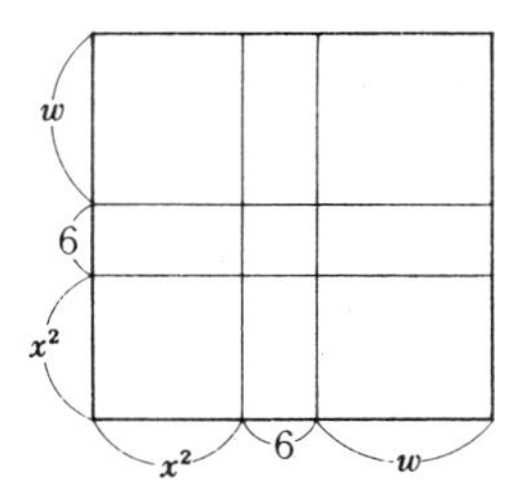

とすると，さっきの変形から

$$(x^2+6+w)^2=(x^2+6)^2+2wx^2+12w+w^2$$

ですね．

広田　ここで

$$(x^2+6)^2=6x^2+60x$$

だったから

$$\begin{aligned}(x^2+6+w)^2&=(6x^2+60x)+2wx^2+12w+w^2\\&=(6+2w)x^2+60x+(12w+w^2)\end{aligned}$$

だ．この式の特徴は？

佐々木　　$(x^2+6)^2=6x^2+60x$

という条件の下では，w についての恒等式だよ．

　だから，もとの方程式と同値だ．

小川　右辺がxの2次式です．ですから，wをウマク選ぶと正方形で表わされる——という事です．

広田　ウマク選ぶとは？

小川　正方形

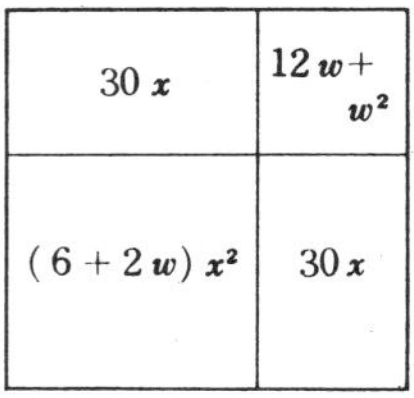

$30x$	$12w+w^2$
$(6+2w)x^2$	$30x$

が，できるようにです．

佐々木　つまり，wとして，方程式

$$\sqrt{6+2w}\sqrt{12w+w^2}=30$$

の正の実根を選ぶといいわけだ．

広田　選べたとして，どうなる？

小川　この正の実根をw_0とすると，さっき佐々木君が注意した事から

$$(x^2+6+w_0)^2=(\sqrt{6+2w_0}\,x+\sqrt{12w_0+w_0{}^2})^2$$

という，初めのと同値な方程式が作れます．

佐々木　これを幾何学的に解釈すると，左辺は一辺が

$$x^2+6+w_0$$

の正方形の面積で，右辺は一辺が

$$\sqrt{6+2w_0}\,x+\sqrt{12w_0+w_0{}^2}$$

の正方形の面積だ．

　等号は，この二つの正方形の面積が等しい，という事だから，辺の長さも同じで

$$x^2+6+w_0=\sqrt{6+2w_0}\,x+\sqrt{12w_0+w_0{}^2}$$

で，これからxが求まる．

つまり，もとの4次方程式が解ける．

広田　これがフェラリの方法だ．そして，「省略代数」の特徴として

$$x^4+ax^2+b=cx$$

という一般的な型の解法の規則が「言葉」で述べてある．しかし，その必要はないだろう．

佐々木　もう判ってる．

広田　ところで，一つ問題がある．

小川　何ですか？

広田　さっき，方程式

$$\sqrt{6+2w}\sqrt{12w+w^2}=30$$

の正の実根を w_0 としたが，この w_0 は求まるかね．

佐々木　両辺を二乗すると

$$w^3+15w^2+36w-450=0$$

という3次方程式だから，カルダノの方法で求まるよ．

小川　この3次方程式の正の実根は，もとの方程式の平方根の中を正にしますから，大丈夫です．

広田　実数を係数とする3次方程式は，いつでも，実根を持つことは，公式の練習をしたとき気がついたと思う．しかし，問題は正の実根が求まるかだ．

この場合は，さいわいに

$$\sqrt[3]{190+\sqrt{33903}}+\sqrt[3]{190-\sqrt{33903}}-5$$

という正の実根を持つからよいが，一般な場合には，負の実根しか持たない場合もあるだろう．

佐々木　そのときは，幾何学的方法は破産する．

小川　式の変形で救えますね．

広田　その通りだ．そこで，式の変形という立場から，フェラリの方法を一般化しよう．

式の変形（一）

佐々木　簡単だよ．4次方程式

$$ax^4+bx^3+cx^2+dx+e=0 \qquad (a \neq 0)$$

は

$$x=y-\frac{b}{4a}$$

とおくと

$$y^4+py^2+qy+r=0$$

という方程式に変形される.

1次の項を移行すると

$$y^4+py^2+r=-qy$$

で，フェラリ型だよ.

最初の 正方形を 作る事を 式の変形で 解釈すると，両辺に

$$py^2+\square y^2=2\sqrt{r}\,y^2$$

となる2次の項，つまり

$$(2\sqrt{r}-p)y^2$$

を加えて

$$(y^2+\sqrt{r})^2=2(\sqrt{r}-p)y^2-qy$$

と，左辺を完全平方化する事だ.

つぎは

$$(u+v+w)^2=(u+v)^2+2uw+2vw+w^2$$

を利用するんだね.

$u=y^2$, $v=\sqrt{r}$ と考えると

$$(y^2+\sqrt{r}+w)^2=(y^2+\sqrt{r})^2+2y^2w+2\sqrt{r}\,w+w^2$$

だから

$$(y^2+\sqrt{r})^2=(2\sqrt{r}-p)y^2-qy$$

を代入して

$$(y^2+\sqrt{r}+w)^2=(2\sqrt{r}-p+2w)y^2-qy+(2\sqrt{r}\,w+w^2)$$

と，もとの方程式が変形される.

第二回目の正方形を作る事を式の変形で解釈すると，適当な w を選んで，こ

の右辺を完全平方化する事だ．右辺が完全平方化されるための必要十分条件は，それが重根を持つ事，つまり判別式が零となる事で

$$q^2=4(2\sqrt{r}-p+2w)(2\sqrt{r}\,w+w^2)$$

だよ．

整理すると

$$w^3+\left(3\sqrt{r}-\frac{p}{2}\right)w^2+(2r-p\sqrt{r})w-\frac{q^2}{8}=0$$

という3次方程式だから解ける．その一つの根を w_0 とすると

$$(y^2+\sqrt{r}+w_0)^2=\left\{\sqrt{2\sqrt{r}-p+2w_0}\,y-\sqrt{2\sqrt{r}\,w_0+w_0{}^2}\right\}^2.$$

これは，左辺に集めて因数分解すると

“ $y^2+\sqrt{r}+w_0=\sqrt{2\sqrt{r}-p+2w_0}\,y-\sqrt{2\sqrt{r}\,w_0+w_0{}^2}$

または

$y^2+\sqrt{r}+w_0=-\sqrt{2\sqrt{r}-p+2w_0}\,y+\sqrt{2\sqrt{r}\,w_0+w_0{}^2}$ ”

と同値だから，もとの4次方程式

$$y^4+py^2+qy+r=0$$

は完全に解ける．

w_0 は正の実根である必要はない．

広田　その通りだ．ただし，今度は q の符号が正とは限らないし，根号の中も一般には複素数なので

$$\sqrt{2\sqrt{r}-p+2w_0}\sqrt{2\sqrt{r}\,w_0+w_0{}^2}=\frac{q}{2}$$

となるように，それぞれの平方根を選んでおかないと，いけない．

小川　第一の平方根を指定すると，それが零でないとき

$$\sqrt{2\sqrt{r}\,w_0+w_0{}^2}=\frac{q}{2\sqrt{2\sqrt{r}-p+2w_0}}$$

と，第二の平方根がきまりますね．

佐々木　一つ間違えたら，もう一つ心配になった．

3次方程式は一般的には三つの根を持つだろう．　w_0 と異なる根 w_1, w_2 を持つとき，同じ論法で w_1, w_2 から，それぞれ，方程式

$$(y^2+\sqrt{r}+w_1)^2=\{\sqrt{2\sqrt{r}-p+2w_1}\,y-\sqrt{2\sqrt{r}\,w_1+w_1^2}\}^2$$

と

$$(y^2+\sqrt{r}+w_2)^2=\{\sqrt{2\sqrt{r}-p+2w_2}\,y-\sqrt{2\sqrt{r}\,w_2+w_2^2}\}^2$$

とが作れるね.

この三つの方程式のどれを使ってもいいのかな．チガウ答は出ないのかな.

小川　それは大丈夫．三つの方程式は，それぞれ，初めの4次方程式

$$y^4+py^2+qy+r=0$$

と同値だから．同値性は佐々木君自身が，さっき注意してたじゃない.

佐々木　そうか．w_0, w_1, w_2 のどれを使っても，結果は同じだね.

小川　それから，もっと簡単な方法がありますね.

式の変形（二）

小川　フェラリの方法の本質は，方程式の一方の辺を y^2 についての完全平方式，他方の辺を y についての完全平方式と変形する事です.

ですから

$$y^4+py^2+qy+r=0$$

を

$$y^4=-py^2-qy-r$$

と変形して，完全平方化を考えてもいいわけです.

左辺を完全平方化するために

$$ty^2+\frac{t^2}{4}$$

を，両辺に加えると

$$\left(y^2+\frac{t}{2}\right)^2=(t-p)y^2-qy+\left(\frac{t^2}{4}-r\right)$$

です.

この右辺が完全平方化されるための必要十分条件は，さっき佐々木君がいったように

$$q^2=4(t-p)\left(\frac{t^2}{4}-r\right)$$

すなわち

$$t^3-pt^2-4rt+(4pr-q^2)=0$$

です.

この3次方程式の一つの根をt_0とすると, $t_0 \neq p$のとき, 初めの4次方程式

$$y^4+py^2+qy+r=0$$

は, それと同値な方程式

$$\left(y^2+\frac{t_0}{2}\right)^2=\left\{\sqrt{t_0-p}\,y-\frac{q}{2\sqrt{t_0-p}}\right\}^2$$

に変形されて, 解けます.

$t_0=p$ のときは, $q=0$ で

$$y^4+py^2+r=0$$

となって, これも解けます.

佐々木　僕の方法での $\sqrt{r}+w_0$ を $\dfrac{t_0}{2}$ で置き換えたんだね.

小川　だから, $\sqrt{r}$ と w_0 とを求めるという二度の手間が, ただ一度t_0を求めるという事で省けて

$$(u+v+w)^2=(u+v)^2+2uw+2vw+w^2$$

という関係式も使わないでスムでしょう.

広田　w_0 を求める3次方程式と, t_0 を求める3次方程式とを比べても, 小川君の方のがキレイで覚えやすいな.

佐々木　どっちにしても, 2次や3次の場合に比べたら覚えにくいや. 解き方が判ってればいいや.

広田　まあ, そうだな. ところで, 『アルス・マグナ』というのは, この本に収録してある.

小川　大きい本ですね.

広田　カルダノは医学者で哲学者で数学者という偉い人だ. その業績は十何巻という全集になっている. その第四巻がこれで, 算数・幾何・音楽篇だ.『アルス・マグナ』は221頁から始まる.

小川　アルス・マグナ——て何の事ですか.

広田　直訳すれば「偉大な術」というラテン語だが, 普通は「高等代数学」と

意訳されている.

この前はなした3次方程式の解法は294頁から250頁にかけてある.

今日はなしたフェラリの方法は294頁から295頁にかけてある. 294頁を開いてごらん. こんな図がのっているだろう:

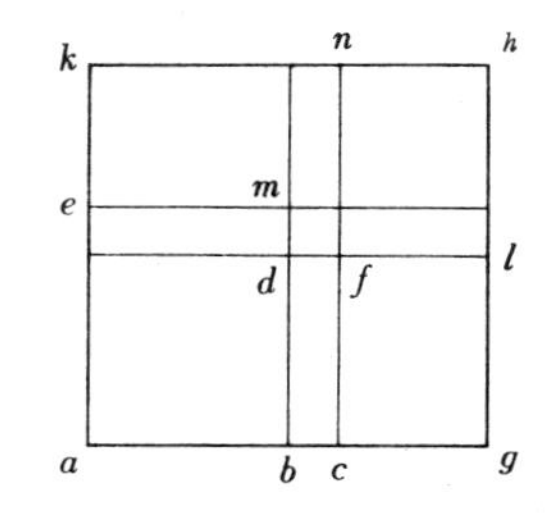

この図を見ながら本文を読んだところ, ツジツマが合わない. 結局, f の位置は, そのすぐ上の交点に来るのが正しい――のだった.

小川　ミスプリントは昔からあるのですね.

広田　『アルス・マグナ』は1545年の出版だが, 活版印刷の発見は1438年だから, 15世紀以来, 誤植は絶えないという事だな.

佐々木　そんな事はドウデモいいよ. 計算の練習をしようよ.

例　題 (一)

広田　$$x^4+4x^3+8x^2+4x+7=0$$

は, どうだい.

小川　有理数の根はありません.

佐々木　それでフェラリの方法をキカイ的に適用する.

$$a=1, \qquad b=4$$

の場合だから

$$x=y-1$$

とおく.

$$x^4=y^4-4y^3+6y^2-4y+1,$$
$$4x^3= \cdots \cdots$$

小川　展開しなくても, 問題は方程式の左辺を

$$y=x+1$$

の整式で表わす事ですから, この間もいったように, 組立除法を繰り返し使って

$$\begin{array}{rrrrrl}
1 & 4 & 8 & 4 & 7 & \underline{|-1} \\
 & -1 & -3 & -5 & 1 & \\
\hline
1 & 3 & 5 & -1 & \underline{|8} & \\
 & -1 & -2 & -3 & & \\
\hline
1 & 2 & 3 & \underline{|-4} & & \\
 & -1 & -1 & & & \\
\hline
1 & 1 & \underline{|2} & & & \\
 & -1 & & & & \\
\hline
1 & \underline{|0} & & & &
\end{array}$$

から，結局

$$y^4+2y^2-4y+8=0$$

と変形されます．

佐々木　そうか．これは

$$p=2,\quad q=-4,\quad r=8$$

の場合で，t_0 を求める 3 次方程式は

$$t^3-2t^2-32t+48=0$$

だ．

小川　これは有理数の根 6 を持ちます．

$$\begin{array}{rrrrl}
1 & -2 & -32 & 48 & \underline{|6} \\
 & 6 & 24 & -48 & \\
\hline
1 & 4 & -8 & \underline{|0} &
\end{array}$$

ですから．

佐々木　$$t_0=6$$

と取ると

$$\frac{t_0}{2}=3,\qquad t_0-p=4$$

だから

$$y^4+2y^2-4y+8=0$$

は

$$(y^2+3)^2=(2y+1)^2$$

と変形される.

$$y^2+3=2y+1$$

から

$$y=1\pm i.$$

一方

$$y^2+3=-2y-1$$

から

$$y=-1\pm\sqrt{3}\,i.$$

小川　結局

$$x^4+4x^3+8x^2+4x+7=0$$

の根は

$$\pm i,\qquad -2\pm\sqrt{3}\,i$$

です.

広田　この方程式をオイラーの方法で解いてみよう. オイラーの方法は覚えているだろうな.

オイラーの方法

佐々木　4次方程式

$$ax^4+bx^3+cx^2+dx+e=0\qquad(a\neq 0)$$

で

$$x=y-\frac{b}{4a}$$

とおいて

$$y^4+py^2+qy+r=0$$

という方程式に変形する.

この係数 p, q, r から作られる3次方程式

$$t^3+\frac{p}{2}t^2+\left(\frac{p^2}{16}-\frac{r}{4}\right)t-\frac{q^2}{64}=0$$

の三根を t_1, t_2, t_3 とする.

これらの平方根の中で, その積が $-\dfrac{q}{8}$ となるものを $\sqrt{t_1}$, $\sqrt{t_2}$, $\sqrt{t_3}$ とする：

$$\sqrt{t_1}\sqrt{t_2}\sqrt{t_3}=-\frac{q}{8}.$$

4 次方程式

$$ax^4+bx^3+cx^2+dx+e=0 \qquad (a\neq 0)$$

の根は

$$\begin{cases} x_1=-\dfrac{b}{4a}+\sqrt{t_1}+\sqrt{t_2}+\sqrt{t_3} \\ x_2=-\dfrac{b}{4a}+\sqrt{t_1}-\sqrt{t_2}-\sqrt{t_3} \\ x_3=-\dfrac{b}{4a}-\sqrt{t_1}+\sqrt{t_2}-\sqrt{t_3} \\ x_4=-\dfrac{b}{4a}-\sqrt{t_1}-\sqrt{t_2}+\sqrt{t_3} \end{cases}$$

である.

例　題（二）

小川　$x^4+4x^3+8x^2+4x+7=0$

を，オイラーの方法で解くのですね.

$$x=y-1$$

とおくと

$$y^4+2y^2-4y+8=0$$

でした.

佐々木　$p=2,\quad q=-4,\quad r=8$

の場合だから，t についての 3 次方程式は

$$t^3+t^2-\frac{7}{4}t-\frac{1}{4}=0$$

すなわち

$$4t^3+4t^2-7t-1=0$$

だ.

小川　これは 1 を根に持ちます.

$$
\begin{array}{rrrrl}
4 & 4 & -7 & -1 & \underline{|1} \\
 & 4 & 8 & 1 & \\
\hline
4 & 8 & 1 & \underline{|0} &
\end{array}
$$

から

$$(t-1)(4t^2+8t+1)=0$$

と因数分解されます.

佐々木　これを解いて

$$t_1=1,\quad t_2=-1+\frac{\sqrt{3}}{2},\quad t_3=-1-\frac{\sqrt{3}}{2}$$

で

$$\sqrt{t_1}=1,\qquad \sqrt{t_2}=i\sqrt{1-\frac{\sqrt{3}}{2}},\qquad \sqrt{t_3}=-i\sqrt{1+\frac{\sqrt{3}}{2}}$$

と取ると

$$\sqrt{t_1}\sqrt{t_2}\sqrt{t_3}=\frac{1}{2}=-\frac{q}{8}$$

だから

$$x^4+4x^3+8x^2+4x+7=0$$

の根は

$$\pm\left(\sqrt{1-\frac{\sqrt{3}}{2}}-\sqrt{1+\frac{\sqrt{3}}{2}}\right)i,\quad -2\pm\left(\sqrt{1-\frac{\sqrt{3}}{2}}+\sqrt{1+\frac{\sqrt{3}}{2}}\right)i,$$

だ.

さっきの答と違うみたいだ.

小川

$$\sqrt{1-\frac{\sqrt{3}}{2}}=\frac{\sqrt{3}}{2}-\frac{1}{2},\qquad \sqrt{1+\frac{\sqrt{3}}{2}}=\frac{\sqrt{3}}{2}+\frac{1}{2}$$

と，二重根号がとれるから，同じでしょう.

佐々木　オイラーの方法だと，二重根号をはずしたりして，フェラリの方法よりヤッカイだね.

広田　それは方程式の係数次第だ．一概にはいえない.

小川　係数といえば，フェラリの方法で，最後に出てくる2次方程式の係数は実数とは限りませんね．そのときにも，2次方程式の根の公式は使えますね.

広田　無論だ．2次でも3次でも4次でも，これまで見てきた解法は，係数が複素数という一般な場合にも通用する．

さて，今日のところを総括しておこう．

要　約

小川　フェラリの方法を調べました．それは，図形の変形という幾何学的なものでした．

佐々木　式の変形で解釈すると，完全平方化を二回行うものだった．

小川　具体的には，4 次方程式

$$y^4+py^2+qy+r=0$$

に対して，3 次方程式

$$t^3-pt^2-4rt+(4pr-q^2)=0$$

を作ります．

この 3 次方程式の一つの根 t_0 を使って，$t_0 \neq p$ のときは

$$\left(y^2+\frac{t_0}{2}\right)^2=\left\{\sqrt{t_0-p}\,y-\frac{q}{2\sqrt{t_0-p}}\right\}^2$$

と変形します．

$t_0=p$ のときは $q=0$ で問題ありませんでした．

佐々木　結局，フェラリの方法でも，4 次方程式の解法は，2 次方程式の解法と 3 次方程式の解法とに帰着された．解き方も練習した．オイラーの方法とフェラリの方法と，どっちが使いやすいかは，与えられた方程式次第だった．

こういったところだけど，もっと解いてみたいなー．

練習問題

広田　それでは，これは：

(1)　$x^4-2x^2-32x-63=0$

(2)　$x^4-24x^2-40\sqrt{2}\,x-36=0$

(3)　$x^4+2x^2+40x-91=0$

(4)　$x^4+2x^2-96\sqrt{3}\,x-527=0$

(5)　$x^4-5x^2+6x+3=0$

(6)　$x^4+8x^3+25x^2+40x+25=0$

(7)　$x^4-8x^3+21x^2-16x-7=0$

(8)　$x^4+16x^3+94x^2+248x+253=0$

デカルト

初めの四題はオイラーの方法で，あとの四題はフェラリの方法で解くとよい．

チャンと，$A+Bi$（A, B は実数）という形で求めるのだぞ．

佐々木　もう一題．

広田　それでは：

(9) デカルトは

$$x^4+px^2+qx+r=0$$

を解くのに，因数分解

$$(x^2+kx+l)(x^2-kx+m)=x^4+(l+m-k^2)x^2+k(m-l)x+lm$$

を利用した．この方法で解ける事を説明せよ．

はどうだ．

佐々木　問題の意味がわからない．

広田　かりに

$$x^4+px^2+qx+r=(x^2+kx+l)(x^2-kx+m)$$

と因数分解されると，フェラリの場合と同じように，2次方程式の解法に帰着されて解けるな．

そこで問題は，このような係数 k, l, m がウマクみつかるか——という事だ．もう一ついえば，このような因数分解ができるための十分条件は

$$\begin{cases} l+m-k^2=p \\ k(m-l)=q \\ lm=r \end{cases}$$

という関係が成立する事だな．

この k, l, m についての連立方程式が，3次以下の方程式の解法を使って解けるか——が問題なのだ．

佐々木　わかった．

小川　この次は，どんな話ですか．

広田　5次方程式だ.

小川　イヨイヨですね.

広田　いよいよだ.

——叔父さんは，ヒゲのない顔で，うなずいている.

問題の答

(1)　$1 \pm 2\sqrt{2}$，　$-1 \pm 2\sqrt{2}\,i$

(2)　$-\sqrt{2}$，　$\sqrt{2} \pm 2\sqrt{5}$

(3)　$-1 \pm 2\sqrt{2}$，　$1 \pm 2\sqrt{3}\,i$

(4)　$\sqrt{3} \pm 2\sqrt{5}$，　$-\sqrt{3} \pm 2\sqrt{7}\,i$

(5)　$\frac{1}{2}(-3 \pm \sqrt{5})$，　$\frac{1}{2}(3 \pm \sqrt{3}\,i)$

(6)　$\frac{1}{2}(-5 \pm \sqrt{5})$，　$\frac{1}{2}(-3 \pm \sqrt{11}\,i)$

(7)　$\frac{1}{2}(3 \pm \sqrt{13})$，　$\frac{1}{2}(5 \pm \sqrt{3}\,i)$

(8)　$-5 \pm \sqrt{2}$，　$-3 \pm \sqrt{2}\,i$

第6章　5 次 方 程 式 に 挑 む

4次方程式まではスラスラと解けた．根の公式がみつかった．しかし，5次方程式となると，事情は一変する——二世紀半の模索と失敗との後に知り得た事である．

今回からは，この涙の歴史に立ち入る．それは，ガロア理論への，微かだが確実な陣痛なのである．

叔父さんは，例によって，タバコをのむ．与次郎は，これを評して——鼻から歴史の煙を吐く——という．なるほど，煙の出方が少し違う…

目　　標

広田　今日は，5次方程式の解法を調べよう．

佐々木　5次方程式

$$ax^5+bx^4+cx^3+dx^2+ex+f=0 \quad (a \neq 0)$$

で，係数 a, b, c, d, e, f がどんな数のときにも通用する解き方——つまり，根の公式を求めるのだね．

広田　その通りだ．

佐々木　だったら，そんな公式はない——て，いったろう．あの引っ越しの日にさ．

広田　確かに，いった．係数の間の四則と累乗根とを使う公式はない——と．

佐々木　それじゃ，調べてもムダだね．

小川　ホントウにナイのですか．4次方程式までの方法で，求まりそうな気がするのですが.

広田　小川君は，何時も，イイ事をいう.

小川君のように，「根の公式は求まる」と考えるのが自然の成り行きというものだ.

事実，18世紀の終わり頃までは，「求まるもの」と信じられて来た.「求めよう」とする努力が積み重ねられて来た.

19世紀のアーベルやガロアでさえ，「根の公式が求まった」と歓喜した時期があった位なのだから.

われわれも，手始めに，4次方程式までに成功した方法を5次方程式に適用してみよう．それでウマク行くかどうか，調べてみよう.

佐々木　骨折り損の，くたびれもうけ――だよ.

広田　売り家と唐様で書く三代目――という事もある．先祖の苦労をオロソカにすると，トンダ結果になりかねない.

4次方程式までの解法を反省する事から，始めよう.

4次までの方程式解法の反省

佐々木　2次方程式で使ったアイデアは，方程式の両辺に適当な定数を加えて

完全平方式 ＝ 定数

という形の，一番簡単な2次方程式を作る事だった.

小川　3次方程式や4次方程式の場合も，方程式の両辺に適当な定数を加えて，それぞれ

完全立方式 ＝ 定数，　完全4乗式 ＝ 定数

という，一番簡単な3次方程式･4次方程式へと変形する――というのが基本方針でした.

佐々木　でも，この変形は出来なかった.

広田　この変形には失敗したが，そこから解法の糸口がつかめた．今度も，この方針で行ってみよう.

佐々木　今度も失敗するよ．せいぜい4次の項がなくなった形にしか変形できない，と思うよ.

広田　そうかな.

佐々木　そうだとも.

より簡単な5次方程式への変形

佐々木　5次方程式

$$ax^5+bx^4+cx^3+dx^2+ex+f=0 \quad (a \neq 0)$$

の両辺に適当な定数を加えて

$$(x \text{ の整式})^5 = \text{定数}$$

という方程式に変形できるかどうかだね.

それには，これと同値な方程式

$$x^5+\frac{b}{a}x^4+\frac{c}{a}x^3+\frac{d}{a}x^2+\frac{e}{a}x+\frac{f}{a}=0$$

について，問題の変形を調べてもいいね.

この方程式の係数を，それぞれ，一つの文字で表わして

$$x^5+ax^4+bx^3+cx^2+dx+e=0$$

と，書く事にするよ.

もとの方程式の係数と同じ文字を使ってるけど，意味は違うよ．混同しないね.

広田　しない，しない.

だが，どうして，そんなマギラワシイ事をする.

佐々木　計算を見通しよくするためだよ．これまでは，分数の形のママで計算して来て，サンザン手古ずったから.

叔父さんは，計算を見通しよくするために——とかいって，両辺をaで割らせておきながら，分数の形のママで計算させただろう．ズイブンと矛盾してると思うよ.

広田　それは「こんたん」があったからだ.

小川　どんなコンタンですか.

広田　イズレわかる.

佐々木　問題は

$$x^5+ax^4+bx^3+cx^2+dx+e=0$$

の両辺に，適当な定数を加えて

$$(x\text{ の整式})^5 = \text{定数}$$

という方程式に変形できるか――だね．

まず，問題の整式は x の1次式しかない．2次以上だと，その5乗は10次以上だから．

つぎに，x の係数は1だ．x^5 の係数が1だから．

そこで，問題の整式を

$$x+A$$

とする．

方程式の左辺を，$x+A$ で，つぎつぎと割ってみる，つまり

$$x^5+ax^4+bx^3+cx^2+dx+e$$
$$=(x+A)^5+B(x+A)^4+C(x+A)^3+D(x+A)^2+E(x+A)+F$$

となる，係数 B, C, D, E, F を求める．

組立除法を，繰り返し使うと…

小川　係数が具体的な数値のときは，組立除法は簡潔で便利だけど，係数が文字のときは，式が長ったらしくなって大変ですよ．

この式を眺めていて気がついたんだけど，剰余定理と微分を使ったら．

佐々木　そうだね．

広田　「微分」を知っているのか．

佐々木　数IIの範囲だよ．

問題の整式を $f(x)$ とする．

$$f(x)=(x+A)^5+B(x+A)^4+C(x+A)^3+D(x+A)^2+E(x+A)+F$$

だから，剰余定理から

$$F=f(-A).$$

一方

$$f(x)=x^5+ax^4+bx^3+cx^2+dx+e$$

だから，結局

$$F=-A^5+aA^4-bA^3+cA^2-dA+e.$$

つぎに

$$f'(x)=5(x+A)^4+4B(x+A)^3+3C(x+A)^2+2D(x+A)+E$$

だから，剰余定理から

$$E=f'(-A).$$

一方

$$f'(x)=5x^4+4ax^3+3bx^2+2cx+d$$

だから

$$E=5A^4-4aA^3+3bA^2-2cA+d.$$

小川　微分しては $-A$ とおく，微分しては $-A$ とおく——を，繰り返して

$$2!D=-20A^3+12aA^2-6bA+2c,$$
$$3!C=60A^2-24aA+6b,$$
$$4!B=-120A+24a$$

ですね．

佐々木　整理すると

$$B=-5A+a,$$
$$C=10A^2-4aA+b,$$
$$D=-10A^3+6aA^2-3bA+c,$$
$$E=5A^4-4aA^3+3bA^2-2cA+d.$$

これらがゼンブ零となるときに限って，完全5乗式への変形が完成するわけだけど

$$B=0 \quad \text{から} \quad A=\frac{a}{5}$$

と，きまってしまう．

このとき

$$C=-\frac{2}{5}a^2+b$$

で，これは一般的には零ではない．

あとの D, E についても同じ事だよ．

小川　という事は

$$(x\text{ の整式})^5 = \text{定数}$$

という方程式には変形できない——という事ですね．

佐々木　おまけに

$$y = x + \frac{a}{5}$$

とおくと，方程式

$$x^5 + ax^4 + bx^3 + cx^2 + dx + e = 0$$

は，新しい未知数 y についての

$$y^5 + py^3 + qy^2 + ry + s = 0$$

という型の方程式に変形される事もわかった．

僕の予想どおりだよ．

広田　まあ，その通りだったな．

一般の5次方程式は，4次の項がなくなった，少し簡単な型の方程式に変形される——という収穫はあった，わけだ．

小川　3次や4次の場合と似ていますね．

広田　だから，その場合の解法を，この型の方程式に応用してみよう．

連立方程式への変形（一）

小川　3次方程式

$$y^3 + py + q = 0$$

を解くには

$$y = u + v$$

とおいて，新しい未知数 u, v についての方程式

$$(u+v)^3 + p(u+v) + q = 0$$

の一組の根をみつける——というのが基本方針でした．

そのような一組の根は，連立方程式

$$\begin{cases} u^3 + v^3 = -q \\ u^3v^3 = -\dfrac{p^3}{27} \end{cases}$$

から求まりました．

つまり，u^3 と v^3 とを二根とする2次方程式から，求まりました．

佐々木　4次方程式

$$y^4+py^2+qy+r=0$$

の場合には

$$y=u+v+w$$

とおいて，未知数 u, v, w についての方程式

$$(u+v+w)^4+p(u+v+w)^2+q(u+v+w)+r=0$$

の一組の根をみつける —— というのが基本方針で，それは連立方程式

$$\begin{cases} u^2+v^2+w^2=-\dfrac{p}{2} \\ u^2v^2+v^2w^2+w^2u^2=\dfrac{p^2}{16}-\dfrac{r}{4} \\ u^2v^2w^2=\dfrac{q^2}{64} \end{cases}$$

から求まった．

つまり，u^2, v^2, w^2 を三根とする3次方程式から，求まった．

小川　この方法を応用すると，5次方程式

$$y^5+py^3+qy^2+ry+s=0$$

を解くのに

$$y=t+u+v+w$$

とおいて，未知数 t, u, v, w についての方程式

$$(t+u+v+w)^5+p(t+u+v+w)^3+q(t+u+v+w)^2+r(t+u+v+w)+s=0$$

の一組の根をみつける——という方針が立ちます．

そして，t, u, v, w の何乗かを四つの根とする4次方程式を探し出すと，こんな一組の根が求まるのですね．

連立方程式への変形（二）

佐々木　たとえば，1乗だったら

$$\begin{cases} t+u+v+w=\text{定数} \\ tu+tv+tw+uv+uw+vw=\text{定数} \\ tuv+tuw+tvw+uvw=\text{定数} \\ tuvw=\text{定数} \end{cases}$$

という形の定数を探すわけだけど，これはダメだよ.

第一式の定数をみつける事は，もとの5次方程式を解く事だから.

小川　2乗だったら

$$\begin{cases} t^2+u^2+v^2+w^2=\text{定数} \\ t^2u^2+t^2v^2+t^2w^2+u^2v^2+u^2w^2+v^2w^2=\text{定数} \\ t^2u^2v^2+t^2u^2w^2+t^2v^2w^2+u^2v^2w^2=\text{定数} \\ t^2u^2v^2w^2=\text{定数} \end{cases}$$

という形ですね.

こんな定数がウマクみつかるかどうか，方程式

$$(t+u+v+w)^5+p(t+u+v+w)^3+q(t+u+v+w)^2+r(t+u+v+w)+s=0$$

の左辺を展開して，四つの項

$$A=t^2+u^2+v^2+w^2,$$
$$B=t^2u^2+t^2v^2+t^2w^2+u^2v^2+u^2w^2+v^2w^2,$$
$$C=t^2u^2v^2+t^2u^2w^2+t^2v^2w^2+u^2v^2w^2,$$
$$D=t^2u^2v^2w^2$$

が，どのように現われるかを調べてみます.

佐々木　4次方程式のときに経験したように

$$(t+u+v+w)^2=t^2+u^2+v^2+w^2+2(tu+tv+tw+uv+uw+vw)$$

と，まずAが現われる.

$$E=tu+tv+tw+uv+uw+vw$$

とおくと

$$(t+u+v+w)^3=(t+u+v+w)(A+2E),$$
$$(t+u+v+w)^5=(t+u+v+w)(A^2+4AE+4E^2)$$

だけど，まだ B, C, D が現われない.

小川　E^2 を展開すると

$$E^2=t^2u^2+t^2v^2+t^2w^2+u^2v^2+u^2w^2+v^2w^2+2\{tuv(t+u+v)+tuw(t+u+w)$$
$$+tvw(t+v+w)+uvw(u+v+w)\}+6tuvw$$

で，この最初と最後の項に

$$B \quad と \quad D'=tuvw$$

は現われます．

また，中央の項の括弧の中を変形すると

$$tuv\{(t+u+v+w)-w\}+tuw\{(t+u+v+w)-v\}$$
$$+tvw\{(t+u+v+w)-u\}+uvw\{(t+u+v+w)-t\}$$
$$=(t+u+v+w)(tuv+tuw+tvw+uvw)-4tuvw$$

で

$$C'=tuv+tuw+tvw+uvw$$

は現われます．

佐々木　整理すると

$$(t+u+v+w)^5$$
$$=(t+u+v+w)\{A^2+4AE+4B+8(t+u+v+w)C'-8D'\}$$
$$=(t+u+v+w)(A^2+4AE+4B-8D')+8(A+2E)C'$$

となって，結局，DとCとは現われないよ．

$t+u+v+w$ と C', D', E とは，A, B, C, D の整式として表わされないから．

広田　何故，表わされない．

佐々木　もし表わされるなら，t^2, u^2, v^2, w^2 の整式となる筈だから．

結局，この方法はウマク行かない．

小川　だけど，「$D=$定数」という関係は「$D'=$定数」という関係から導かれるし

$$(C')^2=t^2u^2v^2+t^2u^2w^2+t^2v^2w^2+u^2v^2w^2$$
$$+2(t^2u^2vw+t^2uv^2w+t^2uvw^2+tu^2v^2w+tu^2vw^2+tuv^2w^2)$$
$$=C+2D'E$$

ですから，問題の方程式を満足する A, B, C', D', E の値が求まるといいですね．

佐々木　そうか．A, B, C', D', E の関係は

$$(t+u+v+w)\{A^2+4AE+4B-8D'\}+8(A+2E)C'+p(t+u+v+w)(A+2E)$$
$$+q(A+2E)+r(t+u+v+w)+s=0$$

だ．これを

$$t+u+v+w$$

について整理すると

$$(t+u+v+w)\{A^2+4AE+4B-8D'+pA+2pE+r\}$$
$$+\{(A+2E)(8C'+q)+s\}=0$$

となる．だから

$$\begin{cases} A^2+4AE+4B-8D'+pA+2pE+r=0 \\ (A+2E)(8C'+q)+s=0 \end{cases}$$

となる A, B, C', D', E の値が求まるといい．

小川　未知数の個数が，方程式の個数より多いから，これは解けます．

佐々木　未知数の個数が五，方程式の個数が二だから，三つの未知数の値は勝手にきめられる．

第二の方程式で

$$E=s, \qquad A=-3s$$

と，とると

$$C'=\frac{1}{8}(1-q)$$

となる．

これらを第一の方程式に代入すると

$$-3s^2+4B-8D'-sp+r=0$$

となるから

$$B=\frac{3}{4}s^2$$

と，とると

$$D'=\frac{1}{8}(r-sp)$$

と求まって——5次方程式が解けた!?

小川　計算マチガイはナイけど——何だか，ヘンな感じですね．

広田　君達の方法では，三つの未知数の値は任意にとれる．それも A, B, C',

D', E の，どの三つであってもよい．特に，A, E の値は任意にとれる．

換言すれば，$A+2E$ は任意の値をとれる．これはオカシイ．

小川　$A+2E=(t+u+v+w)^2$

ですから，5次方程式

$$y^5+py^3+qy^2+ry+s=0$$

が勝手な値を根に持つ事となるからですね．

佐々木　だったら，いまの解き方の何処かが間違っている．

小川　えーと，わかった．

$$E^2=B+2(t+u+v+w)C'-2D'$$

という関係を考えていなかったのですね．

佐々木　これを考えるという事は，E^2 を展開しないで

$$(t+u+v+w)^5=(t+u+v+w)(A^2+4AE+4E^2)$$

を使う事だ．そのときは

$$(t+u+v+w)(A^2+4AE+4E^2)+p(t+u+v+w)(A+2E)$$
$$+q(A+2E)+r(t+u+v+w)+s=0$$

となる A, E を求めるといい．

これを

$$t+u+v+w$$

について整理すると

$$(t+u+v+w)\{A^2+4AE+4E^2+p(A+2E)+r\}+\{q(A+2E)+s\}=0$$

となる．だから

$$\begin{cases} A^2+4AE+4E^2+p(A+2E)+r=0 \\ q(A+2E)+s=0 \end{cases}$$

となる A, E が求まるといい．

小川　こんな A, E は求まりませんね．

第一式は

$$(A+2E)^2+p(A+2E)+r=0$$

と変形されて，$A+2E$ は p と r だけで決まります．

一方，第二式からは $A+2E$ は q と s だけで決まり，p, q, r, s の間には特別な関係はないのですから．

佐々木　それでは

$$(t+u+v+w)(A^2+4AE+4E^2)+p(t+u+v+w)(A+2E) \\ +q(A+2E)+r(t+u+v+w)+s=0$$

を

$$t+u+v+w \quad と \quad (t+u+v+w)E$$

について整理すると

$$(t+u+v+w)(A^2+pA+r)+(t+u+v+w)E(4A+4E+2p)+\{qA+2qE+s\}=0$$

となるから

$$\begin{cases} A^2+pA+r=0 \\ 4A+4E+2p=0 \\ qA+2qE+s=0 \end{cases}$$

となる A, E が求まるといい．

小川　こんな A, E も求まりませんね．さっきと同じ理由で．

佐々木　やっぱり，ダメか．

連立方程式への変形（三）

小川　3乗だったら

$$\begin{cases} t^3+u^3+v^3+w^3=定数 \\ t^3u^3+t^3v^3+t^3w^3+u^3v^3+u^3w^3+v^3w^3=定数 \\ t^3u^3v^3+t^3u^3w^3+t^3v^3w^3+u^3v^3w^3=定数 \\ t^3u^3v^3w^3=定数 \end{cases}$$

という形ですね．

方程式

$$(t+u+v+w)^5+p(t+u+v+w)^3+q(t+u+v+w)^2+(t+u+v+w)+s=0$$

の左辺を展開して，四つの項

$$A=t^3+u^3+v^3+w^3,$$
$$B=t^3u^3+t^3v^3+t^3w^3+u^3v^3+u^3w^3+v^3w^3,$$
$$C=t^3u^3v^3+t^3u^3w^3+t^3v^3w^3+u^3v^3w^3,$$
$$D=t^3u^3v^3w^3$$

が，どのように現われるかを調べてみます．

佐々木　まず

$$(t+u+v+w)^2 \quad と \quad t+u+v+w$$

とは，A, B, C, D の整式では表わされない．

$$(t+u+v+w)^3=A+E$$

とおくと，E も A, B, C, D の整式では表わされない．そして

$$(t+u+v+w)^5=(t+u+v+w)^2(A+E)$$

だから，結局，問題の方程式の左辺には，B, C, D は現われそうにない．

広田　だいぶブショウになったな．

$(t+u+v+w)^2E$ から，B, C, D のどれかが現われそうだぞ．

佐々木　でも，全部は出て来ないと思う．それより，A と E の値を求めた方がいいよ．

小川　A, E の値も求まりませんね．

$$(t+u+v+w)^2(A+E)+p(A+E)+q(t+u+v+w)^2+r(t+u+v+w)+s=0$$

の左辺の整理のしようがありませんから．

やはり，$(t+u+v+w)^2E$ を展開してみないと，イケナイようですね．

佐々木　もう，やめた．根の公式なんかに，どうして，こんなに苦労しなけりゃならないの．

4乗や5乗もギブ・アップ．

小川　そういえば，方程式の解法に，どうして，昔の人は夢中になったのでしょうか？　佐々木君とは違う意味でツクヅクそう感じますが．

方程式追究の背景

広田　そう正面きって質問されると，答えに窮する．

何故，方程式の解法に血道をあげたのか，チャンと調べた事がないのだから．

だが，ソーヤーという人は『代数の再発見』という本に，こんな事を書いている：紀元550年ごろ，インドの天文学者は「単位円周上で任意に指定された角の点の座標を求める」という問題を解いた．

これは，天体観測や航海などの実際的な問題と関連している．

この問題は方程式の解法に帰着される．「この問題の歴史を見れば，方程式を解くことが何故何世紀もの間の数学の中心問題であったかがよくわかる．方程式の大部分は2次方程式であり，2次方程式が重視されたのは，ここに始まる」と，いっている．

小川　単位円と，その中心を通る直線との交点の座標を求めるのですから，2次方程式が出て来るのですね．

広田　この伝でいけば，3次方程式や4次方程式の解法を追究した理由が憶測されんでもない．

古代ギリシヤ人は円錐曲線に関心を持った．同一平面上にある，二つの円錐曲線の交点を求める事も，トウゼン問題となったに違いない．そうすると，3次方程式や4次方程式が現われる．

同一平面上にある，放物線と双曲線との交点を求める問題から3次方程式が現われる．

小川　その平面上に座標を定めたとき，たとえば，放物線の方程式が

$$y=x^2+px+q,$$

双曲線の方程式が

$$xy=r$$

ですと，交点のx座標は

$$x^2+px+q=\frac{r}{x},$$

つまり

$$x^3+px^2+qx=r$$

という3次方程式の根なのですね．

広田　同一平面上にある，放物線と円との交点を求める問題からは4次方程式が現われる．

佐々木　たとえば，放物線

$$y=x^2$$

と，円

$$x^2+y^2+qx+(p-1)y+r=0$$

との交点の x 座標は，4次方程式

$$x^4+px^2+qx+r=0$$

の根だね．

広田　しかも，円錐曲線には星の軌道という天文学的な意味もあるからな．

2次から4次までの方程式の根の公式がみつかれば，5次以上の方程式の根の公式を探そうとするのは，もう数学者の意地というものだろう．

さて，今日のところを総括しておこう．

要　　約

佐々木　5次方程式の解法を調べた．3次方程式や4次方程式で成功した方法を適用してみたが，ウマク行かなかった．だから，根の公式はない．

広田　だから，根の公式はない——とは断言できまい．方程式

$$(t+u+v+w)^5+p(t+u+v+w)^3+q(t+u+v+w)^2+r(t+u+v+w)+s=0$$

の一組の根を求めるのに，t, u, v, w の何乗かを四つの根とする4次方程式を探す事しかしていない．しかも，マトモに努力したのは2乗までだったぞ．

この方程式の一組の根を求める際の基本方針は，3次や4次の場合に注意したのと同じに，四つの未知数を結びつける適当な三つの関係式を探し，それから三つの未知数を消去して，ただ一つの未知数の解法を知っている方程式に導く——というものだった．t, u, v, w の何乗かを四つの根とする4次方程式を探すのは，このような方針の一つの具体化にしか過ぎないんだぞ．

かりに，この方針をアキラメルとしても，もっと別のウマイ方法があるかも知れない．事実，あと一歩で成功という方法もあるんだぞ．

その方法は，またの機会に考察しよう．

——二人は，スッカリ，煙に巻かれている．

第７章　方程式解法の原点に立つ

５次方程式への挑戦――それは，ガロア理論への第一歩である．

３次方程式・４次方程式で成功した方法の適用は，すでに，水泡に帰した．しかし，鍵はソコにあるに相違ない．４次までの方程式解法の本質を反省し，５次方程式への道を模索する．

叔父さんは，例によって，鼻から歴史の煙を吐く．煙は，鼻の下に低回し，ヒゲに未練があるように見える．

目　　標

広田　今日も，５次方程式の解法を調べよう．

小川　この間は，３次方程式や４次方程式で成功した方法を５次方程式に適用してみましたが，ウマク行きませんでしたね．

今日は，別の方法をとるのですね．この間，チラチラと，おっしゃったように．

広田　その通りだ．

佐々木　また，ムダボネか．

早く，「根の公式はない」という証明を聞きたいよ．

広田　なかなか．

小川　こうやって色々な方法を試すのも，一方では，「根の公式はない」という証明の準備になっているのでしょう．

広田　全くもって，その通りだ．

佐々木　いゃー，マイッタ，参った．

解法の原点

広田　4次方程式までの解法を，いま一度，反省してみよう．

佐々木　叔父さんも，いいかげんシツコイな．

2次方程式で使ったアイデアは，方程式の両辺に適当な定数を加えて

完全平方式＝定数

という形の，一番簡単な2次方程式を作る事だったよ．

小川　3次方程式や4次方程式の場合も，方程式の両辺に適当な定数を加えて，それぞれ

完全立方式＝定数，　完全4乗式＝定数

という，一番簡単な 3次方程式・4次方程式 へと変形する——というのが基本方針でした．

佐々木　でも，この変形は出来なかった．

広田　その敗因は？

佐々木　問題の 完全立方式・完全4乗式 の候補として，それぞれ，未知数の1次式の立方や4乗しか考えられなかった，からだよ．

広田　1次式しか候補になり得なかったのは，何故だ？

佐々木　問題の整式を3乗や4乗した式の，もとの未知数についての次数は，もとの方程式の次数と同じでないといけなかった，からだよ．

広田　最初の未知数についての次数が変わらないのは，何故だ？

小川　初めの未知数についての次数には影響しない仕方で変形しよう，としたからです．

つまり，方程式の両辺に適当な定数を加えて変形しよう，としたからですね．定数を加えて変わるのは，定数項だけですから．

広田　すると，この変形に失敗した直接の原因は何だ．

佐々木　方程式の両辺に適当な定数を加えて変形をしよう——と，した事だね．

広田　精確には，未知数 x の3次方程式・4次方程式に対して，それぞれ

$$(x \text{ の整式})^3=\text{定数},\quad (x \text{ の整式})^4=\text{定数}$$

という方程式を構成する，という「目的」は，方程式の両辺に適当な定数を加える，という「手段」では達せられなかった——と，いう事だな．

これは何を意味する？

小川　わかりました．おっしゃりたい事が判りました．

これまでの解き方では，方程式の両辺に適当な定数を加えて，問題の型をした一番簡単な方程式に変形するのを基本方針と考えて来ましたが，それは「目的」と「手段」とをゴチャゴチャにしていたのですね．

2次方程式の場合には，「2」という特別な次数のために，「目的」と「手段」とが一致したのですが，それをウッカリしたのですね．

佐々木　フンベツ過ぐればグにかえる——だ．

広田　その通りだ．

n 次方程式解法の原点は，それを

$$X^n=\text{定数}$$

という最も簡単な n 次方程式へ帰着させる事にある——と，いえる．

この原点に立ち返って，3次・4次 さらには5次方程式の解法を考察しよう．

3次方程式の場合

佐々木　3次方程式

$$x^3+ax^2+bx+c=0$$

に対して，適当な x の整式を見つけて

$$(x \text{ の整式})^3=\text{定数}$$

という方程式を作るのだね．

問題の整式は2次以上だ．

小川　2次の場合から始めようか．

佐々木　ウマク行くかな．

広田　馬には乗ってみよ，人には添うてみよ．方程式には解いてみよ——と，いう．

佐々木　それでは

$$(Ax^2+Bx+C)^3=\text{定数}$$

という形を目的にする.

小川　計算を簡単にするために, x^2 の係数は1としても, いいですね.

問題の整式は1次ではダメだったから, ウマク見つかっても, $A\fallingdotseq 0$. それで, 両辺を A^3 で割れますから.

広田　その通りだ.

佐々木　それでは

$$(x^2+Ax+B)^3=\text{定数}$$

という形を目的にする.

でも, どうやって A, B を見つける.

小川　目的は, 3次方程式

$$x^3+ax^2+bx+c=0$$

の根 x_0 に対して

$$x_0{}^2+Ax_0+B$$

を根として持つ, 一番簡単な型の3次方程式

$$y^3=\text{定数}$$

を求める事です.

ですから, x が初めの3次方程式を満足するとき

$$y=x^2+Ax+B$$

とおいて, y が満足する方程式を求め, y^3 と定数項以外の項は消えてしまうような, A, B を見つけないといけませんね.

広田　その通りだ.

佐々木　でも, どうやって y の方程式を求める.

小川　x は初めの3次方程式を満足しないといけないから, 二つの関係式

$$x^3+ax^2+bx+c=0$$

と

$$y=x^2+Ax+B$$

とが同時に成立しないといけないでしょう.

ですから，yの方程式は……

佐々木　わかった．この二つの式から，xを消去するといいんだね．

第二式から

$$x=\frac{1}{2}\{-A\pm\sqrt{A^2-4(B-y)}\}$$

で，これを第一式に代入すると……

広田　xをyで表わして，第一式に代入する——という方針はよい．が，与次郎のはチョッと問題がある．

それだと，yについての方程式の次数は3より大きくなる．それでもyの方程式には違いないが，チョウド，3次のものが欲しい．

また，問題の整式が2次の場合に失敗すれば，次には3次式を試みる事となる．その際，「3次方程式の根の公式は知らない」というタテマエで消去するのだから，与次郎の方法は通用しない．

4次式を試みる場合も同様だ．5次以上の式だと，実際に，お手上げとなる．

「行列式」は，もう，教わったか．

佐々木　そんなモノは出て来ないよ．

広田　そうか．旧制と新制での高校数学の相違点の一つは，「行列式の一般論」にあるのか．一つ勉強した．

佐々木　感心してる場合じゃないよ．

広田　「行列式」を使うと一発だ．だが，それはアキラメよう．

「xをyで表わして第一式に代入する」という方針と「yについてのチョウド3次の方程式が欲しい」という要請とを両立させる方向で考えよう．

xはyの，どのような式で表わされると，よいか．

佐々木　1次式．

広田　そのための工夫は．

佐々木　第二式からは，平方根が使えないから

$$x=\frac{1}{A}(y-B-x^2)$$

と

$$x^2=y-B-Ax$$

と，しかヒネリ出せない．

小川　という事は，第一式も利用しないとイケナイ，という事ですね.

佐々木　第一式は y を含んでいないから，それを利用するには，第二式からヒネリ出した関係式を代入するしか手はないな.

第一式に

$$x=\frac{1}{A}(y-B-x^2)$$

を代入すると

$$\frac{1}{A^3}(y-B-x^2)^3+\frac{a}{A^2}(y-B-x^2)^2+\frac{b}{A}(y-B-x^2)+c=0$$

で，これを整理しても，x は y の1次式で表わされそうにもない．つぎに

$$x^2=y-B-Ax$$

を第一式に代入するのに

$$x=\pm\sqrt{y-B-Ax}$$

とすると，またシカラレル.

それで，第一式の x^2 だけに代入すると

$$x^3+a(y-B-Ax)+bx+c=0,$$

整理すると

$$x^3+(b-aA)x+ay+(c-aB)=0$$

で，これからも，x は y の1次式では表わされない.

完全に手詰りだ.

小川　そうでも，ない.

最後の関係式

$$x^3+(b-aA)x+ay+(c-aB)=0$$

で，x^3 が x と y との1次式で表わせたら，いいから.

佐々木　表わされる？

小川　すぐには表わせないけど，さっき使った

$$x^2=y-B-Ax$$

の両辺に x を掛けて

$$x^3=yx-Bx-Ax^2$$

でしょう.

佐々木　わかった．この左辺の x^2 を，もう一度，書き直して

$$x^3=yx-Bx-A(y-B-Ax),$$

整理すると

$$x^3=yx+(A^2-B)x-Ay+AB.$$

でも,「yx」という2次の項があって

$$Cx+Dy+E$$

という，x,y の1次式にはならないよ.

小川　y の3次方程式を作る，という目的は達せられそうですよ.

$$x^3=(y+A^2-B)x-Ay+AB$$

と整理して

$$x^3+(b-aA)x+ay+(c-aB)=0$$

に代入すると

$$(y+A^2-aA-B+b)x+(a-A)y+(AB-aB+c)=0.$$

これから

$$y+A^2-aA-B+b\neq 0$$

のとき

$$x=-\frac{(a-A)y+(AB-aB+c)}{y+A^2-aA-B+b}.$$

これを第一式

$$x^3+ax^2+bx+c=0$$

に代入して，分母を払い，y について整理すると，いいでしょう.

佐々木　x が y の1次式で表わされなくても，分母･分子が，それぞれ，y の1次式となる分数式で表わされるとよかったのか.

でも，計算がタイヘンだ.

広田　計算をイクラカでも簡単にしたいなら，第二式に代入すると，よい.

佐々木　ズイブンと方針を修正するんだな.

広田　何によらず，臨機応変という事が肝要だ.

小川

$$x=-\frac{(a-A)y+(AB-aB+c)}{y+(A^2-aA-B+b)}$$

を，第二式

$$y=x^2+Ax+B$$

に代入し，分母を払って，y について整理すると，次のように，なります：

$$y^3+Cy^2+Dy+E=0,$$

ここで

$$C=aA-3B+(2b-a^2),$$
$$D=bA^2+3B^2-2aAB+(3c-ab)A+2(a^2-2b)B+(b^2-2ac),$$
$$E=cA^3-B^3-bA^2B+aAB^2-acA^2+(2b-a^2)B^2+(ab-3c)AB$$
$$+bcA+(2ac-b^2)B-c^2.$$

佐々木　うへー．ジンマシンが出そうだ．

それでも，C は A, B の1次式，D は A, B の 2次式だから，A, B についての連立方程式

$$\begin{cases} C=0 \\ D=0 \end{cases}$$

は，2次方程式までの解法を使って解ける．

その一組の根を A_0, B_0，この根に対するEの値を E_0 とすると

$$y^3+E_0=0$$

という方程式が作れて，目的が達せられた．

3次方程式の解法

佐々木　これで，もとの3次方程式

$$x^3+ax^2+bx+c=0$$

は解ける．

具体的には，E_0 の三乗根の一つを $\sqrt[3]{E_0}$ とすると

$$y^3+E_0=0$$

の三つの根は

$$y_1 = -\sqrt[3]{E_0}, \quad y_2 = -\sqrt[3]{E_0}\,\omega, \quad y_3 = -\sqrt[3]{E_0}\,\omega^2$$

だ．ただし

$$\omega = \frac{-1+i\sqrt{3}}{2}.$$

だから，三つの2次方程式

$$x^2 + A_0x + B_0 = y_k \qquad (k=1, 2, 3)$$

から，もとの3次方程式の根が全部求まる．

小川　もう一つ

$$x^2 + A_0x + B_0 = -(A_0{}^2 - aA_0 - B_0 + b)$$

という方程式も，解く必要がありますね．

佐々木　どうして．

小川　x を消去するとき

$$y + A^2 - aA - B + b \neq 0$$

という条件つきだったから．

佐々木　よく，わからない．

小川　初めの3次方程式

$$x^3 + ax^2 + bx + c = 0$$

の根 x_0 に対して

$$y_0 = x_0{}^2 + A_0x_0 + B_0$$

とおくと，二つの場合がありますね：

（イ）　$y_0 + A_0{}^2 - aA_0 - B_0 + b \neq 0$

か

（ロ）　$y_0 + A_0{}^2 - aA_0 - B_0 + b = 0$

か，ですね．

（イ）の場合には，y_0 は，いま注意した条件を満足するから，方程式

$$y^3 + E_0 = 0$$

の根です．ですから，この場合の x_0 は三つの方程式

$$x^2+A_0x+B_0=y_k \qquad (k=1,2,3)$$

の中の一つの根ですね．

（ロ）の場合には，y_0 は，いま注意した条件を満足しないので，方程式

$$y^3+E_0=0$$

の根でない事もありますね．そのときは，x_0 は，三つの方程式

$$x^2+A_0x+B_0=y_k \qquad (k=1,2,3)$$

の，どの一つの根でもありませんね．しかし

$$y_0=-(A_0{}^2-aA_0-B_0+b)$$

ですから，この場合の x_0 は，方程式

$$x^2+A_0x+B_0=-(A_0{}^2-aA_0-B_0+b)$$

の根です．

ですから，一般的には，四つの2次方程式を解く必要がありますね．

佐々木　そうか．

小川　それから，この四つの2次方程式の根の中には，初めの3次方程式の根でないものも含まれますね．一般的には，八つの根が求まりますから．

広田　その通りだ．

佐々木　ホントウの根だけを求める一般的な方法は，ないの？

広田　ない事も，ない．

消去の過程を振り返ると

$$y+A^2-aA-B+b\neq 0$$

という条件の下では

$$\begin{cases} x^3+ax^2+bx+c=0 \\ y=x^2+Ax+B \end{cases}$$

と

$$\begin{cases} x=-\dfrac{(a-A)y+(AB-aB+c)}{y+A^2-aA-B+b} \\ y^3+Cy^2+Dy+E=0 \end{cases}$$

とは同値だったな．

そこで

$$y_k+A_0^2-aA_0-B_0+b\neq 0$$

の場合には，y_k から

$$x_k=-\frac{(a-A_0)y_k+(A_0B_0-aB_0+c)}{y_k+A_0^2-aA_0-B_0+b}$$

を作ると，この x_k は二つの方程式

$$x^2+A_0x+B_0=y_k$$

と

$$x^3+ax^2+bx+c=0$$

とを同時に満足する．

すなわち，この x_k は最初の3次方程式の根となる．

小川　この場合には，問題の2次方程式を解かないで，ホントウの根が求まるのですね．

広田　y_1, y_2, y_3 が互いに異なる場合には

$$A_0^2-aA_0-B_0+b$$

は一つの数だから

$$y_k+A_0^2-aA_0-B_0+b\neq 0$$

となる y_k が，少なくとも二つはある．

小川　ですから，初めの3次方程式の二つの根は求まりますね．あとの一つは，根の係数との関係からすぐに求まりますね．

広田　三つとも，この条件を満足しておれば，x_1, x_2, x_3 が最初の3次方程式の三根となる．

佐々木　どうして．

小川　3次方程式は三つより多くの根は持てなくて，x_1, x_2, x_3 は互いに異なる，からですね．

たとえば，かりに

$$x_1=x_2$$

とすると

$$x_1^2+A_0x_1+B_0=x_2^2+A_0x_2+B_0$$

で

$$y_1=y_2$$

となり，これは y_1 と y_2 が異なるという仮定に反しますね．

佐々木　y_1, y_2, y_3 のどれか二つが同じ場合は？

広田　それは，どういう場合かな．

小川

$$y_1=y_2=y_3=0$$

の場合ですね．

たとえば

$$y_1=y_2$$

ですと

$$y_2=y_1\omega \quad かつ \quad \omega-1\neq 0$$

ですから

$$y_1=0.$$

これから

$$y_2=y_1\omega=0, \qquad y_3=y_1\omega^2=0.$$

広田　この場合には

$$A_0{}^2-aA_0-B_0+b\neq 0$$

のときは，いま説明した方法で，最初の3次方程式の一つの根が求まる．残りの二つは，数Ｉの方法で求まる．

$$A_0{}^2-aA_0-B_0+b=0$$

のときは，四つの2次方程式は

$$x^2+A_0x+B_0=0$$

という，ただ一つの方程式となる．これを解いて，無縁根を取り除くのは容易だ．

小川　この最後の場合には，初めの3次方程式は重根を持ちますね．2次方程式の異なる根は，多くて二つですから．

それから，いまの説明で気がついたのですが，僕が注意した第四の2次方程式は，実際問題では必要ありませんね．

佐々木　どうもピンと来ない．何か例は，ない？

例　題　(一)

広田　$x^3+6x-2=0$

は，どうだい．

小川　$a=0$,　$b=6$,　$c=-2$

の場合ですから

$$C=-3B+12,$$
$$D=6A^2+3B^2-6A-24B+36,$$
$$E=-2A^3-B^3-6A^2B+12B^2+6AB-12A-36B-4$$

ですね．

$$C=0 \quad \text{から} \quad B=4.$$

これをDに代入すると，Aについての方程式は

$$A^2-A-2=0$$

で

$$A=2,\quad -1.$$

佐々木　計算が簡単なように

$$A_0=-1,\qquad B_0=4$$

と取ると

$$E_0=-54.$$

だから，yについての3次方程式は

$$y^3-54=0,$$

この三根は

$$y_1=3\sqrt[3]{2},\quad y_2=3\sqrt[3]{2}\,\omega,\quad y_3=3\sqrt[3]{2}\,\omega^2$$

で，互いに異なる．

小川　$y_1+A_0{}^2-aA_0-B_0+b=3(\sqrt[3]{2}+1),$

$y_2+A_0{}^2-aA_0-B_0+b=3(\sqrt[3]{2}\,\omega+1),$

$y_3+A_0{}^2-aA_0-B_0+b=3(\sqrt[3]{2}\,\omega^2+1)$

で

$$(a-A_0)y_1+(A_0B_0-aB_0+c)=3(\sqrt[3]{2}-2),$$
$$(a-A_0)y_2+(A_0B_0-aB_0+c)=3(\sqrt[3]{2}\,\omega-2),$$
$$(a-A_0)y_3+(A_0B_0-aB_0+c)=3(\sqrt[3]{2}\,\omega^2-2)$$

ですから

$$\begin{aligned} x_1 &= -\frac{\sqrt[3]{2}-2}{\sqrt[3]{2}+1} \\ &= -\frac{(\sqrt[3]{2}-2)}{(\sqrt[3]{2}+1)}\times\frac{(\sqrt[3]{4}-\sqrt[3]{2}+1)}{(\sqrt[3]{4}-\sqrt[3]{2}+1)} \\ &= \sqrt[3]{4}-\sqrt[3]{2}, \end{aligned}$$

同じ計算で

$$x_2=\sqrt[3]{4}\,\omega^2-\sqrt[3]{2}\,\omega, \qquad x_3=\sqrt[3]{4}\,\omega-\sqrt[3]{2}\,\omega^2.$$

これらが問題の方程式の三つの根です.

広田　この方程式は，カルダノの公式を使って，解いた事がある．覚えているか.

佐々木　忘れた．でも，カルダノの公式は覚えてる.

$$y^3+py+q=0$$

に対して

$$t_1=-\frac{q}{2}+\sqrt{\left(\frac{q}{2}\right)^2+\left(\frac{p}{3}\right)^3}, \quad t_2=-\frac{q}{2}-\sqrt{\left(\frac{q}{2}\right)^2+\left(\frac{p}{3}\right)^3}$$

の三乗根の中で，その積が $-\dfrac{p}{3}$ となるものを $\sqrt[3]{t_1}$, $\sqrt[3]{t_2}$ とすると，この方程式の根は

$$\begin{cases} y_1=\sqrt[3]{t_1}+\sqrt[3]{t_2}, \\ y_2=\sqrt[3]{t_1}\,\omega+\sqrt[3]{t_2}\,\omega^2, \\ y_3=\sqrt[3]{t_1}\,\omega^2+\sqrt[3]{t_2}\,\omega \end{cases}$$

だったよ.

この公式を使うと

$$p=6, \qquad q=-2$$

の場合で

$$\frac{p}{3}=2, \quad \frac{q}{2}=-1$$

で

$$\left(\frac{p}{3}\right)^3+\left(\frac{q}{2}\right)^2=9$$

だから

$$t_1=4, \qquad t_2=-2$$

となる.

t_1, t_2 は実数だから, $\sqrt[3]{t_1}$, $\sqrt[3]{t_2}$ として, 実数の三乗根

$$\sqrt[3]{4}, \qquad -\sqrt[3]{2}$$

が取れて, 求める三根は

$$\sqrt[3]{4}-\sqrt[3]{2}, \quad \sqrt[3]{4}\,\omega-\sqrt[3]{2}\,\omega^2, \quad \sqrt[3]{4}\,\omega^2-\sqrt[3]{2}\,\omega$$

だ. チャンと合っている.

でも, カルダノの公式の方が簡単だね.

例 題 (二)

広田 $x^3-3x+2=0$

は, どうだい.

小川 $a=0, \qquad b=-3, \qquad c=2$

の場合ですから

$$C=-3B-6,$$
$$D=-3A^2+3B^2+6A+12B+9,$$
$$E=2A^3-B^3+3A^2B-6B^2-6AB-6A-9B-4$$

ですね.

$$C=0 \quad から \quad B=-2.$$

これをDに代入すると, Aについての方程式は

$$A^2-2A+1=0$$

で

$$A=1.$$

佐々木 今度は

$$A_0=1,\qquad B_0=-2$$

としか取れなくて

$$E_0=0.$$

だから，y についての3次方程式は

$$y^3=0.$$

これは

$$y_1=y_2=y_3=0$$

の場合だ．

小川　そして

$$A_0{}^2-aA_0-B_0+b=0$$

の場合ですね．

それで，2次方程式

$$x^2+x-2=0$$

を解いて

$$x=1,\quad -2.$$

無縁根はないか確かめると，ありません．これが問題の3次方程式の根です．1が重根です．

佐々木　この3次方程式は，数Ⅰの方法で，すぐに解ける．今日の方法は，アマリ役には立たないな．第一，覚えきれない．

広田　その通りだ．

具体的な問題への応用には適さない．

肝要なのは，3次方程式の解法は

$$X^3=\text{定数}$$

という最も簡単な3次方程式の解法へと，直接に，帰着させられる——という理論的な面だ．

さて，今日のところを総括しておこう．

要　約

小川　n 次方程式解法の原点は，それを

$$X^n = 定数$$

という，一番簡単な n 次方程式へ帰着させる事でした．

佐々木　3次方程式は，この方針で，解けた．

でも，この方針での解法は，具体的な問題には有効でなかった．その理論的な面に意義があった．

広田　初めの目標は，この方針を4次方程式や5次方程式にも適用する事だった．計算に手間どって，そこまで行かなかったな．宿題としておく．

――濃く真っ直ぐに，歴史の煙がほとばしる．

第８章　解法の方向を定式化する

計算・計算・計算――華麗な理論も，地味な計算の上に築かれる．ガロア理論の場合も例外ではない．

４次方程式・５次方程式についての計算を続行する．そこから，「５次方程式の根の公式を求める」という問題を，明確に，方向づける．

「歴史の煙」の出方で，叔父さんの気分をうかがう事が出来る，と与次郎はいう．濃く真っ直ぐにほとばしる時は，心気平穏．煙が鼻の下に低回し，ヒゲに未練があるように見える時は，詩的感興がある．最も恐るべきは孔の先の渦である．渦が出ると，大変に叱られる…

目　　標

広田　今日は，宿題を片付け，その結果を検討しよう．

佐々木　宿題って，未知数 x の４次方程式･５次方程式に対して，それぞれ

$$(x\text{ の整式})^4 = \text{定数},\quad (x\text{ の整式})^5 = \text{定数}$$

という方程式を作る――という問題だね．

広田　計算してみたか．

佐々木　あれから中間試験で，やっと，きのう終わったばかりだよ．

小川　途中までしか，してません．

広田　それでは，計算した所まででよいから，説明してごらん．与次郎も傍観するでない．

4次方程式の場合

佐々木　4次方程式

$$x^4+ax^3+bx^2+cx+d=0$$

に対して，適当なxの整式を見つけて

$$(x\text{ の整式})^4 = \text{定数}$$

という方程式を作るのだね．

2次の場合から始める？

小川　2次では，ダメだった．

佐々木　それじゃ，最高次の係数を1として

$$(x^3+Ax^2+Bx+C)^4 = \text{定数}$$

という形を目的とする．

そのために，二つの関係式

$$\begin{cases} x^4+ax^3+bx^2+cx+d=0 \\ y=x^3+Ax^2+Bx+C \end{cases}$$

からxを消去して，yの4次方程式を作る．

小川　この間の3次方程式の場合に，xを消去する時の基本方針は——1より大きい指数を持つxの累乗を，より小さい指数を持つxの累乗とyとの式で次々に置き換え，xがyの分数式で表わされるまで続ける——と，いうものでした．

佐々木　その方針に従うと，第二式から

$$x^3=y-C-Bx-Ax^2,$$

これから

$$\begin{aligned} x^4&=yx-Cx-Bx^2-Ax^3 \\ &=yx-Cx-Bx^2-A(y-C-Bx-Ax^2) \\ &=(A^2-B)x^2+(AB-C+y)x-A(y-C). \end{aligned}$$

第一式に，このx^3とx^4とを代入して，xについて整理すると

$$Mx^2+N'x+P'=0,$$

ここで

$$M=b-B-A(a-A),$$
$$N'=c+(y-C)-B(a-A),$$
$$P'=d+(y-C)(a-A)$$

だ.

広田　Mには，どうしてダッシュをつけない.

佐々木　「ダッシュ」は，yを含んでいるシルシだよ.

　でも，この関係式からは，xはyの分数式では表わされない. ——どうすれば，いい.

小川　xの指数低下を続けると，いいでしょう.

　$M\neq 0$ のとき

$$x^2=-\frac{P'}{M}-\frac{N'}{M}x$$

だから

$$\begin{aligned}x^3&=-\frac{P'}{M}x-\frac{N'}{M}x^2\\&=-\frac{P'}{M}x-\frac{N'}{M}\left(-\frac{P'}{M}-\frac{N'}{M}x\right)\\&=\frac{N'P'}{M^2}+\left(\frac{N'^2}{M^2}-\frac{P'}{M}\right)x\end{aligned}$$

でしょう.

佐々木　そうか.

　この x^2 と x^3 とを第二式に代入すると

$$y=\frac{N'P'}{M^2}+\left(\frac{N'^2}{M^2}-\frac{P'}{M}\right)x+A\left(-\frac{P'}{M}-\frac{N'}{M}x\right)+Bx+C,$$

整理すると

$$y=\left(B-\frac{P'+AN'}{M}+\frac{N'^2}{M^2}\right)x+C-\frac{AP'}{M}+\frac{N'P'}{M^2}.$$

　これから

$$x=-\frac{CM^2-AMP'+N'P'-M^2y}{BM^2-(P'+AN')M+N'^2}$$

と，x が y の1次式で表わされる．

小川　分数式でしょう．

N', P' には y が含まれていたから．

佐々木　そうか，そうか．自分で注意しておいて，自分で忘れりゃ，セワはない．

右辺の分母・分子に y が現われるように，もう一度，書き直すのか．――イヤになった．

小川　$$N=c-C-B(a-A),\quad P=d-C(a-A)$$

とおくと，N, P は y を含まないで

$$N'=N+y,\quad P'=P+(a-A)y$$

ですね．

これで計算すると

$$x=-\frac{Q+Ry+(a-A)y^2}{S+Ty+y^2}$$

となります．ここで

$$Q=CM^2-APM+NP,$$
$$R=P-(a-A)(AM-N)-M^2,$$
$$S=BM^2-(P+AN)M+N^2,$$
$$T=2N-aM$$

です．

佐々木　これを，僕が導いた関係式

$$Mx^2+N'x+P'=0$$

に代入すると，一番次数の低い，y の方程式が作れる．

広田　手は出さないが，口は出すのだな．

小川　代入して分母を払うと

$$M[Q+Ry+(a-A)y^2]^2-(N+y)[Q+Ry+(a-A)y^2](S+Ty+y^2)$$
$$+[P+(a-A)y](S+Ty+y^2)^2=0$$

です．

佐々木　これは y の5次方程式だ．

小川　見かけはね．

y^5 の項は，この第二項と第三項とから出てくる

$$-(a-A)y^5 \quad と \quad (a-A)y^5$$

だけで，消えてしまうよ．

これを整理すると

$$Dy^4+Ey^3+Fy^2+Gy+H=0$$

という4次方程式で，ここで

$$D=M(a-A)^2+(T-N)(a-A)+P-R,$$
$$E=(2MR-NT+T^2+S)(a-A)+2PT-NR-Q-RT,$$
$$F=(2MQ-NS+2ST)(a-A)+MR^2-NQ-NRT-QT-RS+PT^2+2PS,$$
$$G=S^2(a-A)+2MQR-NQT-NRS-QS+2PST,$$
$$H=MQ^2-NQS+PS^2$$

です．

広田　これらの $D, E, \cdots, H$ を，最初の5次方程式の係数で表わすと？

小川　$D=M^2$,

$$E=M^2[(2b-a^2)A+aB-4C+(a^3-3ab+3c)],$$

までしか計算してません．

広田　実は，残りの F, G, H も D で割り切れ，それらの商は，それぞれ，A, B, C の2次・3次式・4次式となる．それらの係数は a, b, c, d の整式だ．

小川　$M \neq 0$ という条件の下で変形して来ましたから，結局

$$y^4+E'y^3+F'y^2+G'y+H'=0$$

という形で

$E'=A, B, C$ の1次式,
$F'=A, B, C$ の2次式,
$G'=A, B, C$ の3次式,
$H'=A, B, C$ の4次式

となるのですね．

佐々木　それで

$$y^4 \ = \ 定数$$

という方程式を作るには，A, B, C についての連立方程式

$$\begin{cases} E'=0 \\ F'=0 \\ G'=0 \end{cases}$$

を解けばいい．

第一の方程式から，C を A, B の1次式で表わして，第二，第三の方程式に代入すると

$$\begin{cases} F''=0 \\ G''=0 \end{cases}$$

という A, B についての連立方程式となる．

この第一の方程式は，Bについての2次方程式だから解けて，それを第二の方程式に代入すると

$$G'''=0$$

というAだけの方程式となる．

でも，これは，Aの2次式の平方根を含む，無理方程式だ．平方根をとると，Aについての6次方程式だ．コレ，解ける？

広田　実は，解ける．

このAの6次方程式は，2次方程式と3次方程式との解法に帰着される．G' を具体的に求めると，わかる．

計算してみるか？

佐々木　ケッコウ，ケだらけ，猫，灰だらけ．

G' を具体的に求めても，根の公式としては役に立たないもの．この間の3次方程式で，身に染みてるよ．

小川　この6次方程式を，ムリに，解かなくても，いいですね．

初めに返って，連立方程式

$$\begin{cases} E'=0 \\ G'=0 \end{cases}$$

に注目します．

この連立方程式では，方程式の個数は二，未知数の個数は三ですから，たと

えば

$$C=1$$

と取れます．

このとき，A, B についての方程式になりますが，第一の方程式から B を A の1次式で表わして，第二の方程式に代入すると，Aについての3次方程式となります．

この3次方程式の一つの根を A_0，それに対するBの値を B_0 とすると，問題の y の方程式は

$$y^4+F_0'y^2+H_0'=0$$

となります．ここで，F_0', H_0' は，それぞれ，F', H' で

$$A=A_0,\ B=B_0,\ C=1$$

としたものです．

これは

$$\left(y^2+\frac{1}{2}F_0'\right)^2=\frac{1}{4}(F_0')^2-H_0'$$

と変形されます．

ですから，結局，初めの4次方程式

$$x^4+ax^3+bx^2+cx+d=0$$

は，一般的に

$$\left[(x^3+A_0x^2+B_0x+1)^2+\frac{1}{2}F_0'\right]^2=\text{定数}$$

という，3次方程式までの解法で解ける，方程式に帰着されて，目的が達せられます．

佐々木　でも，これは

$$(x\ \text{の6次式})^2=\text{定数}$$

という形だよ．

この間の話では，n 次方程式を

$$(x\ \text{の整式})^n=\text{定数}$$

という方程式に帰着させる——というのが，方程式解法の原点だった．

広田　先日も，いったな．臨機応変という事が肝要だ，と．少し修正されているが，小川君の考察は立派なものだ．

佐々木　叔父さんの修正主義者！

5次方程式の場合

小川　今度は，5次方程式

$$x^5+ax^4+bx^3+cx^2+dx+e=0$$

に対して，適当な x の整式を見つけて

$$(x\text{ の整式})^5 = \text{定数}$$

という方程式を作るのですね．

佐々木　2次の場合から始める？

小川　3次方程式では2次式，4次方程式では3次式で成功したから，今度は4次式じゃない．

佐々木　そうウマク行くかな．

広田　マヨイがあるなら，1次から4次までを一度に確かめるとよい．

小川　そうですね．x^4 の係数を1としないで

$$(Ax^4+Bx^3+Cx^2+Dx+E)^5 = \text{定数}$$

という形を目的にすると，いいですね．

佐々木　そうか．それで，二つの関係式

$$\begin{cases} x^5+ax^4+bx^3+cx^2+dx+e=0 \\ y=Ax^4+Bx^3+Cx^2+Dx+E \end{cases}$$

から x を消去して，y の5次方程式を作る．

小川君，計算スル？

小川　計算しましょう．

広田　今から計算されたのでは，夜が明けてしまう．

x を消去すると

$$y^5+G_1y^4+G_2y^3+G_3y^2+G_4y+G_5=0,$$

ここで，係数 G_k は A, B, C, D, E の k 次の同次式だ．その係数は a, b, c, d, e

の整式だ.

佐々木　G_k が k 次の同次式て？

小川　G_k は $A^{n_1}B^{n_2}C^{n_3}D^{n_4}E^{n_5}$ に係数を掛けた項の和でしょう. $n_1+n_2+n_3+n_4+n_5$ が, どの項についても, いつでも k の場合ですよ.

佐々木　それじゃ, 一般的に

$$
\begin{aligned}
G_1 &= a_1A+a_2B+a_3C+a_4D+a_5E,\\
G_2 &= b_1A^2+b_2B^2+b_3C^2+b_4D^2+b_5E^2\\
&\quad +b_6AB+b_7AC+b_8AD+b_9AE+b_{10}BC\\
&\quad +b_{11}BD+b_{12}BE+b_{13}CD+b_{14}CE+b_{15}DE,\\
&\quad \cdots \quad \cdots \quad \cdots \quad \cdots
\end{aligned}
$$

という形だな.

ホントになるのかな.

広田　疑うのか.

佐々木　ユメ, ユメ.

小川　3次方程式・4次方程式の場合の経験から, これは納得できます.

佐々木　それで, 連立方程式

$$G_k=0 \quad (k=1, 2, 3, 4)$$

を解くのだな.

第一の方程式

$$G_1=0$$

から, E を A, B, C, D の1次式で表わして, 第二, 第三, 第四の方程式に代入すると

$$\begin{cases} G_2'=0 \\ G_3'=0 \\ G_4'=0 \end{cases}$$

という A, B, C, D についての連立方程式となる.

この第一の方程式は, Dについての2次方程式だから解けて, それを第二, 第三の方程式に代入すると

$$\begin{cases} G_3''=0 \\ G_4''=0 \end{cases}$$

という A, B, C についての連立方程式となる．

でも，これらは A, B, C の2次式の平方根を含む無理方程式だ．平方根をとると，たとえば，この第一の方程式は A, B, C についての6次方程式だ．解けるのかな？

広田　実は，解ける．

もっとも，問題の方程式が A, B, C についての3次方程式となるように工夫する．

それには，方程式

$$G_2'=0$$

から D を消去するのに，平方根を使ってはマズイ…

小川　D が A, B, C の1次式で表わされると，いいですが――そんな事が出来るのですか？

広田　それに似た事が出来る．

最初の方程式

$$G_1=0$$

から E を消去すると，E は A, B, C, D の1次の同次式となる．G_2 は A, B, C, D, E の2次の同次式だった．だから，G_2' は A, B, C, D の2次の同次式となる．

小川　それは，さっき佐々木が書いた G_1, G_2 の一般形で計算すると，判ります．

広田　この事から

$$G_2'=H_1^2+H_2^2+H_3^2+H_4^2$$

と書ける．

ここで，各 H_k は A, B, C, D の1次の同次式だ．その係数は a, b, c, d, e の間の四則と平方根とで表わされる．

佐々木　フク雑カイ奇！

小川　証明は，どうなるのですか？

広田　割愛する．

小川　どうして，ですか？

広田　それこそ徹夜になる．

小川　スッキリしません．

佐々木　男は証明にウルサイ！

広田　叔父さんの方も，精神エイセイ上，よろしくない．これから導いた結果を使う必要が生じた場合には，アラタメテ証明する．

小川　安心しました．

広田　もとに返り，A, B, C, D についての連立1次方程式

$$\begin{cases} H_1=\sqrt{-1}\,H_2 \\ H_3=\sqrt{-1}\,H_4 \end{cases}$$

の解は，方程式

$$G_2'=0$$

を満足するな．

小川　わかりました――これを C, D について解くと，それぞれ，A, B の1次式で表わされます．

それらを G_3', G_4' に代入すると

$$\begin{cases} G_3''=0 \\ G_4''=0 \end{cases}$$

という A, B についての連立方程式で，それぞれ，3次方程式・4次方程式となりますね．

佐々木　この第一の方程式を B について解いて，第二の方程式に代入すると

$$G_4'''=0$$

という A だけの方程式となる．

コレは解けないのだ．解けてしまえば，ガロアの理論は存在しない．

広田　その通りだ．

これを4次までの方程式の解法へ帰着させる方法がナカナカ見つからず，ここで行き詰る．

佐々木　でも

$$y^5+G_{40}y+G_{50}=0$$

という形にまでは出来た．

A, B についての3次方程式

$$G_3''=0$$

で，$B=1$ と取ると，これはAだけの3次方程式．その一つの根を A_0 として，それらに対する D, C, E の値を D_0, C_0, E_0 とする．

G_4, G_5 で

$$A=A_0,\ B=1,\ C=C_0,\ D=D_0,\ E=E_0$$

としたものが G_{40}, G_{50} だ．

広田　先日から考察して来た方法は，チルンハウゼンという数学者に始まる．1683年の事だ．

また，方程式

$$y^5+G_{40}y+G_{50}=0$$

で

$$y=\sqrt[4]{G_{40}}\,z$$

とおくと

$$z^5+z+p=0$$

という形となるな．

これは，ブリング=ジラードの標準形とよばれている．1834年に，ジラードという数学者が発表して有名になった．が，それ以前の1786年にブリングという人が発見しているのが判ったからだ．

佐々木　よくあるハナシだ．

解法の方向

広田　さて，いまの考察から

$$x^5+ax^4+bx^3+cx^2+dx+e=0$$

に対して

$$(x \text{ の4次以下の整式})^5 = \text{定数}$$

という方程式は作れそうにもない——という事が，大まかにだが，いえそうだな．

この事から，直ちに，「5次方程式の根の公式はない」とは，無論，結論できないな．

佐々木　解法の原点に返っても，まだ残された可能性がある．

広田　たとえば？

佐々木　$(x \text{ の5次以上の整式})^5 = \text{定数}$

という方程式が作れるかも知れない．

小川　さっきの4次方程式の場合のように，解法の原点を修正して，「5乗」にはコダワラズに

$$(x \text{ の整式})^m = \text{定数}$$

となる，x の整式と自然数 m とが存在する可能性も，あります．

広田　小川君のは与次郎のを含んでいる．

そこで，この方向での解法を，もう少し詳しく検討しよう．

佐々木　というと？

広田　この可能性のためには，まず

$$X^m = \text{定数}$$

という X の方程式が解けなければならない．

m がどんな自然数の場合にも，解けるか．

佐々木　勿論だよ．

右辺の定数を A で表わす．m 乗して A となる複素数は m 個あって，その中の一つを $\sqrt[m]{A}$ で表わすと，この方程式の m 個の根は

$$\sqrt[m]{A}\,\zeta_m{}^k \quad (k=0, 1, 2, \cdots, m-1)$$

となる．ここで

$$\zeta_m = \cos\frac{2\pi}{m} + i\sin\frac{2\pi}{m}.$$

小川　これは，ド・モアブルの定理から導かれます．

$X^2 = \text{定数}$　や　$X^3 = \text{定数}$

のときのように．

広田　　$(x \text{の整式})^m = \text{定数}$

という方程式は（x の整式）について解けた．つぎは

$$x \text{の整式} = \sqrt[m]{\text{定数}}\,\zeta_m{}^k$$

という x の方程式が，4次までの方程式の解法で解けなければ，ならない．

小川　そのとき，いま調べた事から，l が4より大きい自然数で

$$X^l = \text{定数}$$

という型の方程式が現われても，大丈夫ですね．

広田　その通りだ．

一方，最初の5次方程式から

$$(x \text{の整式})^m = \text{定数}$$

という方程式を作るにも，4次までの方程式か，小川君が注意した型の方程式のお世話にならなければ，ならないな．先日から計算して来たようにだ．

そこで，4次までの方程式解法の仕組みを，いま一度，検討しよう．

佐々木　1次方程式は問題ないね．

2次方程式

$$ax^2+bx+c=0 \qquad (a \neq 0)$$

は

$$(2ax+b)^2=b^2-4ac$$

と変形し

$$2ax+b=\pm\sqrt{b^2-4ac}$$

から

$$x=\frac{-b\pm\sqrt{b^2-4ac}}{2a}$$

と解けた．

広田　最も簡単な型の2次方程式

$$X^2 = \text{定数}$$

に帰着されたな．

小川　3次方程式

$$ax^3+bx^2+cx+d=0 \qquad (a \neq 0)$$

は，カルダノの方法ですと，まず

$$y^3+py+q=0$$

と変形しました．ここで

$$y=x+\frac{b}{3a}$$

で，p, q はチャンとは覚えてませんが，初めの3次方程式の係数 a, b, c, d の分数式でした．

つぎに，2次方程式

$$t^2+qt-\frac{p^3}{27}=0$$

を解きます．

広田　それは，さっき注意したように

$$T^2= \text{定数}$$

という方程式に帰着されるな．

佐々木　この2次方程式の二根を t_1, t_2 とすると，最後に

$$u^3=t_1, \qquad v^3=t_2$$

という方程式を解いた．

これらの根で，その積が $-\dfrac{p}{3}$ となるものを $\sqrt[3]{t_1}, \sqrt[3]{t_2}$ とすると，もとの3次方程式

$$ax^3+bx^2+cx+d=0 \qquad (a \neq 0)$$

の根は

$$\begin{cases} x_1=-\dfrac{b}{3a}+\sqrt[3]{t_1}+\sqrt[3]{t_2} \\[2ex] x_2=-\dfrac{b}{3a}+\sqrt[3]{t_1}\,\omega+\sqrt[3]{t_2}\,\omega^2 \\[2ex] x_3=-\dfrac{b}{3a}+\sqrt[3]{t_1}\,\omega^2+\sqrt[3]{t_2}\,\omega \end{cases}$$

だ．ここで

$$\omega=\zeta_3.$$

広田　結局，3次方程式の解法は

$$T^2=\text{定数},\quad u^3=\text{定数},\quad v^3=\text{定数}$$

という最も簡単な型の2次方程式・3次方程式に帰着される——というわけだな．

この事は，チルンハウゼンの方法でも，同様だったな．

小川　わかりました．おっしゃりたい事が判りました．

4次方程式は，オイラーの方法でも，フェラリの方法でも，それからチルンハウゼンの方法でも，2次方程式と3次方程式との解法に帰着されました．ですから，4次方程式の場合も，やはり同じ事がいえます．

という事は，5次方程式

$$x^5+ax^4+bx^3+cx^2+dx+e=0$$

を

$$(x\text{ の整式})^m=\text{定数}$$

となる，x の整式と自然数 m とを見つけて解く事は

$$X^l=\text{定数}$$

という型の，いくつかの方程式に帰着させる事なわけですね．この場合，自然数 l は3以下とは限りませんね．

広田　その通りだ．

佐々木　そういえば，いっとう最初に5次方程式に挑んだ方法があったね．5次方程式

$$ax^5+bx^4+cx^3+dx^2+ex+f=0\qquad(a\neq 0)$$

を，まず

$$y^5+py^3+qy^2+ry+s=0$$

と変形する．つぎに

$$y=t+u+v+w$$

と分けて，t, u, v, w の何乗かを四つの根とする，4次方程式を探し出す——と

いう方法も，結局は

$$X^l = \text{定数}$$

という型の，いくつかの方程式の解法に帰着させる事なんだね．

小川　そうすると，5次方程式の解法を

$$X^l = \text{定数}$$

という型の，いくつかの方程式に帰着させる――というのは，いままで調べて来た，5次方程式の解法を全部ふくんでいるのですね．

広田　その通りだ．

これは，「方程式解法の原点」を一般化したもの，といえる．

そこで，今後「5次方程式の根の公式を求める」のに，この方向で努力する．

さて，今日のところを総括しておこう．

要　　約

佐々木　4次方程式の解法は，未知数の3次式 y を適当に選ぶと

$$y^4 = \text{定数}$$

または

$$y^4 + py^2 + q = 0$$

という方程式に帰着された．

小川　5次方程式では，未知数の4次式 y を適当に選ぶと

$$y^5 + y + p = 0$$

という方程式にまでは帰着されましたが

$$y^5 = \text{定数}$$

となる y が選べるかどうかは，不明でした．

佐々木　それから，「5次方程式の根の公式を求める」方向をハッキリさせた．

$$X^l = \text{定数}$$

という型の，いくつかの方程式を探して，それらに帰着させる――というものだった．

広田　これには，いま一つ，補足すべき事がある．それは，またの機会にしよう．

――詩的感興の煙が，たなびく．

第9章　方程式論の流れを変える

70年代の数学は，新しい世紀への息吹き，なのだろうか．19世紀の70年代には，ほんの一例だが，カントルの集合論が出現する．

18世紀の70年代には，方程式に関する，ラグランジュの論文が出現する．それは，方程式論におけるコペルニクス的転回を意味する．60年後の，ガロアの理論への起点となる．ラグランジュの，この思想を追う．

久方ぶりに寄席へ行く．寄席は，よい．第一，ナマの魅力が，たまらない．第二に，衣裳がきれいだ——と，叔父さんはいう．広田家のテレビは，まだ，白黒なのである．

目　　標

広田　今まで見たように，3次方程式・4次方程式の解法は16世紀の中葉までに，本質的に，完成している．だが，その後の二世紀というものは，方程式論にとって，「不毛時帯」となっている．

佐々木　特別な理由でも，あるの．

広田　この時期には，方程式論にかぎらず，代数学一般が沈滞している．17世紀に，「新しい数学」が興ったのが，一因でもある．

小川　「新しい数学」というのは「微積分」ですね．微積分の研究に集中したのですね．

佐々木　女性と数学者は，流行に弱い！

でも，微積分なんか，もう古い．

広田　「古い」といい切るからには，不定積分の計算には，自信があるのだろうな．

$$\int \frac{dx}{x(x+1)^2}$$

は，どうだ．

佐々木　カンタン，かんたん．まず

$$\frac{1}{x(x+1)^2}=\frac{a}{x}+\frac{b}{x+1}+\frac{c}{(x+1)^2}$$

となる定数 a, b, c を求める．

分母を払って

$$1=a(x+1)^2+bx(x+1)+cx,$$

整理すると

$$(a+b)x^2+(2a+b+c)x+a-1=0,$$

だから

$$\begin{cases} a+b=0 \\ 2a+b+c=0 \\ a-1=0. \end{cases}$$

これを解くと

$$a=1,\quad b=-1,\quad c=-1,$$

だから

$$\frac{1}{x(x+1)^2}=\frac{1}{x}-\frac{1}{x+1}-\frac{1}{(x+1)^2}.$$

これから，不定積分の一つは

$$\int \frac{dx}{x(x+1)^2}=\log|x|-\log|x+1|+\frac{1}{x+1}$$
$$=\log\left|\frac{x}{x+1}\right|+\frac{1}{x+1}.$$

広田　分数式の積分計算では，いま与次郎が実演したように，与えられた分数式を，いくつかの簡単な分数式の和として表わす事が本質的だ．この方法を何と呼ぶ．

小川　初めの分数式を部分分数に分解する——と，いいます.

広田　この部分分数分解は，結局のところ，分母を零とおいた方程式の根とカカワル．そこで，再び，方程式の研究がクローズ·アップされる事となる.

小川　「数学は一つ」なのですね.

広田　そして，ラグランジュの論文が登場する.

「5次以上の方程式には根の公式はない」というルフィニやアーベルの結果，さらには，ガロアの理論——これらは，みな，この論文の着想を発展させる過程で得られたものだ.

佐々木　大したシロモノなんだな.

今日からは，この論文の話だね.

広田　その通りだ.

そのために，先日の補足から始めよう.

代数的解法

広田　方程式解法の方向は，それを

$$X^l=\text{定数}$$

という型の，いくつかの方程式に帰着させる事だったな.

補足すべきは，この型の方程式の右辺に現われる「定数」，したがって，「定数項」の性質だ.

3次方程式でのカルダノの方法から見よう.

小川　それは，3次方程式

$$ax^3+bx^2+cx+d=0 \qquad (a \neq 0)$$

を

$$T^2=\text{定数}, \qquad u^3=\text{定数}, \qquad v^3=\text{定数}$$

という方程式に帰着させるものでした.

広田　精確には？

佐々木　第一の方程式は，t の2次方程式

$$t^2+qt-\frac{p^3}{27}=0$$

を変形したもので

$$T^2=\left(\frac{q}{2}\right)^2+\left(\frac{p}{3}\right)^3$$

だ.

小川　あとの二つは

$$u^3=-\frac{q}{2}+\sqrt{\left(\frac{q}{2}\right)^2+\left(\frac{p}{3}\right)^3}\ ,\quad v^3=-\frac{q}{2}-\sqrt{\left(\frac{q}{2}\right)^2+\left(\frac{p}{3}\right)^3}$$

です.

広田　p, q は?

佐々木　もとの3次方程式の係数を a で割った $\frac{b}{a}, \frac{c}{a}, \frac{d}{a}$ の整式だ. 分数の形のママで計算してサンザンてこずったから, 決して忘れない.

広田　忘れさせないために, 分数のママで計算させた.

小川　何時かの「こんたん」とは, この事なのですね.

広田　結局, 第一に解くべき方程式の定数項は, 最初の3次方程式の係数から四則で作られたものだな.

佐々木　$\frac{1}{2}$ や $\frac{1}{3}$ は, もとの方程式の係数には, ないよ.

小川　たとえば

$$\frac{1}{2}=\frac{a}{a+a},\quad \frac{1}{3}=\frac{a}{a+a+a}$$

でしょう.

佐々木　そうか. 有理数はゼンブもとの方程式の係数から, 加・減・乗・除で作られるのか.

広田　第二に解くべき二つの方程式の定数項は, 第一の方程式の根と q とから四則で作られている. すなわち, 第一の方程式の根と, 最初の3次方程式の係数とから四則で作られている.

最初の3次方程式の根は, この二つの方程式の根と, $-\frac{b}{3a}$ との和だった. そこで, 最後に解くべき方程式として

$$x=\text{定数}$$

をも考えると，その定数項は，第一・第二の方程式の根と，最初の3次方程式の係数とから四則で作られている．

チルンハウゼンの方法では，どうだ．

小川　それは，3次方程式

$$ax^3+bx^2+cx+d=0 \qquad (a \neq 0)$$

を

$$(x^2+A_0x+B_0)^3=定数$$

という方程式に帰着させるものでした．

佐々木　A_0 と B_0 とは $\dfrac{b}{a}, \dfrac{c}{a}, \dfrac{d}{a}$ の整式，つまり，a, b, c, d の分数式を係数とする，A, B についての1次方程式と2次方程式とで結びつけられている．

小川　ですから，一番初めに A_0 を求めると，それは

$$X^2=定数$$

という方程式に帰着されて，この「定数」は a, b, c, d の分数式で表わされています．

A_0 は，この方程式の根と a, b, c, d との分数式で表わされます．

B_0 は

$$B=定数$$

という方程式の根で，この「定数」は A_0 と a, b, c, d との分数式で表わされています．

佐々木　三番目に解く方程式

$$(x^2+A_0x+B_0)^3=定数$$

つまり

$$Y^3=定数$$

という方程式の「定数」は，a, b, c, d の分数式を係数とする A, B の3次式で

$$A=A_0, \qquad B=B_0$$

としたものだった．

だから，この「定数」は A_0, B_0 と a, b, c, d との分数式だ．

小川　最後に解く方程式は

$$x^2+A_0x+B_0=\sqrt[3]{\text{定数}}\,\omega^k \qquad (k=0,1,2)$$

で，これらは

$$Z^2=\text{定数}$$

という型の方程式に帰着されて，この「定数」は A_0, B_0 と，いま佐々木君が説明した3次方程式

$$Y^3=\text{定数}$$

の根との分数式で表わされます．

広田　結局，チルンハウゼンの方法でも，第一に解くべき方程式の定数項は，最初に与えられた方程式の係数から四則で作られている．

第二に解くべき方程式の定数項は，第一の方程式の根と，最初に与えられた方程式の係数とから四則で作られている．

第三に解くべき方程式の定数項は，第一·第二の方程式の根と，最初に与えられた方程式の係数とから四則で作られている．

最後に解くべき三つの方程式の定数項は，第一·第二·第三の方程式の根と，最初に与えられた方程式の係数とから四則で作られている．

したがって，最初に与えられた3次方程式の根も，その係数と，第一から第四までの方程式の根とから四則で作られている．

小川　わかりました．おっしゃりたい事が判りました．

4次方程式の場合も，同じ事がいえます．つまり，4次までの方程式の解法は

$$X^l=\text{定数}$$

という型の，いくつかの方程式に帰着させられますが，そのとき，第一番目に解く方程式の定数項は，初めの方程式の係数から加·減·乗·除を使って作られたものです．

第二番目に解く方程式の定数項は，第一番目の方程式の根と，初めの方程式の係数とから加·減·乗·除で作られたものです．

第三番目に解く方程式の定数項は，第一番目·第二番目の方程式の根と，初めの方程式の係数とから加·減·乗·除で作られたものです．

順々に，こうなっているのですね．

広田　その通りだ．

一般に，与えられた方程式を

$$X^l=\text{定数}$$

という型の，いくつかの方程式に帰着させる——という解法の方向は，これまでに見た，4次までの方程式の解法を一般化したものだった．

そこで，一般の場合にも，帰着させる方程式の定数項は，小川君が説明した性質を持つ事を要請する．——これが補足すべき事だった．

この解法の方向は，「代数的解法」と呼ばれている．

小川　それでは，僕達が求める「根の公式」は，正確にいうと，「代数的解法による根の公式」なのですね．

そして，代数的に解いたときの根は，初めの方程式の係数から，加・減・乗・除と累乗根とを使って表わされるわけですね．

初めの方程式の根は，最後に帰着された方程式の根ですし，第一番目・第二番目…と，帰着された方程式を解くのには，累乗根しか使いませんから．

広田　その通りだ．

逆に，方程式の根が，その係数の間の四則と累乗根とを使って表わされるなら，その方程式は代数的に解ける．

佐々木　どうして？

小川　方程式

$$x^5+ax^4+bx^3+cx^2+dx+e=0$$

の根が，たとえば

$$a+\sqrt[5]{b+\sqrt[4]{c+\sqrt[3]{d+e}}}$$

と表わされていると，累乗根を取った順に

$$X^3=d+e,\quad Y^4=c+\sqrt[3]{d+e}\ ,\quad Z^5=b+\sqrt[4]{c+\sqrt[3]{d+e}}\ ,\quad W=a+\sqrt[5]{b+\sqrt[4]{c+\sqrt[3]{d+e}}}$$

という方程式に帰着されるでしょう．

広田　そこで，「代数的解法」は「累乗根による解法」とも呼ばれている．

佐々木　加・減・乗・除はアタリマエで，特別に断らないんだな．それから，方程式

$$x^5+ax^4+bx^3+cx^2+dx+e=0$$

を解くのに，たとえば

$$X^l=\log(a^2+b^2)$$

とか

$$X^m=\sin(c+d+e)$$

といった方程式に帰着させるのは，代数的解法ではないんだな．対数関数や三角関数を使ってるから．

広田　その通りだ．

一般に，ゼンブの根が，その係数から四則と累乗根とを使って表わされるとき，その方程式は「代数的に解ける」と呼ばれる．

小川　この間，方程式

$$X^l=\text{定数}$$

の根を

$$\sqrt[l]{\text{定数}}\,\zeta_l{}^k \qquad (k=0,\ 1,\ \cdots,\ l-1)$$

と表わしましたね．このとき

$$\zeta_l=\cos\frac{2\pi}{l}+i\sin\frac{2\pi}{l}$$

と，ζ_l には三角関数を使っていました．

そうしますと，与えられた方程式を代数的に解くとき

$$X^l=\text{定数}\quad\text{から}\quad Y^m=\text{定数}$$

という順に帰着された場合，第二の方程式の定数項には ζ_l が現われますから，ζ_l も与えられた方程式の係数から加･減･乗･除と累乗根とを使って表わしておかないと，いけないわけですね．三角関数を使ってはダメですね．

$$\zeta_2=-1,\quad \zeta_3=\omega=\frac{-1+\sqrt{-3}}{2},\quad \zeta_4=i=\sqrt{-1}$$

ですが，何時でもコンナ風に表わせるのですか？

広田　それは，よい質問だ．

この問題は，後に再び取り上げる．それまでは，ζ_l は「1の l 乗根」とし

て，三角関数では表わさず，この記号のまま使用する．

ラグランジュの水平思考

広田　ラグランジュの 論文は，“方程式の代数的解法についての省察”という標題で，1770年から1771年にかけて発表されている．ラグランジュ全集の第3巻に収録してある．205頁から421頁だ．

佐々木　うへー，217頁もの大論文だ．

広田　「方程式の代数的解法として現在までに知られている種々の方法を考察し，それらを一般的な原則に還元し，それらの方法が3次や4次の場合には成功し，より高次の場合には失敗した理由を，先験的に明らかにするのが，この論文の目的である」と書いている．

佐々木　「先験的に明らかにする」とは？

広田　百聞は一見にしかず——だ．3次方程式の場合を見てみよう．

3次方程式

$$ax^3+bx^2+cx+d=0 \qquad (a \neq 0)$$

は代数的に解けた．

カルダノの方法では，さっきのように

$$T^2=\text{定数},\ u^3=\text{定数},\ v^3=\text{定数}$$

に帰着できたからだった．くわしくは

$$t^6+qt^3-\frac{p^3}{27}=0$$

という方程式が発見できたからだった．

この補助方程式の次数が6次なのは何故か？　見かけ上は6次なのに，2次方程式に帰着されるのは何故か？——こういう問題から，ラグランジュは出発している．そして，カルダノの方法が成功した先験的理由を明らかにする．

佐々木　僕達が発見したときの説明では，ダメなの．

小川　あれは，試行錯誤してるうちに偶然見つかった，わけでしょう．

もっと必然的な理由というか，3次方程式そのものがウマレツキ持っている性質から納得したい，というのでしょう．それが「先験的に明らかにする」

という意味ではないのですか．

広田　その通りだ．

この6次方程式の二根で，その積が $-\frac{p}{3}$ となるものを u_0, v_0 とする．最初の3次方程式の三根 x_1, x_2, x_3 は

$$\begin{cases} x_1=-\dfrac{b}{3a}+u_0+v_0 \\ x_2=-\dfrac{b}{3a}+u_0\omega+v_0\omega^2 \\ x_3=-\dfrac{b}{3a}+u_0\omega^2+v_0\omega \end{cases}$$

と表わされたな．

逆に，u_0, v_0 を x_1, x_2, x_3 で表わすと？

佐々木　たとえば，第一式と第二式とを u_0, v_0 についての連立方程式と考えて，解けばいい．

v_0 を消去するために，

$$\omega^3=1$$

を利用する．第二式に ω をかけ，第一式からひくと

$$x_1-\omega x_2=-\frac{b}{3a}(1-\omega)+u_0(1-\omega^2)$$

だから

$$u_0=\frac{1}{1-\omega^2}\left\{x_1-\omega x_2+\frac{b}{3a}(1-\omega)\right\}.$$

同じようにして

$$v_0=\frac{1}{1-\omega}\left\{x_1-\omega^2 x_2+\frac{b}{3a}(1-\omega^2)\right\}.$$

広田　それだと，x_1, x_2 だけで表わされているな．

u_0, v_0 は x_1, x_2, x_3 ゼンブに一様にカカワッているのだから，全部を使って表わさないと，「先験的なもの」は捉えられないぞ．

佐々木　「u_0, v_0 が x_1, x_2, x_3 ゼンブに一様にカカワッている」とは？

小川　補助方程式

$$t^6+qt^3-\frac{p^3}{27}=0$$

の係数は $\frac{b}{a}, \frac{c}{a}, \frac{d}{a}$ の整式でしたね.

根と係数との関係から

$$\frac{b}{a}=-(x_1+x_2+x_3),$$

$$\frac{c}{a}=x_1x_2+x_2x_3+x_3x_1,$$

$$\frac{d}{a}=-x_1x_2x_3$$

と, $\frac{b}{a}, \frac{c}{a}, \frac{d}{a}$ には平等に x_1, x_2, x_3 が含まれているでしょう.

ですから, この補助方程式の係数にも平等に x_1, x_2, x_3 が含まれ, それらから加・減・乗・除と累乗根とで表わされる根 u_0, v_0 にも平等に x_1, x_2, x_3 が含まれる——という意味でしょう.

佐々木　なんだ, そんな事か. それじゃ

$$\frac{b}{a}=-(x_1+x_2+x_3)$$

を, 僕が求めた式に代入する…

小川　それでは, 計算がゴチャ, ゴチャするでしょう.

$$\omega^2+\omega+1=0$$

を利用すると, もっとキレイに出ますよ.

まず, v_0 を求めます. 第二・第三式の v_0 の係数を1とするために, それぞれ, ω, ω^2 をかけると

$$\begin{cases} x_1=-\frac{b}{3a}+u_0+v_0 \\ \omega x_2=-\frac{b}{3a}\omega+u_0\omega^2+v_0 \\ \omega^2 x_3=-\frac{b}{3a}\omega^2+u_0\omega+v_0 . \end{cases}$$

これらを加えて，3で割ると

$$v_0=\frac{1}{3}(x_1+\omega x_2+\omega^2 x_3).$$

同じようにして

$$u_0=\frac{1}{3}(x_1+\omega^2 x_2+\omega x_3).$$

広田　ラグランジュは，この結果から，疑問氷解への糸口をつかんでいる．

佐々木　わからない．スフィンクスの謎だ．

広田　では，第一ヒント．残りの四つの根は？

佐々木　ωv_0，$\omega^2 v_0$，ωu_0，$\omega^2 u_0$．

広田　これらも x_1, x_2, x_3 で表わすと？

小川　$$\omega v_0=\frac{1}{3}(\omega x_1+\omega^2 x_2+x_3),\quad \omega^2 v_0=\frac{1}{3}(\omega^2 x_1+x_2+\omega x_3),$$

$$\omega u_0=\frac{1}{3}(\omega x_1+x_2+\omega^2 x_3),\quad \omega^2 u_0=\frac{1}{3}(\omega^2 x_1+\omega x_2+x_3)$$

です．

広田　$\frac{1}{3}$ は共通だな．目がチラつかないように，それを取って並べると，何か気づかないか？

佐々木　v_0 から作られたものと，u_0 から作られたものとを，タテに分けて並べると

$$\begin{array}{ll} x_1+\omega x_2+\omega^2 x_3, & x_1+\omega^2 x_2+\omega x_3 \\ \omega x_1+\omega^2 x_2+x_3, & \omega x_1+x_2+\omega^2 x_3 \\ \omega^2 x_1+x_2+\omega x_3, & \omega^2 x_1+\omega x_2+x_3 \end{array}$$

だから――そうか，左側のタテの列の係数には $1, \omega, \omega^2$ が，この順にグルグル回ってる．右側のタテの列では，第二式と第三式とを入れかえると，係数には $1, \omega^2, \omega$ が，この順にグルグル回ってる．

そして，全体では，$1, \omega, \omega^2$ を一列に並べたもの，つまり，$1, \omega, \omega^2$ の順列全部が係数に現われてる．

広田　与次郎の見方も大切だ．

また，別の見方もできるな．

小川　そうですね．佐々木君とは反対に，x_1, x_2, x_3 を $1, \omega, \omega^2$ の係数と考えて並べかえますと

$$x_1+x_2\omega+x_3\omega^2,\quad x_1+x_3\omega+x_2\omega^2$$
$$x_3+x_1\omega+x_2\omega^2,\quad x_2+x_1\omega+x_3\omega^2$$
$$x_2+x_3\omega+x_1\omega^2,\quad x_3+x_2\omega+x_1\omega^2$$

となります．

ですから，佐々木君と同じように考えて，x_1, x_2, x_3 の順列全部が係数に出て来ます．

広田　補助方程式の根を x_1, x_2, x_3 で表わすのが，当面の課題だった．それと結びつけると？

小川　$$v_0=\frac{1}{3}(x_1+\omega x_2+\omega^2 x_3)$$

で，x_1, x_2, x_3 を別の順列におきかえると，補助方程式の全部の根が作れる——と，いう事ですね．

広田　3個のものを一列に並べる順列の数は？

佐々木　$${}_3P_3=3!$$

つまり，6だ．——ハハーン，これが補助方程式の次数「6」と結びつくのだな．

でも，補助方程式の根が x_1, x_2, x_3 の順列から作れる事は，カルダノの方法から気がついた．カルダノの方法とは無関係に説明できないと，いけないんだろう．

まだ，わからない．

広田　補助方程式の根を x_1, x_2, x_3 で表わすとき，注意した事があったな．

小川　「補助方程式の根は x_1, x_2, x_3 を平等に含む」という事ですね．——ワカリマシタ，わかりました．

カルダノ成功の秘密

小川　3次方程式

$$ax^3+bx^2+cx+d=0 \qquad (a\neq 0)$$

つまり

$$x^3+\frac{b}{a}x^2+\frac{c}{a}x+\frac{d}{a}=0$$

の三根を x_1, x_2, x_3 とします．そして

$$x_1+\omega x_2+\omega^2 x_3$$

に注目します．$\frac{1}{3}$ は本質的ではないので，省きます．

これを根とする方程式を

$$f(t)=0$$

とします．

この方程式が，問題の3次方程式を代数的に解くときイチバン初めに出てくる補助方程式とすると，その係数は，問題の3次方程式の係数 $\frac{b}{a}, \frac{c}{a}, \frac{d}{a}$ の分数式でないといけません．

ところが，根と係数との関係から

$$\frac{b}{a}=-(x_1+x_2+x_3),$$

$$\frac{c}{a}=x_1x_2+x_2x_3+x_3x_1,$$

$$\frac{d}{a}=-x_1x_2x_3$$

ですから，f の係数は，x_1, x_2, x_3 を平等に含む，それらの分数式です．

それをハッキリさせるために

$$f(t)=t^n+p_1t^{n-1}+\cdots+p_{n-1}t+p_n$$

とおき

$$p_k=g_k(x_1, x_2, x_3) \qquad (k=1, 2, \cdots, n)$$

と書きます．

そうすると

$$x_1+\omega x_2+\omega^2 x_3$$

は，この補助方程式の根でしたから

$$(x_1+\omega x_2+\omega^2 x_3)^n+g_1(x_1,x_2,x_3)(x_1+\omega x_2+\omega^2 x_3)^{n-1}$$

$$+\cdots+g_{n-1}(x_1, x_2, x_3)(x_1+\omega x_2+\omega^2 x_3)+g_n(x_1, x_2, x_3)=0$$

が成立します．

この式の左辺は，x_1, x_2, x_3 の分数式ですから，それを

$$F(x_1, x_2, x_3)$$

で表わすと，この式は簡単に

$$F(x_1, x_2, x_3)=0.$$

これは，x_1, x_2, x_3 についての恒等式です．

佐々木　どうして？

小川　「根の公式」は，どんな係数の場合にも，つまり，根 x_1, x_2, x_3 がどんな値のときにも，何時も，同じ手続きで使えないと，いけませんね．

その「根の公式」は，補助方程式から導かれます．ですから，補助方程式も，根 x_1, x_2, x_3 がどんな値のときにも，何時も，同じ手続きで使えないと，いけませんね．

ですから，たとえば

$$x_1=4, \quad x_2=5, \quad x_3=6$$

という根を持つ3次方程式

$$x^3-(4+5+6)x^2+(4\cdot5+5\cdot6+6\cdot4)x-4\cdot5\cdot6=0$$

の場合にも，補助方程式

$$t^n+g_1(4,5,6)t^{n-1}+\cdots+g_{n-1}(4, 5, 6)t+g_n(4, 5, 6)=0$$

は

$$4+\omega\cdot5+\omega^2\cdot6$$

を根に持たないと，いけない．つまり

$$F(4, 5, 6)=0.$$

この例だけでなく，x_1, x_2, x_3 がどんな値のときにも，同じ事がいえますから

$$F(x_1, x_2, x_3)=0$$

は，x_1, x_2, x_3 についての恒等式です．

佐々木　わかった.

小川　それで，さっきの例でいうと

$$x_1=4,\quad x_2=5,\quad x_3=6$$

の代わりに，x_1 と x_2 との値を入れかえた

$$x_1=5,\quad x_2=4,\quad x_3=6$$

の場合にも

$$F(5, 4, 6)=0.$$

この例だけでなく，どんな x_1, x_2, x_3 の値に対しても，同じ事がいえますから

$$F(x_2, x_1, x_3)=0,$$

つまり

$$(x_2+\omega x_1+\omega^2 x_3)^n+g_1(x_2, x_1, x_3)(x_2+\omega x_1+\omega^2 x_3)^{n-1}$$
$$+\cdots+g_{n-1}(x_2, x_1, x_3)(x_2+\omega x_1+\omega^2 x_3)+g_n(x_2, x_1, x_3)=0$$

が成立します.

ところが，この式で，g_k の値は

$$g_k(x_2, x_1, x_3)=g_k(x_1, x_2, x_3)=p_k(k=1, 2, \cdots, n)$$

と変わりません.

佐々木　g_k は，x_1 と x_2 とを入れかえても変わらない

$$x_1+x_2+x_3,\quad x_1x_2+x_2x_3+x_3x_1,\quad x_1x_2x_3$$

の分数式だった，からだな.

小川　という事は

$$(x_2+\omega x_1+\omega^2 x_3)^n+p_1(x_2+\omega x_1+\omega^2 x_3)^{n-1}+\cdots+p_{n-1}(x_2+\omega x_1+\omega^2 x_3)+p_n=0$$

つまり

$$f(x_2+\omega x_1+\omega^2 x_3)=0$$

が成立する――という事です.

佐々木　そうか．x_1, x_2, x_3 を別の順列におきかえた場合にも，同じ事が成立するな.

だから

$$x_1+\omega x_2+\omega^2 x_3$$

で，x_1, x_2, x_3 を別の順列におきかえたものは，全部，同じ補助方程式

$$t^n+p_1 t^{n-1}+\cdots+p_{n-1}t+p_n=0$$

の根で，最低次数 3! の補助方程式が存在するのだな．

広田　2次方程式に帰着されるのは？

小川　$f(t)=(t-t_1)(t-t_2)\cdots(t-t_6)$

とします．ここで

$$t_1=x_1+\omega x_2+\omega^2 x_3$$

で，ほかの t_k は，t_1 で x_1, x_2, x_3 を別の順列におきかえたものです．ただし

$$t_2=x_1+\omega^2 x_2+\omega x_3$$

とします．

さっき佐々木君が注意したように，これらの t_k は，t_1 で $1, \omega, \omega^2$ を別の順列におきかえたもの，とも考えられます．

そのとき，これらの順列は二種類に分けられました．$1, \omega, \omega^2$ をこの順にグルグル回したものと，$1, \omega^2, \omega$ をこの順にグルグル回したものとです．

そして，t_1 で第一の種類のおきかえをしたものは

$$t_1,\quad \omega t_1,\quad \omega^2 t_1$$

で，残りは，ここに現われない t_2 で，第二の種類のおきかえをした，

$$t_2,\quad \omega t_2,\quad \omega^2 t_2$$

です．ω を掛けるたびに，$1, \omega, \omega^2$ や $1, \omega^2, \omega$ は，この順にグルグル回りますから．

佐々木　この性質は，カルダノの方法とは無関係！

小川　それで

$$f(t)=(t-t_1)(t-\omega t_1)(t-\omega^2 t_1)(t-t_2)(t-\omega t_2)(t-\omega^2 t_2)$$
$$=(t^3-t_1^3)(t^3-t_2^3)$$

となり，補助方程式は t^3 の2次方程式に帰着されます．

広田　よく判ったな．だが，一つ問題がある．

補助方程式の係数は，最初の3次方程式の係数から四則で作られる，と仮定

して議論を進めて来ている．最後に得た補助方程式の係数は，この性質を持つか？

佐々木　カルダノの方法と比べれば，そうなるハズだ．

でも，叔父さんはウルサイから，計算してみよう…

広田　実は，具体的に計算しなくとも判る．

佐々木　どうして？　カルダノの方法とも無関係に，わかるの？

広田　そうだ．それが，補助方程式が6次となる「先験的理由」の一つにも，なっている．

だが，それは，つぎの機会に説明しよう．

小川　そうしますと，補助方程式の根 t_1, t_2 は，確かに，初めの3次方程式の係数から加・減・乗・除と累乗根とを使って表わされますね．

ズルイけど，カルダノの方法から逆算すると，補助方程式の根 t_1, t_2 は，それぞれ，$3v_0, 3u_0$ で

$$x_1+\omega x_2+\omega^2 x_3=3v_0,$$
$$x_1+\omega^2 x_2+\omega x_3=3u_0,$$

が導かれます．これらと，根と係数との関係の

$$x_1+x_2+x_3=-\frac{b}{a}$$

とから，x_1, x_2, x_3 が求まりますね．

佐々木　x_1, x_2, x_3 についての連立方程式が，できるんだな．

小川　結局，カルダノの方法が成功したのは

$$x_1+\omega x_2+\omega^2 x_3$$

という，根の整式が存在するからなのですね．これが先験的な理由なのですね．

佐々木　でも，この根の整式を見つけるのは，チットも先験的ではない．

広田　方程式を代数的に解くとは，与えられた方程式の根を，補助方程式の根で表わす事だな．

ラグランジュは，逆に，補助方程式の根を，与えられた方程式の根で表わす事を，考えた．そして，この根の整式を発見した．

一種の水平思考が，鍵となっている．

小川　順列の計算という，新しい手段も出て来ました．

広田　このように，方程式論の流れが変わる．

さて，今日のところを総括しておこう．

要　約

佐々木　方程式解法の方向を補足した．

与えられた方程式を解くのに，それを

$$X^l = 定数$$

という型の，いくつかの方程式に帰着させるのだけど，そのとき，帰着させる方程式の定数項は，次の性質を持つように制限された：

一番目に解く方程式の定数項は，問題の方程式の係数から加·減·乗·除で作られる．二番目に解く方程式の定数項は，一番目の方程式の根と，問題の方程式の係数とから加·減·乗·除で作られる．一般に，k番目に解く方程式の定数項は，一番目·二番目…$(k-1)$番目の方程式の根と，問題の方程式の係数とから加·減·乗·除で作られる．

この方向は「代数的解法」と呼ばれる．

小川　それは，与えられた方程式の係数から加·減·乗·除と累乗根とを使って，その根を表わす事と同じでした．

佐々木　それから，カルダノの方法が成功した理由を，ラグランジュの立場から調べた．根の整式

$$x_1 + \omega x_2 + \omega^2 x_3$$

の存在が，その理由だった．

広田　今日の方法を真似て，2次方程式の解法や，4次方程式でのオイラー，フェラリの方法が成功した理由を説明する，根の整式を探してごらん．

小川　探してみます．

広田　それが出来たら，5次方程式に対しては，どのような根の整式が，候補として考えられるかも，試みてごらん．

小川　考えてみます．

佐々木　5次方程式は代数的には解けないんだろ．無駄な抵抗はヨセ，ヨセ．

第10章　根の整式を探求する

数学の歴史は，アイデアの歴史である．難問の解決からは「新しいアイデア」が生まれ，非凡な着想の展開からは「新しい数学」が誕生する．

われわれも，ラグランジュの着想を展開する．そして，いわゆる，ラグランジュの分解式へと到達する．それは，ガロアの理論で，重要な役割を演ずるものである．

叔父さんは将棋アニマルである．「数学」と同様「ヘタのヨコ好き」である．将棋と数学とを混同する事もある．大変に，困惑する…

目　　標

広田　先日は，カルダノの方法が成功した理由を，ラグランジュの立場から，調べたな．

小川　それは，3次方程式の三根 x_1, x_2, x_3 の整式

$$x_1+\omega x_2+\omega^2 x_3$$

から説明されました．

広田　このラグランジュの着想を，2次や4次の方程式さらには5次方程式へと展開する事を，宿題としておいた．

今日は，この宿題を片付け，その結果を検討しよう．やってみたか．

小川　はい．

広田　与次郎は？

佐々木　モチのロンだよ．――オレがやらねば，ダレがやる．

2次方程式の解法

佐々木　2次方程式

$$ax^2+bx+c=0 \quad (a \neq 0)$$

は

$$X^2=\text{定数}$$

という一番簡単な型の2次方程式に，すぐに，帰着されて解けたね．

それは，問題の2次方程式の二根 x_1, x_2 の整式

$$x_1-x_2$$

から説明できる．

広田　と，いうと？

佐々木　これを根とする補助方程式は，この式で x_1, x_2 を別の順列におきかえたものも，根に持たないといけない．この間のカルダノの場合と同じ理由から．

ところで，2個のものを一列に並べる順列の数は

$${}_2P_2=2!$$

つまり，2で――これが補助方程式の次数「2」と結びつく．

広田　最も簡単な型となるのは？

佐々木

$$x_1-x_2$$

で，x_1, x_2 を別の順列におきかえたものは

$$x_2-x_1$$

だけで，それは，もとの式と符号が違うだけだ．

だから，これらを二根とする2次の補助方程式では，1次の項が消えて

$$X^2=(x_1-x_2)^2$$

となる．

広田　右辺が定数――すなわち，最初の2次方程式の係数の分数式となるのは？

佐々木　根と係数との関係は

$$x_1+x_2=-\frac{b}{a}, \qquad x_1x_2=\frac{c}{a}$$

だから，これらで表わされるように変形すると

$$
\begin{aligned}
(x_1-x_2)^2&=x_1^2-2x_1x_2+x_2^2\\
&=(x_1+x_2)^2-4x_1x_2\\
&=\frac{b^2-4ac}{a^2}
\end{aligned}
$$

だよ．

つまり，補助方程式は

$$X^2=\frac{b^2-4ac}{a^2}$$

となる．

この補助方程式の一つの根を

$$\frac{\sqrt{b^2-4ac}}{a}$$

とすると，x_1, x_2 についての連立方程式

$$
\begin{cases}
x_1+x_2=-\dfrac{b}{a}\\
x_1-x_2=\dfrac{\sqrt{b^2-4ac}}{a}
\end{cases}
$$

が作れる．

これから

$$
\begin{cases}
x_1=\dfrac{-b+\sqrt{b^2-4ac}}{2a}\\
x_2=\dfrac{-b-\sqrt{b^2-4ac}}{2a}
\end{cases}
$$

と，根の公式が求まる．

広田　どうして

$$x_1-x_2$$

という式に気づいた？

佐々木　手品のタネは，ラグランジュと同じだよ．

中学では，２次方程式

$$ax^2+bx+c=0\quad(a\neq 0)$$

を

$$(2ax+b)^2=b^2-4ac$$

と変形して

$$x=\frac{-b\pm\sqrt{b^2-4ac}}{2a}$$

と解くだろ.

この公式をテイネイに書くと，問題の２次方程式の二根 x_1, x_2 が

$$\begin{cases} x_1=\dfrac{-b+\sqrt{b^2-4ac}}{2a} \\ x_2=\dfrac{-b-\sqrt{b^2-4ac}}{2a} \end{cases}$$

と表わされる事だね．これらの右辺の $\pm\sqrt{b^2-4ac}$ は，補助方程式

$$(2ax+b)^2=b^2-4ac$$

の二根だね.

つまり，この公式では，問題の方程式の根が，補助方程式の根で表わされている．それで，逆に，補助方程式の根を，問題の方程式の根で表わすと

$$\sqrt{b^2-4ac}=a(x_1-x_2),\quad -\sqrt{b^2-4ac}=a(x_2-x_1),$$

a はメザワリだから，それを取って

$$x_1-x_2$$

という式を作ったんだよ.

オイラーの解法

小川　４次方程式

$$ax^4+bx^3+cx^2+dx+e=0 \quad (a\neq 0)$$

の四根を x_1, x_2, x_3, x_4 とします．そして

$$(x_1+x_2)-(x_3+x_4)$$

に注目します.

４次方程式でのオイラーの解法は，この式から説明されます.

まず，これを根とする補助方程式を求めます.

佐々木　４個のものを一列に並べる順列の数は

$${}_4\mathrm{P}_4=4!$$

つまり，24だから，この式で x_1, x_2, x_3, x_4 を別の順列におきかえると，全部で，24の式ができる．

だから，補助方程式の次数は24だ．

小川　見かけはね．本当は，6次．

この式で x_1, x_2, x_3, x_4 を別の順列におきかえるとき，四つずつ，同じ式となるから．

佐々木　どうして？

小川　一つの式で，第一項と第二項とを互いに入れかえても，同じ式でしょう．第三項と第四項とを互いに入れかえても，同じ式でしょう．

第一項と第二項とを互いに入れかえる仕方は二通り，第三項と第四項とを互いに入れかえる仕方も二通りですから，このような入れかえ方は合計2×2通りありますね．

ですから，同じ式が四つずつ現われるでしょう．

佐々木　たとえば

$$(x_1+x_2)-(x_3+x_4),\quad (x_2+x_1)-(x_3+x_4),$$
$$(x_1+x_2)-(x_4+x_3),\quad (x_2+x_1)-(x_4+x_3),$$

の四つは同じ式だ．

残りの20の式の中から，これと違う式を一つ取り出すと，それと同じものが四つある．残りの16の式の中から，これらと違う式を一つ取り出すと，それと同じものが四つある…これを繰り返すと，24の式の中には，同じ式が四つずつ現われるわけだ．——わかった．

広田　与次郎は，4次方程式の場合は，考えて来なかったのだな．さっきは，威勢のよい事をいったが．

佐々木　へへー，ばれたか．

小川　それで

$$(x_1+x_2)-(x_3+x_4)$$

で x_1, x_2, x_3, x_4 を別の順列におきかえるときに出来る異なる式は六つで，24次の補助方程式は，6次方程式の4乗となり，結局，「6次」の方程式に帰着されるわけです．

広田　その6次の補助方程式が，2次方程式と3次方程式との解法に帰着されるのは？

小川　六つの異なる式は

$$(x_1+x_2)-(x_3+x_4)$$

で x_1, x_2, x_3, x_4 を，さっき説明したのとは異なる仕方で，別の順列におきかえたものです．

ですから，それは

（イ）括弧でくくった第一項・第二項の組のゼンブと，括弧でくくった第三項・第四項の組のゼンブとを互いに入れかえるか，

（ロ）第一項・第二項の組のイチブと，第三項・第四項の組のイチブとを入れかえるか，の二通りしかありません．

第二の入れかえは，x_1, x_2, x_3, x_4 を二つずつの組に分ける事ですから，その仕方の数は

$${}_4C_2\times\frac{1}{2}=3$$

です．

佐々木　具体的には

$$(x_1+x_2)-(x_3+x_4),$$
$$(x_1+x_3)-(x_2+x_4),$$
$$(x_1+x_4)-(x_3+x_2),$$

だな．

小川　この各式で，第一の入れかえをしますと，それぞれ，符号だけが異なる式が出来ます．

ですから，問題の補助方程式は

$$(x_1+x_2-x_3-x_4)^2,$$
$$(x_1+x_3-x_2-x_4)^2,$$
$$(x_1+x_4-x_3-x_2)^2,$$

を三根とする，3次方程式に帰着されます．

広田　その補助方程式の係数が，最初の4次方程式の係数の分数式となるのは？

小川
$$u=(x_1+x_2)-(x_3+x_4),$$
$$v=(x_1+x_3)-(x_2+x_4),$$
$$w=(x_1+x_4)-(x_3+x_2),$$

とおくと，問題の補助方程式の係数は

$$-(u^2+v^2+w^2),$$
$$u^2v^2+v^2w^2+w^2u^2,$$
$$-u^2v^2w^2,$$

ですから，これらを初めの4次方程式の係数で表わします．

根と係数との関係は

$$x_1+x_2+x_3+x_4=-\frac{b}{a},$$
$$x_1x_2+x_1x_3+x_1x_4+x_2x_3+x_2x_4+x_3x_4=\frac{c}{a},$$
$$x_1x_2x_3+x_1x_2x_4+x_1x_3x_4+x_2x_3x_4=-\frac{d}{a},$$
$$x_1x_2x_3x_4=\frac{e}{a},$$

ですから，これらに注意して変形します．

$$\begin{aligned}u^2&=(x_1+x_2)^2-2(x_1+x_2)(x_3+x_4)+(x_3+x_4)^2\\&=(x_1+x_2+x_3+x_4)^2-4(x_1+x_2)(x_3+x_4)\\&=\frac{b^2}{a^2}-4(x_1+x_2)(x_3+x_4)\end{aligned}$$

です．

v^2, w^2 は，それぞれ，u^2 で x_2 と x_3，x_2 と x_4 とを入れかえたものですから

$$v^2=\frac{b^2}{a^2}-4(x_1+x_3)(x_2+x_4),$$

$$w^2=\frac{b^2}{a^2}-4(x_1+x_4)(x_3+x_2),$$

となります．

ところで

$$(x_1+x_2)(x_3+x_4)+(x_1+x_3)(x_2+x_4)+(x_1+x_4)(x_3+x_2)$$

には，x_kx_l $(k\neq l)$ という項が二度ずつ全部でてきますから，これは $\frac{2c}{a}$ と

なり，結局

$$u^2+v^2+w^2=\frac{1}{a^2}(3b^2-8ca)$$

です．

佐々木　$u^2v^2+v^2w^2+w^2u^2$ や $u^2v^2w^2$ の計算は，だんだんイヤラシクなるぞ．なにかウマイ方法は，ない？

広田　実は，ある．先日，ふれたように．

三つの式 u^2, v^2, w^2 で x_1, x_2, x_3, x_4 を任意の同一な順列におきかえると，これらは互いに入れかわるだけだな．

佐々木　どうして．

小川　さっき説明したように，三つの式のそれぞれからは，これ以外の式は出て来ないでしょう．その上，互いに異なる式になるでしょう．

たとえば，u^2 と v^2 とが w^2 になったとすると，それとは「逆の」おきかえをすると，w^2 から u^2 と v^2 とが作れて，$u^2=v^2$ となり，矛盾するでしょう．

佐々木　「逆のおきかえ」て？

小川　たとえば，x_1, x_2, x_3, x_4 を x_3, x_2, x_4, x_1 におきかえたとすると，この逆のおきかえとは，x_3, x_2, x_4, x_1 を x_1, x_2, x_3, x_4 におきかえる事．

佐々木　なんだ，もとにモドス事か．

広田　話の方も，もとにもどそう．

問題の補助方程式を

$$(t-u^2)(t-v^2)(t-w^2)=0$$

としよう．この左辺の u^2, v^2, w^2 で x_1, x_2, x_3, x_4 を任意の同一な順列におきかえても，左辺の整式は変わらないな．

小川　いま調べた事から，そのとき左辺の因数が互いに入れかわるだけ，ですから．

広田　そこで，この整式の係数，したがって

$$u^2+v^2+w^2,\quad u^2v^2+v^2w^2+w^2u^2,\quad u^2v^2w^2,$$

も変わらない．

このような整式を，何と呼ぶ？

佐々木　x_1, x_2, x_3, x_4 の対称式.

広田　問題の4次方程式で，その根と係数との関係に現われる整式

$$x_1+x_2+x_3+x_4,$$
$$x_1x_2+x_1x_3+x_1x_4+x_2x_3+x_2x_4+x_3x_4,$$
$$x_1x_2x_3+x_1x_2x_4+x_1x_3x_4+x_2x_3x_4,$$
$$x_1x_2x_3x_4,$$

も対称式だな.

そこで，当面の課題は，x_1, x_2, x_3, x_4 の対称式は，いま注意した四つの対称式の整式として表わされるか——という事だ.

これが可能な事は，ウェアリングという人が初めて証明した．無論，文字の個数は四とは限らない．任意個数でよい．1762年の事だ．問題の整式の係数は，問題の対称式の整数倍の和で表わされる.

佐々木　この結果を使っても，いい.

広田　ラグランジュも，先日の論文で，しきりに引用している.

小川　ラグランジュの論文は，対称式についての成果の上に，築かれているのですね.

佐々木　この結果から，問題の補助方程式は

$$t^3-At^2+Bt-C=0$$

となる．ここで，A, B, C は問題の4次方程式の係数の分数式だ.

小川　さっき計算したように

$$A=\frac{1}{a^2}(3b^2-8ca).$$

それから，せっかく計算したので，いいますと

$$B=\frac{1}{a^4}(3b^4-16ab^2c+16a^2bd+16a^2c^2-64a^3e).$$

$$uvw=-\frac{1}{a^3}(b^3-4abc+8a^2d)$$

から

$$C=\frac{1}{a^6}(b^3-4abc+8a^2d)^2$$

です．代数的可解性だけを問題とすると，必要ないけど．

佐々木　uvw も対称式なのか．

広田　その通りだ．「計算なし」で確かめておくのも，よい．

小川　補助方程式

$$t^3-At^2+Bt-C=0$$

の三根を t_1, t_2, t_3 としますと

$$u^2=t_1,\quad v^2=t_2\quad w^2=t_3$$

とおけて，これらの根の中で，その積が

$$-\frac{1}{a^3}(b^3-4abc+8a^2d)$$

となるものを $\sqrt{t_1}, \sqrt{t_2}, \sqrt{t_3}$ としますと

$$\begin{cases} x_1+x_2+x_3+x_4=-\dfrac{b}{a} \\ x_1+x_2-x_3-x_4=\sqrt{t_1} \\ x_1-x_2+x_3-x_4=\sqrt{t_2} \\ x_1-x_2-x_3+x_4=\sqrt{t_3} \end{cases}$$

という連立方程式ができます．

これを解いて

$$\begin{cases} x_1=\dfrac{1}{4}\left(-\dfrac{b}{a}+\sqrt{t_1}+\sqrt{t_2}+\sqrt{t_3}\right) \\ x_2=\dfrac{1}{4}\left(-\dfrac{b}{a}+\sqrt{t_1}-\sqrt{t_2}-\sqrt{t_3}\right) \\ x_3=\dfrac{1}{4}\left(-\dfrac{b}{a}-\sqrt{t_1}+\sqrt{t_2}-\sqrt{t_3}\right) \\ x_4=\dfrac{1}{4}\left(-\dfrac{b}{a}-\sqrt{t_1}-\sqrt{t_2}+\sqrt{t_3}\right) \end{cases}$$

です．

佐々木　オイラーの公式と比べると，補助方程式の根が 4^2 倍となっている．

小川　初めの4次方程式を

$$y^4+py^2+qy+r=0$$

と変形しなくてもいい点も，違いますね．

広田　どうして

$$(x_1+x_2)-(x_3+x_4)$$

という式に気づいた？

佐々木　オイラーの公式から，逆算したんだろ．

小川　その前に，2次方程式の解法を考えたのです．そうすると，佐々木君のと同じ式が出て来ました．

4次方程式の解法は，フェラリの方法ですと，二つの2次方程式に帰着されましたから，四つの根を二組にわけて，それぞれの差を作ったのです．

この二つの式の和から，フェラリの方法が説明できると思って計算したら，オイラーの方法でした．

広田　ちょうど名前が出てきたので，フェラリの解法はどうだ．

小川　ウェアリングの結果の証明は，しないのですか．

広田　それは，つぎの機会に見る．

フェラリの解法

小川　4次方程式

$$ax^4+bx^3+cx^2+dx+e=0 \quad (a \neq 0)$$

の四根を x_1, x_2, x_3, x_4 として，今度は

$$x_1x_2+x_3x_4$$

に注目します．

4次方程式でのフェラリの解法は，この式から説明されます．

佐々木　フェラリの解法では，根の公式までは出してなかったね．だから，逆算できないんだけど，どうして，この式に気がついた？

小川　$$y^4+py^2+qy+r=0$$

という型の4次方程式に対しては，完全平方化を二回するために，補助の3次方程式

$$t^3-pt^2-4rt+(4pr-q^2)=0$$

を作りましたね．

という根の整式が役に立ちましたね．

これらは，それぞれ

$$x_1+\zeta_2 x_2,\quad x_1+\zeta_3 x_2+\zeta_3{}^2 x_3$$

と書けるでしょう．

佐々木　その真似か．

でも，4次方程式の場合は，そんな式ではなかった．

小川　2，3，5は素数で，4は合成数でしょう．違っても不思議では，ないでしょう．

佐々木　そうか．

小川　$u=x_1+\zeta_5 x_2+\zeta_5{}^2 x_3+\zeta_5{}^3 x_4+\zeta_5{}^4 x_5$

で，x_1, x_2, x_3, x_4, x_5 を別の順列におきかえると

$$5!=120$$

の式ができます．

ですから，u を根とする補助方程式は120次で，その係数は，勿論，a, b, c, d, e, f の分数式です．

これは，もっと低い次数の方程式に帰着されます．

u に $1, \zeta_5, \zeta_5{}^2, \zeta_5{}^3, \zeta_5{}^4$ を掛けますと

$$1\cdot u=x_1+\zeta_5 x_2+\zeta_5{}^2 x_3+\zeta_5{}^3 x_4+\zeta_5{}^4 x_5,$$
$$\zeta_5 u=x_5+\zeta_5 x_1+\zeta_5{}^2 x_2+\zeta_5{}^3 x_3+\zeta_5{}^4 x_4,$$
$$\zeta_5{}^2 u=x_4+\zeta_5 x_5+\zeta_5{}^2 x_1+\zeta_5{}^3 x_2+\zeta_5{}^4 x_3,$$
$$\zeta_5{}^3 u=x_3+\zeta_5 x_4+\zeta_5{}^2 x_5+\zeta_5{}^3 x_1+\zeta_5{}^4 x_2,$$
$$\zeta_5{}^4 u=x_2+\zeta_5 x_3+\zeta_5{}^2 x_4+\zeta_5{}^3 x_5+\zeta_5{}^4 x_1,$$

となって，x_1, x_2, x_3, x_4, x_5 の順にグルグルと右に回りますね．これは，3次方程式の場合の

$$x_1+\omega x_2+\omega^2 x_3$$

の性質から，気がつきました．

ですから，一つの式に $1, \zeta_5, \zeta_5{}^2, \zeta_5{}^3, \zeta_5{}^4$ を掛けた五つの式を組にすると，24組できます．

この一つの組に含まれる式を根に持つ1次因数の積は，それぞれ，たとえば

$$(t-u)(t-\zeta_5 u)(t-\zeta_5{}^2 u)(t-\zeta_5{}^3 u)(t-\zeta_5{}^4 u)=t^5-u^5$$

という形です.

ですから，問題の補助方程式は，t^5 についての24次の方程式に帰着されます. その係数が，a, b, c, d, e, f の分数式となるのかは計算してなかったのですが，さっきのオイラーの解法の場合から判りました.

このような 24 個の u^5 という形の式で，x_1, x_2, x_3, x_4, x_5 を任意な同一の順列におきかえると，それらは互いに入れかわるだけですから，t^5 についての方程式の係数は変わらず，x_1, x_2, x_3, x_4, x_5 の対称式です. ですから，a, b, c, d, e, f の分数式です.

広田　それから.

小川　さっきいったように，計算できなかったので，これから先へは進んでません.

広田　実は，この24次の方程式は 4 次と 6 次の方程式に帰着される. ラグランジュは，調べている.

佐々木　でも，それで沈没だろ.

広田　その通りだ.

しかし，ラグランジュは一般の n 次方程式の場合に対して，その n 個の根 $x_1, x_2, \cdots, x_n$ の整式

$$\sum_{k=1}^{n} \zeta_n{}^{k-1} x_k$$

を根とする補助方程式の性質を詳しく考察している.

そこで，この整式はラグランジュの分解式と呼ばれている. ガロアの理論で，重要な役割を演ずるから，忘れるでない.

小川　僕と同じ考えで，この式を問題としたのですか？

広田　もっと深い考察から，必然的に出て来る.

さて，今日のところを総括しておこう.

要　　約

小川　2 次方程式の解法，4 次方程式でのオイラー，フェラリの方法は，それぞれ，根の適当な整式から説明されました.

佐々木　この着想を 5 次方程式に展開しようとして，ラグランジュの分解式な

るモノを考えた.

小川　n 次方程式の n 個の根 $x_1, x_2, x_3, \cdots, x_n$ の整式

$$x_1+\zeta_n x_2+\zeta_n{}^2 x_3+\cdots+\zeta_n{}^{n-1} x_n$$

が, ラグランジュの分解式でした.

佐々木　ラグランジュの研究は, これまで, なの.

広田　なかなか. もっと広い式をも対象とする. 不利なときは, 戦線を拡大せよ——と, いうだろう.

佐々木　それは, なに?

——それは, 将棋の格言なのである.

第11章　根の分数式に着目する

一ダースなら安くなり，一般化すれば簡単となる．前者は経済，後者は数学の話である．
根の整式から根の分数式へと，考察の対象を拡大する．それは，チルンハウゼンの解法の分析により示唆される．

実際，あぶない．レオナルド・ダ・ビンチという人は桃の幹に砒石を注射してね，その実へも毒がまわるものだろうか，どうだろうかという試験をした事がある．ところが，その桃を食って死んだ人がいる．あぶない．気を付けないと，あぶない．
――叔父さんは，一人で，あぶながっている．

目　　標

広田　先日からは，2次方程式の解法・3次方程式でのカルダノの解法・4次方程式でのオイラーの解法とフェラリの解法とを，ラグランジュの立場から，調べて来たのだったな．

小川　これらの解法は，それぞれ，根の整式から説明されました．

広田　まだ調べてない解法があるな．

佐々木　チルンハウゼンの方法．

広田　今日は，このチルンハウゼンの解法を，ラグランジュの立場から，調べよう．

小川　ウェアリングの結果を証明していただく約束でした.

広田　無論, それも試みよう.

チルンハウゼンの解法

広田　3次方程式の場合から, 始めよう.

小川　それは, 3次方程式

$$ax^3+bx^2+cx+d=0 \qquad (a\neq 0)$$

を, 三つの2次方程式

$$x^2+A_0x+B_0=C_0\omega^k \qquad (k=0,1,2)$$

に帰着させるものでした.

ここで, A_0 は

$$X^2=\text{定数}$$

という補助方程式の根で, この「定数」は a,b,c,d の分数式です.

B_0 は

$$B=\text{定数}$$

という補助方程式の根で, この「定数」は a,b,c,d と A_0 との分数式です.

C_0 は

$$Y^3=\text{定数}$$

という補助方程式の根で, この「定数」は a,b,c,d と A_0, B_0 との分数式です.

佐々木　だから, ラグランジュの立場から説明するためには, この三つの補助方程式を導くような, 根の整式を見つけると, いいわけだ.

それには, 今までしたように, 根と A_0, B_0, C_0 との関係式から逆算すれば, いい.

小川　それで, 問題の3次方程式の三根を x_1, x_2, x_3 とします.

A_0, B_0, C_0 と x_1, x_2, x_3 との関係は, 一般的に

$$\begin{cases} x_1{}^2+A_0x_1+B_0=C_0 \\ x_2{}^2+A_0x_2+B_0=C_0\omega \\ x_3{}^2+A_0x_3+B_0=C_0\omega^2 \end{cases}$$

です.

佐々木　どうして？

どうして，x_1, x_2, x_3 は三つの２次方程式

$$x^2+A_0x+B_0=C_0\omega^k \qquad (k=0, 1, 2)$$

の別々の根となるように，うまい具合に分かれる？

小川　$$y_k=C_0\omega^{k-1} \qquad (k=1, 2, 3)$$

とおいて

$$y_k+A_0^2-aA_0-B_0+b\neq 0 \qquad (k=1, 2, 3)$$

という，一般的な場合を考えますね．

そうすると，初めてチルンハウゼンの方法を調べたとき判ったように，三つの根は

$$x_k=-\frac{(a-A_0)y_k+(A_0B_0-aB_0+c)}{y_k+A_0^2-aA_0-B_0+b} \quad (k=1, 2, 3)$$

と表わせて，この x_k は，それぞれ

$$x^2+A_0x+B_0=y_k$$

の根だった，でしょう．

佐々木　そうか．

小川　それで，関係式

$$\begin{cases} x_1^2+A_0x_1+B_0=C_0 \\ x_2^2+A_0x_2+B_0=C_0\omega \\ x_3^2+A_0x_3+B_0=C_0\omega^2 \end{cases}$$

から，まず，A_0 を x_1, x_2, x_3 で表わします．

B_0 と C_0 とを消去するために，カルダノの方法のときのように

$$1+\omega+\omega^2=0$$

を利用します．

第二式に ω，第三式に ω^2 を掛けて，それぞれ，第一式に加えると

$$(x_1^2+\omega x_2^2+\omega^2x_3^2)+A_0(x_1+\omega x_2+\omega^2x_3)=0$$

で，これから

$$A_0=-\frac{x_1^2+\omega x_2^2+\omega^2x_3^2}{x_1+\omega x_2+\omega^2x_3}$$

です.

佐々木　ありゃ，今度は「整式」ではない.「分数式」だ．おまけに，分母はカルダノの方法のときに出て来たのと，おんなじだ.

広田　B_0 と C_0 は？

小川　三つの式をソノママ加えると

$$(x_1^2+x_2^2+x_3^2)+A_0(x_1+x_2+x_3)+3B_0=0$$

で，これから

$$B_0=-\frac{1}{3}\{(x_1^2+x_2^2+x_3^2)+A_0(x_1+x_2+x_3)\}$$

です.

第二式に ω^2，第三式に ω を掛けて，それぞれ，第一式に加えると

$$(x_1^2+\omega^2x_2^2+\omega x_3^2)+A_0(x_1+\omega^2x_2+\omega x_3)=3C_0$$

で，これから

$$C_0=\frac{1}{3}\{(x_1^2+\omega^2x_2^2+\omega x_3^2)+A_0(x_1+\omega^2x_2+\omega x_3)\}$$

です.

佐々木　B_0 と C_0 の式の係数には A_0 がある．この A_0 も x_1, x_2, x_3 で表わしておかないと…

小川　その必要はありませんね.

B_0 を根とする補助方程式の係数にも，C_0 を根とする補助方程式の係数にも，A_0 が現われていますから.

広田　その通りだ.

いま導いた式から，逆に，最初の三つの関係も求まるかな？

佐々木　各 x_k に対する

$$x_k^2+A_0x_k+B_0$$

で，A_0, B_0 に，いま導いた式を代入して，$C_0\omega^{k-1}$ となるか確かめると，いい.

計算すると…

小川　それでは，ゴチャゴチャするでしょう.

A_0, B_0, C_0 は

$$\begin{cases}(x_1^2+\omega x_2^2+\omega^2 x_3^2)+A_0(x_1+\omega x_2+\omega^2 x_3)=0\\(x_1^2+x_2^2+x_3^2)+A_0(x_1+x_2+x_3)+3B_0=0\\(x_1^2+\omega^2 x_2^2+\omega x_3^2)+A_0(x_1+\omega^2 x_2+\omega x_3)=3C_0\end{cases}$$

から求まりましたね．これを導いたときの仕方に返ると，これは

$$\begin{cases}(x_1^2+A_0x_1+B_0)+\omega(x_2^2+A_0x_2+B_0)+\omega^2(x_3^2+A_0x_3+B_0)=0,\\[2ex](x_1^2+A_0x_1+B_0)+(x_2^2+A_0x_2+B_0)+(x_3^2+A_0x_3+B_0)=0,\\[2ex](x_1^2+A_0x_1+B_0)+\omega^2(x_2^2+A_0x_2+B_0)+\omega(x_3^2+A_0x_3+B_0)=3C_0\end{cases}$$

と変形されるでしょう．

ですから，この関係を利用すると，A_0, B_0, C_0 を求めたのと同じ要領で，ソノママ加えて３で割ると

$$x_1^2+A_0x_1+B_0=C_0.$$

第二式に ω，第三式に ω^2 を掛けて，それぞれ，第一式に加えて 3ω で割ると

$$x_2^2+A_0x_2+B_0=C_0\omega.$$

第二式に ω^2，第三式に ω を掛けて，それぞれ，第一式に加えて $3\omega^2$ で割ると

$$x_3^2+A_0x_3+B_0=C_0\omega^2.$$

佐々木　そうか．今日は，サエナイ．

広田　毎度の事だ．

佐々木　ふじかシイ．

広田　以上の考察から，チルンハウゼンの解法をラグランジュの立場で説明できるな．

チルンハウゼン成功の秘密

小川　３次方程式

$$ax^3+bx^2+cx+d=0 \qquad (a\neq 0)$$

の三根を x_1, x_2, x_3 とします．そして

$$-\frac{x_1^2+\omega x_2^2+\omega^2 x_3^2}{x_1+\omega x_2+\omega^2 x_3}$$

に注目します.

佐々木　これを根とする補助方程式を求めるために，この式で x_1, x_2, x_3 を別の順列におきかえると，六つの式ができる…

小川　二つですね.

符号の -1 は全体に掛かっているので，これは無視できます．そのとき，分母はカルダノの方法を調べたときに出て来たのと同じですから，分母で x_1, x_2, x_3 を別の順列におきかえるのは，それらの係数 $1, \omega, \omega^2$ を別の順列におきかえるのと一緒です.

また，分子では，x_1^2 の係数は 1, x_2^2 の係数は ω, x_3^2 の係数は ω^2 と，分母と同じ並び方をしてますから，分子で x_1, x_2, x_3 を別の順列におきかえるのも，係数 $1, \omega, \omega^2$ を別の順列におきかえるのと一緒です.

そして，分母と分子とで x_1, x_2, x_3 を同じ順列におきかえるとき，$1, \omega, \omega^2$ も分母と分子とで同じ順列におきかえられます．逆に，分母と分子とで $1, \omega, \omega^2$ を同じ順列におきかえると，x_1, x_2, x_3 も分母と分子とで同じ順列におきかえられます.

ですから，結局，この分数式で x_1, x_2, x_3 を別の順列におきかえるのと，それらの項の係数 $1, \omega, \omega^2$ を別の順列におきかえるのとは一緒です.

佐々木　ところが，$1, \omega, \omega^2$ の順列は二種類あった．$1, \omega, \omega^2$ をこの順にグルグル回すのと，$1, \omega^2, \omega$ をこの順にグルグル回すのと.

第一の種類の順列は $1, \omega, \omega^2$ のほかに，これに ω, ω^2 を掛けたもの，第二の種類の順列は $1, \omega^2, \omega$ のほかに，これに ω, ω^2 を掛けたものだった.

だから，この分数式で x_1, x_2, x_3 を別の順列におきかえたものは

$$-\frac{x_1^2+\omega x_2^2+\omega^2 x_3^2}{x_1+\omega x_2+\omega^2 x_3} \quad と \quad -\frac{x_1^2+\omega^2 x_2^2+\omega x_3^2}{x_1+\omega^2 x_2+\omega x_3}$$

のほかに，それぞれの分母と分子とに，ω を掛けたものと，ω^2 を掛けたものだけど，分母と分子とに同じ数を掛けるのだから，変わらない．だから，この二つの式しかできない——と，いうわけか.

小川　この二つを根とする２次の補助方程式を

$$A^2+pA+q=0$$

と，します．この係数 p, q が a, b, c, d の分数式となるか，確かめます．

$$p=\frac{x_1{}^2+\omega x_2{}^2+\omega^2 x_3{}^2}{x_1+\omega x_2+\omega^2 x_3}+\frac{x_1{}^2+\omega^2 x_2{}^2+\omega x_3{}^2}{x_1+\omega^2 x_2+\omega x_3},$$

$$q=\left(\frac{x_1{}^2+\omega x_2{}^2+\omega^2 x_3{}^2}{x_1+\omega x_2+\omega^2 x_3}\right)\left(\frac{x_1{}^2+\omega^2 x_2{}^2+\omega x_3{}^2}{x_1+\omega^2 x_2+\omega x_3}\right)$$

ですから…

佐々木　名誉バンカイのために，ボクがする．

$$(x_1+\omega x_2+\omega^2 x_3)(x_1+\omega^2 x_2+\omega x_3)$$
$$=x_1{}^2+x_2{}^2+x_3{}^2+(\omega+\omega^2)(x_1x_2+x_2x_3+x_3x_1)$$
$$=x_1{}^2+x_2{}^2+x_3{}^2-(x_1x_2+x_2x_3+x_3x_1)$$

だから，p, q の分母は x_1, x_2, x_3 の対称式だ．

この式で x_k を $x_k{}^2$ におきかえると，q の分子だから，q の分子も x_1, x_2, x_3 の対称式だ．

それから

$$(x_1{}^2+\omega x_2{}^2+\omega^2 x_3{}^2)(x_1+\omega^2 x_2+\omega x_3)$$
$$=x_1{}^2x_1+x_2{}^2x_2+x_3{}^2x_3+\omega(x_1x_2{}^2+x_2x_3{}^2+x_3x_1{}^2)+\omega^2(x_1{}^2x_2+x_2{}^2x_3+x_3{}^2x_1)$$

で，この式で x_k と $x_k{}^2$ とを互いにおきかえると，ω の係数と ω^2 の係数とが互いに入れかわるから，p の分子は

$$2(x_1{}^3+x_2{}^3+x_3{}^3)-(x_1x_2{}^2+x_2x_3{}^2+x_3x_1{}^2)-(x_1{}^2x_2+x_2{}^2x_3+x_3{}^2x_1)$$

となって，p の分子も x_1, x_2, x_3 の対称式だ．

結局，p, q の分母・分子は x_1, x_2, x_3 の対称式で，それぞれ，a, b, c, d の分数式で表わされる．だから，p も q も a, b, c, d の分数式だ．

小川　具体的に計算しなくてもイイ方法が，あるのでしょう．

広田　無論，ある．が，それは割愛しよう．与次郎がセッカク計算した事だし，根の個数が多くなり，計算が面倒になるまでオアヅケと，しておこう．

佐々木　これで，一番目に解く補助方程式

$$A^2+pA+q=0$$

が求まった．

この方程式の一つの根を A_0 とする．そして，二番目に解く補助方程式として

$$-\frac{1}{3}\{(x_1{}^2+x_2{}^2+x_3{}^2)+A_0(x_1+x_2+x_3)\}$$

を，根とするものを考える.

これも x_1, x_2, x_3 の対称式だから，a, b, c, d の分数式だ.

小川　a, b, c, d と A_0 との分数式ですね.

佐々木　どっちにしても，この分数式を r と書くと，二番目に解く補助方程式

$$B=r$$

が求まった．この根を B_0 とする.

小川　それから，三番目の補助方程式として

$$\frac{1}{3}\{(x_1{}^2+\omega^2x_2{}^2+\omega x_3{}^2)+A_0(x_1+\omega^2x_2+\omega x_3)\}$$

を，根とするものを考えます.

この式の第一項と第二項とを比べると，x_1 の項の係数は 1, x_2 の項の係数は ω^2, x_3 の項の係数は ω と，係数の $1, \omega, \omega^2$ は同じ並び方をしています.

ですから，一番目の補助方程式を作った時のように，この式で x_1, x_2, x_3 を別の順列におきかえるのは，係数 $1, \omega, \omega^2$ を別の順列におきかえるのと一緒です.

それで，この式で x_1, x_2, x_3 を別の順列におきかえたものは

$$y_1=\frac{1}{3}\{(x_1{}^2+\omega^2x_2{}^2+\omega x_3{}^2)+A_0(x_1+\omega^2x_2+\omega x_3)\},$$

$$y_2=\frac{1}{3}\{(x_1{}^2+\omega x_2{}^2+\omega^2x_3{}^2)+A_0(x_1+\omega x_2+\omega^2x_3)\}$$

と，$\omega y_1, \omega^2y_1, \omega y_2, \omega^2y_2$ との六つです.

佐々木　それじゃ，補助方程式の次数は6だ．予定どおりだと，3次なのに!

小川　心配いりませんね.

問題の補助方程式は

$$(y^3-y_1{}^3)(y^3-y_2{}^3)=0$$

ですから，これを

$$y^6+s_1y^3+s_2=0$$

と書くと，この間から調べて来たように，係数の s_1, s_2 は x_1, x_2, x_3 の対称式で，

a, b, c, d と A_0 との分数式として確定します.

広田　ウェアリングの結果だけを使えば, s_1, s_2 に ω が出て来ない, という保証はない.

問題の整式は $\dfrac{b}{a}, \dfrac{c}{a}, \dfrac{d}{a}$ の整式で, その係数は問題の対称式の係数の整数倍の和という事しか保証されない.

佐々木　でも, ω は問題の方程式の係数から代数的に表わされているから, いいじゃない.

小川　一方, A_0 は一番目の補助方程式の根ですから

$$（イ）\quad A_0=-\frac{x_1{}^2+\omega x_2{}^2+\omega^2 x_3{}^2}{x_1+\omega x_2+\omega^2 x_3}$$

か,

$$（ロ）\quad A_0=-\frac{x_1{}^2+\omega^2 x_2{}^2+\omega x_3{}^2}{x_1+\omega^2 x_2+\omega x_3}$$

か, です.

（イ）の場合には, 分母を払って移項すると

$$(x_1{}^2+\omega x_2{}^2+\omega^2 x_3{}^2)+A_0(x_1+\omega x_2+\omega^2 x_3)=0$$

ですから, x_1, x_2, x_3 について恒等的に

$$y_2=0$$

で, 恒等的に

$$s_2=y_1{}^3 y_2{}^3=0$$

となって, 問題の補助方程式は

$$y^6+s_1 y^3=0$$

です.

（ロ）の場合には, 恒等的に

$$y_1=0$$

で, 今度も, 恒等的に

$$s_2=y_1{}^3 y_2{}^3=0$$

となって, 問題の補助方程式は

$$y^6+s_1 y^3=0$$

です.

ですから，結局，問題の補助方程式は

$$y^3=0 \quad と \quad y^3+s_1=0$$

という，二つの3次方程式に帰着されます.

佐々木　そうか．でも，どっちの方程式の根をC_0とすれば，いい？　どっちでも，いいのかな？

小川　一般的な場合を考えているから

$$y^3+s_1=0$$

の一つの根を C_0 としないと，いけませんね.

佐々木　どうして？

小川

$$y^3=0$$

の根を C_0 とすると

$$C_0=0$$

で，予定の2次方程式は

$$x^2+A_0x+B_0=0$$

の一つだけとなり，これが x_1, x_2, x_3 の三つを根に持たないといけないから，x_1, x_2, x_3 のどれか二つが一致しないと，いけません.

これでは x_1, x_2, x_3 の間には特定な関係があって，それぞれ勝手な値は取れません．つまり，一般的な場合を考えている事に反しますね.

広田　そこで

$$y^3+s_1=0$$

の一つの根をC_0とすると，問題の3次方程式が，三つの2次方程式

$$x^2+A_0x+B_0=C_0\omega^k \qquad (k=0, 1, 2)$$

に帰着される——という最終の説明は，どうなる.

小川　さっき注意したように，A_0 の値は二通りありました.

（イ)の場合には

$$y_2=0$$

ですから

$$s_1 = -y_1{}^3$$

で

$$C_0 = y_1\omega^l$$

と，なります．ここで，l は0, 1, 2のどれかです．

この y_1, y_2 についての関係式と B_0 とから，A_0, B_0, C_0 と x_1, x_2, x_3 との関係は

$$\begin{cases} (x_1{}^2+x_2{}^2+x_3{}^2)+A_0(x_1+x_2+x_3)+3B_0=0 \\ (x_1{}^2+\omega x_2{}^2+\omega^2 x_3{}^2)+A_0(x_1+\omega x_2+\omega^2 x_3)=0 \\ (x_1{}^2+\omega^2 x_2{}^2+\omega x_3{}^2)+A_0(x_1+\omega^2 x_2+\omega x_3)=3C_0\omega^{-l} \end{cases}$$

です．

ですから，これを

$$\begin{cases} (x_1{}^2+A_0x_1+B_0)+(x_2{}^2+A_0x_2+B_0)+(x_3{}^2+A_0x_3+B_0)=0 \\ (x_1{}^2+A_0x_1+B_0)+\omega(x_2{}^2+A_0x_2+B_0)+\omega^2(x_3{}^2+A_0x_3+B_0)=0 \\ (x_1{}^2+A_0x_1+B_0)+\omega^2(x_2{}^2+A_0x_2+B_0)+\omega(x_3{}^2+A_0x_3+B_0)=3C_0\omega^{-l} \end{cases}$$

と変形して，さっきと同じ計算をすると

$$x_k{}^2+A_0x_k+B_0=C_0\omega^{k-l} \qquad (k=0, 1, 2)$$

と，なります．

佐々木　(ロ)の場合には

$$y_1=0, \qquad C_0=y_2\omega^l$$

となって，A_0, B_0, C_0 と x_1, x_2, x_3 との関係は

$$\begin{cases} (x_1{}^2+x_2{}^2+x_3{}^2)+A_0(x_1+x_2+x_3)+3B_0=0 \\ (x_1{}^2+\omega x_2{}^2+\omega^2 x_3)+A_0(x_1+\omega x_2+\omega^2 x_3)=3C_0\omega^{-l} \\ (x_1{}^2+\omega^2 x_2+\omega x_3{}^2)+A_0(x_1+\omega^2 x_2+\omega x_3)=0 \end{cases}$$

だ．

これを，さっきと同じように変形して計算すると，x_1, x_2, x_3 は，今度も，三つの２次方程式

$$x^2+A_0x+B_0=C_0\omega^k \qquad (k=0, 1, 2)$$

の根となる．

具体的に計算しなくても，判る．

小川　結局，問題の３次方程式の三根は，三つの２次方程式

$$x^2+A_0x+B_0=C_0\omega^k \qquad (k=0,1,2)$$

の根となって，問題の３次方程式は，この三つの２次方程式に帰着されます．

広田　その通りだ．だが，一つ問題がある．

A_0 を根とする補助方程式は，分数式

$$-\frac{x_1{}^2+\omega x_2{}^2+\omega^2x_2{}^2}{x_1+\omega x_2+\omega^2x_2}$$

から求まったな．

だから，この分母を零としない，x_1, x_2, x_3 の一般な値に対しては，以上の説明が通用する．だが，この分母を零とする特定な x_1, x_2, x_3 の値に対しては，A_0 を根とする補助方程式は求まらない．

この特定な場合についての説明は，どうなる？

小川　そういえば，初めてチルンハウゼンの方法を調べたときも，例外がありましたね．

例外の場合

佐々木　３次方程式

$$ax^3+bx^2+cx+d=0 \qquad (a\neq 0)$$

の三根 x_1, x_2, x_3 の間に

$$x_1+\omega x_2+\omega^2x_3=0$$

という関係がある場合，どんな補助方程式が見つかるか――が，問題なのだな．

今度は，さっきの関係から逆算できないし，どうすれば，いい．

小川　手掛り――といえば，初めのチルンハウゼンの方法にもどって，例外の場合を調べるぐらいですね．でも，それは大変だし…

広田　整式

$$x_1+\omega x_2+\omega^2x_3$$

は，カルダノの解法に出て来たな．

佐々木　それが，ヒント？

小川　あっそうか．これが「手掛り」になりそうだ．

カルダノの方法を調べたとき，一般的に

$$\frac{1}{3}(x_1+\omega x_2+\omega^2 x_3)$$

を根とする補助方程式は

$$t^6+qt^3-\frac{p^3}{27}=0$$

でしたね．

ここで，p, q は初めの3次方程式

$$ax^3+bx^2+cx+d=0$$

で

$$x=y-\frac{b}{3a}$$

とおいて，同値な方程式に変形したときの係数で

$$y^3+py+q=0$$

でしたね．

ですから

$$x_1+\omega x_2+\omega^2 x_3=0$$

のときは，t の補助方程式は零を根に持つので

$$-\frac{p^3}{27}=0 \quad \text{つまり} \quad p=0$$

と，なります．

このとき

$$y^3+q=0$$

ですから，問題の3次方程式は

$$\left(x+\frac{b}{3a}\right)^3+q=0$$

と

$$(x\text{の1次式})^3=\text{定数}$$

という理想的な型に変形されるのですね．

佐々木　例外が起こるのは，理想的な場合だけだったのか．そういえば，アタリマエみたいだ．

広田
$$x_1+\omega x_2+\omega^2 x_3=0$$
ならば，問題の3次方程式は
$$\left(x+\frac{b}{3a}\right)^3+q=0$$
と変形される事は判った．

だが，逆は，まだ，判ってないぞ．

小川　逆に，問題の3次方程式が
$$\left(x+\frac{b}{3a}\right)^3+q=0$$
と変形される，とします．

このとき
$$p=0$$
ですから
$$\frac{1}{3}(x_1+\omega x_2+\omega^2 x_3)$$
を根とする補助方程式は
$$t^6+qt^3=0$$
となって，零を根に持ちます．

この補助方程式の根は
$$\frac{1}{3}(x_1+\omega x_2+\omega^2 x_3)\quad と\quad \frac{1}{3}(x_1+\omega^2 x_2+\omega x_3)$$
のほかに，これらに，それぞれ，ω, ω^2 を掛けたものです．ですから，
$$x_1+\omega x_2+\omega^2 x_3=0 \quad か \quad x_1+\omega^2 x_2+\omega x_3=0$$
か，です．

広田　それでは
$$x_1+\omega x_2+\omega^2 x_3\neq 0$$
かも，知れないな．

小川　しかし，さっきの A_0 を根とする補助方程式を作るためには

$$x_1+\omega x_2+\omega^2 x_3 \neq 0 \quad と \quad x_1+\omega^2 x_2+\omega x_3 \neq 0$$

の両方の関係が必要ですね．両方とも分母に現われますから．

それで，「例外の場合」は，精確にいうと

$$x_1+\omega x_2+\omega^2 x_3=0 \quad か \quad x_1+\omega^2 x_2+\omega x_3=0$$

か，の場合です．

ですから，問題の3次方程式が理想的に変形されると，例外が起こります．

佐々木　ヤッパリ，例外が起こるのは，理想的な場合だけだ．

広田　4次方程式に対するチルンハウゼンの解法も，根の適当な分数式によって説明される，だが．それは割愛しよう．家で試みると，よい．

このようにして，4次までの方程式の代数的解法は，根の分数式によって説明される．

佐々木　整式と分数式だよ．

広田　整式は分数式の特別な場合——とは，教わらなかったか．

佐々木　そうだったかな．

広田　数でいえば，整数は分数の特別な場合だな．分母が1の．それと同じだ．

佐々木　整数と分数とを合わせて，有理数というよ．整数も分数も，有理数の特別な場合だ．

広田　数学では，「直線」は「曲線」の特別な場合と考える．だが，「直線」はマッスグで，マガッテない．だから，「曲線」ではない——とガンバル人がいる．与次郎のは，それと軌を一にする．

そんな脳硬化症と議論しても，はじまらない．整式と分数式とを総称して，有理式と呼ぼう．通常は，有理式と分数式とは同じだが．

小川　4次までの方程式が代数的に解けた共通の理由として，つまり，代数的可解性の原則は，根の有理式の存在にある——と，ラグランジュは考えたのですね．

広田　その通りだ．そして，この原則を5次方程式にも適用しよう，とする．

「5次方程式が代数的に解けるのならば，このような有理式が発見できる」と書いている．さらに，では，どのようにして根の有理式を発見するか——という問題へと進んでいる．だが，それは次の機会に見よう．

さて，今日のところを総括しておこう．

要 約

佐々木 チルンハウゼンの方法を，ラグランジュの立場から，調べた．それは，根の有理式から説明された．

小川 ウェアリングの結果は，今日も，とうとう証明できませんでした．

広田，なに，人生，決して，あわてる事はない．

——だから，「モナリザ」も，まだ見てない．

第12章　根の有理式を解明する

ラグランジュの発想にしたがい，根の有理式を根とする方程式の，一般的性質を考察する．
この考察での方法と結果は，代数学の発展にとって，重要である．例えば，次数に関するものは，現今の群論における，「ラグランジュの定理」の濫觴なのである．

売り切れです，何時はいるか判りません——九十九店，答えは同じである．「洗剤」ではない．ナントカの『大予言』なのである．もっとも，与次郎の話だから，真に受けない方がよい…

目　　標

広田　復習しよう．

4次までの方程式に，代数的解法による，根の公式が存在した共通の理由——代数的可解性の原則——は，ラグランジュの立場では，何だった？

小川　与えられた方程式の根の有理式で，それを根とする補助方程式が，与えられた方程式よりも低い次数の方程式の解法を使って

$$X^l=\text{定数}$$

という型の方程式に帰着されて代数的に解けるもの，が存在する事でした．

広田　補助方程式の根，すなわち，与えられた方程式の根の有理式の値から，与えられた方程式の根が求まるものでなければならぬ事は，いうまでもないな．

小川　ラグランジュは，この原則を5次以上の方程式に対しても適用しよう

——と，したのでしたね．

佐々木　適用する，といったって，どうやって根の有理式を見つける？そんなモノは無数にある．片っぱしから調べるわけには，いかないよ．

広田　無論だ．

そこで，ラグランジュは，まず，与えられた方程式の根の有理式を根とする方程式の，一般的性質を考察する．

佐々木　なんとか，捜査の範囲を狭めよう，とするわけだな．今日は，その話だね．

根の有理式を根とする方程式

佐々木　与えられた方程式の根の有理式を根とする方程式の，一般的性質を調べるって，具体的には，どういう事？

広田　一般に，方程式を構成する要素は何だ？

佐々木　係数と次数，それから，未知数を表わす文字．

小川　未知数を表わす文字に何を使っても，根の値には影響しません．定積分の積分変数と同じです．

ですから，方程式を構成する本質的な要素は，係数と次数です．

広田　その通りだ．

一方，当面の課題である代数的可解性を考察するには，補助方程式の係数と次数とが問題となるな．

小川　そうしますと，与えられた方程式の根の有理式を根とする方程式の，一般的な性質を調べる——と，いう事は，問題の方程式の係数と次数との性質を調べる事なのですね．

係数は，初めの方程式の係数から，代数的に表わされるか——とか，何次の方程式が作れるか——とか．

広田　その通りだ．

佐々木　なんだ．そんな事か．

広田　さて，n 個の根

$$x_1, x_2, \cdots, x_n$$

を持つ，n 次方程式が与えられた，としよう．

これらの根の有理式

$$F(x_1, x_2, \cdots, x_n)$$

を根とする方程式の性質を調べよう．

Fを根とする方程式が，与えられた方程式を解く第一の補助方程式となっておれば，その係数と次数との性質は，どうだ？

佐々木　問題の方程式は，この間から調べて来たように，Fで $x_1, x_2, \cdots, x_n$ を別の順列におきかえたもの全部を根としないと，いけない．だから，おきかえて作られるもの全部だけを根とする方程式を取って，次数は $n!$．

広田　そのとき，$n!$ 次の方程式の係数は，与えられた方程式の係数から，代数的に表わされているか？

佐々木　Fが整式なら，ウェアリングの結果から，そうなる事は，判ってる．

小川　ウェアリングの結果からは，$x_1, x_2, \cdots, x_n$の対称式は，与えられた方程式の係数の分数式で表わされ，この分数式の係数は，問題の対称式の係数の整数倍の和となる事しか，いえません．

ですから，Fの係数も，与えられた方程式の係数から，代数的に表わされてないと，いけませんね．

広田　無論，それは仮定しておくとして，Fが分数式の場合は，どうだ？

佐々木　そのときは，問題の補助方程式の係数は$x_1, x_2, \cdots, x_n$ についての対称な分数式だけど，対称な整式とは限らない．だから，ウェアリングの結果は使えない．

広田　そうかな．

根の有理式を根とする方程式は，作った事があるな．その際には，どう確かめた？

佐々木　チルンハウゼンの方法のときだね．直接に計算して，僕が，確かめた．分母も分子も対称式になった．

だから，補助方程式の係数は，もとの方程式の係数から代数的に表わされた．

広田　と，すると，一般な場合，何を確かめると，よい？

小川　わかりました．$x_1, x_2, \cdots, x_n$ の対称な分数式では，その分母も分子も $x_1,$

$x_2, \cdots, x_n$ の対称式となるか——を調べると，いいのですね．

G を $x_1, x_2, \cdots, x_n$ の対称な分数式とします．G の分母を f，G の分子を g とします．

f が $x_1, x_2, \cdots, x_n$ の対称式なら，g もそうです．

佐々木　どうして？

小川

$$G=\frac{g}{f} \quad ですから \quad g=G\cdot f$$

でしょう．この右辺の式で，$x_1, x_2, \cdots, x_n$ をどんな順列におきかえても，G と f は変わらないので，その積 g も変わらない，つまり，g は対称式です．

佐々木　f が対称式かどうか判らない，ときは？

小川　分母を対称式にすると，いいわけです．

f で $x_1, x_2, \cdots, x_n$ を別の順列におきかえて作られる全部の式

$$f, f_1, f_2, \cdots, f_{n!-1}$$

の積は対称式ですから，G の分母と分子とに

$$f_1 f_2 \cdots f_{n!-1}$$

を掛けると

$$G=\frac{g\cdot f_1\cdot f_2\cdots f_{n!-1}}{f\cdot f_1\cdot f_2\cdots f_{n!-1}}$$

となって，分母は対称式です．ですから，さっきと同じ理由で，この分子も対称式ですね．

結局，対称な分数式は，対称な整式の商で表わされます．

広田　今の説明で，分母の対称式化には，f から作られる全部の式を使う必要はない．異なる式だけでよい．

小川　そうですね．

佐々木　あんまり，ケチをつけないで．

小川　いま調べた事から，F を根とする $n!$ 次の方程式の係数は，与えられた n 次方程式の係数から，代数的に表わされる事が判ります．ウェアリングの結果を使って．

広田　そこで，F を根とし，補助方程式としての第一の資格を持つ，方程式が確定した．

しかし，問題の方程式の次数は低い方がよい．この事は，問題の $n!$ 次の方程式が，$n!$ より低い次数の方程式に分解されないかを意味する．そこで，このような分解が可能となるのは，どういう場合か．分解された，より低次の方程式の性質はどうか——を，次に，調べよう．

より低次の方程式への分解

広田　このような分解が起きるのは，どういう場合だ？

小川　分解された，$n!$ より低い次数の方程式も F を根に持たないと，いけません．

それで，F で $x_1, x_2, \cdots, x_n$ を別の順列におきかえた全部の式を根に持たないと，いけません．

ですから，F から作られる式がゼンブ違う場合には，$n!$ より低い次数の方程式には分解しません．分解が起こるのは，F で $x_1, x_2, \cdots, x_n$ を別の順列におきかえるとき，二つ以上の同じ式が作られる場合だけです．

広田　そのとき，F と同じ式が作られるかは判らないが，同じとなる式をアラタメテ F で表わし，F と同じ式を作り出す，おきかえ方が合計して m 通りある——と，しよう．これでも一般性は失われないな．

佐々木　もとの F から出来る式は，ゼンブ，新しい F から出来るからだね．

小川　この m 通りのおきかえ方には，$x_1, x_2, \cdots, x_n$ を全然かえないものも含まれている，のですね．

広田　無論だ．このとき，$n!$ 次の補助方程式は，どのように分解される？

佐々木　どのように——と，いったって．マルッキリわからない．

広田　新しい問題に直面したら…

小川　似た問題を思い出す——でした．

似た問題どころか，$m=4$ という特別の場合ですが，同じ問題を考えた事がありますね．4次方程式でのオイラーの解法で．

佐々木　ダンダン，思い出した．

4次方程式の四根 x_1, x_2, x_3, x_4 の整式

$$(x_1+x_2)-(x_3+x_4)$$

を根とする補助方程式を求めた時だ.

この式を変えない，おきかえ方は，第一項と第二項とを互いに入れかえるのと，第三項と第四項とを互いに入れかえるのとの組合せで，合計四通りだった.つまり

$$(x_1+x_2)-(x_3+x_4),\quad (x_2+x_1)-(x_3+x_4),$$
$$(x_1+x_2)-(x_4+x_3),\quad (x_2+x_1)-(x_4+x_3),$$

の四つは同じ式だ.

残りの20の式の中から，これと違う式を一つ取り出すと，それと同じものが四つある．たとえば

$$(x_1+x_3)-(x_2+x_4),\quad (x_3+x_1)-(x_2+x_4),$$
$$(x_1+x_3)-(x_4+x_2),\quad (x_3+x_1)-(x_4+x_2).$$

残りの16の式の中から，これらと違う式を一つ取り出すと，それと同じものが四つある…これを繰り返すと，24の式の中には，同じ式が四つずつ現われる.

だから，24次の補助方程式は，6次の方程式の4乗となり，6次の補助方程式が求まった.

小川　この特別な場合から一般の場合を予想すると，Fを変えない，おきかえ方がm通りなら，$n!$個の式はm個ずつ一致しそうですね.

その証明も，今の調べ方を真似すれば，いいですね.

広田　それには，この特別な場合の調べ方を一般化しなければ成功しない.

たとえば

$$(x_1+x_2)-(x_3+x_4)$$

と異なる式

$$(x_1+x_3)-(x_2+x_4)$$

を取り出したとき，これと同じ式が四つある，と結論した方法を反省してみよう.

佐々木　第一の式でしたのと同じおきかえを，第二の式でもしたんだよ.

広田　第一式から出発するのだから，図で示すと，次のような矢印の順に，おきかえるのだな：

$$\begin{array}{lll}
(x_1+x_2)-(x_3+x_4) & \rightarrow & (x_1+x_3)-(x_2+x_4) \\
 & & \quad\downarrow \\
(x_2+x_1)-(x_3+x_4) & & (x_3+x_1)-(x_2+x_4) \\
(x_1+x_2)-(x_4+x_3) & & (x_1+x_3)-(x_4+x_2) \leftarrow \\
(x_2+x_1)-(x_4+x_3) & & (x_3+x_1)-(x_4+x_2) \leftarrow
\end{array}$$

別の手順もあるな.

小川　あります. 図を眺めていて気がついたのですが, 佐々木君のはヨコ・タテですが, タテ・ヨコとも行けます：

$$\begin{array}{llll}
 & (x_1+x_2)-(x_3+x_4) & \rightarrow & (x_1+x_3)-(x_2+x_4) \\
 & \quad\downarrow & & \\
 & (x_2+x_1)-(x_3+x_4) & \rightarrow & (x_3+x_1)-(x_2+x_4) \\
\rightarrow & (x_1+x_2)-(x_4+x_3) & \rightarrow & (x_1+x_3)-(x_4+x_2) \\
\rightarrow & (x_2+x_1)-(x_4+x_3) & \rightarrow & (x_3+x_1)-(x_4+x_2)
\end{array}$$

第一式に, それを変えない, おきかえをして, それに, 第一式から第二式への, おきかえ方を続けるのです.

広田　与次郎の 方法では,「第一項と第二項とを互いに入れかえる」といった類いの, 問題の整式の具体的な形についての性質を使っている.

小川君の方法では, 問題の整式の具体的な形についての性質は, 必要ない.

だから, 小川君の方法の方が, 一般化しやすい.

佐々木　わかったよ. そうする. ——図もアンガイ役に立つんだな.

F と違う式 F_1 を取り出す. F を F_1 へおきかえる仕方が決まる. そこで, Fに, それを変えない, おきかえをして, それに, いま決めた, Fから F_1 へのおきかえ方を続ける. そうすると, F_1と同じ式ができる.

Fを変えないおきかえ方は, 丁度, m通りあったから, $n!$ 個の式の中には, F_1 と同じものが, 丁度, m個ある.

広田　その結論は, 早すぎる.

小川　(イ) F を変えない おきかえ方が違うと, それに, 一定な, F から F_1

へのおきかえ方を続けたものも違うこと.

（ロ） F から F_1 を作り出すどんなおきかえ方も，Fを変えないおきかえに，さっき決めた一定な，F から F_1 へのおきかえ方を続けたもの，となること.

この二つを確かめないと，いけませんね.

佐々木　どうして？

小川　（イ）が確かめられて，初めて，$n!$ 個の式の中には，F_1 と同じものが，少なくとも，m 個ある——ことが，いえますね.

（ロ）が確かめられて，初めて，$n!$ 個の式の中には，F_1 と同じものが m 個より多くはない——ことが，いえますね.

この二つから，初めて，$n!$ 個の式の中には，F_1 と同じものが，丁度，m 個ある——と，結論できますね.

佐々木　そうか.

Fを変えないおきかえ方が違っていても，それらに，一定な，F から F_1 へのおきかえ方を続けたものが同じおきかえ方になると，重複して数える事になるんだな.

そして，F から F_1 を作り出すおきかえ方の中に，今まで考えた仕方とは違うものがあると，$n!$個の式の中には，F_1 と同じものが，m 個より多くある事になる，からだな.

でも，どうやって（イ）と（ロ）を確かめる？

小川　どっちも，この間のように，「逆のおきかえ」を使うと，判りますね.

Fを変えない二つのおきかえ方に，それぞれ，一定な，F から F_1 へのおきかえ方を続けたものが，同じおきかえ方になったとします.

この同じおきかえ方に，いま使った F から F_1への，一定なおきかえ方の「逆のおきかえ」を続けると，F を変えない初めのおきかえ方にもどり，それらは同じになります.

この対偶から，（イ）が解決します.

つぎに，F から F_1 へのおきかえ方を一つ取ります．これに，いま使った「逆のおきかえ」を続けると，Fを変えない，おきかえとなります．このおきかえ方で

$$F \to F_1 \to F$$

の順に，Fは変わらないからです．

また，いま作った，Fを変えないおきかえ方に，「逆のおきかえ」の逆のおきかえ——つまり，さっきから決めている一定な，F から F_1 へのおきかえ——を続けると，初めに取った，F から F_1へのおきかえ方にもどります．

ですから，Fから F_1 へのおきかえは，どれも，Fを変えないおきかえに，さっきから決めている一定な，F から F_1 へのおきかえを続けたもの—— という事が判り，(ロ)が解決します．

佐々木　結局，$n!$ 個の式はm個ずつ一致する．

$\frac{n!}{m}$ を s とすると，$n!$ 次の補助方程式は，s 次方程式のm乗となり，s 次の補助方程式に分解される．

小川　$n!$ 個のおきかえ方も，m個ずつの s 個の組に分かれる——ことも，判りました．

広田　この s 次の補助方程式の係数は，与えられたn次方程式の係数から，代数的に表わされているか？

小川　います．$n!$ 次のときと同じ論法で，判ります．

広田　今までの所を整理しよう．

佐々木　与えられた方程式の，根の有理式を根とする，一番目の補助方程式を求めるためには，この有理式の係数としては，与えられた方程式の係数から代数的に表わされたもの，を取る．

この有理式を根とする補助方程式は，この有理式で根の間のおきかえをするとき作られる，違う式をゼンブ根に持たないと，いけない．

だから，違う式を全部，そして，違う式だけを根とする方程式を作ると，それは一番目の補助方程式の候補となる．

この補助方程式候補の次数は，与えられた方程式の次数の，階乗の約数である．

小川　この次数は，違う式の個数です．

ですから，できるだけ低い次数の補助方程式を求めるためには，根の間のおきかえから作られる，違う式の個数が，できるだけ少ない有理式を選ぶと，いいですね．

佐々木　根の有理式の求め方が，だいぶ，判ってきた.

小川　まだ，まだ，ですね.

さっき復習したように，その値から，与えられた方程式の根が求まらないと，いけないでしょう．そのためには，どんな有理式でないと，いけないのか，まだ，判ってないでしょう.

広田　ラグランジュは，その点も，抜かりない.

根の有理式間の関係

佐々木　問題は，根の有理式を根とする方程式が代数的に解けたとき，その根から，与えられた方程式の根が求まるか——だな.

広田　与えられた方程式の根も，根の有理式の一つだ.

そこで，ラグランジュは，根の有理式が二つあるとき，一方の値が判れば，他方の値も判るか——と，問題を一般化して考察する.

佐々木　どうなる，の?

広田　n 個の根 $x_1, x_2, \cdots, x_n$ を持つ n 次方程式と，これらの根の，二つの，有理式

$$F(x_1, x_2, \cdots, x_n), \qquad G(x_1, x_2, \cdots, x_n)$$

とが与えられた，としよう.

F と G との間に何のカカワリもないでは，手の打ちようがない．また，根の有理式を扱うとき，根の間のおきかえが，常に，問題となった．そこで，この「おきかえ」とのカカワリを手掛りとする.

二つの場合に分けられる：

(1)　F を変える，根の間のおきかえは，常に，G を変える場合.

(2)　F を変える，根の間のおきかえの中に，G を変えないものが存在する場合.

この (1) の場合には，大まかにいって，G の値が判れば，F の値も判る——と，結論している.

佐々木　どうして?

広田　あわてるな.

根のおきかえによって，Gから作られる異なる式を

$$G, G_1, \cdots, G_{s-1}$$

とし，これらを根とするs次の方程式

$$f(t)=0$$

が代数的に解けた，とする．

佐々木　問題は，これらの根でFが代数的に表わされるか，だ．

広田　Fが，最初に与えられた方程式の根の場合には，こういう問題を経験しているな．3次や4次方程式で．

小川　そのときは，根についての連立1次方程式から，求まりました．

佐々木　とすると，Fについての連立1次方程式を作るのか．でも，F一つでは，連立方程式は作れない．

広田　そこで，Fの仲間を集める．——各kに対して，GをG_kへ変える，おきかえ方が一つ決まるな．Fから，このおきかえによって作られる式をF_kとすると

$$F, F_1, \cdots, F_{s-1}$$

というs個の式ができる．

このs個のF_kについての連立1次方程式を利用する．

どんな方程式が考えられるか？

佐々木　一番簡単なのは

$$F+F_1+\cdots+F_{s-1}=\text{定数}$$

という形だ．Fが，与えられた方程式の根のときには，この形を，いつも，使った．

でも，右辺の定数は，与えられたn次方程式の係数から，決まるのかな．

小川　左辺は，$x_1, x_2, \cdots, x_n$についての対称式だから，決まりますね．

佐々木　どうして，対称式？

小川　Gと違う式は$G_1, \cdots, G_{s-1}$だけですから，さっき調べた事から，根の間のおきかえはGを変えないものと，GをG_kへ変えるものとに分けられ，第二のおきかえ方は，どれも，Gを変えないおきかえに，GをG_kへ変える，さっき決めた一定なおきかえを続けたもの，として表わされますね．

ですから，F で根の間のおきかえをするのは，G を変えないおきかえをして，G を G_k へ変える，さっき決めた一定なおきかえを続けるか，G を変えないおきかえをするかです．

ところが，(1) の場合には，G を変えないおきかえは，F も変えません．かりに，F を変えるとすると，仮定から，G も変わる，からです．

それで，F で，根の間のどんなおきかえをしても，$F_1, \cdots, F_{s-1}$ 以外の式は出てきません．そして，これらの s 個の式は同じ個数ずつ一致します．ですから

$$F+F_1+\cdots+F_{s-1}$$

で，根の間のおきかえをすると，各項が互いに入れかわるだけで，全体としては，変わらないので，対称式です．

佐々木　そうか．

二番目に簡単なのは

$$GF+G_1F_1+\cdots+G_{s-1}F_{s-1}=\text{定数}$$

だ．この左辺も，小川君の説明から，対称式だ．右辺の定数が，与えられた n 次方程式の係数から決まる．

小川　これを繰り返すと

$$G^kF+G_1{}^kF_1+\cdots+G_{s-1}{}^kF_{s-1}=M_k\ (k=0, 1, \cdots, s-1)$$

という連立1次方程式が作れますね．ここで，M_k は，与えられた n 次方程式の係数の分数式で表わされる，定数です．

佐々木　でも，どうやって解く？　まだ，習ってない．

広田　一般の場合が困難なら，特別な場合で，まず，考えてみよう．

$$\begin{cases} y_1+y_2+y_3=M_1 \\ t_1y_1+t_2y_2+t_3y_3=M_2 \\ t_1{}^2y_1+t_2{}^2y_2+t_3{}^2y_3=M_3 \end{cases}$$

は，どうだ．ここで，t_k は3次方程式

$$t^3+At^2+Bt+C=0$$

の根で互いに異なり，この係数と M_k とは与えられている，とする．

佐々木　これなら，消去法で解ける．

広田　具体的な計算ではなく，その方針は？

佐々木　第一式に適当な定数を掛けて，第二式・第三式から引くと，一つの未知数が消去されて，残りの二つの未知数についての連立方程式となる．

広田

$$\begin{cases}(\text{第二式})+(\text{定数})\times(\text{第一式})\\(\text{第三式})+(\text{定数})\times(\text{第一式})\end{cases}$$

という変形だな．定数を掛けて引くのは，マイナスの定数を掛けて加える事だから．

佐々木　つぎに，新しい第一式に適当な定数を掛けて，新しい第二式から引くと，一つの未知数の値が求まる．

広田　{(第三式)＋(定数)×(第一式)}＋(定数)×{(第二式)＋(定数)×(第一式)}で，結局，整理すると

$$(\text{第三式})+(\text{定数})\times(\text{第二式})+(\text{定数})\times(\text{第一式})$$

という変形だな．

だから，この方針で解くのは，第一式・第二式に，それぞれ，適当な定数 z_1, z_2 を掛けて，第三式に加える事，すなわち

$$z_1M_1+z_2M_2+M_3=(z_1+z_2t_1+t_1^2)y_1+(z_1+z_2t_2+t_2^2)y_2+(z_1+z_2t_3+t_3^2)y_3$$

と変形する事だな．

y_k を求める事を，この式で説明すると？

佐々木　たとえば，y_1 を求めるのは，z_1, z_2 の連立方程式

$$\begin{cases}z_1+z_2t_2+t_2^2=0\\z_1+z_2t_3+t_3^2=0\end{cases}$$

を解く事だね．

広田　この方程式では，z_1 と z_2 とが未知数，t_2 と t_3 とが定数となっているが，立場を逆にすると…

小川　t の2次方程式

$$t^2+z_2t+z_1=0$$

が，t_2, t_3 を根に持つ事を示しています．

広田　そこで，$t_2 \neq t_3$ だから

$$t^2+z_2t+z_1=(t-t_2)(t-t_3)$$

と因数分解されるな．これから，z_1, z_2 を求めるウマイ方法に，気づくだろう．

佐々木　根と係数との関係から

$$z_1=t_1t_2,\quad z_2=-(t_1+t_2).$$

広田　それでは最初の消去法に返る．一般化しにくい．別の見方があるな．すべての条件を使え．

小川　わかりました．

$$t^3+At^2+Bt+C=(t-t_1)(t-t_2)(t-t_3)$$

ですから

$$t^2+z_2t+z_1=\frac{t^3+At^2+Bt+C}{t-t_1}$$

で，z_1, z_2 は t^3+At^2+Bt+C を $t-t_1$ で割った商の係数です．組立除法で，それぞれ

$$B+At_1+t_1^2,\qquad A+t_1$$

と求まります．

広田　この手順は，どの t_k についても同じだから

$$z_1=z_1(t)=B+At+t^2,\qquad z_2=z_2(t)=A+t$$

とおくと，問題の変形式の左辺は t の整式，右辺の y_k の係数も t の整式となるな．

そこで，y_k を求めるには…

佐々木　この式の t に，t_k を代入すると，いい．

広田　また，そのとき

$$g(t)=t^3+At^2+Bt+C$$

とおくと

$$t^2+z_2(t_k)t+z_1(t_k)=\frac{g(t)}{t-t_k}$$

だから，y_k の係数は，この t の整式で，t に t_k を代入したものだ．すると…

小川　わかりました．おっしゃりたい事が判りました．

問題の連立方程式を解くのは，t の整式を係数とする y_k の方程式

$$g(t)\left\{\frac{y_1}{t-t_1}+\frac{y_2}{t-t_2}+\frac{y_3}{t-t_3}\right\}=z_1(t)M_1+z_2(t)M_2+M_3$$

で，t に t_k を代入する事に帰着されます．

広田　その通りだ．

これを，一般な場合の連立方程式

$$G^kF+G_1{}^kF_1+\cdots+G_{s-1}{}^kF_{s-1}=M_k\ (k=0,1,\cdots,s-1)$$

に適用すると？

佐々木　t の整式を係数とする方程式

$$f(t)\left\{\frac{F}{t-G}+\frac{F_1}{t-G_1}+\cdots+\frac{F_{s-1}}{t-G_{s-1}}\right\}$$
$$=z_1(t)M_1+z_2(t)M_2+\cdots+z_{s-1}(t)M_{s-1}+M_s$$

に帰着される．ここで，z_k は

$$f(t)=t^s+A_1t^{s-1}+A_2t^{s-2}+\cdots+A_s$$

とおくとき

$$z_{s-1}(t)=A_1+t,$$
$$z_{s-2}(t)=A_2+A_1t+t^2,$$

$$z_1(t)=A_{s-1}+A_{s-2}t+\cdots+A_1t^{s-2}+t^{s-1}$$

だ.——これもチャンと証明しないと,いけない？

小川　z_k は具体的に求めなくても，いいですね．

佐々木　どうして？

小川　左辺の t の整式を $h(t)$ と書きますと，この係数は，$x_1, x_2, \cdots, x_n$ の対称式で，与えられた n 次方程式の係数で表わされていますから．

佐々木　$f(t)$ の係数は，$x_1, x_2, \cdots, x_n$ の対称式だし，t の分数式

$$\frac{F}{t-G}+\frac{F_1}{t-G_1}+\cdots+\frac{F_{s-1}}{t-G_{s-1}}$$

の係数 F, F_k, G, G_k で，$x_1, x_2, \cdots, x_n$ のおきかえをしても，さっきの小川君の説明で，この各項が互いに入れかわるだけ，だからだな．

小川　結局，問題の連立方程式は，t の恒等式

$$f(t)\left\{\frac{F}{t-G}+\frac{F_1}{t-G_1}+\cdots+\frac{F_{s-1}}{t-G_{s-1}}\right\}=h(t)$$

に帰着されました．

広田　Fを求めると？

佐々木　この式の t にGを代入すると

$$\frac{f(t)}{t-G_k}\qquad(k=1,2,\cdots,s-1)$$

は，$t-G$ を因数に持つから零．でも

$$\frac{f(t)}{t-G}$$

が計算できない．

小川　これは

$$(t-G_1)(t-G_2)\cdots(t-G_{s-1})$$

という，t の整式だから，t の連続関数ですね．

ですから，t にGを代入したものは

$$\lim_{t\to G}\frac{f(t)}{t-G}=\lim_{t\to G}\frac{f(t)-f(G)}{t-G}=f'(G)$$

と，求まりますね．

広田　Gは数ではない．有理式だ．それなのに，極限を考えるとは，乱暴だな．

小川　そうでしたね．

$x_1,x_2,\cdots,x_n$ に特別な値を与えると，この計算は，いつでも，同じ形と同じ手順で出来ます．ですから

$$\frac{f(t)}{t-G}$$

の t にGを代入したものは，$x_1,x_2,\cdots,x_n$ について恒等的に $f'(G)$ に等しい，という意味です．

結局

$$f'(G)F=h(G)$$

が，恒等的に成立します．

佐々木　そこで

$$F=\frac{h(G)}{f'(G)}$$

と求まる．これは，分母を零とする $x_1, x_2, \cdots, x_n$ の値を除いて，恒等的に成立する．F は G の有理式で表わされる．その係数は，与えられた n 次方程式の係数から，代数的に表わされている．

だから，f' を零としない，G の値が判ると，F の値も代数的に求まる．

$f(t)$ も t も複素数の値を取るけど，f の導関数は，形の上では，数IIで習ったのと同じに考えるんだね．

広田　この結果と方法は大切だ．ガロアの理論で，重要な役割を演ずるから，忘れるでない．

カルダノの解法は，根の整式

$$x_1+\omega x_2+\omega^2 x_3$$

から説明されたな．そのとき，この整式を発見する方法は「先験的でない」と，与次郎はボヤいて，いた．

実は，ラグランジュは，この結果を使って，この整式を「先験的」に発見する事も説明している．

それは，宿題としておく．(2) の場合は割愛する．

さて，今日のところを総括しておこう．

要　　約

佐々木　根の有理式を根とする方程式の，一般的な性質を調べた．

問題の有理式の係数として，与えられた方程式の係数から代数的に表わされたものを取る．すると，この有理式で根の間のおきかえをするとき作られる，違う式を全部，そして，違う式だけを根とする方程式を作ると，それは補助方程式の候補となる．

この補助方程式候補の次数は，与えられた方程式の次数の階乗の約数である．

小川　根の有理式の間の関係も調べました．

一つの有理式 F を変える，根の間のおきかえが，いつも，外の有理式 G を変える場合には，F はGの有理式で表わされました．

　ラグランジュは５次方程式も代数的に解ける，と予想していたのでしょうか．こんなに詳しく調べているのですから．

広田　その通りだ．

佐々木　ラグランジュの大予言！

第13章　代数的解法を究明する

ラグランジュによる，根の有理式を根とする方程式の一般的性質は，すでに見た．
それによって，４次までの方程式の代数的解法を究明する．それは，「明日の数学」を約束するものである．

どうも好きなものには自然に手が出る．豚などは手が出ない代わりに鼻が出る．豚をね，縛って動けない様にしておいて，その鼻の先へ御馳走を並べておくと，動けないものだから，鼻の先が段々のびて来るそうだ．御馳走に届く迄はのびるそうだ．どうも一念ほど恐ろしいものはない——と，叔父さんは，にやにや笑っている．

目　　標

広田　ラグランジュの立場からは，２次から４次までの方程式の代数的解法は，根の適当な有理式の存在によって説明されたな．

ところが，問題の根の有理式の求め方に，いささか，「先験的ではない」という恨みがあった．

佐々木　根の公式から逆算した．

広田　だが，ラグランジュは，それらを先験的に求める事も忘れない．

先日しらべた，根の有理式を根とする方程式の，一般的性質から導いている．

佐々木　今日は，その話だね．

小川　この間から，のびのびになっている，ウェアリングの結果の証明は，まだ，しないのですか？

広田　時間があれば，それも試みよう．

さて，3次方程式の場合は，宿題としておいた．やってみたか．

小川　はい．

広田　与次郎は？

佐々木　お先にどうぞ，小川君！

広田　与次郎のスットコ・ドッコイ！

3次方程式の代数的解法

小川　3次方程式

$$ax^3+bx^2+cx+d=0 \qquad (a\neq 0)$$

の三根を x_1, x_2, x_3 とします．

これらの根の二つの有理式

$$F(x_1, x_2, x_3) \text{ と } G(x_1, x_2, x_3)$$

との間に，Fを変える根の間のおきかえが何時もGを変える——という関係があるときは，この間しらべたように，FはGの有理式で表わされました．それで，Gを根に持つ補助方程式が代数的に解けると，一般的に，Fは代数的に求まりました．

ところで，問題は，根 x_1, x_2, x_3 が代数的に求まるような有理式を探す事です．

ですから

$$F_k(x_1,x_2,x_3)=x_k \qquad (k=1, 2, 3)$$

として，それぞれの F_k とさっきの関係を持つような一つの有理式Gで，Gを根に持つ補助方程式が代数的に解けるもの——を見つけると，いいわけです．

それで，まず，問題の関係を持つ G を求めます．

佐々木　それには，F_k を変える根の間のおきかえを，求める必要がある．

$$F_1(x_1,x_2,x_3)=x_1$$

を変える根の間のおきかえ方は，x_1 を x_2 や x_3 におきかえるものだけ，だから

$$x_1, x_2, x_3 \quad を \quad x_2, x_1, x_3 \quad に,$$
$$x_1, x_2, x_3 \quad を \quad x_2, x_3, x_1 \quad に,$$
$$x_1, x_2, x_3 \quad を \quad x_3, x_1, x_2 \quad に,$$
$$x_1, x_2, x_3 \quad を \quad x_3, x_2, x_1 \quad に$$

おきかえる，四つだ.

それから

$$F_2(x_1,x_2,x_3)=x_2$$

を変える根の間のおきかえ方は…

小川　それ以上，調べる必要はありませんね.

佐々木　どうして？

小川　G で根の間のおきかえをするときに出来る，違う式の個数は，G 自身も含めて，3! の約数でしたね．この間しらべたように.

ところが，いま調べた事から，G と違う式が少なくとも四つ，G 自身も含めて，少なくとも五つ出来ないと，いけません.

5 以上の数で 3! の約数は 6 しかありませんから，問題の関係を持つ G は，x_1, x_2, x_3 を，本当に違う，別の五つの順列におきかえるとき，何時も違う式になるもの，でないといけませんね.

逆に，この性質を持つ G は，F_2 や F_3 を変える根の間のおきかえに対しては，勿論，変わります.

ですから，問題の関係を持つ G は，今いった性質を持つものだけです.

佐々木　そうか.

小川　それで，問題の関係を持つ G を根に持つ補助方程式は 6 次です．それを

$$t^6+p_1t^5+\cdots+p_5t+p_6=0$$

と，します.

3 次方程式の解法では，3 より低い次数の方程式の代数的可解性は仮定します．ですから，この間ふく習した方針どおりに，この 6 次の補助方程式が，2 次までの方程式の解法を使って

$$X^l=定数$$

という型の方程式に帰着できる，そんな G を求めます.

佐々木　それには，問題の補助方程式を，t^3 についての2次方程式に帰着させる手がある．

小川　つまり，問題の補助方程式を

$$t^6+pt^3+q=0 \quad と \quad t^3=定数$$

という型に帰着させる，のですね．

このとき，G はこれらの方程式の根，とくに，二番目の型の方程式の根ですから，ωG や ω^2G も問題の補助方程式の根でないと，いけません．

ですから，G で根の間のおきかえをするとき，ωG や ω^2G という式が出て来ないと，いけません．

広田　残りの三つの式は？

小川　この三つと違う式の一つを G_1 とすると，同じ理由で，残りの三つは $G_1, \omega G_1, \omega^2 G_1$ ですね．

ですから，逆に，今まで調べた性質を持つGを根に持つ補助方程式は

$$(t^3-G^3)(t^3-G_1{}^3)=0$$

となって，代数的に解けます．

佐々木　でも，こんなGを，どうして求める？

x_1, x_2, x_3 の有理式の中から，こんなGを探し出すのは，トテモじゃないが，大変だ．

小川　そうでも，ないよ．

G から ωG や ω^2G を作り出す，根の間のおきかえ方が決まるから．

佐々木　どうして？

小川　Gを ωG へ変える，おきかえがあると，します．それと同じおきかえを ωG ですると，ω^2Gになります．ω は定数で，G は ωG に変わるから．

ω^2G で，もう一度，今と同じおきかえをすると，ω^3G つまりGになりますね．

結局，問題のおきかえをチョウド三回つづけたものは，Gを変えません．

Gを変えない，おきかえ方は

$$x_1, x_2, x_3 \quad を \quad x_1, x_2, x_3 \quad に$$

おきかえるもの，だけでした．ですから，問題のおきかえ方は，チョウド三回

つづけると

x_1, x_2, x_3　を　x_1, x_2, x_3　に

おきかえるもの，でないといけません．

ところで，x_1, x_2, x_3 の間のおきかえ方は

（イ）　全然，おきかえない，

（ロ）　二つだけを，おきかえる，

（ハ）　三つの全部を，おきかえる，

の三種類です．

G で（イ）のおきかえをしても，G は変わらない．G で（ロ）のおきかえの一つを二回つづけると，G になってしまう．（ロ）のおきかえの一つを二回つづけるのは，もとの x_1, x_2, x_3 にもどす事ですから．

それで，問題のおきかえ方は（ハ）の種類だけで，それは

x_1, x_2, x_3　を　x_2, x_3, x_1　に

おきかえるか

x_1, x_2, x_3　を　x_3, x_1, x_2　に

おきかえるか，の二つだけです．——x_1 は x_2 か x_3 かにおきかえないと，いけないし，そのとき，残りのおきかえ方は決まりますから．

そして，この二つが問題のおきかえ方です．第一のおきかえを続けるのは x_1,x_2,x_3 をこの順に左回りにグルグル回す事で，第二のおきかえを続けるのは x_3,x_1,x_2 をこの順に右回りにグルグル回す事ですから．

佐々木　そういえば，こんなおきかえ方が，カルダノの解法を調べたときに出て来た．

小川　これで，問題の G が求まります．

x_1, x_2, x_3 の有理式で一番簡単なのは１次式ですから

$$G(x_1,x_2,x_3)=Ax_1+Bx_2+Cx_3+D$$

とおいて，この係数と定数とを求めます．

さっきの（ハ）のおきかえ方で

x_1, x_2, x_3　を　x_2, x_3, x_1　に

おきかえるものを取ると

$$G(x_2, x_3, x_1)=\omega G(x_1, x_2, x_3)$$

でないと，いけません．つまり

$$Ax_2+Bx_3+Cx_1+D=\omega Ax_1+\omega Bx_2+\omega Cx_3+\omega D$$

が，x_1, x_2, x_3 について恒等的に成立しないと，いけません．

この恒等式から

$$A=\omega B,\ B=\omega C,\ C=\omega A,\ D=\omega D$$

です．ですから

$$A:B:C=1:\omega^2:\omega \quad と \quad D=0$$

とが決まります．そして，Gの係数は，初めに与えられた3次方程式の係数から，代数的に表わされてないといけませんから，一番簡単な $A=1$ を取ると

$$G(x_1, x_2, x_3)=x_1+\omega^2x_2+\omega x_3$$

が求まります．

逆に，このGは問題の性質を持っています．

佐々木　(ハ)のおきかえ方で

$$x_1, x_2, x_3 \quad を \quad x_3, x_1, x_2 \ に$$

おきかえるものを取ると？

小川　そのときは

$$A:B:C=1:\omega:\omega^2,\ D=0$$

で，$A=\dfrac{1}{3}$ として

$$\frac{1}{3}(x_1+\omega x_2+\omega^2x_3)$$

が求まります．

佐々木　これはカルダノの公式から逆算したヤツだ．

小川　この外にも，3次方程式の代数的可解性を説明する整式として

$$x_1{}^m+\omega x_2{}^m+\omega^2x_3{}^m$$

が求まりますね．mは勝手な自然数です．

広田　よく判った．

これを真似て，２次方程式の代数的解法も説明できるな．与次郎，どうだ？

佐々木　カンタン，かんたん．

２次方程式の代数的解法

佐々木　２次方程式

$$ax^2+bx+c=0 \quad (a \neq 0)$$

の二根を x_1, x_2 とする．

$$F_k(x_1, x_2)=x_k \quad (k=1, 2)$$

とする．

問題は，x_1, x_2 の有理式 $G(x_1, x_2)$ で，F_k を変える根の間のおきかえは何時もGを変え，Gを根に持つ補助方程式が代数的に解けるもの――を求める事だ．

F_k を変える根の間のおきかえは，x_1 と x_2 とを互いに入れかえるものしかない．そして，その外のおきかえ方は x_1, x_2 をそのままにしておくものだけだ．

だから，Gと違う式は

$$G(x_2, x_1)$$

だけで，Gを根に持つ補助方程式は２次で

$$t^2+pt+q=0$$

という型だ．

――これから，どうする？

小川　今度は，２次方程式の一般的な解法が問題ですから，この２次の補助方程式が

$$t^2=\text{定数}$$

という型の場合しか考えられませんね．

このとき，Gはこの方程式の根ですから，$-G$もこの方程式の根でないと，いけません．

ですから

$$G(x_2, x_1)=-G(x_1, x_2)$$

でないと，いけません．

　これから，Gが求まるでしょう．

佐々木　そうか．

　Gを一番簡単な1次式に取って

$$G(x_1, x_2)=Ax_1+Bx_2+C$$

とおくと，この条件から

$$Ax_2+Bx_1+C=-(Ax_1+Bx_2+C)$$

つまり

$$(A+B)x_1+(A+B)x_2+2C=0$$

が成立しないと，いけない．

　これは x_1, x_2 についての恒等式だから

$$A+B=0, \quad C=0.$$

そして，Gの係数は，初めに与えられた2次方程式の係数から，代数的に表わされてないといけないから，一番簡単な $A=1$ と取ると

$$x_1-x_2$$

という式が求まる．

　これは，確かに，問題の性質を持っている．

小川　$A=a$ と取ると

$$a(x_1-x_2)$$

で，これは根の公式から逆算したものですね．

佐々木

$$x_1{}^m-x_2{}^m$$

も，アルでよ．mは勝手な自然数．

広田　ゴリッパ，ご立派．

佐々木　おかげさまで．

広田　ところで，4次方程式の場合も試みたか？

小川　はい．しかし，出来ませんでした．

広田　どこまで，考えた？

4次方程式の場合

小川　4次方程式

$$ax^4+bx^3+cx^2+dx+e=0 \quad (a \neq 0)$$

の四根を x_1, x_2, x_3, x_4 として

$$F_k(x_1, x_2, x_3, x_4)=x_k \quad (k=1, 2, 3, 4)$$

と，します.

今までのように，x_1, x_2, x_3, x_4 の有理式Gで，それぞれの F_k を変える根の間のおきかえは何時も G を変えるという性質を持ち，G を根に持つ補助方程式が代数的に解けるもの——を探しました.

初めの性質は，すぐに判ります.

F_1 を変えない，おきかえ方は6通りです.

佐々木　それは，x_1 をそのままにして，残りの三つの x_2, x_3, x_4 の間だけでおきかえをするものだけで，3! なのだ.

小川　それで，F_1 を変えるおきかえ方は18通りで，Gで根の間のおきかえをするときに出来る違う式の個数は，G自身も含めて，少なくとも19でないと，いけません.

4! の約数で19以上のものは，24しかありません．ですから，問題のGは x_1, x_2, x_3, x_4 を，本当に違う，別の二十三の順列におきかえるとき，何時も違う式になるものでないと，いけません.

逆に，こんなGは問題の性質を持っています．ですから，問題のGを根に持つ補助方程式は24次です．それを

$$t^{24}+p_1t^{23}+\cdots+p_{23}t+p_{24}=0$$

と，します.

この補助方程式が，3次までの方程式の解法を使って

$$X^l=\text{定数}$$

という型の方程式に帰着できるような，そんなGを求めるのがウマク行きませんでした.

佐々木　問題の補助方程式を，t^8 についての3次方程式に帰着させる手は？

小川　それだと，Gは

$$t^8=\text{定数}$$

という型の方程式の根ですから

$$\zeta_8{}^k G \qquad (k=1, 2, \cdots, 7)$$

も問題の補助方程式の根でないと，いけませんね．

それで，3次方程式や2次方程式の場合に調べたのと同じ理由で，x_1, x_2, x_3, x_4 の間のおきかえ方で，チョウド八回つづけると

$$x_1, x_2, x_3, x_4 \quad \text{を} \quad x_1, x_2, x_3, x_4 \quad \text{に}$$

おきかえるものが，ないといけません．

ところが，こんなおきかえ方は，ないのです．四回が最高です．

佐々木　それじゃ，問題の補助方程式を，t^{12}についての2次方程式に帰着させる手もないが，t^4 についての6次方程式に帰着させる手が残ってる．

小川　勿論です．

チョウド四回つづけて，もとに返るおきかえ方は全部で六つありますが，たとえば

$$x_1, x_2, x_3, x_4 \quad \text{を} \quad x_4, x_1, x_2, x_3 \quad \text{に}$$

おきかえるのを取ります．

このとき，Gは

$$t^4=\text{定数}$$

という型の方程式の根ですから

$$\zeta_4{}^k G \qquad (k=1, 2, 3)$$

も問題の補助方程式の根でないと，いけないし

$$\zeta_4=i$$

ですから

$$G(x_4, x_1, x_2, x_3)=iG(x_1, x_2, x_3, x_4)$$

でないと，いけません．

佐々木　Gを一番簡単な1次式に取って

$$G(x_1,x_2,x_3,x_4)=Ax_1+Bx_2+Cx_3+Dx_4+E$$

とおくと，この条件から

$$Ax_4+Bx_1+Cx_2+Dx_3+E=i(Ax_1+Bx_2+Cx_3+Dx_4+E)$$

で，さっきと同じようにして

$$A=iD,\ B=iA,\ C=iB,\ D=iC,\ E=iE,$$

つまり

$$A:B:C:D=1:i:-1:-i,\quad E=0.$$

そこで，$A=1$ と取ると

$$x_1+ix_2-x_3-ix_4$$

が求まる．

これは，確かに，問題の性質を持っている．

小川　$i=\zeta_4,\ -1=\zeta_4{}^2,\ -i=\zeta_4{}^3$

ですから，これはラグランジュの分解式ですね．

佐々木　これで，問題の補助方程式は

$$(x_1+ix_2-x_3-ix_4)^4$$

を根に持つ6次方程式に帰着された．

小川　しかし，この6次方程式を，3次までの方程式に帰着させて，代数的に解く事が出来ませんでした．

Gを2次以上に取っても，同じだと思います．

佐々木　ホント！　それじゃ，4次方程式の場合には，ラグランジュの分解式は役に立たないんだな．

広田　そんな事は，ない．

これまでの考察では，先日調べた，根の有理式間の関係の第一のものについての結果だけを根拠としている．それで行き詰る，とすれば…

佐々木　第二の関係を調べる，必要アリ！

根の有理式間の関係

広田　一般に，n 個の根

$$x_1, x_2, \cdots, x_n$$

を持つn次方程式と，これらの根の二つの有理式

$$F(x_1, x_2, \cdots, x_n) \quad と \quad G(x_1, x_2, \cdots, x_n)$$

とが与えられた，としよう．

FとGとの関係は二つに分けられたな：

(1)　Fを変える根の間のおきかえが，常に，Gを変える場合．

(2)　Fを変える根の間のおきかえの中に，Gを変えないものが存在する場合．

佐々木　問題は，(2)の場合に，Gの値が判ると，Fの値も判るか——だ．

「新しい問題に直面したら，似た問題を思い出す」のだったから，この間の(1)の場合を真似すると——根の間のおきかえをするとき，Gから出来る違う式を

$$G, G_1, \cdots, G_{s-1}$$

とする．各kに対して，GをG_kに変えるおきかえ方が一つ決まる．このおきかえをFでしたときに出来る式をF_kとすると，s個の式

$$F, F_1, \cdots, F_{s-1}$$

が出来る．

この間は，このF_kについての連立方程式

$$G^kF+G_1{}^kF_1+\cdots+G_{s-1}{}^kF_{s-1}=定数 \quad (k=0, 1, \cdots, s-1)$$

から，Fの値が求まった．

広田　それには，右辺の定数が確定しなければ，ならないな．先日の(1)の場合に，「右辺の定数が確定する」という事の根拠は何だった．

小川　左辺が$x_1,x_2,\cdots,x_n$の対称式となる事です．

広田　対称式となる根拠は？

小川　Gを変えない根の間のおきかえは，何時も，Fを変えない——という事です．

広田　今度の(2)の場合には，それが保証されない．

Gを変えない根の間のおきかえで，Fを変えるものが存在する．

佐々木　それじゃ，ダメだ．

広田　ガッカリしない．この相違点を活用できないか，考えてみよう．

Gを変えない根の間のおきかえを，それぞれ，Fでしたときに生ずる，異なる式を，改めて

$$F,\ F_1,\ \cdots,\ F_{m-1}$$

と，しよう．mは2以上だな．

このm個の式は，利用できないか？

佐々木　また，連立一次方程式を作るの？

一番簡単なのは

$$F+F_1+\cdots+F_{m-1}=\text{定数}$$

という形だけど，右辺の定数は決まるのかな？

小川　今度は，決まりますね．

Gを変えない根の間のおきかえは，左辺を変えない，でしょう．

佐々木　どうして？

小川　Gを変えない根の間のおきかえの一つを，それぞれ，m個の式 $F, F_1, \cdots, F_{m-1}$ ですると，これらは互いに入れかわるだけです．—— F_k でG を変えない根の間のおきかえをするのは，FでGを変えない根の間のおきかえの二つを続ける事で，この続けたものもヤッパリGを変えないおきかえですから，結局，F_k は $F, F_1, \cdots, F_{m-1}$ 以外にはならないし，これらのm個の式は互いに違うからです．

そして，問題の左辺は $F, F_1, \cdots, F_{m-1}$ の対称式ですから，Gを変えない根の間のおきかえは，左辺を変えません．

佐々木　そうか．前にも，こんな論法があったな．

小川　それで，左辺の有理式とGとの間には，(1)の関係が成立して，右辺の定数はGの値から求まります．

佐々木　でも，連立一次方程式を作るには，もっと方程式がいる．あとの方程式は，どうなる？

小川　今の結果は，$F, F_1, \cdots, F_{m-1}$ のどんな対称式についても，成立しますね．

ですから，連立一次方程式でなくても，これらを根に持つm次の方程式が求まりますね．

佐々木　その係数は，$F, F_1, \cdots, F_{m-1}$ の対称式だから，だな．

でも，このm次方程式が代数的に解けないと，いけない，だろ．

小川　n次方程式の解法では，nより低い次数の方程式の代数的可解性は仮定しますから，mがnより小さくなる，そんなGを探すと，いいわけです．

この結果を，4次方程式に使うのですね．

4次方程式の代数的解法

小川　4次方程式

$$ax^4+bx^3+cx^2+dx+e=0 \qquad (a \neq 0)$$

の四根を x_1, x_2, x_3, x_4 として

$$F(x_1, x_2, x_3, x_4)=x_1$$

と，します．

x_1, x_2, x_3, x_4 の有理式Gで，Gを変えない根の間のおきかえをFですると，x_1 と x_2 しか出来ないような，そんなGを，まず，探します．

二つの違う式に変えるのが，一番簡単ですから．

佐々木　F を x_1 と x_2 に変えるのは

$$x_1, x_2, x_3, x_4 \quad を \quad x_1, x_2, x_3, x_4 \ に，$$
$$x_1, x_2, x_3, x_4 \quad を \quad x_1, x_2, x_4, x_3 \ に，$$
$$x_1, x_2, x_3, x_4 \quad を \quad x_2, x_1, x_3, x_4 \ に，$$
$$x_1, x_2, x_3, x_4 \quad を \quad x_2, x_1, x_4, x_3 \ に$$

おきかえる四つだけだ．

F を x_1 と x_2 とに変えるだけなら全部で12あるが，G は変えないという条件から，この四つになる．

たとえば，x_1 はソノママで x_2 を x_3 におきかえるのも G を変えないなら，x_1 を x_2 におきかえるのに続けると，それは G は変えないが，F を x_3 に変える．

小川　それで，Gについての条件は

$$\begin{aligned} G(x_1, x_2, x_3, x_4) &= G(x_1, x_2, x_4, x_3) \\ &= G(x_2, x_1, x_3, x_4) \end{aligned}$$

$$=G(x_2, x_1, x_4, x_3)$$

です．Gを一番簡単な１次式に取って

$$G(x_1, x_2, x_3, x_4)=Ax_1+Bx_2+Cx_3+Dx_4+E$$

と，します．

第一の関係から，Gは x_3, x_4 については対称式でないと，いけません．ですから

$$C=D$$

です．これと，第二・第三の関係から，Gは x_1, x_2 についての対称式です．ですから

$$A=B$$

で，結局

$$G(x_1, x_2, x_3, x_4)=A(x_1+x_2)+B(x_3+x_4)+E$$

でないと，いけません．

AとCとの関係は，もし $A=C$ だと，Gを変えないおきかえで，Fを x_3 に変えるものがあります．ですから $A \neq C$ です．A, C とEとの間には何の制限もありません．

それで，$A=1$, $C=-1$, $E=0$ と取ると

$$(x_1+x_2)-(x_3+x_4)$$

と，なります．これは，確かに，問題の性質を持っていますね．

佐々木　これは，オイラーの解法に出て来た．

小川　それで，そのとき調べたように，この式の２乗を根に持つ補助方程式は３次で，この式の値が判ります．

それで，x_1, x_2 を根に持つ２次方程式が求まって，四つの根の二つが代数的に求まります．ですから，残りの二つも組立除法で代数的に求まります．

佐々木　Gを変えない根の間のおきかえが，Fを x_1, x_2, x_3 にだけ変えるような，Gでも，いいんだろ．

小川　それだと，Gで根の間のおきかえをするときに出来る違う式は，Gも含めて，四つになりますね．――Gを変えない根の間のおきかえ方は，Fを x_1,

x_2, x_3 にだけ変えるものですから，x_4 だけを変えないもので，全部で六つですから．

それで，こんなGを根に持つ補助方程式は 4 次になって——面倒ですね．

佐々木　そうだな．

小川　それから，x_1, x_2 の対称式

$$H(x_1, x_2)$$

を取ると

$$H(x_1, x_2)-H(x_3, x_4)$$

からも，4 次方程式の代数的解法が説明されますね．さっきと同じ論法で．

勿論，Hの係数は，初めに与えられた 4 次方程式の係数から代数的に表わされているものを取ります．

佐々木　さっきのは

$$H(x_1, x_2)=x_1+x_2$$

という特別な場合だな．もう一つの一番簡単な対称式

$$H(x_1, x_2)=x_1x_2$$

を取ると

$$x_1x_2-x_3x_4$$

が，ある．

広田　もっと，一般化される．

小川　えーと…，そうですね．$H(x_1, x_2)$ 自身の値が求まるようなもので十分ですね．HとFの関係は，さっきのGとFの関係と同じですから．

たとえば，$H(x_3, x_4)$ を利用して，この二つの式を根に持つ 2 次方程式が求まるようなもので，いいですね．つまり

$$H(x_1, x_2)+H(x_3, x_4) \quad と \quad H(x_1, x_2)\cdot H(x_3, x_4)$$

との値が求まるような．

佐々木　それじゃ，さっきの

$$H(x_1, x_2)=x_1x_2$$

で，いい．

$$(x_1x_2)(x_3x_4)=\frac{e}{a}$$

で

$$x_1x_2+x_3x_4$$

を根に持つ補助方程式は，フェラリの解法のとき調べたように，3次だから．

広田　ラグランジュの分解式は，どうだ？

佐々木　さっき途中まで調べた事から

$$f(x_1, x_2, x_3, x_4)=(x_1+ix_2-x_3-ix_4)^4$$

の値が求まると，いい．

小川　f で根の間のおきかえをして出来る，f と違う式を利用するのでしょうが，今さっきのように，その中の一つ g と f との対称式 $H(f,g)$ で，その値が求まるものが見つかると，いいですね．

佐々木　$H(f,g)$ を根に持つ補助方程式で，2次か3次のが，見つかると，いい．

小川　えーと…，ありますね．

f で x_1 と x_4，x_2 と x_3 とを互いに入れかえた式を g とします．

$$\begin{aligned}g(x_1, x_2, x_3, x_4)&=(x_4+ix_3-x_2-ix_1)^4\\&=i^4(x_4+ix_3-x_2-ix_1)^4\\&=(x_1-ix_2-x_3+ix_4)^4\end{aligned}$$

ですから，g は f と違う式です．

そして，f を変えない四つのおきかえは，g も変えません．

佐々木　f を変えない四つのおきかえは x_1,x_2,x_3,x_4 をこの順に右回りにグルグル回したもので，そのおきかえを

$$x_1-ix_2-x_3+ix_4=x_1+(-i)x_2+(-i)^2x_3+(-i)^3x_4$$

でするのは，これに $-i$ をつぎつぎに掛ける事で，g はそれらの4乗だから，だな．

小川　それから，f と g とを互いに入れかえる根の間のおきかえが四つあります．

f を変えない根の間のおきかえに，それぞれ，さっきの f を g に変えるおき

かえ

$$x_1, x_2, x_3, x_4 \quad を \quad x_4, x_3, x_2, x_1 \quad に$$

を続けたものです.

佐々木　第一のおきかえでは，fもgも変わらないで，第二のおきかえをすると，fとgとは互いに入れかわる，からだ.

小川　結局，fもgも変えない根の間のおきかえ方が四つ，fとgとを互いに入れかえるのが四つありますから，fとgの対称式 $H(f,g)$ を変えない根の間のおきかえ方が，少なくとも八つあります.

8以上の数で24の約数は，24を除いて，8か12ですから，$H(f,g)$ を根に持つ補助方程式は，3次か2次です.

広田　正確には，3次だ．そして，Hを変えないおきかえは，fをgだけに変える.

佐々木　ヤッパリ役に立つのか，分解式は.

広田　そろそろ時間だ.

今日のところを総括しておこう.

佐々木　ウェアリングの結果の証明が，また，時間ぎれに，なっちゃった.

要　約

佐々木　根の有理式を根に持つ方程式の一般的性質から，4次までの方程式の代数的解法を調べた.

小川　それには，結局，根の間のおきかえをするときに出来る違う式の個数が，与えられた方程式の次数よりも小さい，そんな根の有理式が求まらないと，いけませんでした.

佐々木　そんな有理式を探すのには，根の間のおきかえを調べる必要があった.

広田　だから，ラグランジュの立場では，根の間のおきかえ方の考察が本質的だ.

そこで「すべては一種の組合わせの計算に帰着し，そこから期待した結果が先験的に出て来る」と，ラグランジュは書いている．そして，5次以上の方程式の代数的解法を説明する根の有理式が，まだ，発見できないのは，五つ以上の根の間のおきかえ方の数が膨大で，その計算が複雑だから――と，いう．

佐々木　これで，ラグランジュの論文の話は終わりだね．

広田　ラグランジュのこの立場を引き継ぎ，5次以上の方程式の代数的解法を熱心に追求する人が現われる．執念の歳月が流れ，遂に，解決へと到達する．

佐々木　一念ほど恐しいものは，ない！

第14章　ウェアリングは知っている

代数的解法に関する，ラグランジュの方程式論を見て来た.

そこでは，ウェアリングの結果が一つの支柱となっている. しかし，ウェアリングの結果は，まだ，証明していない. ——これでは，画竜点睛を欠く.

その証明を試みる.

風吹けばオケ屋もうかり，選挙はじまればダルマ屋もうかる. ——願いがかなうとダルマに目を入れる，という風習は，何時から始まったのか？　叔父さんの歴史的考察も，そこまでは行き届かない……

目　　標

広田　先日からは，ラグランジュの立場から，方程式の代数的解法を考究して来たのだったな.

このラグランジュの着想を5次以上の方程式に適用する過程で，「5次以上の方程式には根の公式はない」という事実が発見される.

それは……

佐々木　ストップ！

まだ，ウェアリングの結果を証明してないよ.

小川　ラグランジュの方程式論では，ウェアリングの結果は重要な役割をしてました.

それなのに，ダマッテ先に進むのは，気持が悪いですね.

広田　それでは，今日は，その証明を試みよう．

佐々木　手順前後！

でも，しないより，した方がイイじゃろうタイ．

広田　将棋なら致命傷だ．

だが，数学では，そうではない．まず大筋をつかみ，その後に細部を検討する――という行き方も大切だ．

証明すべき事の確認から始めよう．

ウェアリングの結果

広田　n 個の文字 $x_1, x_2, \cdots, x_n$ から k 個を取り，その積を作る．このようにして作られる，すべての積の和である $x_1, x_2, \cdots, x_n$ の整式を σ_k で表わそう．

佐々木　σ_k は ${}_n\mathrm{C}_k$ 個の項を持つ．その係数は１．

具体的には

$$\sigma_1 = x_1 + x_2 + \cdots + x_n,$$
$$\sigma_2 = x_1x_2 + x_1x_3 + \cdots + x_{n-1}x_n,$$
$$\cdots\cdots\cdots\cdots$$
$$\sigma_n = x_1x_2\cdots x_n$$

だ．

広田　このとき，ウェアリングの結果は？

佐々木　$x_1, x_2, \cdots, x_n$ の対称式は $\sigma_1, \sigma_2, \cdots, \sigma_n$ の整式で表わされる．

小川　つまり，$x_1, x_2, \cdots, x_n$ の対称式を

$$f(x_1, x_2, \cdots, x_n)$$

とすると

$$f(x_1, x_2, \cdots, x_n) = g(\sigma_1, \sigma_2, \cdots, \sigma_n)$$

が $x_1, x_2, \cdots, x_n$ について恒等的に成立するような $\sigma_1, \sigma_2, \cdots, \sigma_n$ の整式 g がある．

g の係数は，f の係数の整数倍の和，つまり，f の係数から加法と減法とで作られる――です．

広田　f の係数は，一般に，複素数だな．

佐々木　証明は，どうなるの？

広田　証明は色々ある．

ガロア理論を応用する優雅なのもある．それだと，対称な有理式の場合が一挙に証明される．

小川　ガロアの理論には，このウェアリングの結果を使うのでしょう．——でしたら，ジュンカン論法になりませんか？

広田　「ガロア個人」の理論ではない．方程式論とは独立に構成される，現在の「ガロア理論」からだ．

そこでは，使わない．

佐々木　そんなコウショウな理論は，まだ，知らない．

広田　そこで，問題の原点に立ち返って，考えよう．

佐々木　と，いうと？

証明の方針

広田　ラグランジュの方程式論で，このウェアリングの結果を必要としたのは，どういう場合だった？

小川　一般的にいいますと，n 次方程式

$$x^n+a_1x^{n-1}+\cdots+a_n=0$$

の n 個の根を $x_1, x_2, \cdots, x_n$ とするとき，これらの根の対称式は，方程式の係数 $a_1, a_2, \cdots, a_n$ の整式で表わされる——という事を使いたい場合でした．

佐々木　$$\sigma_k=(-1)^k a_k$$

だから，この事はウェアリングの結果から保証された．

広田　結局，問題の原点は——$x_1, x_2, \cdots, x_n$ を根とする n 次方程式

$$x^n+a_1x^{n-1}+\cdots+a_n=0$$

と，$x_1, x_2, \cdots, x_n$ の対称式

$$f(x_1, x_2, \cdots, x_n)$$

とが与えられたとき

$$f(x_1, x_2, \cdots, x_n) = g(a_1, a_2, \cdots, a_n)$$

となる，$a_1, a_2, \cdots, a_n$ の整式 g を求める——という事だな．

佐々木　この等号は，$x_1, x_2, \cdots, x_n$ についての恒等式という意味だね．

広田　無論，そうだ．

この問題が解決されると

$$a_k = (-1)^k \sigma_k$$

だから，ウェアリングの結果が証明される．

この問題での仮定と結論とを眺めて，何か証明の方針は浮かばないか？

佐々木　僕のアンテナには，マルデ感じない．

広田　f と g とは $x_1, x_2, \cdots, x_n$ についての同じ式を，異なる文字の整式として表わしたものだな．

佐々木　f は $x_1, x_2, \cdots, x_n$ の整式だけど，g は $a_1, a_2, \cdots, a_n$ の整式で，g には $x_1, x_2, \cdots, x_n$ は現われない．

広田　「$x_1, x_2, \cdots, x_n$ は現われない」ことを数学の用語で，何という？

佐々木　消去された——？

小川　わかりました．

問題は，n 次方程式

$$x^n + a_1 x^{n-1} + \cdots + a_n = 0$$

の根 $x_1, x_2, \cdots, x_n$ の対称式

$$f(x_1, x_2, \cdots, x_n)$$

から，$x_1, x_2, \cdots, x_n$ を消去して，それを $a_1, a_2, \cdots, a_n$ の整式で表わせるか——です．

広田　そういう見方が出来るな．

小川　それで

$$x_k^n + a_1 x_k^{n-1} + \cdots + a_n = 0 \quad (k = 1, 2, \cdots, n)$$

という条件を使って

$$f(x_1, x_2, \cdots, x_n)$$

から $x_1, x_2, \cdots, x_n$ を消去して，それを $a_1, a_2, \cdots, a_n$ の整式で表わす——という証明の方針が立ちます．

広田　この方針で，行ってみよう．

佐々木　ウマク行くのかな？

広田　疑わしければ，まず，具体例で試みるが，よい．

二変数の場合の検証

佐々木　一番簡単なのは，二変数の場合だ．

具体的な対称式は——どうしよう．

小川　2次方程式の解法に出て来たのを使いましょう．

2次方程式

$$x^2+a_1x+a_2=0$$

の二根を x_1, x_2 とします．x_1, x_2 の対称式

$$f(x_1,x_2)=(x_1-x_2)^2$$

ですね．

佐々木　x_1 は，すぐ，消去できる．

根と係数との関係から

$$x_1=-a_1-x_2$$

だから，これを f に代入すると

$$f(-a_1-x_2, x_1)=(-a_1-2x_2)^2$$
$$=a_1^2+4a_1x_2+4x_2^2$$

と，x_1 が消える．

これから，どうすれば，いい？

小川　問題は

$$x_2^2+a_1x_2+a_2=0$$

という条件を使って

$$a_1^2+4a_1x_2+4x_2^2$$

から，x_2 を消去する事ですね．

これに似た問題を，前に，考えた事がありますね．チルンハウゼンの解法のときに．

佐々木　思い出した．

二つの関係式

$$x^3+ax^2+bx+c=0$$

と

$$y=x^2+Ax+B$$

とから x を消去して，y の方程式を作る問題だった．

小川　そのとき，x を消去する基本方針は――x の累乗を，より小さい指数を持つ x の累乗の式で次々に置き換えて行く――と，いうものでしたね．

佐々木　この方針を真似すると

$$x_2^2+a_1x_2+a_2=0$$

から

$$x_2^2=-a_1x_2-a_2.$$

これを

$$a_1^2+4a_1x_2+4x_2^2$$

に代入すると

$$a_1^2+4a_1x_2-4(a_1x_2+a_2)=a_1^2-4a_2$$

だ．

ありゃ，イッペンで片づいた．ウマク行きすぎて気味が悪い．偶然なのかナ．

小川　偶然かどうか，別の例で調べて見ましょう．

x_1, x_2 の対称式

$$h(x_1, x_2)=x_1^4+x_2^4$$

では．

佐々木　$$x_1=-a_1-x_2$$

を代入して整理すると

$$h(-a_1-x_2, x_2)=a_1^4+4a_1^3x_2+6a_1^2x_2^2+4a_1x_2^3+2x_2^4$$

これに

$$x_2^2=-a_1x_2-a_2$$

を代入して整理すると

$$(a_1^4-6a_1^2a_2+2a_2^2)-2a_1^3x_2-2a_1^2x_2^2.$$

これに，また

$$x_2^2=-a_1x_2-a_2$$

を代入して

$$(a_1^4-6a_1^2a_2+2a_2^2)-2a_1^3x_2+2a_1^2(a_1x_2+a_2)=a_1^4-4a_1^2a_2+2a_2^2$$

で，結局

$$x_1^4+x_2^4=a_1^4-4a_1^2a_2+2a_2^2$$

と，今度も，成功した．――これも偶然かナ．

広田　「偶然は必然なり」と，横光利一はいっている．

小川　それでは，この方針で，二変数の一般的な場合の証明を考えてみます．

二変数の場合の証明

小川　2次方程式

$$x^2+a_1x+a_2=0$$

の二根を x_1, x_2 として

$$f(x_1, x_2)$$

は x_1, x_2 の対称式とします．

佐々木　$$x_1=-a_1-x_2$$

を f に代入すると

$$f(-a_1-x_2, x_2)$$

は a_1 と x_2 の整式だ．

広田　この整式の係数は？

小川　f の係数の整数倍の和です．つまり，f の係数から，加法と減法とで作られています．

f の各項は

$$bx_1^lx_2^m$$

という形ですから，これに

$$x_1=-a_1-x_2$$

を代入したものは

$$b(-1)^l(a_1+x_2)^l x_2{}^m$$

で，これを展開した a_1, x_2 の整式の係数は，f の係数 b を整数倍したものですから.

佐々木　でも，これから，どうしたら，いい？

f の具体的な形は判ってないから，さっきのように，これに

$$x_2{}^2=-a_1x_2-a_2$$

を代入しても，x_2 が消えるかどうか判らない.

小川　次々に代入すると，x_2 について1次以下になり

$$A+Bx_2$$

という形になりますね.

ここで，A, B は a_1, a_2 の整式で，その係数は，f の係数の整数倍の和です.

広田　A, B は x_1, x_2 の整式でもある.

そこで，$A(x_1, x_2)$，$B(x_1, x_2)$ と書くと，結局

$$f(x_1, x_2)=A(x_1, x_2)+B(x_1, x_2)x_2$$

が x_1, x_2 について恒等的に成立する事が，いえたな.

問題は，この Bx_2 という項が消滅して

$$f(x_1, x_2)=A$$

となるか——だ.

ここまでは，「f は x_1, x_2 の対称式」という条件は，まだ，使ってないぞ.

佐々木　対称式という条件は

$$f(x_2, x_1)=f(x_1, x_2)$$

だね……

広田　$f(x_2, x_1)$ は，どうなる？

小川　それは

$$f(x_1, x_2)=A(x_1, x_2)+B(x_1, x_2)x_2$$

で，x_1 と x_2 を互いに入れかえたものですが――わかりました．

そのとき，A, B は変わりません．A, B は x_1, x_2 の対称式 a_1, a_2 の整式ですから．

それで

$$f(x_2, x_1)=A+Bx_1$$

ですが

$$f(x_2, x_1)=f(x_1, x_2)$$

ですから

$$A+Bx_1=A+Bx_2$$

つまり

$$B(x_1-x_2)=0$$

が，x_1, x_2 について恒等的に成立しないと，いけません．

ですから，B は x_1, x_2 について恒等的に零です．

佐々木　どうして？

x_1 と x_2 が違う値のときは，$B=0$ が，すぐに判るけど，同じ値のときは？

小川　B で，x_1 に c という値を代入した

$$B(c, x_2)$$

は x_2 だけの整式で，x_2 の連続関数ですね．

ですから……

佐々木　わかった．この間も，連続性を使った．

$$B(c,c)=\lim_{x_2\to c} B(c, x_2)$$

だけど，この右辺では

$$x_2 \neq c$$

だから，さっき，いったように

$$B(c, x_2)=0$$

で，結局

$$B(c, c)=0$$

だ．――B は恒等的に零な事が判った．

小川　ですから

$$f(x_1, x_2)=A$$

となって，二変数の場合が証明されました．

Aは a_1, a_2 の整式で，その係数は，f の係数の整数倍の和ですから．

佐々木　三変数の場合も，ウマク行くのかな？

三変数の場合の検証

小川　3次方程式

$$x^3+a_1x^2+a_2x+a_3=0$$

の三根を x_1, x_2, x_3 とします．

計算が面倒でない対称式

$$f(x_1, x_2, x_3)=x_1^2+x_2^2+x_3^2$$

で，確かめてみましょう．

佐々木　$$x_1=-a_1-x_2-x_3$$

を代入すると

$$f(-a_1-x_2-x_3, x_2, x_3)=a_1^2+2a_1(x_2+x_3)+2(x_2^2+x_2x_3+x_3^2)$$

で，x_1 が消える……

でも，これから先が，ウマク行かないぞ！

x_2 や x_3 を消去するのに，さっきのように

$$x_2^3=-a_1x_2^2-a_2x_2-a_3, \quad x_3^3=-a_1x_3^2-a_2x_3-a_3$$

を利用できない．

広田　「利用できない」のではない．「利用しても消去できない」例だ．

佐々木　どうして？

小川　一般的にいって，x_1, x_2, x_3 の整式に

$$x_1=-a_1-x_2-x_3$$

を代入して x_1 を消去したとき，それが x_2 や x_3 についての3次以上の項を含んでいると

$$x_k^3=-a_1x_k^2-a_2x_k-a_3 \quad (k=2, 3)$$

を使って，x_2 や x_3 についての3次以上の項は現われないように出来ますね．

ですから，二変数のときのように，「この次数低下の方法で，どんな対称式からも x_2 や x_3 が消去できる」のなら――x_1 を消去したとき，x_2 や x_3 についての3次以上の項が現われない式では，x_2 や x_3 も一緒に消去されている――筈です．

ところが，この f では，そうなっていません．

佐々木　そうか．

それじゃ，ヤッパリこの方法はウマク行かない．――どうすれば，いい？

小川　二変数の場合を反省してみましょう．

初めに x_1 を消去する方法は，二変数の場合の一般化になってますね．

佐々木　これ以外には，考えられない．

小川　その後で x_2 を消去する方法が，ウマク一般化されてないのですかね．――二変数の場合には x_2 だけを消去すればいいのに，三変数の場合には x_2 と x_3 との二つですね．

佐々木　x_2 を消去するためには，x_2 を根に持つ方程式を使った．

小川　つまり，x_2 についての関係式を使ったのですが――そうか，三変数の場合には x_2 と x_3 との関係式を使うのかな．

x_2 だけについての関係式と，x_3 だけについての関係式とをベツベツに使ったのが，マズカッタのかな．

佐々木　と，いうと？

小川　x_2 と x_3 とを根に持つ方程式です．

この間，根の有理式の間の関係を調べたときに出て来ましたね．

$$\frac{x^3+a_1x^2+a_2x+a_3}{x-x_1}=0$$

です．

組立除法を使うと

$$\begin{array}{cccc|l} 1 & a_1 & a_2 & a_3 & \underline{x_1} \\ & x_1 & a_1x_1+x_1^2 & a_2x_1+a_1x_1^2+x_1^3 & \\ \hline 1 & a_1+x_1 & a_2+a_1x_1+x_1^2 & \boxed{0} & \end{array}$$

ですから

$$x^2+(a_1+x_1)x+(a_2+a_1x_1+x_1^2)=0$$

ですね．

佐々木　根と係数との関係から，x_2 と x_3 との関係は

$$x_2+x_3=-(a_1+x_1),\quad x_2x_3=a_2+a_1x_1+x_1^2$$

だけど，これを使うの？　使えるの？

小川　使えるか，どうか――x_1 を消去した式を見てみましょう．

佐々木　$a_1^2+2a_1(x_2+x_3)+2(x_2^2+x_2x_3+x_3^2)$ だった……

小川　使えますね．これは，x_2 と x_3 とについての対称式ですから．さっきの関係式が代入できます．

佐々木　それだと，今度は x_1 の整式になるよ．ウマク x_1 も消えるのかな？

小川　ヤルダケはヤッテみましょう．

$$x_2^2+x_2x_3+x_3^2=(x_2+x_3)^2-x_2x_3$$

ですから，さっきの関係式を代入すると

$$\begin{aligned}&a_1^2-2a_1(a_1+x_1)+2(a_1+x_1)^2-2(a_2+a_1x_1+x_1^2)\\=&a_1^2-(2a_1^2+2a_1x_1)+(2a_1^2+4a_1x_1+2x_1^2)-(2a_2+2a_1x_1+2x_1^2)\\=&a_1^2-2a_2\end{aligned}$$

で，成功ですね．

佐々木　これは，必然？

小川　x_1 を消去した式が，何時でも，残りの文字の対称式なら，この方法は一般的に使えそうですが――わかりました．これも，必然ですね．

三変数の場合の証明

小川　3次方程式

$$x^3+a_1x^2+a_2x+a_3=0$$

の三根を x_1, x_2, x_3 として

$$f(x_1, x_2, x_3)$$

は $x_1. x_2, x_3$ の対称式とします．

佐々木　$x_1=-a_1-x_2-x_3$

をfに代入すると，x_1 は消えて

$$f(-a_1-x_2-x_3,\ x_2,\ x_3)$$

は，a_1, x_2, x_3 の整式だ．

　この整式の係数は，fの係数の整数倍の和だ．――二変数の場合と同じ論法で判る．

小川　それで

$$f(-a-x_2-x_3,\ x_2,\ x_3)$$

は，x_2 と x_3 との整式で，それを

$$g(x_2,\ x_3)$$

と書くと，g の係数は a_1 の整式です．

　fの対称性から

$$\begin{aligned} g(x_3,\ x_2) &= f(-a_1-x_3-x_2,\ x_3,\ x_2) \\ &= f(-a_1-x_2-x_3,\ x_2,\ x_3) \\ &= g(x_2,\ x_3) \end{aligned}$$

つまり

$$g(x_3,\ x_2)=g(x_2,\ x_3)$$

が成立しますから，g は x_2, x_3 の対称式です．

佐々木　二変数の場合は，さっき証明したから，g は

$$x_2+x_3 \text{　と　} x_2x_3$$

の整式で表わされる．その係数は，g の係数の整数倍の和で，結局，a_1 の整式だ．

小川　x_2 と x_3 とを根に持つ2次方程式は

$$x^2+(a_1+x_1)x+(a_2+a_1x_1+x_1^2)=0$$

で，根と係数との関係から

$$\begin{cases} x_2+x_3=-(a_1+x_1), \\ x_2x_3=a_2+a_1x_1+x_1^2 \end{cases}$$

でしたね．

佐々木　これらをgに代入すると，x_2とx_3とが消えて，gはx_1だけの整式となる．その係数は，a_1, a_2の整式だ．

小川　このx_1の整式に

$$x_1^3=-a_1x_1^2-a_2x_1-a_3$$

を次々に代入すると，x_1についての2次以下の式になります．それを

$$A+Bx_1+Cx_1^2$$

とします．ここで，A, B, Cはa_1, a_2, a_3の整式で，それらの係数は，fの係数の整数倍の和です．

佐々木　A, B, Cをx_1, x_2, x_3の整式にもどすと

$$f(x_1, x_2, x_3)=A+Bx_1+Cx_1^2$$

がx_1, x_2, x_3について恒等的に成立する事が判った．

これで，問題はBx_1, Cx_1^2という項がx_1, x_2, x_3について恒等的に零で

$$f(x_1, x_2, x_3)=A$$

となるか——だ．

小川　それも，さっきの二変数の場合と同じ論法で判りますね．

佐々木　$f(x_1,x_2,x_3)=A+Bx_1+Cx_1^2$

で，x_1とx_2を互いに入れかえても，また，x_1とx_3を互いに入れかえても，f自身やA, B, Cは変わらないから

$$\begin{aligned}A+Bx_1+Cx_1^2&=A+Bx_2+Cx_2^2\\&=A+Bx_3+Cx_3^2\end{aligned}$$

が，x_1, x_2, x_3について恒等的に成立する．

小川　初めの二つの式から

$$(x_1-x_2)\{B+C(x_1+x_2)\}=0,$$

初めと終わりの式から

$$(x_1-x_3)\{B+C(x_1+x_3)\}=0$$

ですから，x_1, x_2, x_3が互いに違う値を取るとき

$$\begin{cases}B+C(x_1+x_2)=0,\\B+C(x_1+x_3)=0.\end{cases}$$

この二つから

$$C(x_1-x_3)=0.$$

佐々木　これから，x_1, x_2, x_3 が互いに違う値のとき

$$C=0.$$

これと

$$B+C(x_1+x_2)=0$$

とから，x_1, x_2, x_3 が互いに違う値のとき

$$B=0.$$

小川　それで，x_1, x_2, x_3 のどれかが同じ値を取るときも，B と C とは零となりますね．——連続性から．

佐々木　今度は，変数が三つだろ．よく，わからない．

小川　x_1, x_2, x_3 のどれかが同じ値を取るのは

（イ）二つだけが同じ値を取る場合，

（ロ）三つとも同じ値を取る場合

の二つですね．

（イ）の場合，たとえば

$$c_1 \neq c_2$$

として，x_1, x_2, x_3 の整式 $B(x_1, x_2, x_3)$ で，x_1 に c_1 を，x_3 に c_2 を代入した

$$B(c_1, x_2, c_2)$$

は，x_2 の連続関数ですから

$$B(c_1, c_1, c_2)=\lim_{x_2 \to c_1} B(c_1, x_2, c_2)$$

です．

この右辺で極限を取るとき，x_2 は c_1 に近い範囲で考えるのですから，x_2 の値が

$$|c_2-c_1|>|x_2-c_1|>0$$

という範囲で考えると

$$x_2 \neq c_1, \quad x_2 \neq c_2$$

ですから，さっきの結果から

$$B(c_1, x_2, c_2)=0.$$

それで

$$B(c_1, c_1, c_2)=0$$

ですね.

佐々木　同じ論法で,（イ）の場合には，何時でも，B も C も零となる事が判るな.

小川　そして，この結果から.（ロ）の場合にも，何時でも，B も C も零となる事が判りますね.

$$B(c, c, c)=\lim_{x_3 \to c} B(c, c, x_3)$$

で，$x_3 \neq c$ のとき

$$B(c, c, x_3)=0$$

ですから.

佐々木　結局，B と C とは x_1, x_2, x_3 について恒等的に零で

$$f(x_1, x_2, x_3)=A$$

となって，三変数の場合が証明された.

広田　今の証明で，x_1 は消えたり，現われたり，騒がしい事だ．もっと静かに出来ないか．——この証明の本質は？

佐々木　三つの文字の中の二つをイッペンに消去する事だ.

そのために，二つの文字だけを根に持つ方程式と，二変数の場合の結果を使った.

広田　二変数の場合の結果が使えたのは？

小川　一つを除いた，残り二つの文字の対称式となったからですが——わかりました．おっしゃりたい事が，判りました.

初めに x_1 を消去する必要は，ありませんね．f は，一つの文字の整式を係数にもつ，残りの二つの文字の対称式ですから.

広田　その通りだ．また

$$f(x_1, x_2, x_3)=A+Bx_k+Cx_k^2 \quad (k=1, 2, 3)$$

から

$$f(x_1, x_2, x_3)=A$$

を導く方法も，いただけない．

もっと，直接に，出来ないか？

佐々木　BとCとが恒等的に零となる事からでなく，直接に

$$f(x_1, x_2, x_3)=A$$

を示すのだね．

それには，x_1, x_2, x_3 が互いに違う値 c_1, c_2, c_3 のとき

$$f(c_1, c_2, c_3)=A+Bc_k+Cc_k^2 \quad (k=1, 2, 3)$$

から

$$f(c_1, c_2, c_3)=A$$

を導けば，いい．

これが判ると，連続性を使って，恒等的に

$$f(x_1, x_2, x_3)=A$$

が，いえるから．

小川　えーと……わかりました．x_1, x_2, x_3 が互いに違う値 c_1, c_2, c_3 を取るとき

$$f(c_1, c_2, c_3)=A(c_1, c_2, c_3)+B(c_1, c_2, c_3)c_k+C(c_1, c_2, c_3)c_k^2 \quad (k=1, 2, 3)$$

という条件は，2次方程式

$$C(c_1, c_2, c_3)x^2+B(c_1, c_2, c_3)x+(A(c_1, c_2, c_3)-f(c_1, c_2, c_3))=0$$

が，三つの違う根 c_1, c_2, c_3 を持つ事です．

ですから，この2次方程式の係数は零で，とくに

$$A(c_1, c_2, c_3)=f(c_1, c_2, c_3)$$

ですね．

佐々木　そうか…この証明法は，一般的な対称式にも使えるね．帰納法で．

一般な場合の証明

小川　一般的に，n次方程式

$$x^n+a_1x^{n-1}+\cdots+a_n=0$$

の根 $x_1, x_2, \cdots, x_n$ の対称式は $a_1, a_2, \cdots, a_n$ の整式で表わせる——を，nにつ

いての帰納法で証明します.

佐々木　$n=2$ の場合は，さっき証明した.

小川　それで，2以上のある n に対して正しいと仮定して，$n+1$ の場合にも正しい事を示します.

$$f(x_1, x_2, \cdots, x_{n+1})$$

は，$n+1$ 次方程式

$$x^{n+1}+a_1x^n+\cdots+a_{n+1}=0$$

の根 $x_1, x_2, \cdots, x_{n+1}$ の対称式とします.

このとき，f は，x_{n+1} の整式を係数に持つ，$x_1, x_2, \cdots, x_n$ の対称式です.

佐々木　つまり，f は n 個の文字 $x_1, x_2, \cdots, x_n$ の対称式だから，帰納法の仮定から，$(-1)^k\sigma_k$ の整式で表わされる.

小川　$x_1, x_2, \cdots, x_n$ を根とする方程式は

$$\frac{x^{n+1}+a_1x^n+\cdots+a_{n+1}}{x-x_{n+1}}=0$$

ですから，組立除法から

$$(-1)^k\sigma_k=x_{n+1}{}^k+a_1x_{n+1}{}^{k-1}+\cdots+a_k\ \ (k=1, 2, \cdots, n)$$

と，この n 次方程式の係数は，x_{n+1} と $a_1, a_2, \cdots, a_n$ との整式です.

佐々木　だから，f は $a_1, a_2, \cdots, a_n$ と x_{n+1} との整式で表わされる.

$$x_{n+1}{}^{n+1}=-a_1x_{n+1}{}^n-a_2x_{n+1}{}^{n-1}-\cdots-a_{n+1}$$

を使って，x_{n+1} の指数を次々と下げると，結局，x_{n+1} についての n 次以下の式となり

$$f(x_1, x_2, \cdots, x_{n+1})=A_0+A_1x_{n+1}+\cdots+A_nx_{n+1}{}^n$$

が，$x_1, x_2, \cdots, x_{n+1}$ について恒等的に成立する.

ここで，A_k は $a_1, a_2, \cdots, a_{n+1}$ の整式で，その係数は，f の係数の整数倍の和だ.

小川　これから，さっきと同じ論法で

$$f(x_1, x_2, \cdots, x_{n+1})=A_0$$

となって，$n+1$ の場合が証明されました.

佐々木　これにて，一件落着！

広田　このウェアリングの結果は，「対称式に関する基本定理」と呼ばれている．$\sigma_1, \sigma_2, \cdots, \sigma_n$ は $x_1, x_2, \cdots, x_n$ の基本対称式と呼ばれている．

佐々木　$x_1, x_2, \cdots, x_n$ の一般的な対称式は，対称式 $\sigma_1, \sigma_2, \cdots, \sigma_n$ をモトにして，表わされるからだな．

広田　さて，今日のところを総括しておこう．

要　　約

佐々木　対称式に関する基本定理を証明した．

小川　1762年のウェアリングの証明は，僕達のと同じですか？

広田　イヤ，違う．

証明の方針は，1829年のコーシーという人のと同じだ．だが，証明の内容——消去の仕方が，また，違う．コーシーは帰納法を使わない．

小川　とにかく，証明したので安心しました．

佐々木　これで，ラグランジュの理論に，両目があいた！

第15章　ルフィニ参ります

舞台は巡る――カルダノのイタリアより，再び，イタリアのルフィニへと．
「5次以上の方程式には，代数的解法による，根の公式はない」という事実を主張し，その証明を初めて企てたのは，ルフィニである．
この証明を通じて，置換群の理論が構成される．方程式論における，置換群論の意義が確認される．ルフィニの，この業績を見る．

オーロラとは，何か？

太陽からは，いつも，四方に粒子が放出されている．この粒子，主に電子が，地球大気の酸素や窒素と衝突して発生する光が，オーロラだそうだ．

むかし，エスキモーは，夜空に光る淡緑色の帯を見て，死者の霊魂を黄泉の国へ導く松明の光と信じたという．その激しく乱舞する赤い光は，一人の淑女をめぐる争いに流された血と，スコットランド北部の島々では，いい伝えられているという．

人類からロマンを奪う，そんな科学ほど味気ないものは，ない．――叔父さんのナゲキは，湯呑に消えた．

目　標

広田　先日からは，ラグランジュの方程式論を見て来たのだったな．

小川　はい．それは，方程式論の流れを変える，画期的なものでした．

佐々木　第一の矢は，ラグランジュによって，放たれタリ！

広田　第二の矢は，ルフィニだ．

『方程式の一般的理論』という標題の，上下二巻の著書が，それだ．ラグランジュの論文が発表されて約30年後，1799年に出版されている．ルフィニ全集の 第1巻に収録してある．1頁から324頁だ．

この本の副題は『4より高次の一般方程式の代数的解法は不可能である事の証明』と，なっている．

佐々木　「一般方程式」て？

広田　文字どおり，一般な方程式の事だ．係数を独立変数——任意の複素数を代表したもの——と考えたものだ．

小川　そうしますと，係数がどんな数の時でも通用するような代数的な解法はない，つまり，「5次以上の方程式には，代数的解法による，根の公式はない」という事の証明なのですね．

佐々木　今日からは，この証明の話だね．

ルフィニの構想

広田　ルフィニは，ラグランジュの論文から出発する．

ラグランジュの方針は？

佐々木　与えられた方程式の根の有理式を根に持つ補助方程式で，その次数が与えられた方程式の次数よりも低くなるもの，を求める事だった．

広田　具体的には？

小川　根の間のおきかえをするときに出来る違う式の個数が，与えられた方程式の次数よりも小さい，そんな根の有理式を求める事です．

4次方程式までは，この間しらべたように，この方針で成功しました．5次以上の方程式にも，この方針を適用しよう，というのがラグランジュの考えでした．

佐々木　でも，してない．

「五つ以上の根の間のおきかえ方の数は膨大で，その計算は複雑だから」とか何とか，いっちゃって．

広田　ラグランジュの，このプログラムを実行する事から，ルフィニは出発する．

根の有理式は無数にある．のっぺらぼうに調べても，ラチはあかない．与えられた方程式の次数より低い次数を持つ第一の補助方程式には，何次のものが可能か——という問題から始める．

佐々木　どうして，そんな事が判る？

広田　根の有理式と，それを根とする第一の補助方程式の次数との関係は？

佐々木　問題の有理式で，根の間のおきかえをするときに出来る違う式の個数が，問題の補助方程式の次数だ．さっき，小川君も説明した．

広田　根の間のおきかえで出来る異なる式の個数は，どうして求めた？

小川　問題の有理式を変えない根の間のおきかえ方の個数で，与えられた方程式の次数の階乗を割った，ものでした．

広田　結局，問題の補助方程式の次数は，根の有理式を変えない根の間のおきかえ方で決まるな．

佐々木　それじゃ，根の有理式を変えない根の間のおきかえ方を求める，わけか．

でも，いちいち根の有理式を作って，それを変えないおきかえ方を探すんじゃ，モトのモクアミ！

広田　そんなヘマは，しない．

根の有理式が与えられたとき，それを変えない根の間のおきかえ方の全体は，一般に，どのような性質を持つか——に着目する．

小川　与えられた根の有理式を変えない，根の間のおきかえ全体の集合の性質ですね．

広田　「集合」を知ってるの？

佐々木　小学四年生に，笑われるよ．

広田　それなら，話は早い．

問題の集合の性質は？

佐々木　質問の意味がわからない．

広田　与えられた根の有理式を変えない，根の間のおきかえ方が二つあるとき，それらを続けると，問題の有理式は，どうなる？

佐々木　モチ，変わらない．

広田　続けて出来るおきかえ方も，問題の集合に属する——という事だな．

「二つのおきかえ方を続ける」という手法は，これまでも見て来たように，根の有理式の性質を調べる上で基本的なものだ．

ルフィニは，この手法から得られる「問題の集合に属する任意の二つのおきかえ方を続けて出来るおきかえ方は，常に，問題の集合に属する」という性質に着目する．そして，この性質を持つ集合を，すべて求める．

このような集合を求めるには，具体的な根の有理式を必要としない．与次郎のナヤミを解消してくれる．

佐々木　求めようとする集合は，おきかえ方だけに関係する性質で制限されている，からだな．

広田　おまけに，無数にはない．有限個だ．

佐々木　求めて，求まるモノである！

小川　根の有理式が与えられたとき，それを変えない根の間のおきかえ方全体の集合は，確かに，この性質を持たないと，いけませんね．

しかし，逆に，この性質を持つ集合が見つかっても，その集合に含まれている，おきかえ方だけで変わらないような，根の有理式があるかどうかは，まだ，判りませんね．

広田　無論，そうだ．

だが，この性質は，問題の集合が持たなければならない必要条件だ．小川君も，いったように．

小川　それで，この性質を持つ集合が，全部，見つかると，それぞれの集合に含まれる，おきかえ方の個数が求まり，それから根の有理式を根に持つ第一の補助方程式の次数の範囲が決まる――という，わけですね．

佐々木　どうやって，見つけるの？

広田　そうだな．ルフィニの証明に先立って，「おきかえ」を定式化しておこう．定式化は，概念の正確な把握と，推論の透明さ，とをもたらす．

「おきかえ」の定式化

広田　「根の間で，おきかえをする」とは？

佐々木　たとえば，4 次方程式の四つの根 x_1, x_2, x_3, x_4 の有理式

$$F(x_1, x_2, x_3, x_4)$$

で，x_1, x_2, x_3, x_4 を別の順列，たとえば，x_4, x_1, x_2, x_3 におきかえた有理式

$$F(x_4, x_1, x_2, x_3)$$

を求める事だった．

広田　有理式の形と切り離して，説明すると？

小川　x_1 を x_4 に，x_2 を x_1 に，x_3 を x_2 に，x_4 を x_3 に，それぞれ，おきかえる事です．

広田　このような「おきかえ」は，根の有理式に拘泥しなければ，何も方程式の根の間で，とは限らない．どんな物の間でも実行できるな．

佐々木　モチのロンだ．「イヌ，キジ，サル」でも，「じしん，かみなり，かじ，おやじ」でも．

広田　そこで，「根の間のおきかえ」は「n 個の物の間のおきかえ」へと一般化される．

数学者は，n 個の物を，通常，$1, 2, \cdots, n$ という数字で表わす．

佐々木　国民背番号制！

小川　n 個の物は「何か」が問題ではなくて，n 個の物の「おきかえ方」が問題だから，ですね．

広田　$1, 2, \cdots, n$ を，それぞれ，$1', 2', \cdots, n'$ におきかえる事を，ヨコでなくタテに並べて

$$\begin{pmatrix} 1 & 2 & \cdots & n \\ 1' & 2' & \cdots & n' \end{pmatrix}$$

と表わす習慣だ．ここで，$1', 2', \cdots, n'$ は $1, 2, \cdots, n$ の順列だ．

小川　この記号の意味は，1 を $1'$ に，2 を $2'$ に，$\cdots$，n を n' におきかえる事で，上の段に「おきかえる物」，下の段に「おきかえた物」を書くんですね．そして，それを括弧で，まとめるんですね．

たとえば，さっきの根の間のおきかえを，この記号で表わすと

$$\begin{pmatrix} x_1 & x_2 & x_3 & x_4 \\ x_4 & x_1 & x_2 & x_3 \end{pmatrix}$$

ですね．

佐々木　x_1, x_2, x_3, x_4 を，それぞれ，1, 2, 3, 4 で表わして

$$\begin{pmatrix} 1 & 2 & 3 & 4 \\ 4 & 1 & 2 & 3 \end{pmatrix}$$

と書かないと，いけないんだろ.

広田　どちらでも，よい.

n 個の物が具体的に与えられているときは，それを並べて書いてもよい. n 個の物を $1, 2, \cdots, n$ で表わすのは，さっき小川君もいったように，それらの物が何であっても，共通に成立する「おきかえの一般な性質」を問題とする立場からだ.

小川　この書き方は，ルフィニ先生が始めたのですね.

広田　いや，違う.

『方程式の一般的理論』の出版後，1802年から1813年にかけて，代数的解法に関する六編もの論文をルフィニは発表している. だが，その何れにも，記号化はない.

この記号は，コーシーという人が初めて導入した. ラグランジュやルフィニの研究を通じて，「おきかえ」自体の考察の重要性が認識されたからだ. 重要な対象は，定式化される運命にある. 1815年の事だ. それ以来，踏襲されている.

小川　コーシーは，この間の「対称式に関する基本定理の証明」にも，チョット顔を出した人ですね.

広田　コーシーは，「おきかえの理論」を完成する.

「行列式の理論」を「おきかえ」の立場で統一する.

小川　偉い代数学者ですね.

広田　代数だけ，ではない. 本領は「解析」だ.

佐々木　ナンデモ屋か.

広田　n 個の物の「おきかえ」は，現在の学術用語では，n 次の置換と，呼ばれている.

佐々木　「ひらがな」を「漢字」にすると，学術用語!

小川　「n 次」の n は，「n 個の物」の n ですね.

広田　一定な n 個の物ばかりを対象とするときは，「n 次」は省略する.

n 個の物 $1, 2, \cdots, n$ の置換は全部で幾つある?

佐々木　モチ，nの階乗．

広田　それらを区別するために，名前をつける．

小川　置換を一つの文字で表わすのですね．違う置換は，違う文字で．

広田　通常，ギリシャ文字が使用される．たとえば

$$\sigma=\begin{pmatrix}1 & 2 & \cdots & n \\ 1' & 2' & \cdots & n'\end{pmatrix}$$

と書く．

佐々木　右辺の置換は，σと申しマ〜ス．

置換の積

広田　さっきも注意したように，根の置換を取り扱う際の基本的手法の一つは，二つの置換を続ける事だ．

一般に，n個の物 $1,2,\cdots,n$ の二つの置換 σ,τで，置換σに置換τを続けたものは，やはり $1,2,\cdots,n$ の置換だな．この置換は $\sigma\tau$ で表わす習慣だ．

佐々木　数や文字式の掛算と同じ書き方だ．

広田　そこで，この置換は，σとτとの積と呼ばれる．

たとえば，$n=3$ で

$$\sigma=\begin{pmatrix}1 & 2 & 3 \\ 2 & 3 & 1\end{pmatrix},\qquad \tau=\begin{pmatrix}1 & 2 & 3 \\ 2 & 1 & 3\end{pmatrix}$$

のとき，σとτとの積は？

小川　1は，置換σでは，2におきかえられます．その2は，置換τでは，1におきかえられます．ですから，それらを続けると

$$1 \longrightarrow 2 \longrightarrow 1$$

となって，1は1におきかえられます．同じようにして

$$2 \longrightarrow 3 \longrightarrow 3,$$
$$3 \longrightarrow 1 \longrightarrow 2$$

ですから

$$\begin{pmatrix}1 & 2 & 3 \\ 2 & 3 & 1\end{pmatrix}\begin{pmatrix}1 & 2 & 3 \\ 2 & 1 & 3\end{pmatrix}=\begin{pmatrix}1 & 2 & 3 \\ 1 & 3 & 2\end{pmatrix}$$

です．

広田　τ と σ との積は？

佐々木　答えは，同じだ．

広田　何故？

佐々木　数や文字式の掛算と同じ書き方だから

$$\sigma\tau=\tau\sigma$$

だもの．

広田　σ や τ は，数でも文字式でもない．掛算の内容は異なる．確かめて，ごらん．

佐々木　叔父さんの慎重居士！

えーと，さっきの小川君のように考えて

$$1 \longrightarrow 2 \longrightarrow 3,$$
$$2 \longrightarrow 1 \longrightarrow 2,$$
$$3 \longrightarrow 3 \longrightarrow 1$$

だから

$$\begin{pmatrix}1 & 2 & 3\\ 2 & 1 & 3\end{pmatrix}\begin{pmatrix}1 & 2 & 3\\ 2 & 3 & 1\end{pmatrix}=\begin{pmatrix}1 & 2 & 3\\ 3 & 2 & 1\end{pmatrix}.$$

あれー

$$\sigma\tau\neq\tau\sigma$$

だ．——申しわけない．

広田　類比な記号は，類比な性質を連想さす．この点に，記号化の効用がある．だが，それは一つ一つ確認されなければならない．

置換の積では，数や文字式の積とは異なり，交換法則は成立しない．積の順序が重要となる．

これと関連する注意事項が，いま一つある．σ と τ との積を，今とは逆に，$\tau\sigma$ で表わす本もある事だ．

佐々木　どうして？

広田　3 次方程式の三根 x_1, x_2, x_3 の有理式

$$F(x_1, x_2, x_3)$$

で，根の置換

$$\begin{pmatrix}x_1 & x_2 & x_3\\ x_2 & x_3 & x_1\end{pmatrix}$$

を行ったものを，コーシーは

$$F(x_1, x_2, x_3)\begin{pmatrix} 1 & 2 & 3 \\ 2 & 3 & 1 \end{pmatrix}$$

と書いた．

小川　さっきの置換の記号を使うと

$$F(x_1, x_2, x_3)\sigma$$

ですね．

広田　この有理式で，さらに根の置換

$$\begin{pmatrix} x_1 & x_2 & x_3 \\ x_2 & x_1 & x_3 \end{pmatrix}$$

を行ったものは？

佐々木　コーシー式だと

$$\{F(x_1, x_2, x_3)\sigma\}\tau.$$

広田　この括弧を省略すると

$$F(x_1, x_2, x_3)\sigma\tau$$

だな．そこで，コーシーは，σ に τ を続けた置換を $\sigma\tau$ で表わした．

小川　初めの積の書き方は，これから来たのですね．

広田　一方，置換

$$\sigma=\begin{pmatrix} 1 & 2 & 3 \\ 2 & 3 & 1 \end{pmatrix}$$

とは，上段の 1, 2, 3 を，それぞれ，下段の 2, 3, 1 へおきかえるものだ．だが，「おきかえる」という操作を離れて眺めると，上段の各数字に下段の各数字が対応している．σ は，この対応関係で定まる——とも見れるな．

　このように，σ を捉らえると…

佐々木　σ は関数だ．

広田　その通りだ．よく知っていたな．

佐々木　僕等の後輩からは，関数は対応関係，つまり写像の一種と教わってる．入試に落ちた時の用心に，勉強しておいたんだ．

広田　この関数 σ の定義域と値域は？

小川　どっちも，$\{1, 2, 3\}$ という集合です．

1, 2, 3 は数字そのものではなくて，物を表わしているのですから，σ は数に数を対応させるのではありません．それで，写像といった方が，いいと思います．

広田　厳密には，そうだ．だが，関数と考えよう．　物を数字で表わした「記号化の効用」を最大限に活用しよう．関数の方が馴染み深いだろう．

さて，関数 σ による具体的な対応関係は？

佐々木　$\sigma(1)=2,\ \ \sigma(2)=3,\ \ \sigma(3)=1.$

広田　そこで，問題の置換 σ は

$$\begin{pmatrix} 1 & 2 & 3 \\ \sigma(1) & \sigma(2) & \sigma(3) \end{pmatrix}$$

とも書けるな．

このように，関数 σ を使用して置換を表わしたのは，ベッティという人が最初だ．1852年の事だ．

この人の名前の付いたものに，有名な「ベッティ数」というのがある．

小川　それは，何ですか？

広田　よくは知らない．

佐々木　なんだ．ハッタリか．

広田　もとに返って，置換 τ も関数だ．

τ の定義域と値域は？

佐々木　1, 2, 3 の置換では，σ だろうと τ だろうと，全部 $\{1, 2, 3\}$ だ．

広田　σ の値域と，τ の定義域とは一致するな．このような二つの関数からは…

小川　合成関数が作れます．

広田　その対応関係は？

小川　σ の定義域 $\{1, 2, 3\}$ に含まれる自然数を代表して k で表わします．σ の k での値は $\sigma(k)$ です．この $\sigma(k)$ での τ の値は $\tau(\sigma(k))$ で表わされます．

ですから，k には $\tau(\sigma(k))$ が対応します．

広田　第一の括弧の代わりに，通常，「$\circ$」を使い

$$\tau\circ\sigma(k)$$

と書く習慣だ．そして，σ と τ との合成関数は $\tau\circ\sigma$ で表わされる．

この合成関数 $\tau\circ\sigma$ から，3 次の置換

$$\begin{pmatrix} 1 & 2 & 3 \\ \tau\circ\sigma(1) & \tau\circ\sigma(2) & \tau\circ\sigma(3) \end{pmatrix}$$

が作られる．これは…

小川　σ と τ との積です．

k を，置換 σ でおきかえたのが $\sigma(k)$ で，それを，置換 τ でおきかえたのが $\tau\circ\sigma(k)$ だから，です．

佐々木　わかった．

それで，σ と τ との積を $\tau\sigma$ と書く人もいるんだな．「$\circ$」を略して．

広田　その通りだ．

だが，叔父さん達は，「σ と τ との積を $\sigma\tau$ で表わす」方を採用する．根の有理式での，根の置換が目的だし，その際，コーシー流の書き方を使うからだ．

一つ，二つ，積の練習をしてみよう．$n=5$ で

$$\begin{pmatrix} 1 & 2 & 3 & 4 & 5 \\ 2 & 3 & 4 & 5 & 1 \end{pmatrix}\begin{pmatrix} 1 & 2 & 3 & 4 & 5 \\ 2 & 3 & 1 & 4 & 5 \end{pmatrix}$$

は，どうだ．

佐々木

$$\begin{aligned} 1 &\longrightarrow 2 \longrightarrow 3, \\ 2 &\longrightarrow 3 \longrightarrow 1, \\ 3 &\longrightarrow 4 \longrightarrow 4, \\ 4 &\longrightarrow 5 \longrightarrow 5, \\ 5 &\longrightarrow 1 \longrightarrow 2 \end{aligned}$$

だから

$$\begin{pmatrix} 1 & 2 & 3 & 4 & 5 \\ 2 & 3 & 4 & 5 & 1 \end{pmatrix}\begin{pmatrix} 1 & 2 & 3 & 4 & 5 \\ 2 & 3 & 1 & 4 & 5 \end{pmatrix}=\begin{pmatrix} 1 & 2 & 3 & 4 & 5 \\ 3 & 1 & 4 & 5 & 2 \end{pmatrix}$$

だ．

広田　逆に掛けた

$$\begin{pmatrix} 1 & 2 & 3 & 4 & 5 \\ 2 & 3 & 1 & 4 & 5 \end{pmatrix}\begin{pmatrix} 1 & 2 & 3 & 4 & 5 \\ 2 & 3 & 4 & 5 & 1 \end{pmatrix}$$

は，どうだ．

小川　一つずつ調べますと

$$1 \longrightarrow 2 \longrightarrow 3,$$
$$2 \longrightarrow 3 \longrightarrow 4,$$
$$3 \longrightarrow 1 \longrightarrow 2,$$
$$4 \longrightarrow 4 \longrightarrow 5,$$
$$5 \longrightarrow 5 \longrightarrow 1$$

ですから

$$\begin{pmatrix} 1 & 2 & 3 & 4 & 5 \\ 2 & 3 & 1 & 4 & 5 \end{pmatrix}\begin{pmatrix} 1 & 2 & 3 & 4 & 5 \\ 2 & 3 & 4 & 5 & 1 \end{pmatrix}=\begin{pmatrix} 1 & 2 & 3 & 4 & 5 \\ 3 & 4 & 2 & 5 & 1 \end{pmatrix}$$

で，違う置換になります．

広田　$\begin{pmatrix} 1 & 2 & 3 & 4 & 5 \\ 2 & 3 & 1 & 4 & 5 \end{pmatrix}\begin{pmatrix} 1 & 2 & 3 & 4 & 5 \\ 1 & 2 & 3 & 5 & 4 \end{pmatrix}$

は，どうだ．

佐々木

$$1 \longrightarrow 2 \longrightarrow 2,$$
$$2 \longrightarrow 3 \longrightarrow 3,$$
$$3 \longrightarrow 1 \longrightarrow 1,$$
$$4 \longrightarrow 4 \longrightarrow 5,$$
$$5 \longrightarrow 5 \longrightarrow 4$$

だから

$$\begin{pmatrix} 1 & 2 & 3 & 4 & 5 \\ 2 & 3 & 1 & 4 & 5 \end{pmatrix}\begin{pmatrix} 1 & 2 & 3 & 4 & 5 \\ 1 & 2 & 3 & 5 & 4 \end{pmatrix}=\begin{pmatrix} 1 & 2 & 3 & 4 & 5 \\ 2 & 3 & 1 & 5 & 4 \end{pmatrix}$$

だ．

小川　逆の順に掛けますと

$$1 \longrightarrow 1 \longrightarrow 2,$$
$$2 \longrightarrow 2 \longrightarrow 3,$$
$$3 \longrightarrow 3 \longrightarrow 1,$$
$$4 \longrightarrow 5 \longrightarrow 5,$$
$$5 \longrightarrow 4 \longrightarrow 4$$

ですから

$$\begin{pmatrix}1&2&3&4&5\\1&2&3&5&4\end{pmatrix}\begin{pmatrix}1&2&3&4&5\\2&3&1&4&5\end{pmatrix}=\begin{pmatrix}1&2&3&4&5\\2&3&1&5&4\end{pmatrix}$$

で，さっきと同じです．

佐々木　同じになる場合も，あるのか．

逆置換と単位置換

広田　根の置換を取り扱う際の基本的手法の一つは，二つの置換を続ける事で，それが置換の積だったな．

いま一つの基本的手法は？

小川　「逆のおきかえ」ですか．

佐々木　ラグランジュの立場から，根の有理式を調べたとき，よく使った．

広田　その通りだ．

一般に，n 個の物の置換

$$\sigma=\begin{pmatrix}1&2&\cdots&n\\1'&2'&\cdots&n'\end{pmatrix}$$

に対して，これとは「逆のおきかえ」によって得られる置換は，σ の逆置換と呼ばれ，σ^{-1} で表わす習慣だ．

佐々木　逆数の書き方と，同じだ．

広田　たとえば，$n=3$ で

$$\sigma=\begin{pmatrix}1&2&3\\2&3&1\end{pmatrix}$$

の逆置換は？

佐々木　σ での「おきかえ」は

$$1\longrightarrow 2,$$
$$2\longrightarrow 3,$$
$$3\longrightarrow 1$$

で，この「逆のおきかえ」は，矢印の向きを反対にした

$$1\longleftarrow 2,$$
$$2\longleftarrow 3,$$
$$3\longleftarrow 1$$

だから，これを整理して

$$\sigma^{-1}=\begin{pmatrix} 1 & 2 & 3 \\ 3 & 1 & 2 \end{pmatrix}$$

だ.

小川　σは，上の段を下の段に「おきかえ」ますから，「逆のおきかえ」は下の段を上の段に，おきかえる事になります.

ですから，上の段と下の段とを入れかえて

$$\sigma^{-1}=\begin{pmatrix} 2 & 3 & 1 \\ 1 & 2 & 3 \end{pmatrix}$$

と，すぐに求まります.

佐々木　それじゃ，ダメ.

上の段を1, 2, 3の順に整理して書かないと.

小川　どっちの書き方でも，1は3に，2は1に，3は2に，おきかえる事を意味してますから，同じ置換を表わしています.

それで，どっちで書いても，いいのでしょう.

広田　その通りだ.

定義域が同じで，対応関係も同じな関数は，同一の関数だな.

佐々木　そうか. それじゃ，たとえば，σは

$$\sigma=\begin{pmatrix} 1 & 2 & 3 \\ 2 & 3 & 1 \end{pmatrix}=\begin{pmatrix} 1 & 3 & 2 \\ 2 & 1 & 3 \end{pmatrix}=\begin{pmatrix} 2 & 1 & 3 \\ 3 & 2 & 1 \end{pmatrix}$$
$$=\begin{pmatrix} 2 & 3 & 1 \\ 3 & 1 & 2 \end{pmatrix}=\begin{pmatrix} 3 & 1 & 2 \\ 1 & 2 & 3 \end{pmatrix}=\begin{pmatrix} 3 & 2 & 1 \\ 1 & 3 & 2 \end{pmatrix}$$

と，6通りに書けるのか.

広田　その通りだ.

そこで，一般に

$$\sigma=\begin{pmatrix} 1 & 2 & \cdots & n \\ 1' & 2' & \cdots & n' \end{pmatrix}$$

の逆置換は…

佐々木　$$\sigma^{-1}=\begin{pmatrix} 1' & 2' & \cdots & n' \\ 1 & 2 & \cdots & n \end{pmatrix}$$

と求まる.

広田　σ と σ^{-1} との積は?

佐々木　一般的に

$$k \longrightarrow k' \longrightarrow k$$

だから

$$\sigma\sigma^{-1}=\begin{pmatrix} 1 & 2 & \cdots & n \\ 1 & 2 & \cdots & n \end{pmatrix}$$

だ.

小川　計算しなくても, 逆置換の意味から判ります.

$1, 2, \cdots, n$ を全然かえない, 特別な置換です.

広田　これは, 単位置換と呼ばれ, ι で表わす習慣だ.

σ^{-1} と σ との積は?

佐々木　今度は

$$k' \longrightarrow k \longrightarrow k'$$

だから

$$\sigma^{-1}\sigma=\begin{pmatrix} 1' & 2' & \cdots & n' \\ 1' & 2' & \cdots & n' \end{pmatrix}$$

で, これも単位置換だ.

小川

$$\sigma\sigma^{-1}=\sigma^{-1}\sigma=\iota$$

となって, σ と σ^{-1} との積は, 順序を変えても, 変わりませんね.

広田　σ と ι との積では?

佐々木　ι の意味から, 一々, 計算しなくても

$$\sigma\iota=\iota\sigma=\sigma$$

が, 判る.

小川　この関係式は, どんな n 次の置換 σ に対しても成立します. ですから, 「ι」は, 数の掛算での「1」と同じ役割をしてますね.

広田　そこで, 単位置換を「1」で表わす本もある.

佐々木　「1」は数の単位だから,「ι」を単位置換と呼ぶのだな.

小川　それから, 関係式

$$\sigma\sigma^{-1}=\sigma^{-1}\sigma=\iota$$

は，一つの数と，その逆数との積が1となる事に対応してますから，この事からも，σ^{-1} を σ の逆置換と呼ぶのですね．

置換群の導入

広田　さて，最初に見た，ルフィニの構想は？

小川　「それに含まれる，勝手な二つのおきかえ方を続けて出来るおきかえ方は，いつも，その集合に含まれる」という性質を持つ，おきかえ方の集合を求める——という事です．

広田　この性質を置換の用語でいえば，「それに属する任意の二つの置換の積は，常に，その集合に属する」となるな．

この性質を持つ n 次の置換の集合を，“permutazione” と，ルフィニは呼んでいる．

佐々木　それ，イタリア語？

広田　そうだ．直訳すれば，「交換」だ．

現在では，n 次の置換群と，呼ばれている．

n 次の置換を対象としている事がハッキリしている場合には，「n 次」を省略する．

小川　「置換群」という概念は，ルフィニ先生が初めて導入したのですね．

広田　一般に，n 次方程式の n 個の根の，対称式を変えない，n 次の置換は？

佐々木　モチ，n 次の置換ゼンブ．

広田　だから，$n!$ 個の n 次の置換全体の集合は，n 次の置換群の一つだな．この置換群は，n 次の対称群と呼ばれ，S_n で表わす習慣だ．

小川　対称式を変えない全体だから，ですね．

そして，一般的な n 次の置換群は，この S_n の部分集合なのですね．

広田　S_2 を具体的に求めると？

佐々木

$$S_2=\left\{\begin{pmatrix}1 & 2\\ 1 & 2\end{pmatrix},\quad \begin{pmatrix}1 & 2\\ 2 & 1\end{pmatrix}\right\}.$$

広田　2次の置換群を，すべて，求めてみよう．

小川　それは，S_2 の部分集合ですから

（イ）　ただ一つの置換を含む

か

（ロ）　二つの置換を含む

か，ですね．

佐々木　（イ）は

$$\left\{\begin{pmatrix} 1 & 2 \\ 1 & 2 \end{pmatrix}\right\} \quad と \quad \left\{\begin{pmatrix} 1 & 2 \\ 2 & 1 \end{pmatrix}\right\}$$

だけど，どっちもダメ．

広田　何故？

佐々木　置換群かどうかを調べるためには，二つの置換の積が，それに含まれるかどうかを調べないと，いけないだろ．だから，置換群は二つ以上の置換を含んでないと，いけない．

どっちも，一つしか置換を含んでない．

広田　置換群の定義には，「任意の二つの置換」の積と，あるだろう．それは，「異なる二つの置換」という意味ではない．「同じ置換同志」も含まれている．

根の有理式に，それを変えない同一の置換を何回つづけても，それは変わらないだろう．

佐々木　早く，それを，いわなきゃ．それなら，第一の集合は置換群だ．単位置換と単位置換との積は，やっぱり，単位置換だから．

小川

$$\begin{pmatrix} 1 & 2 \\ 2 & 1 \end{pmatrix}\begin{pmatrix} 1 & 2 \\ 2 & 1 \end{pmatrix}=\begin{pmatrix} 1 & 2 \\ 1 & 2 \end{pmatrix}$$

で，第二の集合に単位置換は含まれてませんから，第二の集合は置換群ではありません．

佐々木　結局，2次の置換群は次の二つだ．

$$\left\{\begin{pmatrix} 1 & 2 \\ 1 & 2 \end{pmatrix}\right\} \quad と \quad \left\{\begin{pmatrix} 1 & 2 \\ 1 & 2 \end{pmatrix}, \begin{pmatrix} 1 & 2 \\ 2 & 1 \end{pmatrix}\right\} \quad と．$$

広田　3次や4次の置換群も，すべて求めて貰う予定だった．だが，そろそろ時間だ．家で試みると，よい．

ルフィニは5次の置換群を，すべて求める．すると，意外な結果が待っていた．そこから，「5次以上の方程式には，代数的解法による，根の公式はない」という事実に気づく．

それは，次の機会に見よう．

佐々木 ナイター中継の途中で，停電したような，ものだ．

広田 さて，今日のところを総括しておこう．

要 約

小川 ルフィニ先生の証明を調べる準備のために，「おきかえ」を定式化しました．

佐々木 いろんな用語が出て来たけど，まだ，覚えきれない．

広田 置換の定式化は，コーシーに負う．方程式論へ置換を持ち込んだのは，ラグランジュだ．置換群の概念を導入し，方程式論における置換群の意義を認識させたのは，ルフィニだ．

この点で，ルフィニは，ガロアの先駆者としての重要な位置を占める．

佐々木 ルフィニの業績は，オーロラの輝き！

第16章　置換群を分類する

ルフィニの線で，置換群を考究する．
置換群の位数を考察し，「５次以上の方程式には，代数的解法による，根の公式はない」という事実を証明しよう——とする，ルフィニの構想の一部である．
ルフィニの，この考察を通じて，置換群に関する基本的な概念——たとえば，推移性・原始性——が形成されるのである．

それでも，地球は動く——のか？
頭では理解しても，心では納得できない．この目で，直接に確かめるまでは，信じられない，と叔父さんは，いう．そのくせ，自分の「つむじ」は右巻きだと，カタクかたく信じている…

目　　標

広田　ルフィニの，『方程式の一般的理論』の話だったな．
ルフィニの構想は？

佐々木　与えられた方程式の次数よりも低い次数を持つ第一の補助方程式としては，何次のものが考えられるのだろうか——という問題から出発する．

小川　それを解決するために，置換群をゼンブ見つけ出す——というのが，ルフィニ先生の構想です．
置換群が見つかると，その置換群に含まれている置換の個数から，問題の補助方程式の次数の範囲が求まるからです．

広田　置換群に属する異なる置換の個数は，現在では，その置換群の位数と呼ばれている．

ルフィニの構想は，結局は，置換群の位数を，すべて，求める——という事だな．

今日は，このルフィニの構想にしたがって，置換群を考察しよう．

置換群の分類（一）

広田　先日は，2次の置換群を，すべて求めた．

3次や4次の置換群の場合は，家で試みるよう，いっておいたが…

佐々木　この間は，2次の対称群の部分集合をゼンブ作って，置換群かどうか一々チェックしたろう．

でも，この方法は3次や4次だと，ムリだよ．

3次の対称群の部分集合はゼンブで 2^6-1 で，ニ・ヨン・パー・イチロク・ザンニー・ロクヨン だから，63ある．

小川　4次の対称群の部分集合はゼンブで $2^{24}-1$，つまり，16777215 あります．

佐々木　これで，ゲッソリした．

広田　「ゲッソリする事」に意義がある．

ルフィニも，この方法はとらない．置換群の性質に着目する．

佐々木　と，いうと？

広田　4次方程式の代数的解法には，どのような根の有理式が活躍した？

佐々木　たとえば

$$(x_1+x_2)-(x_3+x_4)\quad や \quad x_1x_2+x_3x_4.$$

小川　それから，ラグランジュの分解式の4乗

$$(x_1+ix_2-x_3-ix_4)^4.$$

広田　それぞれの整式について，それを変えない置換から構成される4次の置換群は？

小川　$$(x_1+ix_2-x_3-ix_4)^4$$

では，代数的解法のときに調べた事から

$$\left\{\begin{pmatrix}1&2&3&4\\1&2&3&4\end{pmatrix},\begin{pmatrix}1&2&3&4\\2&3&4&1\end{pmatrix},\begin{pmatrix}1&2&3&4\\3&4&1&2\end{pmatrix},\begin{pmatrix}1&2&3&4\\4&1&2&3\end{pmatrix}\right\}$$

です．

佐々木　　$(x_1+x_2)-(x_3+x_4)$

では，今まで何度も調べた事から

$$\left\{\begin{pmatrix}1&2&3&4\\1&2&3&4\end{pmatrix},\begin{pmatrix}1&2&3&4\\1&2&4&3\end{pmatrix},\begin{pmatrix}1&2&3&4\\2&1&3&4\end{pmatrix},\begin{pmatrix}1&2&3&4\\2&1&4&3\end{pmatrix}\right\}.$$

$$x_1x_2+x_3x_4$$

では，ご同様に

$$\left\{\begin{pmatrix}1&2&3&4\\1&2&3&4\end{pmatrix},\begin{pmatrix}1&2&3&4\\1&2&4&3\end{pmatrix},\begin{pmatrix}1&2&3&4\\2&1&3&4\end{pmatrix},\begin{pmatrix}1&2&3&4\\2&1&4&3\end{pmatrix},\right.$$

$$\left.\begin{pmatrix}1&2&3&4\\3&4&1&2\end{pmatrix},\begin{pmatrix}1&2&3&4\\3&4&2&1\end{pmatrix},\begin{pmatrix}1&2&3&4\\4&3&2&1\end{pmatrix},\begin{pmatrix}1&2&3&4\\4&3&2&1\end{pmatrix}\right\}.$$

広田　小川君の置換群と，与次郎のとでは，決定的な差異がある．

小川君のは，一つの特定な置換を続けて掛け合わせて出来る置換から，構成されているな．

小川　そうです．たとえば，二番目の置換

$$\begin{pmatrix}1&2&3&4\\2&3&4&1\end{pmatrix}$$

と，それを2回，3回，4回と続けて出来る，合計，四つの置換の集合です．

代数的解法を調べたときに出て来ました．そのときは，「置換」という言葉は知らなかったのですが．

広田　ところが，与次郎のは，そうなっていない．

佐々木　どうして？

小川　佐々木君の第一の置換群では，どの置換でも，一つを2回つづけると，単位置換になりますね．それで，それから先は，2回目までの繰り返しになります．ですから，一つの置換を何回つづけても，違う置換は，多くて二つしか出来ません．四つは出来ませんね．

第二の置換群では，どの置換でも，一つを4回つづけると，単位置換になりますね．ですから，一つの置換を何回つづけても，違う置換は，多くて四つです．

具体的に，置換の積を計算してみてもいいですが，問題の整式を変えない置換を探したときの事を思い出すと，計算しなくても判りますね．

広田　一つの特定な置換の積から構成される置換群を，ルフィニは“permutazione semplice”と呼ぶ．現在では，巡回群と呼ばれている．

ルフィニは，置換群を巡回群と非巡回群――巡回群ではないもの――との二つに大別する．

小川　巡回群の位数をゼンブ求めるためには，一つの置換を次々に掛けていって，いくつの違う置換が出来るか調べると，いいわけですね．

佐々木　非巡回群の位数より，わりかし簡単に求まる．

小川　それで，置換群を巡回群と非巡回群とに分類する価値が，あるのですね．

置換群の分類（二）

広田　与次郎の二つの置換群で，第一のものと第二のものとでは，また，決定的な差異がある．

佐々木　と，いうと？

広田　$$(x_1+x_2)-(x_3+x_4)$$

を変えない置換では，たとえば，x_1 は x_2 とは入れかわるが，x_3 や x_4 とは入れかわらないな．

$$x_1x_2+x_3x_4$$

を変えない置換では，どうだ？

佐々木　x_1 は，x_2 とも，x_3 とも，x_4 とも入れかわる．

小川　どの x_k も，残りの三つの x_j と入れかわりますね．

広田　ルフィニは，この性質に着目して，置換群を二つに大別する：後者の性質を持つものと，前者の性質を持つものとに．

佐々木　チャンと，いうと？

広田　n 次の置換群を G とする．

$1, 2, \cdots, n$ の中の任意の二つ k, j に対して，G に属する置換の中に，k を j におきかえるものが，常に，存在するとき，G は推移群と呼ばれる．

この性質を持たないとき，G は非推移群と呼ばれる．

佐々木
$$(x_1+x_2)-(x_3+x_4)$$
の置換群は非推移群で，
$$x_1x_2+x_3x_4$$
の置換群は推移群か．

小川
$$(x_1+ix_2-x_3-ix_4)^4$$
の置換群も推移群ですね．

ですから，推移群・非推移群という分類は，巡回群・非巡回群という分類とは，別の観点からの分け方なのですね．

佐々木　でも，どうして，こんなに分類するのかな？

広田　置換群の位数を考察する過程で，「n 次の推移群の位数は，n の倍数である」という事実に，ルフィニは気づいた，からだ．

佐々木　ナルヘソ．

広田　さらに，4 次の対称群も推移群だが，同じ推移群でも，与次郎の推移群とでは，決定的な差異がある．

佐々木　違いがわかる男！

広田
$$x_1x_2+x_3x_4$$
を変えない置換では，x_1 と x_2，x_3 と x_4 とは，それぞれ一団となって行動するな．

小川　そうです．問題の置換は

（イ）　第一項の積の因数を互いに入れかえる，

（ロ）　第二項の積の因数を互いに入れかえる，

（ハ）　第一項と第二項とを互いに入れかえる

という三つの置換の組み合わせでしたから．

広田
$$x_1+x_2+x_3+x_4$$
を変えない置換では，そうはなっていない．

小川　たとえば

$$\{x_1, x_2\} \quad と \quad \{x_3, x_4\}$$

とに分けたとき，

$$\begin{pmatrix} 1 & 2 & 3 & 4 \\ 2 & 3 & 4 & 1 \end{pmatrix}$$

で

$$\{x_1, x_2\} \quad は \quad \{x_2, x_3\} \quad に,$$
$$\{x_3, x_4\} \quad は \quad \{x_4, x_1\} \quad に$$

おきかえられますから，x_1 と x_2，x_3 と x_4 とは，それぞれ組になっては，おきかえられない——という意味ですか．

広田　その通りだ．

x_1, x_2, x_3, x_4 を，2 個以上の同数ずつ，二つ以上の組に分けるとき，どのような分け方をしても，この推移群には，それによって，これらの組が一団となっては入れかわらないような，置換が存在するな．

佐々木　問題の分け方は，二つずつ，二組に分けるのしか，ない．

小川　それを，一般的に

$$\{x_{1'}, x_{2'}\}, \quad \{x_{3'}, x_{4'}\}$$

とします．さっきの例から

$$\begin{pmatrix} 1' & 2' & 3' & 4' \\ 2' & 3' & 4' & 1' \end{pmatrix}$$

という置換が，そうですね．

広田　ルフィニは，この性質に着目して，推移群を二つに大別する．

佐々木　チャンと，いうと？

広田　n 次の推移群を G とする．

$1, 2, \cdots, n$ を，2 個以上の同数ずつ，二つ以上の組に分ける．G に属する各置換によって，各組が一団となって互いにおきかえられるような，そんな組み分けが存在するとき，G は非原始群と呼ばれる．

このような組み分けが存在しないとき，G は原始群と呼ばれる．

佐々木　対称群は原始群で，僕のは非原始群．

広田　小川君のも非原始群だ.

小川　$\{x_1, x_3\}$, $\{x_2, x_4\}$ と分けられますね.

佐々木　でも, こんなに細かく分けて, 何かイイ事あるの？

小川　素数個のものは, 2個以上のものを同じ個数ずつ含むような, 二つ以上の組には分けられませんね.

ですから, 「次数が素数の推移群は, 原始群だけ」ですね.

広田　ほかにも, メリットがある. 後で判る.

佐々木　結局, 置換群は次のように分類された

置換群
- 推移群
  - 原始群
  - 非原始群
- 非推移群

広田　ルフィニは, この分類に立って, 5次の置換群の位数を考察する.

置換の累乗

広田　ルフィニは, 五変数の有理式の一般形

$$F(x_1, x_2, x_3, x_4, x_5)$$

で, 変数を置換して得られる, 120個の式を書き上げている. 各式に番号をつけた, 一覧表を作っている.

ある場合には一般に, また, ある場合には, この表を参照し, 何番と何番との式を変えない置換群の位数はどうなるかと, 実験する.

佐々木　実験!?　非数学的!

広田　そんな事をいう方が, 非数学的だ. 足場を見せない数学はあっても, 足場を組まない数学はない!

さて, ルフィニは巡回群から始める.

佐々木　巡回群の位数を求めるためには, 一つの置換を次々に掛けていって, いくつの違う置換が出来るか, 調べてみると, よかった.

広田　一般に, 置換 σ を次々と m 回掛けた置換は, σ の m 乗と呼ばれ, σ^m で表わす習慣だ.

佐々木　数の累乗のマネだね. σ と σ^1 とは同じだね.

そうすると，置換σをm乗してハジメテ単位置換になると，σの累乗からはチョウドm個の違う置換が出来る．さっき，4次の置換で調べたように．

広田　それは例からの類推だ．

「m個の置換 $\sigma, \sigma^2, \cdots, \sigma^m$ は互いに異なる」ことを，一般に確かめておこう．$m \geqq 2$ として．

佐々木　どうすれば，いい？

広田　　$\sigma^k = \sigma^l \quad (1 \leqq k < l \leqq m)$

という場合が生じた，としたら？

佐々木　証明したい事が正しいなら，何かヘンな事が起こるハズだ．

広田　置換の累乗は，数の累乗の真似だ――と，さっき，いったな．この関係式で，σが数なら？

佐々木　モチ，ヘンだ．

σ^kの逆数を，この両辺に掛けると

$$1 = \sigma^{l-k}.$$

$l-k$ はmより小さい自然数だから，σはm乗しないと1にならない事と矛盾する．――単位置換は，数の1と対応していたから．

広田　逆数に対応する置換は？

小川　わかりました．――あるk, lに対して

$$\sigma^k = \sigma^l \quad (1 \leqq k < l \leqq m)$$

と，なったとします．

σ^kに，σの逆置換σ^{-1}を掛けますと

（イ）　$k=1$ のときは

$$\sigma^k \sigma^{-1} = \sigma\sigma^{-1} = \iota$$

と単位置換になります．

（ロ）　$k>1$ のときは

$$\sigma^k \sigma^{-1} = (\sigma^{k-1}\sigma)\sigma^{-1} = \sigma^{k-1}(\sigma\sigma^{-1}) = \sigma^{k-1}$$

と，σの指数が一つへりますから，σ^k に σ^{-1} を $k-1$ 回つづけて掛けるとσになり，もう一回σ^{-1}を掛けると，単位置換になります．

それで，結局，σ^k に σ^{-1} をk回つづけて掛けると，単位置換になります．

また，同じ理由で，σ^l に σ^{-1} をk回つづけて掛けると，σ^{l-k} となります．σ^k と σ^l とは同じ置換でしたから

$$\iota=\sigma^{l-k} \qquad (1\leqq l-k<m)$$

となって，これはm乗より小さい $l-k$ 乗でσが単位置換となる事で，それはmについての仮定と矛盾します．

ですから，どんなk,lに対しても

$$\sigma^k\neq\sigma^l \qquad (1\leqq k<l\leqq m)$$

です．

広田　その通りだが，一つ問題がある．小川君は

$$(\sigma^{k-1}\sigma)\sigma^{-1}=\sigma^{k-1}(\sigma\sigma^{-1})$$

と，計算している．数の乗法での結合法則を，無意識に，流用したのだと思う．

置換の乗法でも，結合法則は成立するかな？

小川　すると，思います．三つのn次の置換を

$$\begin{pmatrix}1 & 2 & \cdots n\\ 1' & 2' & \cdots n'\end{pmatrix},\begin{pmatrix}1' & 2' & \cdots n'\\ 1'' & 2'' & \cdots n''\end{pmatrix},\begin{pmatrix}1'' & 2'' & \cdots n''\\ 1''' & 2''' & \cdots n'''\end{pmatrix}$$

とします．この順に掛けやすいように，すぐ前の置換の下段の順に，その後の置換の上段をソロエテあります．

$$\left\{\begin{pmatrix}1 & 2\cdots & n\\ 1' & 2'\cdots & n'\end{pmatrix}\begin{pmatrix}1' & 2' & \cdots n'\\ 1'' & 2'' & \cdots n''\end{pmatrix}\right\}\begin{pmatrix}1'' & 2'' & \cdots n''\\ 1''' & 2''' & \cdots n'''\end{pmatrix}$$
$$=\begin{pmatrix}1 & 2 & \cdots n\\ 1'' & 2'' & \cdots n''\end{pmatrix}\begin{pmatrix}1'' & 2'' & \cdots n''\\ 1''' & 2''' & \cdots n'''\end{pmatrix}=\begin{pmatrix}1 & 2 & \cdots n\\ 1''' & 2''' & \cdots n'''\end{pmatrix},$$

$$\begin{pmatrix}1 & 2 & \cdots n\\ 1' & 2' & \cdots n'\end{pmatrix}\left\{\begin{pmatrix}1' & 2' & \cdots n'\\ 1'' & 2'' & \cdots n''\end{pmatrix}\begin{pmatrix}1'' & 2'' & \cdots n''\\ 1''' & 2''' & \cdots n'''\end{pmatrix}\right\}$$
$$=\begin{pmatrix}1 & 2 & \cdots n\\ 1' & 2' & \cdots n'\end{pmatrix}\begin{pmatrix}1' & 2' & \cdots n'\\ 1''' & 2''' & \cdots n'''\end{pmatrix}=\begin{pmatrix}1 & 2 & \cdots n\\ 1''' & 2''' & \cdots n'''\end{pmatrix},$$

となって，成立します．

広田　結合法則の 意義・役割 は教わっているな？

小川　有限個の積を作るとき，並べ方を変えないなら，どこから掛け始めても同じ――という事です．それで，括弧はいらないのです．

広田　さらに，「σ を何乗かすると，必ず，単位置換となる」ことも，一般に確かめておこう．

佐々木　何乗しても単位置換にならないとすると，さっきの小川君の証明から，σ の累乗はゼンブ違う置換で，違う置換が無限に出来る．

これは，n 次の置換は $n!$ 個しかない事と矛盾する．

広田　結局，一つの置換を何乗かすると，単位置換となる．そして，このような最小な正の指数が確定する．この指数は，その置換の位数と呼ばれている．

佐々木　「置換の次数」,「置換の位数」，それから，「置換群の位数」と，ヤヤコシイな．

広田　さっきの計算で，σ^{-1} の k 乗は，σ^k の逆置換となる事も判った．これは σ^{-k} で表わす習慣だ．

佐々木　これも，数の累乗のマネだね．

$$\sigma^{-k}=(\sigma^k)^{-1}=(\sigma^{-1})^k,\quad \sigma\sigma^{-1}=\sigma^{-1}\sigma$$

だから，置換の累乗でも，指数法則

$$\sigma^{l+m}=\sigma^l\sigma^m,\quad (\sigma^l)^m=\sigma^{lm}$$

が，どんな整数 l, m に対しても成立する．

小川　「σ の零乗は単位置換」という事にしないと，一般的には，いえませんね．

広田　実際，その通りに規約する．

佐々木　結局は，巡回群の位数を求めるためには，置換の位数を——つまり，何乗するとハジメテ単位置換となるのか——調べると，いいわけだ．

これは実験できる．

広田　ルフィニは実験しない．

置換の分解に着目して，一般に求める．

佐々木　と，いうと？

置換の分解

広田　たとえば，さっきの4次の置換

$$\begin{pmatrix}1&2&3&4\\2&3&4&1\end{pmatrix}$$

では，1は2へ，その2は3へ，その3は4へ，その4は1へ，それぞれ，おきかえられている．

つまり，

$$1 \longrightarrow 2 \longrightarrow 3 \longrightarrow 4 \longrightarrow 1$$

と，1から始まって，ぐるりと，一巡するように，おきかえられている．

逆に1, 2, 3, 4を，このように一巡させる4次の置換は，最初の置換と同じものだな．一方

$$\begin{pmatrix} 1 & 2 & 3 & 4 \\ 3 & 4 & 1 & 2 \end{pmatrix}$$

では，どうだ？

佐々木　1から始めると

$$1 \longrightarrow 3 \longrightarrow 1$$

で，おしまい．ここに現われない2からは

$$2 \longrightarrow 4 \longrightarrow 2$$

で，おしまい．

広田

$$1 \longrightarrow 3 \longrightarrow 1$$

と，1, 3を一巡させるようにおきかえ，これに現われない2, 4は変えない4次の置換は

$$\begin{pmatrix} 1 & 3 & 2 & 4 \\ 3 & 1 & 2 & 4 \end{pmatrix}.$$

$$2 \longrightarrow 4 \longrightarrow 2$$

と，2, 4を一巡させるようにおきかえ，これに現われない1, 3は変えない4次の置換は

$$\begin{pmatrix} 2 & 4 & 1 & 3 \\ 4 & 2 & 1 & 3 \end{pmatrix}.$$

この二つの置換と，もとの置換との関係は？

佐々木　もとの置換は，この二つの置換の積だ．

もとの置換の作り方から，計算なしで判る．

広田　この事を，一般な n 次の置換 σ で考えよう．

１から n までの数字の中で，σ によって，自分自身とは異なるものへおきかえられる，最小なものを k_1 としよう．

佐々木　そんな k_1，ナイかもヨ．

小川　k_1 が存在しないのは，自分自身とは違うものにおきかえられる数字がないとき，つまり，σ が単位置換のときダケですね．

広田　その通りだ．一本とられた．

σ は，単位置換ではない，とする．

さて，k_1 は σ によって k_2 へおきかえられた，としよう．k_1 についての仮定から

$$k_1 \neq k_2.$$

次に，k_2 は σ によって k_3 へおきかえられた，としよう．このとき，k_3 は

（イ）k_1 か k_2 と一致する，（ロ）k_1 とも k_2 とも異なる

の二つの場合が生ずるな．

第一の場合には，これで打ち切る．

第二の場合には，k_3 を σ によっておきかえる．おきかえられたものを k_4 とする．すると，k_4 は

（ハ）k_1 か k_2 か k_3 と一致する，（ニ）k_1 とも k_2 とも k_3 とも異なる

の二つの場合が生ずるな．

佐々木　第一の場合には，これで止めて，第二の場合には，k_4 を σ でおきかえる…

――これを，繰り返すんだね．

でも，多くても n 回目の k_{n+1} までには，第二の場合は起こらなくなる．対象にしている数字は，もともと n 個しかない，のだから．

広田　その通りだ．

このようにして，k_1 から始めてチョウド m 回目に，k_{m+1} がどれかの k_j と初めて一致する系列が，ただ一つ確定する．すなわち，

$$k_1 \to k_2 \to k_3 \to \cdots \to k_m \to k_{m+1}$$

で，$k_1, k_2, \cdots, k_m$ は互いに異なり，k_{m+1} は $k_1, k_2, \cdots, k_m$ のどれかと一致する．

このとき

$$k_{m+1}=k_1.$$

佐々木　わかるかネ．わかるかネ〜，小川君！

小川　えーと，仮定から，ある番号 l に対して

$$k_{m+1}=k_l \qquad (1\leqq l\leqq m)$$

となりますね．

$l>1$ とすると，問題の系列には k_{l-1} という数字がありますから，$l-1$ 項から先は

$$k_{l-1}\to k_l=k_{m+1}\to\cdots\to k_m\to k_{m+1}$$

と，なっていますが…わかりました．

「$k_1, k_2, \cdots, k_m$ は互いに違う」という仮定から，k_{l-1} と k_m とは違う数字なのに，どっちも σ によって k_{m+1} におきかえられています．――これは矛盾です．

n 次の置換は，$1, 2, \cdots, n$ を $1, 2, \cdots, n$ の順列におきかえるのですから，違う二つの数字が，同じ一つの数字には，おきかえられませんから．

広田　結局，k_1 に対して

$$k_1\to k_2\to\cdots\to k_m\to k_1$$

と，互いに異なる2個以上の数字 $k_1, k_2, \cdots, k_m$ の，ぐるりと一巡する系列が，ただ一つ確定した．

さて，$k_1, k_2, \cdots, k_m$ とは異なる数字で，σ によって自分自身とは異なる数字へおきかえられるものが存在しなければ，σ は，$k_1, k_2, \cdots, k_m$ を

$$k_1\to k_2\to\cdots\to k_m\to k_1$$

と一巡させ，残りの数字を変えない n 次の置換だな．

この置換は，長さ m の巡回置換と呼ばれ

$$(k_1\ k_2\cdots k_m)$$

で表わす習慣だ．

佐々木

$$\begin{pmatrix}1 & 2 & 3 & 4\\ 2 & 3 & 4 & 1\end{pmatrix}=(1\ 2\ 3\ 4)$$

で，長さ4の巡回置換．

小川　これは

$$(1\ 2\ 3\ 4)=(2\ 3\ 4\ 1)=(3\ 4\ 1\ 2)=(4\ 1\ 2\ 3)$$

と，四通りに書けますね．

広田　もとのσへ返る．$k_1, k_2, \cdots, k_m$とは異なる数字で，σによって自分自身とは異なるものへおきかえられるものが存在すれば，その中の最小なものをk_1'とすると，今と同様に，巡回置換

$$(k_1'\ k_2'\cdots k_l')$$

が，k_1'に対して，ただ一つ確定する．

二つの巡回置換

$$(k_1\ k_2\cdots k_m)\quad と\quad (k_1'\ k_2'\cdots k_l')$$

とには，共通な数字は存在しない．

佐々木　作り方から，アタリマエだ．

小川　共通な数字があると，この二つは一致しますね．

k_rが共通だと，集合$\{k_1', k_2', \cdots, k_l'\}$は集合$\{k_r, k_{r+1}, \cdots, k_m, k_1, \cdots, k_{r-1}\}$を含まないと，いけません．

逆に，$k_r=k_s'$とすると，集合$\{k_1, k_2, \cdots, k_m\}$は，集合$\{k_s', k_{s+1}', \cdots, k_l', k_1', \cdots, k_{s-1}'\}$を含まないと，いけませんから

$$\{k_1, k_2, \cdots, k_m\}=\{k_1', k_2', \cdots, k_l'\}$$

です．

広田　$k_1, k_2, \cdots, k_m$や$k_1', k_2', \cdots, k_l'$とは異なる数字で，σによっては自分自身とは異なる数字へおきかえられるものが存在しなければ…

佐々木　$\sigma=(k_1\ k_2\cdots k_m)(k_1'\ k_2'\cdots k_l')$.

小川　積の順序は，入れかえても，いいですね．

自分自身におきかえられる数字は，この二つの巡回置換には現われませんし，そうでない数字は，どっちか一方，そして，一方だけの巡回置換の中で，おきかえられますから．

それから，問題の数字はn個しかありませんから，この手続きは何回目かで終わりますね．

広田　このようにして，単位置換と異なる，任意の置換は，互いに共通な数字を含まない，有限個の巡回置換の積へ一意的に分解される．

小川　自然数の素因数分解と似ていますね．単位置換が例外な点やら，積の順序はドウデモいい点やら．

佐々木　さっきの4次の置換は

$$\begin{pmatrix}1&2&3&4\\3&4&1&2\end{pmatrix}=(1\ 3)(2\ 4)$$

と分解される．

広田　$\begin{pmatrix}1&2&3&4&5\\1&3&5&4&2\end{pmatrix}$ や $\begin{pmatrix}1&2&3&4&5&6&7\\4&7&5&6&3&1&2\end{pmatrix}$

は？

佐々木　$$\begin{pmatrix}1&2&3&4&5\\1&3&5&4&2\end{pmatrix}=(2\ 3\ 5).$$

小川　$$\begin{pmatrix}1&2&3&4&5&6&7\\4&7&5&6&3&1&2\end{pmatrix}=(1\ 4\ 6)(2\ 7)(3\ 5).$$

佐々木　でも，巡回置換に分解すると，置換の位数を求めやすいのかな？

広田　無論だ．

そのために，ルフィニは置換の分解へ着目した．

置換の位数

広田　長さmの巡回置換の位数は，mだ．

佐々木　m乗したら単位置換，mより小さい累乗では単位置換にはならない事を確かめたら，いい．

小川　長さmの巡回置換

$$\tau=(k_1\ k_2\cdots k_m)$$

では，これに現われてない数字は，自分自身におきかえられていますから，τを何乗しても，自分自身におきかえられますね．

τに現われている数字 $k_1, k_2, \cdots, k_m$ は，τ で

$$k_1\rightarrow k_2\rightarrow\cdots\rightarrow k_m\rightarrow k_1$$

と，順におきかえられますから

$$1 \leqq r < m$$

のとき，k_r は τ^{m-r} で

$$k_r \xrightarrow{\tau} k_{r+1} \xrightarrow{\tau} \cdots \xrightarrow{\tau} k_m$$

と k_m におきかえられ，これに τ^r をつづけると

$$k_r \xrightarrow{\tau^{m-r}} k_m \xrightarrow{\tau} k_1 \xrightarrow{\tau} \cdots \xrightarrow{\tau} k_r$$

と，k_r は τ^m で k_r 自身にかえりますね．

k_m は，勿論，τ^m で

$$k_m \xrightarrow{\tau} k_1 \xrightarrow{\tau} k_2 \xrightarrow{\tau} \cdots \xrightarrow{\tau} k_m$$

と，k_m 自身にかえります．

ですから，τ^m は単位置換です．

佐々木　$1 \leqq l < m$

のとき，τ^l では，k_1 は

$$k_1 \xrightarrow{\tau} k_2 \xrightarrow{\tau} \cdots \xrightarrow{\tau} k_{l+1}$$

と k_{l+1} におきかえられるが

$$2 \leqq l+1 \leqq m$$

だから

$$k_1 \neq k_{l+1}$$

となって，τ^l は単位置換ではない．

だから，τ の位数は m だ．

広田　単位置換ではない σ が

$$\sigma = \tau_1 \tau_2 \cdots \tau_l$$

と，それぞれ，長さ m_k の，互いに共通な数字を含まない，l 個の巡回置換 τ_k に分解されると，σ の位数は $m_1, m_2, \cdots, m_l$ の最小公倍数だ．

小川　σ を m 乗すると，τ_k の積の順序は入れかえられる事と，結合法則とから

$$\sigma^m = \tau_1{}^m \tau_2{}^m \cdots \tau_l{}^m$$

ですね.

佐々木　だから，m が $m_1, m_2, \cdots, m_l$ の公倍数なら，σ^m は単位置換だ．τ_k の位数は m_k だから.

小川　公倍数でないときは，m はどれかの m_k の倍数ではないので，たとえば，m は m_r の倍数ではないとすると，m は m_r では割り切れないので

$$m = pm_r + q \qquad (0 < q < m_r)$$

という整数 p, q がありますね.

それで，指数法則から

$$\tau_r{}^m = \tau_r{}^{pm_r+q} = (\tau_r{}^{m_r})^p \tau_r{}^q = \tau_r{}^q$$

ですが，$0 < q < m_r$ なので，$\tau_r{}^q$ は単位置換ではない．それで，$\tau_r{}^m$ も単位置換では，ありません.

これは，τ_r に現われる数字で，$\tau_r{}^m$ では自分自身におきかえられないものがある，という事で，問題の数字は，σ^m でも自分自身におきかえられませんね．——$\tau_1, \tau_2, \cdots, \tau_l$ には互いに共通な数字はないので，$\tau_1{}^m, \tau_2{}^m, \cdots, \tau_l{}^m$ にも互いに共通な数字はない，からです.

それで，m が $m_1, m_2, \cdots, m_l$ の公倍数でないときは，σ^mは単位置換ではありませんね.

佐々木　だから，σ^m が単位置換になるのは，m が $m_1, m_2, \cdots, m_l$ の公倍数のときダケだ.

そして，一番小さい公倍数，つまり，最小公倍数が σ の位数だ.

広田　この二つの結果を使うと，置換の位数が，その累乗を計算せずに，すぐに求まるな.

たとえば，さっきの二つの置換の位数は？

佐々木

$$\begin{pmatrix} 1 & 2 & 3 & 4 & 5 \\ 1 & 3 & 5 & 4 & 2 \end{pmatrix} = (2\ 3\ 5)$$

の位数は 3.

小川　3 と 2 と 2 との最小公倍数は 6 ですから

$$\begin{pmatrix}1&2&3&4&5&6&7\\4&7&5&6&3&1&2\end{pmatrix}=(1\ 4\ 6)(2\ 7)(3\ 5)$$

の位数は6です．

広田　また，置換の位数に関する，この二つの結果から，巡回群の位数が，すべて，容易に決定できる．

佐々木　ウマイ事に気がついた，ものだ．

広田　以上の準備の下で，ルフィニは5次の置換群の位数を考察する．だが，それは次の機会に見よう．

今日のところを総括しておこう．

要　約

佐々木　ラグランジュのアイデアを，5次以上の方程式にも応用するために，ルフィニは置換群の位数をゼンブ求めようとした．

小川　そのために，置換群をイロイロと分類しました．

佐々木　巡回群と非巡回群とに分けた．

小川　推移群と非推移群とにも分けました．

そして，この推移群を，原始群と非原始群とに分けました．

佐々木　それから，巡回群の位数を決める問題は，置換の位数を求める事に帰着された．

小川　そのために，置換を分解しました．

単位置換でない置換は，互いに共通な数字を含まない，有限個の巡回置換に分解されます．

佐々木　この分解から，置換の位数がスグに求まる．イチイチ掛けてみなくても，よかった．

小川　そして，この分解から，巡回群の位数がゼンブ求まる――こんな事です．

広田　大筋は，よく捉らえている．

実は，内々，心配だった．「置換」は高校では教わらない初めてのものだからな．

小川　「おきかえ」といっていた頃よりも，スッキリして，よく判ります．

広田　与次郎は？

佐々木　ボクは，ダメ．

頭は晴れても，心はヤミだ！

第17章　置換群を追求する

ルフィニの構想にしたがい，５次の置換群を追求する．それらの位数を決定する．

「５次以上の方程式には，代数的解法による，根の公式はない」という事実の，証明への布石である．

５次の置換群は，ルフィニの追求の前に，その本性を次々とさらけ出すのである．

叔父さんはナットウを，こよなく，愛する．

「納豆は栄養満点」と喧伝，毎日，弁当のおかずとした人の感化なのである．この有言実行の人は，中学時代のクラス担任の先生だそうである…

目　　標

広田　先日は，置換群を分類したな．

その目的は？

佐々木　お隣りさんも，お向いさんも，忘れちゃいけない，ハイ，位数！

置換群の位数を，ノウリツ的に，求めるためだった．

小川　置換群の位数が求まると，与えられた方程式の根の有理式を根に持つ，第一の補助方程式の次数の範囲が決まるのでした．

広田　その通りだ．

今日は，５次の置換群の位数を考察しよう．

置換群の位数

広田　問題の置換群の位数について，その大枠は判っているな？

佐々木　五変数の有理式を変えない，変数の間の置換の個数だから，5! の約数だ．$5!=2^3\cdot3\cdot5$ だから

$$
\begin{array}{rrrr}
1, & 2, & 4, & 8, \\
3, & 6, & 12, & 24, \\
5, & 10, & 20, & 40, \\
15, & 30, & 60, & 120,
\end{array}
$$

の十六種類を，はみ出さない．

問題は，これらを位数に持つような置換群が，ホントウにあるのか，どうかだね．

小川　「n 個の文字の有理式が与えられたとき，それを変えない，文字の間の置換の個数は n の階乗の約数」という事は，前に，証明しました．

しかし，n 次の置換群が与えられたとき，それに含まれている置換だけで変わらないような，n 個の文字の有理式があるかどうかは，まだ，調べてません．

あると，n の階乗の約数ですが，「ない」かも知れません．

ですから，「n 次の置換群の位数は，n の階乗の約数」という事は，チャンと証明しないと，いけません．

広田　当面の課題――第一の補助方程式の，次数の範囲の決定――には，与次郎の考察で十分だ．

だが，有理式を離れて，置換群の位数を一般に考察するのも面白い．

小川　証明は簡単です．この前の方法を，真似して出来ます：

G を n 次の置換群として

$$G=\{\sigma_1, \sigma_2, \cdots, \sigma_m\}$$

とします．つまり，G の位数を m とします．

G に含まれない n 次の置換がないときは

$$m=n!$$

ですから，m は $n!$ の約数です．

G に含まれない n 次の置換があるときは，それを τ_1 とすると

$$G_1=\{\sigma_1\tau_1, \sigma_2\tau_1, \cdots, \sigma_m\tau_1\}$$

が作れます．

G と G_1 とに共通な置換は，ありません．

佐々木　かりに

$$\sigma_j=\sigma_k\tau_1$$

なら，σ_k の逆置換を使うと

$$\sigma_k^{-1}\sigma_j=(\sigma_k^{-1}\sigma_k)\tau_1=\tau_1$$

で，$\sigma_k^{-1}\sigma_j$ はGに含まれる置換だから，τ_1 がGに含まれる事となって，矛盾する．

広田　$\sigma_k^{-1}\sigma_j$ がGに属する事は？

小川　σ_k の位数を l とすると

$$\sigma_k^{l-1}\sigma_k=\iota$$

ですから，σ_k^{l-1} は σ_k の逆置換です．

σ_k は G に含まれてますから，その $l-1$ 乗の σ_k^{l-1} もGに含まれます．

結局，σ_k^{-1} も σ_j もGに含まれてますから，それらの積 $\sigma_k^{-1}\sigma_j$ はGに含まれます．

佐々木　それから，G_1 に含まれてる置換は，互いに違う置換だ．

かりに

$$\sigma_j\tau_1=\sigma_k\tau_1 \qquad (j\neq k)$$

なら，τ_1 の逆置換を使って

$$\sigma_j(\tau_1\tau_1^{-1})=\sigma_k(\tau_1\tau_1^{-1}),$$

つまり

$$\sigma_j=\sigma_k \qquad (j\neq k)$$

となって

$$\sigma_j\neq\sigma_k \qquad (j\neq k)$$

と矛盾する．

小川　それで，G_1 にもチョウド m 個の置換が含まれてます．

ですから，G にも G_1 にも含まれない，n 次の置換がないときは

$$2m=n!$$

で，m は $n!$ の約数です．

G にも G_1 にも含まれない，n 次の置換があるときは，それを τ_2 とすると…

佐々木　$G_2=\{\sigma_1\tau_2, \sigma_2\tau_2, \cdots, \sigma_m\tau_2\}$

を作る．

G, G_1, G_2 に共通に含まれる置換はないし，G_2 もチョウド m 個の置換を含んでいる．――さっきと同じ論法で判る．

n 次の置換が，それぞれ，G か G_1 か G_2 かに含まれていると

$$3m=n!$$

となって，m は $n!$ の約数．

G にも G_1 にも G_2 にも含まれない，n 次の置換があると，それを τ_3 として

$$G_3=\{\sigma_1\tau_3, \sigma_2\tau_3, \cdots, \sigma_m\tau_3\}$$

を作る．

――この手続きを，繰り返すわけだ．

小川　n 次の置換の個数は $n!$ と有限ですから，この手続きは無限には続きません．

s 回目で終わるとすると，$n!$ 個の n 次の置換は，m 個ずつ，互いに共通な置換を含まない，s 個の組に分けられます．ですから

$$sm=n!$$

で，m は $n!$ の約数です．

佐々木　この間のように，n 変数の有理式 F が与えられていて，それを変えない，変数の間の置換全体の集合が G なら――F から作られる互いに違う式は

$$F, F\tau_1, F\tau_2, \cdots, F\tau_{s-1}$$

の s 個で，F から $F\tau_k$ を作り出す置換の全体が，G_k というわけだ．この間の論法と比べると．

置換の変換

広田　与次郎の今の説明で，たとえば，$F\tau_1$ を変えない置換から構成される置換群は？

小川　$(F\tau_1)\sigma=F\tau_1$

ですと，置換 $\tau_1\sigma$ は

$$F(\tau_1\sigma)=F\tau_1$$

と，F から $F\tau_1$ を作り出しますから，佐々木君の説明から

$$\tau_1\sigma\in G_1$$

でないと，いけません．それで，

$$\tau_1\sigma=\sigma_k\tau_1$$

と書けないと，いけません．ですから，σ は

$$\sigma=\tau_1{}^{-1}\sigma_k\tau_1$$

という形の置換でないと，いけませんね．

逆に，この形の置換は $F\tau_1$ を変えないのか，どうかですが

$$F\tau_1(\tau_1{}^{-1}\sigma_k\tau_1)=F\sigma_k\tau_1=F\tau_1$$

と，$F\tau_1$ を変えませんね．

ですから，問題の置換群は

$$\{\tau_1{}^{-1}\sigma_1\tau_1,\ \tau_1{}^{-1}\sigma_2\tau_1,\ \cdots,\ \tau_1{}^{-1}\sigma_m\tau_1\}$$

です．

佐々木　ヘンな形！

広田　ルフィニは，この形に着目し，位数の決定に有効に利用する．

佐々木　と，いうと？

広田　二つの置換 σ, τ が同一の置換群に属している，としよう．

さっきの小川君の説明から，τ^{-1} も，この置換群に属している．そこで，$\tau^{-1}\sigma\tau$ も，この置換群に属する．

小川　置換群に含まれている二つの置換から，この方法で，その置換群に含まれる第三の置換が見つかる，のですね．

広田　その通りだ．

この手法は，その意味でも重要だ．そこで，名前がついている．

一般に，二つの n 次の置換 σ, τ から置換 $\tau^{-1}\sigma\tau$ を作る事は，σ を τ で変換する，と呼ばれている．

変換の具体形を見よう．

佐々木

$$\sigma=\begin{pmatrix}1 & 2 & \cdots & n\\ 1' & 2' & \cdots & n'\end{pmatrix},\quad \tau=\begin{pmatrix}1 & 2 & \cdots & n\\ 1'' & 2'' & \cdots & n''\end{pmatrix}$$

とおいて，$\tau^{-1}\sigma\tau$ を具体的に求めるのだね．

$$\tau^{-1}=\begin{pmatrix}1'' & 2'' & \cdots & n''\\ 1 & 2 & \cdots & n\end{pmatrix}$$

だから

$$\tau^{-1}\sigma=\begin{pmatrix}1'' & 2'' & \cdots & n''\\ 1' & 2' & \cdots & n'\end{pmatrix}.$$

これに τ を掛けるために

$$\tau=\begin{pmatrix}1' & 2' & \cdots & n'\\ 1''' & 2''' & \cdots & n'''\end{pmatrix}$$

と並べかえると

$$\tau^{-1}\sigma\tau=\begin{pmatrix}1'' & 2'' & \cdots & n''\\ 1''' & 2''' & \cdots & n'''\end{pmatrix}.$$

広田　変換の仕方が判るな．

佐々木　サッパリ．

広田　$\tau^{-1}\sigma\tau$ の上段 $1'', 2'', \cdots, n''$ は，σ の上段 $1, 2, \cdots, n$ を，それぞれ τ でおきかえたものだな．

$\sigma^{-1}\sigma\tau$ の下段 $1''', 2''', \cdots, n'''$ は…

小川　σ の下の段 $1', 2', \cdots, n'$ を，それぞれ τ でおきかえたものです．

佐々木　ピンと，こない．

小川　τ を，この間のように，関数記号を使って書くとヨクわかりますよ．

$$\tau=\begin{pmatrix}1 & 2 & \cdots & n\\ \tau(1) & \tau(2) & \cdots & \tau(n)\end{pmatrix}=\begin{pmatrix}1' & 2' & \cdots & n'\\ \tau(1') & \tau(2') & \cdots & \tau(n')\end{pmatrix}$$

ですから

$$\begin{aligned}\tau^{-1}\sigma\tau&=\begin{pmatrix}\tau(1) & \tau(2) & \cdots & \tau(n)\\ 1 & 2 & \cdots & n\end{pmatrix}\begin{pmatrix}1 & 2 & \cdots & n\\ 1' & 2' & \cdots & n'\end{pmatrix}\tau\\ &=\begin{pmatrix}\tau(1) & \tau(2) & \cdots & \tau(n)\\ 1' & 2' & \cdots & n'\end{pmatrix}\begin{pmatrix}1' & 2' & \cdots & n'\\ \tau(1') & \tau(2') & \cdots & \tau(n')\end{pmatrix}\end{aligned}$$

$$=\begin{pmatrix}\tau(1) & \tau(2) & \cdots & \tau(n) \\ \tau(1') & \tau(2') & \cdots & \tau(n')\end{pmatrix}$$

でしょう.

佐々木　わかった.

σ を τ で変換するのは，σ の上の段と，下の段とを，それぞれ τ でおきかえると，いいんだな.

広田　たとえば

$$\begin{pmatrix}1 & 2 & 3 & 4 \\ 2 & 4 & 1 & 3\end{pmatrix} \text{ を } \begin{pmatrix}1 & 2 & 3 & 4 \\ 4 & 1 & 2 & 3\end{pmatrix}$$

で変換すると？

佐々木　第一の置換の上の段と下の段を，それぞれ第二の置換でおきかえると

4　1　2　3，　1　3　4　2

だから

$$\begin{pmatrix}4 & 1 & 2 & 3 \\ 1 & 3 & 4 & 2\end{pmatrix}$$

広田　(1 2 4 3) を (1 4 3 2) で変換すると？

小川　1 2 4 3 を第二の置換でおきかえると 4 1 3 2 ですから，(4 1 3 2) です.

佐々木　どうして？

小川　一般的に，長さ m の巡回置換

$$(k_1\ k_2 \cdots k_m)=\begin{pmatrix}k_1 & k_2 & \cdots & k_m & k_{m+1} & \cdots & k_n \\ k_2 & k_3 & \cdots & k_1 & k_{m+1} & \cdots & k_n\end{pmatrix}$$

を τ で変換すると

$$\begin{pmatrix}\tau(k_1) & \tau(k_2) & \cdots & \tau(k_m) & \tau(k_{m+1}) & \cdots & \tau(k_n) \\ \tau(k_2) & \tau(k_3) & \cdots & \tau(k_1) & \tau(k_{m+1}) & \cdots & \tau(k_n)\end{pmatrix}=(\tau(k_1)\quad \tau(k_2)\ \cdots\ \tau(k_m))$$

と，ヤッパリ長さ m の巡回置換でしょう.

佐々木　ナルヘソ.

広田　$(1\ k)$ を $(1\ j)$ で変換すると？

無論，$k \neq 1$, $j \neq 1$ で，$j \neq k$ とする.

佐々木 1は$(1\ j)$でjに，それから$k \neq 1, j$だから，kは$(1\ j)$でkにおきかえられるから

$$(1\ j)^{-1}(1\ k)(1\ j)=(j\ k).$$

広田 $$(1\ j)^{-1}=(1\ j)$$

だから

$$(1\ j)(1\ k)(1\ j)=(j\ k)$$

だな．この結果は後で使う．忘れるな．

さて，5次の置換群の位数を見よう．

5次の巡回群の位数

広田 ルフィニは，巡回群から始める．

佐々木 巡回群の位数は，置換の位数ダケある．

5次の置換を，互いに共通な文字を含まない，巡回置換の積に分解すると

（イ） 長さ5の巡回置換，

（ロ） 長さ4の巡回置換，

（ハ） 長さ3の巡回置換，

（ニ） 長さ3の巡回置換と長さ2の巡回置換との積，

（ホ） 長さ2の巡回置換，

（ヘ） 長さ2の巡回置換と長さ2の巡回置換との積，

の六通りだ．

それぞれの置換の位数は，順番に 5,4,3,6,2,2 だから，巡回群の位数は 2,3,4,5,6 だ．

小川 もう一つ，ありますね．

単位置換は，今のようには分解されないけど，それだけで，位数1の巡回群ですね．

佐々木 そうだった．2次の置換群のときに，調べた．結局，巡回群の位数は，1,2,3,4,5,6 だ．

5次の非推移群の位数

広田 ルフィニは，非巡回群を三種に分類して，その位数を考察する．

佐々木　非推移群・原始群・非原始群——だ.

でも，５次の非原始群は存在しなかった．５は素数だから.

小川　「５次の推移群の位数は，５の倍数」というメリットもありました.

広田　いま一つ，メリットがある.

逆に,「位数が５の倍数である５次の置換群は，位数５の置換を含む」という事実を，ルフィニは発見している.——先日，注意したのは，これだ.

佐々木　それが，どうしてメリット？

広田　位数５の，５次の置換は？

小川　さっき調べたように，長さ５の巡回置換です.

広田　長さ５の巡回置換

$$\sigma=(k_1\ k_2\ k_3\ k_4\ k_5)$$

に現われる，任意の二つの数字 k_j, k_r を取る.

σ の $r-j$ 乗によって，k_j は k_r に，おきかえられるな.

佐々木　$j<r$ のときは，σ で

$$k_j \longrightarrow k_{j+1} \longrightarrow \cdots \longrightarrow k_{j+(r-j)}$$

と，おきかえられてるから，確かに，そうだ.

$j=r$ のときは，σ の零乗は単位置換だから，これもいい.

$j>r$ のときは，$r-j$ 乗は負の累乗だから，σ^{-1} の累乗を考えるのかな．とにかく，このとき σ で

$$k_r \longrightarrow \cdots \longrightarrow k_{j-1} \longrightarrow k_j$$

と，おきかえられてるから，σ^{-1} で

$$k_{j-(j-r)} \longleftarrow \cdots \longleftarrow k_{j-1} \longleftarrow k_j$$

と，おきかえられるから，σ^{-1} の $j-r$ 乗，つまり，σ の $r-j$ 乗で，k_j は k_r におきかえられる.

広田　この結果は…

小川　わかりました．おっしゃりたい事が判りました.

σ を含む５次の置換群は推移群——という事です．問題の置換群は σ の累乗を含みますから.

それで，結局，「位数が5の倍数である5次の置換群は，推移群だけである」という，わけですね．

佐々木　そうか．それじゃ，5次の非推移群の位数は，5の倍数じゃない．

広田　当面の課題は，さっき求めた十六種の数を位数とする，5次の置換群が実際に存在するか——だったな．

1,2,3,4,5,6 を位数とする置換群は，すでに存在した．これらを除くと，5の倍数ではないものは 8,12,24 だな．

小川　ですから，8,12,24 を位数に持つような，5次の非推移群を探します．

佐々木　えーと，位数8のが，見つかった！

(1 2) の位数は 2, (1 3 4 5) の位数は 4 だから，この二つの巡回置換の積の全体でいい．

広田　たとえば，この二つを掛けると？

佐々木　$(1\ \ 2)(1\ \ 3\ \ 4\ \ 5)$

$$=\begin{pmatrix}1&2&3&4&5\\2&1&3&4&5\end{pmatrix}\begin{pmatrix}1&2&3&4&5\\3&2&4&5&1\end{pmatrix}$$

$$=\begin{pmatrix}1&2&3&4&5\\2&3&4&5&1\end{pmatrix}=(1\ \ 2\ \ 3\ \ 4\ \ 5).$$

あれー，推移群で，ダメだ．どっこい，そうは問屋で卸さない——か．

広田　位数8の置換群は経験しているな．もっとも，5次ではないが．

小川　はい．

$$x_1x_2+x_3x_4$$

を変えない4次の置換群が，そうでしたが…，あっ，そうか．——この置換群を5次の置換群にすると，いいですね．

この置換群に含まれてる4次の置換

$$\begin{pmatrix}1&2&3&4\\1'&2'&3'&4'\end{pmatrix}$$

から作った，5次の置換

$$\begin{pmatrix}1&2&3&4&5\\1'&2'&3'&4'&5\end{pmatrix}$$

の全体が，そうですね．

この集合が置換群なのは，作り方から明らかですが，たとえば

$$x_1x_2 + x_3x_4 + x_5^2$$

を変えない，5次の置換全体な事からも判ります．

それから，この置換群に含まれてる置換では，5は5だけにしか，おきかえられませんから，これは非推移群です．位数が5の倍数でない事からも，判りますが．

広田　巡回群ではない事は？

小川　巡回群の位数は，6以下でしたから．

佐々木　そんな方法でいいなら，位数24のも見つかる．

4次の置換に，今のように，5をくっつけた5次の置換の全体は，位数24の，5次の非推移群だ．

小川　さっきの位数8の場合を真似して

$$(x_1 + x_2 + x_3) + (x_4^2 + x_5^2)$$

を変えない，5次の置換全体を考えると，位数12の，5次の非推移群が作れます．

佐々木　それは，勝手な3次の置換に4と5とをくっつけた

$$\begin{pmatrix} 1 & 2 & 3 & 4 & 5 \\ 1' & 2' & 3' & 4 & 5 \end{pmatrix} \quad や \quad \begin{pmatrix} 1 & 2 & 3 & 4 & 5 \\ 1' & 2' & 3' & 5 & 4 \end{pmatrix}$$

の全体だ．

小川　あとは，推移群の場合だけですね．

5次の推移群の位数（一）

佐々木　5次の推移群の位数は5の倍数だけど，位数5のはあった．残りは，10, 15, 20, 30, 40, 60, 120 の七種類だ．

広田　ルフィニは，苦心の計算の結果，「10, 20, 60, 120を位数とする5次の置換群は存在するが，15, 30, 40 を位数とする5次の置換群は存在しない」という事実を発見する．

佐々木　どんな風に，計算するの？

小川　問題の置換群は，長さ5の巡回置換を含まないといけないので，それと，それの累乗でない置換とを色々くみ合せるのでしょう．

広田　その通りだ．

佐々木　その通りだ——なんて，スマしてないで，一つ計算してみようよ．

広田　そうだな．二つの5次の置換

$$\sigma=(1\ 2\ 3\ 4\ 5) \quad と \quad \tau=(1\ 2)$$

との，あらゆる積から構成される，5次の置換群の位数を調べよう．

位数は，幾つになると思う？

佐々木　σ の位数は5，τ の位数は2だから，10だ．佐々木与次郎，恥かしながら，ただ今，予想しました．

小川　この置換群は，σ の累乗

$$\sigma^2=(1\ 3\ 5\ 2\ 4),\quad \sigma^3=(1\ 4\ 2\ 5\ 3),\quad \sigma^4=(1\ 5\ 4\ 3\ 2),$$

を含まないと，いけませんね．

広田　これらで τ を変換したものも含まなければ，ならないな．

佐々木　さっきの変換の法則から

$$\sigma^{-1}\tau\sigma=(2\ 3),\quad \sigma^{-2}\tau\sigma^2=(3\ 4),\quad \sigma^{-3}\tau\sigma^3=(4\ 5),\quad \sigma^{-4}\tau\sigma^4=(5\ 1).$$

広田　τ で $(2\ 3)$ を変換すると？

小川　$$\tau^{-1}(2\ 3)\tau=(1\ 3).$$

広田　この $(1\ 3)$ で $(3\ 4)$ を変換すると？

佐々木　$$(1\ 3)^{-1}(3\ 4)(1\ 3)=(1\ 4).$$

広田　結局，問題の置換群は

$$(1\ 2),\ (1\ 3),\ (1\ 4),\ (1\ 5)$$

を含むな．

小川　ですから，この四つから作れる，どんな積も含まれます．

広田　これで，上がり——だ．

佐々木　どうして？

互換への分解

広田　非推移群の際，与次郎は

$$(1\ 2)(1\ 3\ 4\ 5)=(1\ 2\ 3\ 4\ 5)$$

という計算をした．

これを一般化すると？

小川　$(k_1\ k_2)(k_1\ k_3\ k_4\ k_5)=(k_1\ k_2\ k_3\ k_4\ k_5)$　です．

広田　もっと一般化される．「5」に拘泥しなければ．

小川　$m \geqq 3$ のとき

$$(k_1\ k_2)(k_1\ k_3\ \cdots\ k_m)=(k_1\ k_2\ k_3\ \cdots\ k_m)$$

ですね．

広田　これは，何を意味する？

佐々木　左辺の二つの巡回置換の積は，右辺の一つの巡回置換となる．

広田　等式は，左から右と眺めるだけでは，いかん．

さらに，「上がり」とも関連づける．

小川　「上がり」は，長さ2の巡回置換の積と関係がありますね…，わかりました．おっしゃりたい事が，判りました．

右から左への計算法を繰り返すと，たとえば

$$\begin{aligned}(1\ 2\ 3\ 4\ 5)&=(1\ 2)(1\ 3\ 4\ 5)\\&=(1\ 2)(1\ 3)(1\ 4\ 5)\\&=(1\ 2)(1\ 3)(1\ 4)(1\ 5)\end{aligned}$$

と，長さ5の巡回置換は，長さ2の巡回置換の積に分解されます．

同じ計算法で，一般的に，$m \geqq 3$ のとき

$$(k_1\ k_2\ k_3\ \cdots\ k_m)=(k_1\ k_2)(k_1\ k_3)\ \cdots\ (k_1\ k_m)$$

と，長さmの巡回置換は，$m-1$ 個の，長さ2の巡回置換の積に分解されます．

佐々木　これが，「上がり」と関係ある？

小川　置換の変換のとき，「忘れるな」といわれた式がありましたね．

佐々木　$j \neq k$ のとき

$$(1\ j)(1\ k)(1\ j)=(j\ k)$$

だ．

小川　これも，右から左へ見ると，$j \neq 1, k \neq 1$ のとき，長さ2の巡回置換 $(j\ k)$

は $(1\ j)$ と $(1\ k)$ との積に分解される事を意味してますね．

$j=1$ か $k=1$ のときは，$(j\ k)$ は $(1\ k)$ か $(1\ j)$ です．

それで，結局，長さ2の，5次の巡回置換は

$$(1\ 2),\ (1\ 3),\ (1\ 4),\ (1\ 5)$$

の積に分解されます．

佐々木　そうか．これと，さっきの事から，巡回置換はゼンブこの四つの置換の積で表わされる．

そして，単位置換を除くと，5次の置換はゼンブ巡回置換の積に分解されたから，この四つの置換の積で表わされる．

小川　単位置換も，たとえば，$(1\ 2)$ の2乗だから，結局，5次の置換はゼンブこの四つの置換の積ですね．

佐々木　だから，5次の置換はゼンブ問題の置換群に含まれて，問題の置換群は5次の対称群 S_5 だ．――わたくしの予想は完全にはずれました．

広田　なに，非推移群の際の，与次郎の計算が役に立っている．

佐々木　ケガの功名！

小川　今の論法から，一般的に，「n 次の置換は，長さ2の巡回置換の積で表わされる．もっと精確には，$n-1$ 個の，長2の巡回置換

$$(1\ 2),\ (1\ 3),\ \cdots,\ (1\ n)$$

の積で表わされる」という事が，判ります．

広田　第一の結果は，長さ2の巡回置換は特別な役割を果す事を示している．そこで，特に，名前がついている．長さ2の巡回置換は互換と呼ばれる．

佐々木　ヨク考えてみると，この結果はアタリマエだ．

$1, 2, \cdots, n$ を別の順列へおきかえるのに，一ペンでなく，二つずつ，おきかえて行けばイイのだから．

広田　第二の結果は，n 個の文字の有理式が与えられたとき，それが対称かどうかを試す，簡便法を示唆する．

小川　n 個の文字 $x_1, x_2, \cdots, x_n$ の中の一つ，たとえば x_1 と，残りの $n-1$ 個の文字の一つずつとを互いに入れかえてみて，ゼンゼン変わらないなら，与えられた有理式は対称です．変わる場合が一つでもあると，対称では，ありませ

ん.

つまり，nの階乗回も調べなくても，$n-1$ 回で判りますね.

佐々木　脱線しない．あとの推移群は？

5次の推移群の位数（二）

広田　二つの5次の置換

(1 2 3 4 5)　と　(1 4)(2 3)

との，あらゆる積から構成される5次の置換群は，位数10を持つ.

また，二つの5次の置換

(1 2 3 4 5)　と　(1 2 4 3)

との，あらゆる積から構成される5次の置換群は，位数20を持つ.

それぞれ，第一の置換を第二の置換で変換してみると，よい．そこから，問題の置換群に属する置換は，第二の置換の累乗と，第一の置換の累乗との積で表わされる事が判る.

さらに，二つの5次の置換

(1 2 3 4 5)　と　(1 2 3)

との，あらゆる積から構成される5次の置換群は，位数60を持つ.

家で試みると，よい.

佐々木　チャンと証明しないの？

それから，15, 30, 40 を位数に持つ5次の置換群は，ない事も？

広田　セクな，アセルな，アワテルな．人の話は最後まで聞くものだ.

今までのところを整理すると？

小川　5次の置換群の位数は，1, 2, 3, 4, 5, 6, 8, 10, 12, 20, 24, 60, 120　の十三種類です.

ですから，5次方程式の根の有理式を根に持つ，第一の補助方程式で，その次数が5より小さくなるのは，2次の場合だけですね.

広田　ルフィニは，この結果を起点として，問題の有理式を探求する．そこから「5次以上の方程式には，代数的解法による，根の公式はない」という，期待に反した，事実を発見する．その証明を企てる.

この，ルフィニの『方程式の一般的理論』での証明は，数学界へ一石を投ずる．

さまざまな批判が巻き起こる．

ルフィニへの批判

広田　ルフィニの証明への批判の根底には，「5次以上の方程式には，代数的解法による，根の公式はない」という革命的思想それ自体への不信と反発とが見受けられる．

数学界に限らず，世間一般は保守的なものだ．

佐々木　保革逆転は難しい！

広田　証明の起点である，5次の置換群の位数についての計算では，「n変数の有理式を変えない，変数の間の置換の個数は，nの階乗の約数」というラグランジュの結果を，一つの根拠としたな．

これが，先ず，やり玉に上がる．

佐々木　でも,ラグランジュが証明してるんだろ．

この間は，そう聞いた．

広田　ラグランジュの証明は，あの時，与次郎がしたような，ヨコ・タテ方式で，不完全なものなのだ．

ルフィニは，証明なしで，ラグランジュの結果を引用している．

佐々木　それじゃ,誰がチャンと証明したのかな．それも，あとで出て来るんだね．

広田　いま一つの根拠は，「位数が5の倍数である5次の置換群は，位数5の置換を含む」という事だったな．

この証明も，ルフィニは，チャンとは，していない．

小川　当然，批判された，わけですね．

佐々木　てんで，ダメじゃない．

広田　誰にでも批判は出来る．だが，誰でもが開拓者には，なれない．

ともかく，位数について得られた結果は，正しい．この正しい結果から出発した，「代数的解法は不可能である事の証明」にも，幾つもの欠点が指摘される．

佐々木　パイオニアの道は，キビシイ！

広田　ルフィニは，これらの批判を次々と克服する．

その結果は，つぎの機会に見よう．

佐々木　さっきの僕の質問には，そのとき，答えてくれるんだね．

広田　その通りだ．

さて，今日のところを総括しておこう．

要　　約

小川　ルフィニ先生の方針にしたがって，5次の置換群の位数を求めました．

佐々木　5次の置換群の位数は，1, 2, 3, 4, 5, 6, 8, 10, 12, 20, 24, 60, 120　の十三種類だった．

これは，五変数の有理式で，変数の置換をするときに出来る互いに違う式の個数で，5より小さいのは1か2かである——という事を意味している．

5次方程式の根の有理式を根に持つ，第一の補助方程式の次数でいえば，5次より小さいのは，2次しかない——という事だ．

小川　この計算には，置換の色々な性質を使いました．

佐々木　たとえば，置換の変換．

小川　それから，置換は互換の積で表わされる事．とくに，n次の置換は，$n-1$個の互換

$$(1\ 2),\ (1\ 3),\ \cdots,\ (1\ n)$$

の積で表わされました．

佐々木「位数が5の倍数である5次の置換群は，位数5の置換を含む」を使ったが，証明してない．

小川　そういえば，「5次の推移群の位数は，5の倍数である」も使いましたが，これも証明してませんね．

佐々木　証明してない結果をダマッテ使ったけど，結果は正しい，という事だった．

今のところ，叔父さんを信じるしか，ない．

小川　この位数についての結果を出発点として，ルフィニ先生は，「5次以上の方程式には，代数的解法による，根の公式はない」という事の証明を，したのですね．

佐々木　その証明にも，アヤシイ点があった．

でも，ルフィニは，それを克服したそうだ．——これも，叔父さんを信じるしか，ない．

叔父さんは，神様デス！

広田　ルフィニは，しだい次第に，改良する．最終的には，より完全な証明を得る．1813年の事だ．

佐々木　最初の証明が1799年だから，14年間も粘った．

小川　ルフィニ先生の，粘り勝ちですね．

佐々木　粘ってイイのは，ナットウに限らない！

第18章　不可能を可能とする

1813年は，ラグランジュ他界の年である．そして，方程式論における，衝撃の年でもある．
「５次以上の方程式には，代数的解法による，根の公式はない」の，ルフィニによる証明が，完成したからである．
ルフィニの，この証明を追跡する．

流行の先端をいく男だ．叔父さんは自負する．

自然気胸で入院した．その年以降，患者は激増する．若いスラリとした男性が圧倒的に多い．

だから，叔父さんは，「若くてスラリ」で「流行を先取りする」男なのだ，そうである…

目　　標

広田　ルフィニの，『方程式の一般的理論』における，「４より高次の一般方程式の代数的解法は，不可能である事の証明」だったな．

小川　その証明はアヤシクて，色々と批判された――と，いう所まででした．

広田　ところが，世間は良くしたものだ．「捨てる神あれば助ける神あり」だ．

ルフィニの主張に賛同し，その証明の簡単化・厳密化に協力する人が現われる．――アバティという人だ．

佐々木　助け人走る！

広田　ルフィニ宛に手紙を出す．

この，1802年9月30日付の“ルフィニへの手紙”は，ルフィニ全集の第2巻に，付録として，収録してある．467頁から486頁だ．

アバティは，第一の批判点となったラグランジュの結果——n個の文字の有理式で，文字の置換に際して得られる互いに異なる有理式の個数は，nの階乗の約数——の完全な証明を与える．

小川　ラグランジュの結果は，正確には，「ラグランジュ=アバティの定理」なのですね．

広田　ルフィニの「不可能の証明」の起点であり，第二の批判点となった命題は？

佐々木　五つの文字の有理式で，文字の置換をする．そのときに出来る，互いに違う有理式の個数が，5より小さいなら，その個数は2か1である．

広田　アバティは，この命題の証明も簡単・厳密なものとする．

ルフィニは，このアバティの証明法に，啓発される．そして，修正に修正を重ね，より完全な「不可能の証明」へと到達する．

佐々木　今日は，その話だね．

広田　アバティの証明から始めよう．

アバティの証明（一）

佐々木　五つの文字 x_1, x_2, x_3, x_4, x_5 の有理式で，x_1, x_2, x_3, x_4, x_5の置換をする．

そのときに出来る互いに違う有理式の個数が，5より小さいなら，その個数は2か1である——の証明だね．

で，どうするの？

広田　ルフィニ流に考察すると？

小川　問題の有理式を

$$F(x_1, x_2, x_3, x_4, x_5)$$

と，します．

Fを変えない，5次の置換全体の集合をGとします．この5次の置換群Gの位数をmとして，初めに，mの値の大枠を決めるのですね．

佐々木　互いに違う有理式の個数は，5の階乗をmで割ったものだから，仮定

から

$$\frac{120}{m}<5,\quad つまり\quad 24<m.$$

mは120の約数で，24より大きい120の約数は―― 30, 40, 60, 120.

mは10の倍数だ.

小川　と，いう事は，mは5の倍数という事ですから，ルフィニ先生式ですと，Gは位数5の置換を含みます.

佐々木　でも，「位数が5の倍数である，5次の置換群は，位数5の置換を少なくとも一つ含む」の証明は，チャンとは，してない.

広田　そこで，Gは位数5の置換を含むか，アバティは直接に確かめる.

佐々木　位数5の，5次の置換の一つをσとする．σでFはどう変わるか，調べるわけだね.

調べるときの基本的な手法は，置換を続ける事だ.

Fでσを続けると

$$F\sigma^0,\ F\sigma,\ F\sigma^2,\ F\sigma^3,\ F\sigma^4$$

で，あとは，これが繰り返し出てくる.

広田　これと，仮定とから，何が判る？

小川　Fで置換をするときに出来る，互いに違う式の個数は，5より小さいのですから，この五つの式の中の，どれか二つは一致しないと，いけません.

それで

$$F\sigma^k=F\sigma^l \qquad (0\leqq k<l\leqq 4)$$

という，k, l があります.

広田　これを整理すると？

佐々木　もう一つの基本的な手法は，逆置換だ.

σ^{-k} を両辺に掛けて

$$F=F\sigma^{l-k} \qquad (0<l-k\leqq 4).$$

小川　つまり

$$F=F\sigma^s \qquad (0<s\leqq 4)$$

で，Fはσのs乗で変わりません.

広田　当面の課題は，σ で変わるか，だな．

佐々木　$s=1$　なら，そうだ．

でも，s は1かどうか，判らない．

広田　マトは σ^s に，しぼられた．そこで…

小川　σ^s を続けるのですね．それが，有理式で置換をするときの基本的な手法の一つ，ですから．

佐々木　そうか．

（イ）　$s=2$　のときは

$$F=F\sigma^2=F\sigma^4=F\sigma^6=F\sigma$$

で，F は σ で変わらない．

（ロ）　$s=3$　のときは

$$F=F\sigma^3=F\sigma^6=F\sigma$$

で，調子いいぞ．

（ハ）　$s=4$　のときは

$$F=F\sigma^4=F\sigma^8=F\sigma^3$$

で，(ロ)の場合に返って，今度も，F は σ で変わらない．

結局，s が何でも，F は σ で変わらない．

小川　位数5の置換には，この論法は何時でも通用しますから，G は位数5の置換をゼンブ含んでいます．

ルフィニ先生のより，もっと強い結果ですね．

佐々木　強い事は判ったけど，これから，どうする？

小川　G は（1 2 3 4 5）を含みますね．

この間のルフィニ先生の証明ですと，これと(1 2 3）との勝手な積の全体から，位数60の置換群が出来る，という事でした．

それで，G が（1 2 3）を含むか，調べると，いいですね．含むと，$m\geqq 60$ ですから．

広田　具体的には？

小川　具体的には，位数5の置換の積を計算して，問題の（1 2 3）となるか，調べます．

手掛りは,「Gは位数5の置換をゼンブ含む」ですから.

佐々木　位数5の置換は，ゼンブで，24個ある．面倒だな．でも，調べないとウルサイし——男はツライよ．

わたくし，姓は車，名は寅次郎．生まれも育ちも葛飾です．葛飾,葛飾 と申しても…アッタ！

$$\begin{pmatrix}1&2&3&4&5\\3&4&2&5&1\end{pmatrix}\begin{pmatrix}1&2&3&4&5\\5&1&2&3&4\end{pmatrix}=\begin{pmatrix}1&2&3&4&5\\2&3&1&4&5\end{pmatrix},$$

つまり

$$(1\ 3\ 2\ 4\ 5)(1\ 5\ 4\ 3\ 2)=(1\ 2\ 3).$$

広田　一般化すると？

小川　$(k_1\ k_3\ k_2\ k_4\ k_5)(k_1\ k_5\ k_4\ k_3\ k_2)=(k_1\ k_2\ k_3)$.

広田　これを，右から左へ眺めると？

佐々木　長さ3の巡回置換は，長さ5の巡回置換の積に分解される——で，Fは，どんな，長さ3の巡回置換でも変わらない．予定より強い結果だ．

小川　結局,Gは長さ3の巡回置換をゼンブ含み,とくに（1 2 3）を含むので,ルフィニ先生の結果から，mは60か120で，問題の個数は，2か1ですね．

佐々木　でも,「(1 2 3 4 5) と (1 2 3) との勝手な積の全体は，位数60の置換群」という事は，まだ，僕等は証明してない．

広田　ルフィニの証明の簡単化という点からも，このルフィニの結果を使うのは，マズイ．

佐々木　で，どうするの？

アバティの証明（二）

広田　ルフィニ流の考察を反省しよう．

mが120となる場合は？

小川　(1 2 3 4 5) と互換 (1 2) との勝手な積の全体でしたが…わかりました．

Gは（1 2）を含むか，調べるのですね．

佐々木　Fは (1 2) で，どう変わるか調べるのだから，今までのように,(1 2)を続けると

$$F(1\ 2),\qquad F(1\ 2)^2=F$$

——何も出てこないヤ．

小川　「不利なときは，戦線を拡大せよ」でしたね．

(1 2) の累乗だけでなく，勝手な互換の積で，Fはどう変わるか調べるのですね．

広田　その通りだ．それには…

佐々木　「長さ5の巡回置換や，長さ3の巡回置換で，Fは変わらない」を手掛りにする．

小川　それから，この巡回置換を互換へ分解して，それも利用するんですね．

さっき，長さ3の巡回置換を，長さ5の巡回置換に分解して，調べたように．

佐々木　互換への分解は，この間，計算した．

$$(k_1\ k_2\ k_3\ k_4\ k_5)=(k_1\ k_2)(k_1\ k_3)(k_1\ k_4)(k_1\ k_5),$$

$$(k_1\ k_2\ k_3)=(k_1\ k_2)(k_1\ k_3).$$

小川　オヤ！　今，気がついたんですが，二つ並んでいるので，気がついたんですが，第一式の右辺で

$$(k_1\ k_2)(k_1\ k_3)=(k_1\ k_2\ k_3),\quad (k_1\ k_4)(k_1\ k_5)=(k_1\ k_4\ k_5),$$

ですから

$$(k_1\ k_2\ k_3\ k_4\ k_5)=(k_1\ k_2\ k_3)(k_1\ k_4\ k_5)$$

と，長さ5の巡回置換は，長さ3の巡回置換の積に分解されます．

と，いう事は，「長さ3の勝手な巡回置換で変わらない有理式は，長さ5の勝手な巡回置換でも変わらない」という事ですね．

・それで，「長さ5の勝手な巡回置換で，Fは変わらない」事と，「長さ3の勝手な巡回置換で，Fは変わらない」事とは同値です．

ですから，互換への分解が簡単な方の，長さ3の巡回置換の分解だけを利用して，いいんですね．

広田　その通りだ．

佐々木　$F(k_1\ k_2)(k_1\ k_3)=F(k_1\ k_2\ k_3)=F,$

だから，Fは，共通な数字を持つ，二つの互換の積で変わらない．

小川　二つの互換が同じ場合の証明が抜けてますが，それは明らかですね．

広田　共通な数字を含まない，二つの互換 $(k_1\ k_2)$，$(k_3\ k_4)$ の積では？

佐々木　共通な数字はないし，互換の位数は2だから

$$(k_1\ k_2)(k_3\ k_4)$$

の位数は，２と２との最小公倍数で，２だ．

そして，長さ３の巡回置換の位数は３だ．

だから，この積は，長さ３の巡回置換ではない．

小川　しかし，長さ３の巡回置換の積かも，知れませんね．

えーと…

$$(k_1\ k_2\ k_3)=(k_1\ k_2)(k_1\ k_3)$$

を利用するんだろうけど，問題の積に $(k_1\ k_3)$ を掛けるだけでは，積が変わって，いけないし…，この２乗なら変わらないんだけど…，わかりました．

問題の積の真ん中に，$(k_1\ k_3)$ の２乗を掛けると

$$(k_1\ k_2)(k_3\ k_4)=(k_1\ k_2)(k_1\ k_3)(k_3\ k_1)(k_3\ k_4)$$
$$=(k_1\ k_2\ k_3)(k_3\ k_1\ k_4)$$

ですね．

ですから，共通な数字を含まない，二つの互換の積でも，Fは変わりません．

佐々木　結局，どんな，二つの互換の積でも，Fは変わらない．

広田　一般化すると？

小川　偶数個の互換の積で，Fは変わらない——です．

広田　奇数個の積では？

佐々木　偶数個では変わらないから，結局，一つの互換で，Fはどう変わるか——だ．

広田　$F(1\ 2)$ と $F(k_1\ k_2)$ との関係は？

小川　えーと…，$(1\ 2)$ と $(k_1\ k_2)$ とのウマイ関係が見つかると，いいですが…，わかりました．

さっきのように，互換の二乗を利用すると

$$(1\ 2)=(1\ 2)\{(k_1\ k_2)(k_1\ k_2)\}=\{(1\ 2)(k_1\ k_2)\}(k_1\ k_2)$$

で，偶数個の互換の積でFは変わらないので

$$F(1\ 2)=F(k_1\ k_2)$$

です．

つまり，どんな互換をしても，Fは何時でも同じ式に変わります．

佐々木　結局，奇数個の互換の積では，Fは同じ式に変わる．この同じ式は，Fか，Fでないかだ．

これで

（イ）　$F(1\ 2)=F$　のときは，問題の個数は1.

（ロ）　$F(1\ 2)\neq F$　のときは，問題の個数は2.

――となって，証明できた．

どんな置換も，互換の積に分解されるから．

小川　問題の個数が2のとき，Gは，偶数個の互換の積で表わされる，置換の全体で――位数60の，5次の置換群は，これ一つダケなんですね．

広田　よく出来た．途中，ゴタゴタしたので，証明の要点を整理しておこう．

佐々木　「長さ5の，どんな巡回置換ででも，Fは変わらない」を，初めに示した．

これから，「長さ3の，どんな巡回置換ででも，Fは変わらない」を導いた．

これから，問題の命題が証明された．

広田　この結果は，同様な証明法で容易に，次のように一般化される：

n個の文字の有理式で，文字の置換をする．そのとき生ずる互いに異なる有理式の個数が，nを超えない最大素数より小さければ，その個数は2または1である．

この一般化を示したのが，1815年の，コーシーの論文“変数の置換に際して，関数の取り得る値の個数について”だ．コーシー全集 (2) の第1巻に収録してある．64頁から90頁だ．

小川　この論文で，「おきかえ」が初めて定式化されたのですね．

広田　その通りだ．

さて，ルフィニは，アバティのこの証明法に啓発され，「不可能の証明」を完成する．それを見よう．

そのために，「代数的解法」と「代数的可解性の原則」とを復習しておこう．

代数的解法

広田　n 次方程式

$$x^n+a_1x^{n-1}+\cdots+a_n=0$$

の「代数的解法」とは？

佐々木　この方程式の根を，係数 $a_1, a_2, \cdots, a_n$ から，加･減･乗･除と累乗根とを使って表わす事だ．

小川　つまり——この方程式を解くのに，それを

$$X^l=\text{定数}$$

という型の，いくつかの補助方程式に帰着させる事です．ここで，これらの補助方程式の右辺の定数項は，次の性質を持ちます:

一番目に解く補助方程式の定数項は，問題の方程式の係数から 加･減･乗･除で作られる．二番目に解く補助方程式の定数項は，一番目の補助方程式の根と，問題の方程式の係数とから 加･減･乗･除で作られる．

一般的に，k 番目に解く補助方程式の定数項は，一番目から $k-1$ 番目までの補助方程式の根と，問題の方程式の係数とから 加･減･乗･除 で作られる．

佐々木　そして，問題の方程式の根は，これらの補助方程式の根と，問題の方程式の係数とから，加･減･乗･除で表わされる．

広田　たとえば？

佐々木　2次方程式

$$x^2+a_1x+a_2=0$$

は，補助方程式

$$X^2=a_1{}^2-4a_2$$

に帰着された．

そして，問題の方程式の二根 x_1, x_2 は

$$\begin{cases} x_1=\dfrac{1}{2}(-a_1+\sqrt{a_1{}^2-4a_2}), \\ x_2=\dfrac{1}{2}(-a_1-\sqrt{a_1{}^2-4a_2}), \end{cases}$$

と表わされた.

小川　3次方程式

$$x^3+a_1x^2+a_2x+a_3=0$$

では，一番目の補助方程式は

$$X^2=\left(\frac{q}{2}\right)^2+\left(\frac{p}{3}\right)^3$$

です．ここで

$$p=a_2-\frac{a_1{}^2}{3},\qquad q=a_3-\frac{a_1a_2}{3}+\frac{2a_1{}^3}{27}$$

です.

佐々木　記憶力，イイー！

小川　二番目・三番目の補助方程式は

$$Y^3=-\frac{q}{2}+\sqrt{\left(\frac{q}{2}\right)^2+\left(\frac{p}{3}\right)^3},\qquad Z^3=-\frac{q}{2}-\sqrt{\left(\frac{q}{2}\right)^2+\left(\frac{p}{3}\right)^3},$$

です.

二番目の補助方程式の根と，三番目の補助方程式の根で，その積が $-\dfrac{p}{3}$ になるのを，それぞれ，u_0, v_0 とすると，問題の方程式の三根 x_1, x_2, x_3 は

$$\begin{cases} x_1=-\dfrac{a_1}{3}+u_0+v_0, \\ x_2=-\dfrac{a_1}{3}+u_0\omega+v_0\omega^2, \\ x_3=-\dfrac{a_1}{3}+u_0\omega^2+v_0\omega, \end{cases}$$

と表わされました.

佐々木　4次方程式では…

広田　もう，じゅうぶん.

佐々木　シラケるー.

代数的可解性の原則

広田　4次までの方程式に，代数的解法による，根の公式が存在した共通の理由，すなわち，「代数的可解性の原則」は，ラグランジュの立場では？

小川　問題の方程式の根の有理式で——それを根に持つ補助方程式が代数的に解けるもの——が，存在する事です．

広田　たとえば？

佐々木　さっきの2次方程式では，x_1, x_2 の整式

$$x_1 - x_2$$

が見つかった．

これを根に持つ補助方程式が，さっきの

$$X^2 = a_1{}^2 - 4a_2.$$

小川　3次方程式では

$$\frac{1}{3}(x_1 + \omega x_2 + \omega^2 x_3)$$

で，これを根に持つ補助方程式は

$$t^6 + qt^2 - \frac{p^3}{27} = 0$$

でした．

これは，代数的に解けました．

広田「代数的に解ける」を，精確に，いうと？

小川　2次方程式

$$u^2 + qu - \frac{p^3}{27} = 0$$

と，二つの，一番簡単な3次方程式

$$Y^3 = -\frac{q}{2} + \sqrt{\left(\frac{q}{2}\right)^2 + \left(\frac{p}{3}\right)^3}, \quad Z^3 = -\frac{q}{2} - \sqrt{\left(\frac{q}{2}\right)^2 + \left(\frac{p}{3}\right)^3}$$

とに帰着されます．

広田　これらの方程式と，問題の有理式との関係は？

小川　一番目の2次方程式の二根は

$$\frac{1}{27}(x_1 + \omega x_2 + \omega^2 x_3)^3 \text{ と } \frac{1}{27}(x_1 + \omega^2 x_2 + \omega x_3)^3$$

で，あとの二つの3次方程式の根は，それぞれ

$$\frac{1}{3}(x_1+\omega x_2+\omega^2 x_3),\quad \frac{1}{3}(x_1+\omega^2 x_2+\omega x_3)$$

に，ω, ω^2 を掛けたものです．

広田　第一の2次方程式の代数的解法は？

小川　佐々木君の説明から

$$\frac{1}{27}(x_1+\omega x_2+\omega^2 x_3)^3-\frac{1}{27}(x_1+\omega^2 x_2+\omega x_3)^3$$

を根に持つ

$$T^2=q^2+\frac{4}{27}p^3$$

に帰着されます．

広田　この両辺を4で割ったものが，さっきの小川君の，3次方程式の代数的解法の説明にあった，補助方程式

$$X^2=\left(\frac{q}{2}\right)^2+\left(\frac{p}{3}\right)^3$$

だな．――と，すると？

佐々木　3次方程式の代数的解法に出てきた

$$X^2=\text{定数},\ Y^3=\text{定数},\ Z^3=\text{定数}$$

という補助方程式は，ゼンブ，x_1, x_2, x_3 の有理式を根に持つ．

広田　このように，2次方程式・3次方程式の代数的解法では，それが帰着される

$$X^l=\text{定数}$$

という型の補助方程式は，すべて，問題の方程式の根の有理式を，根としている．

4次方程式でも，同様だな．

佐々木　ソウダ，そうだ，全くだ．

広田　そこで，「代数的に解ける」の部分を，精確に，いうと？

佐々木　「代数的可解性の原則」とは――与えられた方程式の解法は，その根の有理式を根に持つ，いくつかの

$$X^l=\text{定数}$$

という型の，補助方程式に帰着される——という事だ．

広田　補足すべき事が，いま一つある．

問題の有理式の係数だ．

佐々木　係数には，有理数が現われる．

広田　それは当然だ．

根の間の四則で，組み立てられているからな．

小川　ω や i も現われます．

広田　二つの有理式 F, G が，同一の方程式

$$X^l = \text{定数}$$

の根のとき，F と G との関係は？

小川　$$F = \zeta_l{}^k G$$

です．k は，0から $l-1$ までの，ある自然数．

佐々木　$$F^l = G^l \quad \text{つまり} \quad \left(\frac{F}{G}\right)^l = 1$$

だから．

広田　そこで，問題の有理式の係数に，1の l 乗根 ζ_l は，避けられない．

このようにして，問題の有理式の係数は，最小な範囲として，与えられた方程式の代数的解法に必要な

$$X^k = \text{定数}, \ Y^l = \text{定数}, \ \cdots, \ Z^m = \text{定数}$$

という補助方程式の次数 $k, l, \cdots, m$ に対する，1の累乗根 $\zeta_k, \zeta_l, \cdots, \zeta_m$ と有理数とから，四則で作られるもの——と，なっている．

小川　確かに，そうなってます．

佐々木　1の累乗根は，ハナから，特別扱いだ．

広田　「5次以上の方程式が代数的に解けるのならば，このような有理式が発見できる」というのが，ラグランジュの立場だったな．

佐々木　つまり——代数的に解けるなら，何次の場合でも，「代数的可解性の原則」が通用する——という事だ．

不可能の証明

広田　n は5以上とする．

n 次の一般方程式

$$x^n+a_1x^{n-1}+\cdots+a_n=0$$

は代数的に解ける，すなわち，n 次方程式に，代数的解法による根の公式が存在する，としよう．

すると…

佐々木　「代数的可解性の原則」から，この解法は，問題の方程式の根 $x_1, x_2, \cdots, x_n$ の有理式を根に持つ

$$X^k=\text{定数},\ Y^l=\text{定数},\ \cdots,\ Z^m=\text{定数}$$

という補助方程式に帰着される．

問題の方程式の根は，これらの補助方程式の根と，$a_1, a_2, \cdots, a_n$ とから 加・減・乗・除 で表わされる．

小川　ルフィニ先生は，これらの有理式を求めよう——として，「不可能の証明」を発見したのですね．

広田　「アバティの証明」での，基本的手法は？

小川　さっき，佐々木君が整理したように——長さ5の巡回置換と，長さ3の巡回置換とで，有理式が，どう変わるか，調べる事——です．

広田　その通りだ．

ルフィニは，長さ5の巡回置換と，長さ3の巡回置換とで，問題の有理式を責めたてる．

佐々木　と，いうと？

広田　ラグランジュのと，同じ手法で，だ．

第一番に解くべき補助方程式

$$X^k=\text{定数}$$

から，始める．

この右辺の定数項は？

佐々木　$a_1, a_2, \cdots, a_n$ から，加・減・乗・除 で表わされてる．

小川　それで，$a_1, a_2, \cdots, a_n$ の有理式で，その係数は有理数です．そして，$(-1)^j a_j$ は $x_1, x_2, \cdots, x_n$ の基本対称式なので，この補助方程式の 右辺は，$x_1, x_2, \cdots, x_n$ の対称な有理式で，その係数は有理数——と，考えるのが，ラグ

ランジュ式でした.

広田　そこで，右辺を$f(x_1, x_2, \cdots, x_n)$で表わす．有理式$F(x_1, x_2, \cdots, x_n)$を，この補助方程式の根とすると？

佐々木　$\{F(x_1, x_2, \cdots, x_n)\}^k = f(x_1, x_2, \cdots, x_n)$は，$x_1, x_2, \cdots, x_n$の恒等式だ.

小川　こんな恒等式で，$x_1, x_2, \cdots, x_n$の置換をしてFを調べるのが，ラグランジュ式でした.

広田　この恒等式で，長さ5の巡回置換，たとえば

$$\sigma = (1\ 2\ 3\ 4\ 5)$$

を，すると？

佐々木　右辺のfは変わらない.

$x_1, x_2, \cdots, x_n$の対称な有理式だから.

小川　Fのk乗で置換σをするのは，Fでσをしてk乗するのと，いっしょですから，左辺は$\{F\sigma\}^k$です.

広田　と，いう事は？

佐々木　Fも$F\sigma$も，同じ方程式

$$X^k = 定数$$

の根だ.

広田　と，すると，Fと$F\sigma$の関係は？

小川　さっき出てきました.

$$F\sigma = AF$$

です．Aは，ζ_kの何乗か，です.

佐々木　基本に忠実に，σを続けると，一回ごとにAが掛かって，五回目でFに返り

$$F = F\sigma^5 = A^5F.$$

小川　それで

$$A^5 = 1.$$

広田　次に，問題の恒等式で，長さ3の巡回置換，たとえば

$$\tau = (1\ 2\ 3)$$

を，すると？

小川　今と同じ計算で

$$F\tau=BF,\qquad B^3=1$$

です．Bは，ζ_k の何乗か，です．

広田　そこで，Fで $\sigma\tau$ をすると？

佐々木　$$F\sigma\tau=(AF)\tau=ABF.$$

広田　$\sigma\tau$ を，具体的に，計算すると？

小川

$$\sigma\tau=\begin{pmatrix}1&2&3&4&5&\cdots\\2&3&4&5&1&\cdots\end{pmatrix}\begin{pmatrix}1&2&3&\cdots\\2&3&1&\cdots\end{pmatrix}$$
$$=\begin{pmatrix}1&2&3&4&5&\cdots\\3&1&4&5&2&\cdots\end{pmatrix}=(1\ 3\ 4\ 5\ 2)$$

で，$\sigma\tau$ は長さ5の巡回置換です．

それで，これを五回すると

$$A^5B^5=1.$$

佐々木　$A^5=1,\ B^3=1$　だったから $B^2=1.$

小川　あっ，そうか．$B=1$ で，Fは τ で変わりません．

$B^3=1$　と　$B^2=1$ の両方を満足する複素数は，1しかありませんから．

広田　これを一般化すると？

小川　長さ3の，どんな巡回置換ででも，Fは変わりません．

長さ5の一般的な巡回置換 $(k_1\ k_2\ k_3\ k_4\ k_5)$ と，長さ3の一般的な巡回置換 $(k_1\ k_2\ k_3)$ とに，今と同じ論法が使えますから．

広田　結局，第一番に解くべき補助方程式

$$X^k=\text{定数}$$

の，すべての根 $F, F\zeta_k, \cdots, F\zeta_k{}^{k-1}$ は，長さ3の任意の巡回置換で変わらない——という事が判ったな．

第二番に解くべき補助方程式

$$Y^l=\text{定数}$$

に移る．

この右辺の定数項は？

佐々木　$a_1, a_2, \cdots, a_n$ と，一番目の補助方程式の根との有理式で，その係数は有理数．

小川　一番目の補助方程式の根は，$x_1, x_2, \cdots, x_n$ の有理式ですから，結局，問題の右辺は，$x_1, x_2, \cdots, x_n$ の有理式です．

広田　そこで右辺を $g(x_1, x_2, \cdots, x_n)$ で表わす．有理式 $G(x_1, x_2, \cdots, x_n)$ を，この補助方程式の根とすると，Gの性質は？

小川　$x_1, x_2, \cdots, x_n$ の恒等式

$$\{G(x_1, x_2, \cdots, x_n)\}^l = g(x_1, x_2, \cdots, x_n)$$

で，長さ5の巡回置換と，長さ3の巡回置換をするのですね．

右辺の g は，長さ3の，どんな巡回置換ででも，変わりません．

$x_1, x_2, \cdots, x_n$ の有理式の，$a_1, a_2, \cdots, a_n$ も，一番目の補助方程式の根も，そうでしたから．

佐々木　だから，問題の右辺は，長さ5の，どんな巡回置換ででも，変わらない．

長さ5の巡回置換は，長さ3の巡回置換の積に，分解されるから．

小川　それで，さっきと同じ論法で，Gも，長さ3の，どんな巡回置換ででも変わりません．

広田　この考察を繰り返すと？

佐々木　補助方程式

$$X^k = \text{定数},\ Y^l = \text{定数},\ \cdots,\ Z^m = \text{定数}$$

の根になる有理式は，ゼンブ，長さ3の，どんな巡回置換ででも，変わらない．

広田　さて，根の公式は？

佐々木　$a_1, a_2, \cdots, a_n$ と，これらの補助方程式の根とから，加･減･乗･除で表わされるから，$x_1, x_2, \cdots, x_n$ の有理式で，たとえば

$$x_1 = H(x_1, x_2, \cdots, x_n),$$

ここで，Hは，$x_1, x_2, \cdots, x_n$ の有理式だ．

小川　これは，$x_1, x_2, \cdots, x_n$ の恒等式ですから，ここでも置換をするのですね．

右辺は，$a_1, a_2, \cdots, a_n$ と，補助方程式の根との有理式で…わかりました．

この恒等式で（1 2 3）をすると，右辺は変わりませんが，左辺は x_2 に変わって——矛盾します．

佐々木　代数的解法による，根の公式がある——と仮定したら，矛盾した．だから，代数的解法による，根の公式はない．

広田　これが，1813年の，“一般代数方程式の解法についての省察”における「不可能の証明」だ．

この論文は，ルフィニ全集の第2巻に収録してある．155頁から268頁だ．

小川　しかし，これで「不可能の証明」になってるのでしょうか？　代数的に解けるなら，「代数的可解性の原則」が通用する——という事を前提にしてますが，その証明が，ありません．

広田　その通りだ．

佐々木　ザンネン，むねん，口惜しヤ．

広田　さて，今日のところを総括しておこう．

要　　約

小川　ルフィニ先生の「不可能の証明」でした．1813年のです．

佐々木　でも，それも完全じゃなかった．

代数的に解けるなら，5次以上でも，「代数的可解性の原則」が通用する——の証明が，ない．

広田　それを証明する人が出る．アーベルの登場だ．

小川　アーベルという人の肖像画は，見た事があります．ハンサムですね．

佐々木　そういえば，ルフィニのは，肖像画も伝記も，見たことない．

——ルフィニは，元来，医者なのである．

第19章　代数的量を解析する

1802年8月5日，ノルウェーはフイネイの村に，天才数学者の誕生をみる．アーベルである．
「5次以上の方程式には，代数的解法による，根の公式はない」の証明は，このアーベルを俟って，完成されるのである．
成功の秘密は，代数的量の解析にある．

一番影響を受けたブックを，一冊あげて下さい——学生のアンケートに，叔父さんは，こう答えたそうである:「郵便局のパスブックだ.」

目　　標

広田　先日からは，ルフィニの「不可能の証明」を見て来たのだったな．

佐々木　でも，完全では，なかった．

代数的に解けるなら，何次の場合でも，「代数的可解性の原則」が通用する——という事を仮定してた．

広田　精確には？

小川　n 次の一般方程式

$$x^n + a_1 x^{n-1} + \cdots + a_n = 0$$

が代数的に解ける，つまり，n 次方程式に，代数的解法による，根の公式があるなら，その解法は，その根 $x_1, x_2, \cdots, x_n$ の有理式を根に持つ

$$X^k = 定数,\ Y^l = 定数,\ \cdots,\ Z^m = 定数$$

という，いくつかの補助方程式に帰着される.

ここで，問題の有理式の係数は，これらの補助方程式の次数に対する，1の累乗根 $\zeta_k, \zeta_l, \cdots, \zeta_m$ と，有理数とから 加・減・乗・除 で表わされる—— です.

佐々木　問題の方程式の根は，これらの補助方程式の根と，与えられた方程式の係数 $a_1, a_2, \cdots, a_n$ とから 加・減・乗・除 で表わされる——だ.

広田　今日は，これを確認しよう.

佐々木　で，どうするの？

広田　新しい問題に直面したら…

小川　似た問題を思い出す——でした，が…

広田　4次までは，「代数的可解性の原則」が通用する——を発見したのは？

佐々木　ラグランジュだよ.

小川　ラグランジュの方法を反省するのですね.

ラグランジュへの回帰（一）

広田　ラグランジュは，問題の有理式を，どのようにして発見した.

小川　補助方程式の根を，与えられた方程式の根で表わす——という発想からです.

広田　具体的には？

佐々木　根の公式から，逆算した.

広田　たとえば？

佐々木　たとえば，2次方程式

$$x^2+a_1x+a_2=0$$

は，補助方程式

$$X^2=a_1{}^2-4a_2$$

に帰着された.

この補助方程式の一つの根を u_0 とすると，根の公式は

$$\begin{cases} x_1=-\dfrac{a_1}{2}+\dfrac{u_0}{2}, \\ x_2=-\dfrac{a_1}{2}-\dfrac{u_0}{2}, \end{cases}$$

だった．

第一式から第二式を引くと

$$u_0=x_1-x_2$$

と，u_0 は x_1, x_2 の整式で表わされた．

小川　3次方程式

$$x^3+a_1x^2+a_2x+a_3=0$$

は，三つの補助方程式

$$X^2=\left(\frac{q}{2}\right)^2+\left(\frac{p}{3}\right)^3,\quad Y^3=-\frac{q}{2}+\sqrt{\left(\frac{q}{2}\right)^2+\left(\frac{p}{3}\right)^3},\quad Z^3=-\frac{q}{2}-\sqrt{\left(\frac{q}{2}\right)^2+\left(\frac{p}{3}\right)^3},$$

に帰着されます．

ここで

$$p=a_2-\frac{a_1{}^2}{3},\qquad q=a_3-\frac{a_2a_1}{3}+\frac{2a_1{}^3}{27},$$

です．

佐々木　二番目の補助方程式の根を u_0，三番目の補助方程式の根を v_0 とすると，根の公式は

$$\begin{cases} x_1=-\dfrac{a_1}{3}+\ u_0\ +v_0, \\ x_2=-\dfrac{a_1}{3}+\omega\ u_0+\omega^2v_0, \\ x_3=-\dfrac{a_1}{3}+\omega^2u_0+\omega v_0, \end{cases}$$

だった．

$$1+\omega+\omega^2=0$$

を利用して

$$u_0=\frac{1}{3}(x_1+\omega^2x_2+\omega x_3),\qquad v_0=\frac{1}{3}(x_1+\omega x_2+\omega^2x_3),$$

と表わされた．

小川　u_0 と v_0 は…

佐々木　イケナイ，いけない！

「忘却」とは，忘れ去る事ナリ――だ．

$$u_0v_0=-\frac{p}{3}$$

という条件があった.

広田　と，いう事は？

小川　えーと…，わかりました．おっしゃりたい事が判りました.

$$Z^3=定数$$

という，三番目の補助方程式は節約できますね.

佐々木　どうして？

小川　一般的に

$$v_0=-\frac{p}{3u_0}$$

ですから，根の公式は

$$\begin{cases} x_1=-\dfrac{a_1}{3}+u_0-\dfrac{p}{3u_0}, \\ x_2=-\dfrac{a_1}{3}+\omega u_0-\dfrac{\omega^2 p}{3u_0}, \\ x_3=-\dfrac{a_1}{3}+\omega^2 u_0-\dfrac{\omega p}{3u_0}, \end{cases}$$

と，なりますね.

佐々木　でも，u_0 が零のときは，割れないよ.

小川　そのときは，p も零ですが

$$p=a_2-\frac{{a_1}^2}{3}$$

ですから，

$$3a_2={a_1}^2$$

という関係がないと，いけませんね.

ところが，いま対象にしてるのは，一般的な3次方程式です．つまり，係数に特定な値を与えた3次方程式ではなくて，係数を独立変数と考えてます.

それで，u_0 は，一般的には，零ではありませんね.

広田　補足すれば，u_0 は a_1, a_2, a_3 の関数だ.

だから，u_0 が零かどうかが問題となるのは，u_0 が a_1, a_2, a_3 の関数として恒等的に零かどうかだ.

恒等的に零ならば，第二の補助方程式も節約できる．

佐々木　一応は判るけど，スッキリしない．

広田　原因は，u_0 が分母にあるからだろう．

分母から取り除けば，解消するな．

佐々木　そんな事できる？

小川　えーと…，できます，出来ます．

分母を有理化すると，いいですね．

$$u_0{}^3=-\frac{q}{2}+\sqrt{\left(\frac{q}{2}\right)^2+\left(\frac{p}{3}\right)^3}$$

で，

$$-\frac{p}{3u_0}=-\frac{pu_0{}^2}{3u_0{}^3}$$

ですから，

$$r=-\frac{p}{3\left(-\frac{q}{2}+\sqrt{\left(\frac{q}{2}\right)^2+\left(\frac{p}{3}\right)^3}\right)}$$

とおくと，根の公式は

$$\begin{cases} x_1=-\dfrac{a_1}{3}+\ u_0\ +ru_0{}^2, \\ x_2=-\dfrac{a_1}{3}+\omega u_0\ +r\omega^2u_0{}^2, \\ x_3=-\dfrac{a_1}{3}+\omega^2u_0+r\omega u_0{}^2, \end{cases}$$

ですね．

広田　r の分母も，有理化しておくと？

小川

$$r=\frac{9}{p^2}\left(-\frac{q}{2}-\sqrt{\left(\frac{q}{2}\right)^2+\left(\frac{p}{3}\right)^3}\right)$$

です．

広田　さらに，x_1, x_2, x_3 が二つの補助方程式

$$X^2=\left(\frac{q}{2}\right)^2+\left(\frac{p}{3}\right)^3,\quad Y^3=-\frac{q}{2}+\sqrt{\left(\frac{q}{2}\right)^2+\left(\frac{p}{3}\right)^3},$$

の根と，a_1, a_2, a_3 とから四則で表わされている事は？

小川　r は，一番目の補助方程式の根と a_1, a_2, a_3 とからソウ表わされてますから，x_1 は，明らかに，ソウなってます．それから

$$x_2 = -\frac{a_1}{3} + (\omega u_0) + r(\omega u_0)^2$$

ですが，ωu_0 は二番目の補助方程式の根ですから，これも大丈夫です．

同じ要領で

$$x_3 = -\frac{a_1}{3} + (\omega^2 u_0) + r(\omega^2 u_0)^2,$$

と変形できて，$\omega^2 u_0$ も二番目の補助方程式の根ですから，これもイイですね．

佐々木　そうか…，わかった．

この新しい公式からも，さっきと同じ計算で

$$u_0 = \frac{1}{3}(x_1 + \omega^2 x_2 + \omega x_3)$$

と表わされる．

広田　第一の補助方程式の根

$$\sqrt{\left(\frac{q}{2}\right)^2 + \left(\frac{p}{3}\right)^3}$$

は？

佐々木　これも，カンタン，簡単．

u_0 は二番目の補助方程式の根だから

$$\frac{1}{27}(x_1 + \omega^2 x_2 + \omega x_3)^3 = -\frac{q}{2} + \sqrt{\left(\frac{q}{2}\right)^2 + \left(\frac{p}{3}\right)^3}$$

これから

$$\sqrt{\left(\frac{q}{2}\right)^2 + \left(\frac{p}{3}\right)^3} = \frac{1}{27}(x_1 + \omega^2 x_2 + \omega x_3)^3 + \frac{q}{2}$$

だけど，q は x_1, x_2, x_3 の基本対称式 $-a_1, a_2, -a_3$ の整式だから，結局，一番目の補助方程式の根は x_1, x_2, x_3 の整式で，その係数は ω と有理数とから加・減・乗・除で表わされてる．

小川　根の公式から

$$r u_0{}^2 = \frac{1}{3}(x_1 + \omega x_2 + \omega^2 x_3)$$

ですね.

　これからも，表わされますね.

広田　4次の場合を見よう.

ラグランジュへの回帰（二）

佐々木　オイラーの解法だと，4次方程式

$$x^4+a_1x^3+a_2x^2+a_3x+a_4=0$$

を解くのに，3次の補助方程式

$$t^3+\frac{p}{2}t^2+\left(\frac{p^2}{16}-\frac{r}{4}\right)t-\frac{q^2}{64}=0$$

を使った.

小川　ここで

$$p=a_2-\frac{3a_1{}^2}{8},\quad q=a_3-\frac{a_2a_1}{2}+\frac{a_1{}^3}{8},\quad r=a_4-\frac{a_3a_1}{4}+\frac{a_2a_1{}^2}{16}-\frac{3a_1{}^4}{256},$$

です.

佐々木　記憶力，イイー！

小川　いま，コチョ・コチョと，組立除法で計算したんですよ.

佐々木　この3次の補助方程式の代数的解法は，さっきのように，二つの補助方程式

$$X^2=A^2+B^3,\quad Y^3=-A+\sqrt{A^2+B^3},$$

に帰着される.

　A, B は，さっき判ってるから，具体的に書かなくても，いいネ.

小川　二番目の補助方程式の，一つの根を y_0 とすると，問題の3次の補助方程式の三根 t_1, t_2, t_3 は

$$\begin{cases} t_1=-\dfrac{p}{6}+\ y_0\ +sy_0{}^2, \\ t_2=-\dfrac{p}{6}+\omega y_0\ +s(\omega y_0)^2, \\ t_3=-\dfrac{p}{6}+\omega^2y_0+s(\omega^2y_0)^2, \end{cases}$$

で，ここで

$$s=\frac{1}{B^2}(-A-\sqrt{A^2+B^3})$$

です.

佐々木　これから，三つの補助方程式

$$u^2=t_1,\quad v^2=t_2,\quad w^2=t_3$$

を作る.

これらの根で，その積が $-\dfrac{q}{8}$ となるのを $\sqrt{t_1}, \sqrt{t_2}, \sqrt{t_3}$ とすると，根の公式.は

$$\begin{cases} x_1=-\dfrac{a_1}{4}+\sqrt{t_1}+\sqrt{t_2}+\sqrt{t_3}, \\ x_2=-\dfrac{a_1}{4}+\sqrt{t_1}-\sqrt{t_2}-\sqrt{t_3}, \\ x_3=-\dfrac{a_1}{4}-\sqrt{t_1}-\sqrt{t_2}+\sqrt{t_3}, \\ x_4=-\dfrac{a_1}{4}-\sqrt{t_1}+\sqrt{t_2}-\sqrt{t_3}, \end{cases}$$

だった.

小川　今度も，最後の補助方程式は，節約できますね.

$$\sqrt{t_3}=-\frac{q}{8\sqrt{t_2}\sqrt{t_1}}=-\frac{q\sqrt{t_1}}{8t_1t_2}\sqrt{t_2}$$

ですから，根の公式は

$$\begin{cases} x_1=-\dfrac{a_1}{4}+\sqrt{t_1}+s_1\sqrt{t_2}, \\ x_2=-\dfrac{a_1}{4}+\sqrt{t_1}-s_1\sqrt{t_2}, \\ x_3=-\dfrac{a_1}{4}-\sqrt{t_1}-s_2\sqrt{t_2}, \\ x_4=-\dfrac{a_1}{4}-\sqrt{t_1}+s_2\sqrt{t_2}, \end{cases}$$

となります.

ここで

$$s_1=1-\frac{q\sqrt{t_1}}{8t_1t_2},\quad s_2=1+\frac{q\sqrt{t_1}}{8t_1t_2}.$$

佐々木　初めの二つの式から

$$2s_1\sqrt{t_2}=x_1-x_2.$$

——これじゃ，ダメだ．

$\sqrt{t_2}$ は，1の累乗根や有理数ダケを係数に持つ，x_1, x_2, x_3, x_4 の有理式にならない．

s_1 には，$\sqrt{t_1}$ や t_1 があるから．

残りの式を使っても同じ——ヤッパリ，節約しない方が，いい．もとの公式からだと，ウマク表わされた．

広田　数学はムダを嫌悪する．

小川　このまま，通すんですね．

佐々木　s_1 が1なら，理想的だけど…

広田　理想形と，出来ないか？

小川　えーと…，わかりました，判りました．

$\sqrt{t_2}$ を根に持つ補助方程式

$$v^2=t_2$$

の代わりに，$s_1\sqrt{t_2}$ を根に持つ補助方程式

$$V^2=\left(1-\frac{q\sqrt{t_1}}{8t_1t_2}\right)^2t_2$$

を取ると，いいですね．

佐々木　どうして？

小川　このとき，問題の4次方程式の解法は，四つの補助方程式

$$X^2=A^2+B^3,\quad Y^3=-A+\sqrt{A^2+B^3},\quad u^2=t_1,\quad V^2=s_1{}^2t_2,$$

に帰着されるでしょう．

これらの補助方程式の右辺は，それぞれ，それより前に出て来る補助方程式の根と a_1, a_2, a_3, a_4 とから加・減・乗・除で表わされてますね．

そして，問題の4次方程式の根は，最後の補助方程式の根 $s_1\sqrt{t_2}$ を v_0 と書くと

$$\begin{cases} x_1=-\dfrac{a_1}{4}+\sqrt{t_1}+v_0, \\ x_2=-\dfrac{a_1}{4}+\sqrt{t_1}-v_0, \\ x_3=-\dfrac{a_1}{4}-\sqrt{t_1}-\dfrac{s_2}{s_1}v_0, \\ x_4=-\dfrac{a_1}{4}-\sqrt{t_1}+\dfrac{s_2}{s_1}v_0, \end{cases}$$

で，四つの補助方程式の根と a_1, a_2, a_3, a_4 とから加・減・乗・除で表わされるでしょう．

佐々木　ナルヘソ．補助方程式の取り方を変えても，ゼンゼン影響ないのか．シブチン通した数学の世界！

小川　この公式の，初めの二つから

$$v_0=\frac{1}{2}(x_1-x_2)$$

と，最後の補助方程式の根 v_0 は，x_1, x_2, x_3, x_4 の整式で表わされます．

広田　第三の補助方程式の根 $\sqrt{t_1}$ は？

佐々木　3次のときのように，$\sqrt{t_1}$ と v_0 との関係を見つけると，スグあとの四番目の補助方程式がある…

小川　それは，結局は，$\sqrt{t_1}$ を含むもので，x_1, x_2, x_3, x_4 の有理式で表わされてるのを探す事ですから，根の公式に返って，初めの二つの式から

$$x_1+x_2=-\frac{a_1}{2}+2\sqrt{t_1}$$

が見つかって，

$$\sqrt{t_1}=\frac{1}{4}\{(x_1+x_2)-(x_3+x_4)\}$$

と，四番目の補助方程式を使うより簡単に求まりますね．

広田　第二の補助方程式の根 y_0 は？

佐々木　小川君式に，y_0 を含むもので，x_1, x_2, x_3, x_4 の有理式で表わされるのを見つけると…，スグあとの三番目の補助方程式から

$$\frac{1}{16}\{(x_1+x_2)-(x_3+x_4)\}^2=-\frac{p}{6}+y_0+sy_0^2.$$

これを y_0 について解くと…，ウマク行かない．

これじゃ，ダメだ．——どうすれば，いい？

広田　この右辺は，y_0 の２次式だな．

このように，有理式で表わしたい代数的量についての２次式が，与えられた方程式の根の有理式となっているとき，問題の量を表わす事は，さっき，経験したな．

小川　ハイ，３次方程式のときの，最後の補助方程式の根 u_0 がソウで，それは

$$\begin{cases} x_1=-\dfrac{a_1}{3}+u_0+ru_0^2, \\ x_2=-\dfrac{a_1}{3}+\omega u_0+r(\omega u_0)^2, \\ x_3=-\dfrac{a_1}{3}+\omega^2 u_0+r(\omega^2 u_0)^2, \end{cases}$$

から，表わされました．

佐々木　そうか，それじゃ，問題の式の右辺

$$-\frac{p}{6}+y_0+sy_0^2$$

で，y_0 を $\omega y_0, \omega^2 y_0$ でおきかえた二つの式も，x_1, x_2, x_3, x_4 の有理式で表わされると，いい．

でも，ソレできる？

小川　問題の式と，その二つは，さっきの記号で t_1, t_2, t_3 です…から，それらは補助方程式

$$t^3+\frac{p}{2}t^2+\left(\frac{p^2}{16}-\frac{r}{4}\right)t-\frac{q^2}{64}=0$$

の根で…，できます，出来ます．

問題の式の左辺を g と書くと，つまり

$$g(x_1, x_2, x_3, x_4)=\frac{1}{16}\{(x_1+x_2)-(x_3+x_4)\}^2$$

とすると，g で x_1, x_2, x_3, x_4 の置換をするときに出来る，三つの式

$$g(x_1, x_2, x_3, x_4),\quad g(x_1, x_3, x_2, x_4),\quad g(x_1, x_4, x_3, x_2),$$

は，問題の3次の補助方程式の根でしたね…

佐々木　わかった．

だから，t_2, t_3 も x_1, x_2, x_3, x_4 の有理式で表わされて，たとえば

$$\begin{cases} g(x_1, x_2, x_3, x_4) = -\dfrac{p}{6} + y_0 + sy_0^2, \\ g(x_1, x_3, x_2, x_4) = -\dfrac{p}{6} + \omega y_0 + s(\omega y_0)^2, \\ g(x_1, x_4, x_3, x_2) = -\dfrac{p}{6} + \omega^2 y_0 + s(\omega^2 y_0)^2, \end{cases}$$

となって，

$$1 + \omega + \omega^2 = 0$$

を利用して，y_0 が x_1, x_2, x_3, x_4 の有理式で表わされる．その係数には，ω と有理数しか現われない．

小川　それで，根の公式に使った，残りの二つの根 $\omega y_0, \omega^2 y_0$ もソウ表わされます．

広田　最後に，第一の補助方程式の根

$$\sqrt{A^2 + B^3}$$

は？

佐々木　これは，カンタン．

二番目の補助方程式を使うと，いい．

広田　さて，以上の具体例を参照して，一般な場合での「代数的可解性の原則」を確認する方針を考えよう．

確認の方針（一）

佐々木　n 次の一般方程式

$$x^n + a_1 x^{n-1} + \cdots + a_n = 0$$

が代数的に解けるなら，その解法は

$$X^k = 定数,\ Y^l = 定数,\ \cdots,\ Z^m = 定数$$

という，いくつかの補助方程式に帰着される．

そして，問題の n 次方程式の根 $x_1, x_2, \cdots, x_n$ は，これらの補助方程式の根と，係数 $a_1, a_2, \cdots, a_n$ とから 加・減・乗・除 で表わされる．

このとき――これらの補助方程式の根は $x_1, x_2, \cdots, x_n$ の有理式で表わされ，この有理式の係数は，1の累乗根 $\zeta_k, \zeta_l, \cdots, \zeta_m$ と有理数とから加・減・乗・除 で表わされる――を確かめるには，どうしたらイイのか，だね．

小川　これらの補助方程式は，さっきの3次や4次のときのように，「これ以上は，もう節約できない」として，いいですね．

広田　その通りだ．

「これらの補助方程式の根は，それ以前に解く補助方程式の根と，$a_1, a_2, \cdots, a_n$ とから，四則では表わされない」ものとする．

佐々木　ソウ表わされる根を持つ補助方程式は，節約できる．

広田　さて，4次までは，どのような順に，有理式で表わされた？

佐々木　解く順番とは反対に，最後の補助方程式の根からだ．

小川　ですから，一般的な場合も，最後の補助方程式の根から，始めるのですね．

佐々木　それを，どうするか――が問題だ．

広田　4次までは？

佐々木　根の公式から逆算した．

でも，一般的な場合には，根の公式の具体的な形は，わからない．だから，どうしていいか，わからない．

広田　結論を急ぐな．

4次までの，根の公式を反省しよう．

佐々木　2次方程式では，最後の補助方程式の根は u_0 で，根の公式は

$$\begin{cases} x_1 = -\dfrac{a_1}{2} + \dfrac{u_0}{2}, \\[2ex] x_2 = -\dfrac{a_1}{2} - \dfrac{u_0}{2}. \end{cases}$$

小川　3次方程式では，最後の補助方程式の根は $u_0, \omega u_0, \omega^2 u_0$ で，根の公式は

$$\begin{cases} x_1=-\dfrac{a_1}{3}+\ u_0\ +ru_0{}^2, \\ x_2=-\dfrac{a_1}{3}+\omega u_0\ +r(\omega u_0)^2, \\ x_3=-\dfrac{a_1}{3}+\omega^2 u_0+r(\omega^2 u_0)^2, \end{cases}$$

です.

佐々木　4次方程式では，最後の補助方程式の根は v_0 で，根の公式は

$$\begin{cases} x_1=-\dfrac{a_1}{4}+\sqrt{t_1}+v_0, \\ x_2=-\dfrac{a_1}{4}+\sqrt{t_1}-v_0, \\ x_3=-\dfrac{a_1}{4}-\sqrt{t_1}-\dfrac{s_2}{s_1}v_0, \\ x_4=-\dfrac{a_1}{4}-\sqrt{t_1}+\dfrac{s_2}{s_1}v_0. \end{cases}$$

でも，初めの二つしか，使わなかった.

広田　これらに共通な特徴は？

佐々木　質問の意味が判らない.

広田　有理式で表わしたい，最後の補助方程式の根について，右辺を眺めると？

佐々木　ゼンブ，最後の補助方程式の根の整式.

小川　とくに，3次の場合は，三つの整式の係数は，ゼンブ同じですね.

広田　2次の場合，u_0 と $-u_0$ とは，最後の補助方程式の，すべての根だな.
そして

$$-\frac{a_1}{2}+\frac{u_0}{2} \quad と \quad -\frac{a_1}{2}-\frac{u_0}{2}$$

とは，それぞれ，$u_0, -u_0$ の整式として，同じ係数を持つな.

小川　わかりました．おっしゃりたい事が判りました.

4次の場合は，二つの式

$$\begin{cases} x_1=-\dfrac{a_1}{4}+\sqrt{t_1}+v_0, \\ x_2=-\dfrac{a_1}{4}+\sqrt{t_1}-v_0, \end{cases}$$

しか使いませんでしたが，ここでも v_0 と $-v_0$ は最後の補助方程式のゼンブの根で，この右辺も $v_0, -v_0$ の整式として，それぞれ，同じ係数を持ちます．

ですから，最後の補助方程式の根を表わすのに使った式に共通な特徴は――その右辺は，最後の補助方程式のゼンブの根の，一つ一つについての，同じ係数を持つ，整式――と，いう事です．

広田　と，すると？

小川　一般的な場合も，ソウなってると，イイですね．

つまり，最後の補助方程式

$$Z^m = \text{定数}$$

の一つの根を z_0 とします．

問題の n 次方程式の一つの根が

$$r_0 + r_1 z_0 + r_2 z_0^2 + \cdots + r_{m-1} z_0^{m-1}$$

と，z_0 の整式で表わされてると，この式で z_0 を $\zeta_m z_0, \zeta_m^2 z_0, \cdots, \zeta_m^{m-1} z_0$ でおきかえたのも，ゼンブ，問題の n 次方程式の根になってると，イイですね．

広田　係数の r_j は？

小川　z_0 を含みません．

最後から二番目までの補助方程式の根と，$a_1, a_2, \cdots, a_n$ とから加・減・乗・除で表わされるものです．

佐々木　どうして，z_0 の $m-1$ 次？

m 次以上には，ならない？

小川　z_0 の m 乗は，最後から二番目までの補助方程式の根と，$a_1, a_2, \cdots, a_n$ とから加・減・乗・除で表わされてるでしょう．

ですから，z_0 を m 乗以上したのは，今いった性質を持つ係数と，z_0 の $m-1$ 乗以下との積になりますね．

佐々木　そうか．

でも，ソウなるとして，z_0 は $x_1, x_2, \cdots, x_n$ の有理式で表わされる？

小川　こうなってると，たとえば

$$\begin{cases} x_1 = r_0 + r_1 z_0 + \cdots + r_{m-1} z_0^{m-1}, \\ x_2 = r_0 + r_1(\zeta_m z_0) + \cdots + r_{m-1}(\zeta_m z_0)^{m-1}, \\ \quad \cdots \qquad \cdots \qquad \cdots \\ x_m = r_0 + r_1(\zeta_m^{m-1} z_0) + \cdots + r_{m-1}(\zeta_m^{m-1} z_0)^{m-1}, \end{cases}$$

ですね．それで

$$1+\zeta_m+\zeta_m{}^2+\cdots+\zeta_m{}^{m-1}=0$$

を利用して，r_1z_0 が $x_1, x_2, \cdots, x_n$ の有理式で表わされて，この有理式の係数は，有理数と ζ_m とで表わされてますね．

佐々木　そうか．ラグランジュのとき，サンザンこんな計算をしたな．

　でも，r_1z_0 は確かに大丈夫だけど，問題は z_0 だろ．r_1 に，最後から二番目までの補助方程式の根が含まれてると，ダメじゃない．

小川　そのときは，最後の補助方程式として

$$Z^m=\text{定数}$$

の代わりに，r_1z_0 を根に持つ補助方程式

$$W^m=r_1{}^mz_0{}^m$$

を取ると，いいですね．

　さっきの４次方程式のとき，ソウしましたね．

佐々木　そうか．ウマク行きそうだな．

　キボウが湧いてきた．

広田　最後の補助方程式の根について，今までの考察が正しいとして，次の段階は？

確認の方針（二）

佐々木　最後から二番目の補助方程式の，一つの根を v_0 とすると，v_0 を，どうして有理式で表わすかだ．

　４次までの方法を反省すると，v_0 を含むもので，$x_1, x_2, \cdots, x_n$ の有理式で表わされるのを，先ず探す．

広田　そのような量は，より精確には？

小川　それは，最後から二番目までの補助方程式の根と，$a_1, a_2, \cdots, a_n$ とから加・減・乗・除で表わされてる代数的な量です．４次までを一般化しますと．

広田　と，すると，さらに精確には？

　このような量の表示は，考察したな．

小川　えーと…，しました．さっきの「n 次方程式の一つの根が z_0 の整式で

表わされる」が正しいなら，問題の v_0 を含む代数的な量も，v_0 の整式ですね．

n 次方程式の根は，ゼンブの補助方程式の根と，$a_1, a_2, \cdots, a_n$ とから加・減・乗・除で表わされる代数的な量で，z_0 は最後の補助方程式の根でしたから，この z_0 を含む代数的な量と z_0 との関係は，v_0 を含む代数的な量と v_0 との関係と同じですから．

佐々木　4次までは，確かに整式だ．

広田　このような代数的量で，$x_1, x_2, \cdots, x_n$ の有理式で表わされるものが存在すれば？

小川　それは

$$f(x_1, x_2, \cdots, x_n) = s_0 + s_1 v_0 + \cdots + s_{h-1} v_0^{h-1}$$

という形です．

ここで，係数の s_j は v_0 を含まないで，最後から三番目までの補助方程式の根と，$a_1, a_2, \cdots, a_n$ とから加・減・乗・除で表わされてます．

h は，最後から二番目の補助方程式の，次数です．

広田　これから，v_0 を有理式で表わすには？

佐々木　これと同じ問題があった！

4次方程式で，二番目の補助方程式の根 y_0 を表わすとき，だった．

広田　それを参照すると？

佐々木　右辺の v_0 を $\zeta_h v_0, \zeta_h^2 v_0, \cdots, \zeta_h^{h-1} v_0$ でおきかえた量が，それぞれ，$x_1, x_2, \cdots, x_n$ の有理式で表わされると，いい．

それには，これらの量が，左辺の

$$f(x_1, x_2, \cdots, x_n)$$

で，$x_1, x_2, \cdots, x_n$ の置換をするときに出来る，互いに違う式を根に持つ方程式の，根になる事が判ると，いい．

小川　結局，さっきの「n 次方程式の根と z_0 との関係」と同じですね．

佐々木　でも，問題の f が見つかるか——だ．

4次までは，補助方程式や根の公式が具体的に求まってるから，ウマク見つかったけど…

小川　それは，心配いりませんね．

さっきのように，n 次方程式の根が z_0 の整式で表わされてると，係数 r_j のどれかは，必ず，v_0 を含むでしょう．

もし，どの係数にも v_0 が含まれてないと，v_0 は n 次方程式の根を表わすのに不必要な量で，それを根に持つ補助方程式は節約できますから．

そして，どの r_jz_0 も，z_0 と同じ計算で，$x_1, x_2, \cdots, x_n$ の有理式として求まるでしょう，から．

佐々木　そうか．

小川　それから，結局，どの補助方程式の根でも，それを $x_1, x_2, \cdots, x_n$ の有理式で表わすのには，z_0 や v_0 の場合と同じ事が判れば，いいですね．

広田　その通りだ．

そこで，一般な場合にも「代数的可解性の原則」が通用する――を確認するには，何を調べると，よい．

小川　n 次の一般方程式

$$x^n + a_1x^{n-1} + \cdots + a_n = 0$$

の代数的解法に出て来る，勝手な，補助方程式

$$U^j = 定数$$

の一つの根を u_0 とします．

(1)　一番目から，コレまでの補助方程式の根と，$a_1, a_2, \cdots, a_n$ とから加・減・乗・除で表わされ，u_0 を含む，代数的な量は

$$c_0 + c_1u_0 + c_2u_0^2 + \cdots + c_{j-1}u_0^{j-1}$$

と，u_0 の整式で表わされる．

ここで，係数は u_0 を含まない量である．

(2)　この代数的な量が

$$g(x_1, x_2, \cdots, x_n) = c_0 + c_1u_0 + \cdots + c_{j-1}u_0^{j-1}$$

と，$x_1, x_2, \cdots, x_n$ の有理式で表わされるなら，右辺で u_0 を $\zeta_ju_0, \zeta_j^2u_0, \cdots, \zeta_j^{j-1}u_0$ でおきかえた $j-1$ 個の量は，g で $x_1, x_2, \cdots, x_n$ の置換をするときに出来る，互いに違う有理式を根に持つ方程式の根になる．

――この二つは正しいか，を調べます．

佐々木　チェックしよう.「ゼンは急げ」だ.

広田　残念ながら時間だ. 次の機会にしよう.

今日のところを総括しておこう.

要　　約

小川　n 次の一般方程式の場合でも,「代数的可解性の原則」が通用する事を確かめようと, しました.

佐々木　そのために, ラグランジュに返って, 4次までを反省した.

そして, 確かめる方針を立てた.

小川　アーベルは, この方針で, 成功したのですね.

広田　それはアトのオタノシミだ.

もっとも, アーベルは中学時代にラグランジュの方程式論に接している.

佐々木　それじゃ, ルフィニとアーベルに共通な一冊の本は, ラグランジュの論文!

第20章　不可能の証明を完成する

記録は，破られるためにある．予想は，修正されるためにある．
前回に立てた方針の下に，「代数的可解性の原則」を確認し，「不可能の証明」を完成する．
だが，この考察の過程で，われわれの予想は，修正を迫られるのである．

泰西名画もどきが散乱している．
ウチのカミサン，近頃，ジクソー・パズルに凝っちゃってね――刑事コロンボばりで，叔父さんは弁明する…

目　　標

広田　今日は，「代数的可解性の原則」を確認し，「不可能の証明」を完成しよう．
佐々木　n 次の一般方程式

$$x^n+a_1x^{n-1}+\cdots+a_n=0$$

が代数的に解ける，つまり，n 次方程式に代数的な解法による根の公式があるなら，その解法は，その根 $x_1, x_2, \cdots, x_n$ の有理式を根に持つ

$$X^k=\text{定数},\ Y^l=\text{定数},\ \cdots,\ Z^m=\text{定数}$$

という，いくつかの補助方程式に帰着される．
ここで，問題の有理式の係数は，これらの補助方程式の次数に対する，1の累乗根 $\zeta_k, \zeta_l, \cdots, \zeta_m$ と，有理数とから 加・減・乗・除 で表わされる――を確かめ

るんだね.

広田　確認の方針は？

佐々木　この前，考えた．無い知恵をシボッて.

小川　それは——問題の方程式の代数的解法に出てくる，勝手な s 番目の補助方程式

$$U^j = \text{定数}$$

の一つの根を u_0 とするとき，

(1)　一番目，二番目，…，s 番目の補助方程式の根と，$a_1, a_2, \cdots, a_n$ とから加・減・乗・除で表わされる代数的な量は

$$c_0 + c_1u_0 + c_2u_0^2 + \cdots + c_{j-1}u_0^{j-1}$$

と，u_0 の整式で表わされるか？

(2)　この代数的な量が

$$g(x_1, x_2, \cdots, x_n) = c_0 + c_1u_0 + \cdots + c_{j-1}u_0^{j-1}$$

と，$x_1, x_2, \cdots, x_n$ の有理式で表わされるなら，右辺で u_0 を $\zeta_j u_0, \zeta_j^2 u_0, \cdots, \zeta_j^{j-1}u_0$ に，それぞれ，おきかえた $j-1$ 個の量は，g で $x_1, x_2, \cdots, x_n$ の置換をするときに出来る，互いに違う有理式を根に持つ，方程式の根となるか？

——この二つを調べるのでした.

広田　第一のから，始めよう.

第一の確認

佐々木　問題の代数的な量は，s 番目の補助方程式の j 個の根の有理式だ.

この有理式の係数は，一番目から $s-1$ 番目までの補助方程式の根と，$a_1, a_2, \cdots, a_n$ とから加・減・乗・除で表わされている.

小川　s 番目の補助方程式の j 個の根は

$$u_0,\ \zeta_j u_0,\ \zeta_j^2 u_0,\ \cdots,\ \zeta_j^{j-1}u_0$$

ですから，問題の代数的な量は u_0 の有理式で

$$\frac{d_0 + d_1u_0 + d_2u_0^2 + \cdots + d_{j-1}u_0^{j-1}}{b_0 + b_1u_0 + b_2u_0^2 + \cdots + b_{j-1}u_0^{j-1}}$$

という形です.

この有理式の係数は，一番目，二番目，…，$s-1$番目の補助方程式の根と，ζ_j，$a_1, a_2, \cdots, a_n$ とから加･減･乗･除で表わされています．

分母･分子に u_0 の j 乗以上がないのは，u_0 の j 乗が，一番目，二番目，…，$s-1$ 番目の補助方程式の根と，$a_1, a_2, \cdots, a_n$ とから加･減･乗･除で表わされるからです．

佐々木　問題は，この分母から u_0 を追い出せるかだ．

小川　この間のように，分母を有理化します．

$$f(u)=b_0+b_1u+b_2u^2+\cdots+b_{j-1}u^{j-1}$$

とおくと

$$f(u_0)f(\zeta_ju_0)f(\zeta_j{}^2u_0)\cdots f(\zeta_j{}^{j-1}u_0)$$

は，s 番目の補助方程式の，j 個の根の対称式ですね．

ですから，この積は，f の係数 $b_0, b_1, \cdots, b_{j-1}$ と s 番目の補助方程式の定数項とから加･減･乗で表わされます．つまり，問題の u_0 の有理式の係数と同じ性質を持つ量ですね．

それで，問題の u_0 の有理式の分母･分子に

$$f(\zeta_ju_0)f(\zeta_j{}^2u_0)\cdots f(\zeta_j{}^{j-1}u_0)$$

を掛けると，問題の代数的な量は

$$c_0+c_1u_0+c_2u_0{}^2+\cdots+c_{j-1}u_0{}^{j-1}$$

と，u_0 の整式で表わされます．

この整式の係数は，一番目，二番目，…，$s-1$ 番目の補助方程式の根と，ζ_j，a_1，$a_2, \cdots, a_n$ とから加･減･乗･除で表わされてます．

佐々木　でも，この結果は予想とは違うぞ．

u_0 の整式の係数は，一番目から $s-1$ 番目までの補助方程式の根と，$a_1, a_2, \cdots, a_n$ とから加･減･乗･除で表わされる――と思っていたのに，ζ_j という予想外のが入って来た．大丈夫かな？

小川　$c_1 \fallingdotseq 1$ のとき，s 番目の補助方程式として

$$U^j=\text{定数，の代わりに，}W^j=c_1{}^ju_0{}^j$$

を取るとき，定数項の性質に影響しますね．

広田　これで，少し修正された形で，第一の場合が確認されたな．

第二の確認へと，駒を進めよう．

第二の確認（一）

小川　問題の代数的な量が

$$g(x_1, x_2, \cdots, x_n) = c_0 + c_1u_0 + \cdots + c_{j-1}u_0^{j-1}$$

と，$x_1, x_2, \cdots, x_n$ の有理式で表わされるとします．

g の係数は，有理数と $\zeta_k, \zeta_l, \cdots, \zeta_m$ とから加・減・乗・除で表わされてます．

佐々木　g で $x_1, x_2, \cdots, x_n$ の置換をするときに出来る，互いに違う有理式の個数を t とすると，それらを根に持つ方程式は t 次で

$$V^t + A_1V^{t-1} + \cdots + A_t = 0$$

という形だ．この係数は，$a_1, a_2, \cdots, a_n$ と $\zeta_k, \zeta_l, \cdots, \zeta_m$ とから加・減・乗・除で表わされる．

ラグランジュの方程式論で調べた．

小川　問題は $j-1$ 個の量

$$c_0 + c_1(\zeta_j{}^v u_0) + c_2(\zeta_j{}^v u_0)^2 + \cdots + c_{j-1}(\zeta_j{}^v u_0)^{j-1},\quad (v = 1, 2, \cdots, j-1)$$

も，この方程式の根となるか――ですね．

佐々木　で，どうすれば，いい？

広田　判らなければ，理想的な場合を考える．

佐々木　と，いうと？

広田　問題の $j-1$ 個の量が根となると想定して，問題解決の糸口を探求する．

$$c_0 + c_1u_0 + \cdots + c_{j-1}u_0^{j-1}$$

を，方程式

$$V^t + A_1V^{t-1} + \cdots + A_t = 0$$

の左辺に代入し，u_0 について整理すると？

佐々木　ヤッパリ，u_0 の整式で

$$r_0 + r_1u_0 + r_2u_0^2 + \cdots + r_{j-1}u_0^{j-1}$$

という形だ．

広田　係数「r ナントカ」の性質は？

佐々木　この計算では，はじめに

$$c_0+c_1u_0+\cdots+c_{j-1}u_0{}^{j-1}$$

を何乗かする．そして，u_0 の j 乗以上を $j-1$ 乗以下に書き直して，u_0 の $j-1$ 次以下の整式とする．

つぎに，これに方程式の係数「Aのナントカ」を掛けて加えて，u_0で整理する．

だから，係数「r のナントカ」は，一番目から $s-1$ 番目までの補助方程式の根と，$a_1, a_2, \cdots, a_n$ と $\zeta_k, \zeta_l, \cdots, \zeta_m$ とから 加・減・乗・除 で表わされてる．

広田　$c_0+c_1(\zeta_j{}^v u_0)+\cdots+c_{j-1}(\zeta_j{}^v u_0)^{j-1}$

を，方程式

$$V^t+A_1V^{t-1}+\cdots+A_t=0$$

の左辺に代入し，$\zeta_j{}^v u_0$ について整理すると？

佐々木　$r_0+r_1(\zeta_j{}^v u_0)+\cdots+r_{j-1}(\zeta_j{}^v u_0)^{j-1}$

さっきと同じ係数を持つ，$\zeta_j{}^v u_0$ の整式だ．

さっきの計算で，u_0 の j 乗以上を $j-1$ 乗以下に書き直すときの係数と，$\zeta_j{}^v u_0$ の j 乗以上を$j-1$ 乗以下に書き直すときの係数とは，同じになるから．

M, N が自然数のとき

$$(u_0)^{Mj+N}=(u_0{}^j)^M(u_0)^N,\quad (\zeta_j{}^v u_0)^{Mj+N}=(u_0{}^j)^M(\zeta_j{}^v u_0)^N,$$

だから．

広田　そこで，問題の $j-1$ 個の量も根となる，と想定すると――何が判る？

小川

$$\begin{cases} r_0+r_1u_0+r_2u_0{}^2+\cdots+r_{j-1}u_0{}^{j-1}=0, \\ r_0+r_1(\zeta_j u_0)+r_2(\zeta_j u_0)^2+\cdots+r_{j-1}(\zeta_j u_0)^{j-1}=0, \\ \cdots\cdots\cdots\cdots\cdots \\ r_0+r_1(\zeta_j{}^{j-1}u_0)+r_2(\zeta_j{}^{j-1}u_0)^2+\cdots\cdots+r_{j-1}(\zeta_j{}^{j-1}u_0)^{j-1}=0, \end{cases}$$

です．それで…

佐々木　この前と同じ計算で，これから，

$$r_0=0,\ r_1=0,\ r_2=0,\ \cdots,\ r_{j-1}=0,$$

つまり，係数はゼンブ零でないと，いけない．

広田　その計算は，精確には？

小川　ζ_j は j 乗して初めて1になりますから，$\zeta_j{}^N$ は，N が j の倍数でないなら，1ではありません．

ですから，N が j の倍数でない整数のとき

$$1+\zeta_j{}^N+\zeta_j{}^{2N}+\cdots+\zeta_j{}^{(j-1)N}=\frac{1-\zeta_j{}^{jN}}{1-\zeta_j{}^N}=0.$$

佐々木　そして，$0<N<j$ のとき，$r_N u_0{}^N$ の係数は

$$1,\ \zeta_j{}^N,\ \zeta_j{}^{2N},\ \cdots,\ \zeta_j{}^{(j-1)N}$$

だから，問題の j 個の式をゼンブ加えると

$$jr_0=0,\ \text{つまり},\ r_0=0.$$

小川　それから，$r_N u_0{}^N$ の係数を1にするために，j 個の式に，順々に

$$1,\ \zeta_j{}^{-N},\ \zeta_j{}^{-2N},\ \cdots,\ \zeta_j{}^{-(j-1)N}$$

を掛けて，加えると

$$jr_N u_0{}^N=0.$$

この計算のとき，$r_M u_0{}^M$ $(0\leqq M<j,\ M\neq N)$ の係数は

$$1,\ \zeta_j{}^{M-N},\ \zeta_j{}^{2(M-N)},\ \cdots,\ \zeta_j{}^{(j-1)(M-N)}$$

で，$M-N$ は j の倍数ではありませんから．

佐々木　u_0 は零ではない——もし，ソウなら s 番目の補助方程式は節約できる——から，

$$r_N=0 \qquad (0<N<j).$$

広田　結局，理想的な場合には，係数「r ナントカ」はスベテ零でなければならない事が判った．逆に…

佐々木　逆に，係数「r のナントカ」がゼンブ零なら，問題の $j-1$ 個の量も根になる．

だから，第二の場合を確かめるには——

$$r_0+r_1u_0+r_2u_0{}^2+\cdots+r_{j-1}u_0{}^{j-1}=0$$

なら

$$r_0=r_1=r_2=\cdots=r_{j-1}=0$$

となるか——調べると，いい．

第二の確認（二）

佐々木　で，どうするか——というと，背理法がいい．こんな風に手掛りがバクゼンとしているときは．

広田　その通りだ．結論を否定すると？

小川　$r_1, r_2, \cdots, r_{j-1}$ のドレカは零ではありません．ゼンブ零なら，r_0 も零になりますから．

佐々木　これから，どんなヘンな事が起こるか，マルデ見当がつかない．でも，ヘタな考え何とやらだ．j が2の場合から当ってみよう．

j が2のとき

$$r_0 + r_1 u_0 = 0$$

で，r_1 は零でない．——これ，ヘン？

小川　「$r_1 \neq 0$」という事は「r_1 で割れる」事ですから

$$u_0 = -\frac{r_0}{r_1}.$$

これは，u_0 が，一番目，二番目，…，$s-1$ 番目の補助方程式の根と，$a_1, a_2, \cdots, a_n$ と $\zeta_k, \zeta_l, \cdots, \zeta_m$ とから加・減・乗・除で表わされる——という事ですね．

佐々木　別に，u_0 についての仮定とも矛盾しない．

u_0 についての仮定は，u_0 は一番目から $s-1$ 番目までの補助方程式の根と，$a_1, a_2, \cdots, a_n$ とから加・減・乗・除では表わされない事だけだったから．

小川　そうですが…，ヘンにも出来ますね．

u_0 が，この間までよりヨワイ条件「一番目，二番目，…，$s-1$番目の補助方程式の根と，$a_1, a_2 \cdots, a_n$ と $\zeta_k, \zeta_l, \cdots, \zeta_m$ とから加・減・乗・除で表わされる」を満足するときでも，u_0 を根に持つ，s 番目の補助方程式は節約できます．

一番目から $s-1$ 番目までの補助方程式の根が，有理数と $\zeta_k, \zeta_l, \cdots, \zeta_m$ とを係数に持つ，$x_1, x_2, \cdots, x_n$ の有理式で表わされるなら，u_0 もソウなりますから．

佐々木　これで，「s 番目の補助方程式の根は，一番目から $s-1$ 番目までの補助方程式の根と，$a_1, a_2, \cdots, a_n$ と $\zeta_k, \zeta_l, \cdots, \zeta_m$ とから加・減・乗・除では表わされない」と，一般的に，この前よりツヨク仮定できる．

そして，この仮定と，さっきの

$$u_0 = -\frac{r_0}{r_1}$$

とは矛盾する.

だから，jが2の場合には，r_0もr_1も零.

小川　jが3のときは

$$r_0 + r_1 u_0 + r_2 u_0{}^2 = 0$$

で，r_1かr_2かは零ではありませんね.

佐々木　r_2が零なら，r_1は零ではないから，さっきと同じ論法で，ヘンな事が起こる.

r_2が零でないなら…

小川　u_0ダケでは矛盾に導けそうにないし…，「不利なときは戦線を拡大せよ」でしたね．それで，問題の補助方程式の外の根も使ってみましょう.

r_2が零でないとき，Uの方程式

$$r_0 + r_1 U + r_2 U^2 = 0$$

は，2次方程式ですから，u_0の外に根を持ちますね.

佐々木　その根が$u_0\omega$か$u_0\omega^2$なら，「根と係数との関係」から

$$u_0(1+\omega) = -\frac{r_1}{r_2} \quad \text{か} \quad u_0(1+\omega^2) = -\frac{r_1}{r_2}$$

かで，u_0についての仮定と矛盾する.

小川　もう一つの「根と係数との関係」から

$$u_0{}^2\omega = \frac{r_0}{r_2} \quad \text{か} \quad u_0{}^2\omega^2 = \frac{r_0}{r_2}$$

か，ですが

$$(u_0{}^2)^2 = u_0{}^3 u_0$$

ですから，結局

$$u_0 = \frac{1}{u_0{}^3\omega^2}\left(\frac{r_0}{r_2}\right)^2 \quad \text{か} \quad u_0 = \frac{1}{u_0{}^3\omega}\left(\frac{r_0}{r_2}\right)^2$$

かで，矛盾に導けますね.

佐々木　u_0と違う根が，問題の補助方程式の根でナイときは？

小川　それがイヤラシイですね.

矛盾に導く手掛りは，問題の補助方程式の根の性質だけで，今の場合，それと関係するのは u_0 を根に持つ１次の因数だけです．つまり

$$r_0+r_1U+r_2U^2=(r_0'+r_1'U)(r_2'+r_3'U)$$

と因数分解されて，たとえば

$$r_0'+r_1'u_0=0$$

だけですね.

佐々木　それじゃ，r_0', r_1' が一番目から $s-1$ 番目までの補助方程式の根と，$a_1, a_2, \cdots, a_n$ と $\zeta_k, \zeta_l, \cdots, \zeta_m$ とから加・減・乗・除で表わされてると，いい.

広田　この場合，二つの方程式

$$U^3=u_0^3 \quad と \quad r_0+r_1U+r_2U^2=0$$

とに共通な根は u_0 だけ——という事だな.

すると，三つの整式

$$U^3-u_0^3, \quad r_0+r_1U+r_2U^2, \quad r_0'+r_1'U$$

の間の関係は？

小川　$r_0'+r_1'U$ は，初めの二つの最大公約式.

広田　とすると，一般に？

小川　一般的に,「一番目, 二番目, $\cdots$, $s-1$ 番目の補助方程式の根と，$a_1, a_2, \cdots, a_n$ と $\zeta_k, \zeta_l, \cdots, \zeta_m$ とから加・減・乗・除で表わされる係数を持つ，U についての二つの整式 $P(U)$ と $Q(U)$ との最大公約式は，やはり同じ性質の係数を持つ」かが問題ですね.

佐々木　そういえば，さっき j が2のときや，j が3で矛盾が導けたときは，いつも，二つの整式

$$U^j-u_0^j \quad と \quad r_0+r_1U+\cdots+r_{j-1}U^{j-1}$$

との最大公約式が，この性質を持つ事を利用していたんだな.

だから，この問題が解けると，もとの問題も判るぞ.

広田　これは肯定的だ.「ユークリッドの互除法」で判る．教わったろ？

佐々木　知らないよ.

ユークリッドの互除法

広田　二つの整式 P, Q の最大公約式は，どう求める？

佐々木　それぞれ因数分解してみて，共通因数ゼンブの積を作る.

広田　うまく因数分解できれば，それでよい.

しかし，一般には，そうは行くまい.

佐々木　それじゃ，どうするの？

広田　やはり，理想的な場合を考えてみよう.

小川　どっちかが，最大公約式になっている場合ですね.

佐々木　そのときは，次数の低い方だ.

広田　次数は同じかも知れない.

ともかく，最大公約式という事を具体的に試すには？

佐々木　割ると，いい.

広田　その通りだ．理想的な場合には，「割る」ことでケリがつく.

そこで，一般な場合も，これを適用する.

佐々木　割ると，いいんだね.

P で Q を割ると

$$Q = Q_1 P + R_1$$

という形だ．Q_1 は商で，R_1 は余り.

広田　当面の課題は整除関係だな.

それを頭において，この式を右から左へ眺めると？

小川　P と R_1 との公約式は Q の約式です.

佐々木　Q_1 と R_1 との公約式も Q の約式.

広田　$$Q - Q_1 P = R_1$$

と変形して，左から右へ眺めると？

小川　Q と P との公約式は R_1 の約式です.

佐々木　Q と Q_1 との公約式も R_1 の約式.

広田　右から左へ眺めると Q の約式の性質，左から右へ眺めると R_1 の約式の性質が判った．

ところで，問題はPとQとの最大公約式だ．

そこで，PとQとR_1との整除関係を整理すると？

佐々木　Q_1は，お呼びで——ナイ．

小川　わかりました．おっしゃりたい事が判りました．

PとQとの最大公約式は，PとR_1との最大公約式ですね．

PとQとの公約式はR_1の約式ですから，それはPとR_1との公約式です．逆に，PとR_1との公約式はQの約式ですから，それはPとQとの公約式です．

それで，PとQとの公約式と，PとR_1との公約式は完全に一致して，とくに，PとQとの最大公約式は，PとR_1との最大公約式です．

佐々木　これで，PとQとの最大公約式を求める問題は，PとR_1との最大公約式を求める問題に帰着された．

R_1の次数はPの次数より低いから，R_1が零でないなら，さっきと同じように，PをR_1で割ると

$$P=Q_2R_1+R_2.$$

小川　この式で，さっきと同じように考えると，PとQとの最大公約式は，R_1とR_2との最大公約式．

それで，R_2が零でないなら，R_2をR_1で割るのですね．

佐々木　これを繰り返す度に，余りの次数は確実に下がるから，何回目かで，余りは必ず零になる：

$$\begin{aligned}
&Q=Q_1P+R_1,\\
&P=Q_2R_1+R_2,\\
&R_1=Q_3R_2+R_3,\\
&\quad\cdots\cdots\cdots\cdots\cdots\\
&R_{N-2}=Q_NR_{N-1}+R_N,\\
&R_{N-1}=Q_{N+1}R_N.
\end{aligned}$$

そして，R_Nが，PとQとの最大公約式だ．

R_{N-1}とR_Nとの最大公約式がソウだから．

広田　これが，有名な「ユークリッドの互除法」だ．

小川　整式の割り算では，係数の間の 加・減・乗・除しか使いませんから，最初の問題は肯定的なのですね．

そして，この「ユークリッドの互除法」は，整式の場合だけでなく，整数のときも使えますね．

広田　その通りだ．

また，P と Q との最大公約式 R_N は

$$R_N = A_N P + B_N Q$$

と書ける事にも注意する．A_N, B_N は整式だ．

佐々木　さっきの $N-1$ 個の式の，初めの N 個の式から，$R_1, R_2, \cdots, R_{N-1}$ を消去すると，いい．

広田　さらに，P, Q が互いに素な正整数で，$P<Q$ のときは

$$1 = AP - BQ$$

となる正整数 A, B がある．これも，忘れるな．

佐々木　証明は？

広田　さっきの変形を使う．詳しくは，家で試みると，よい．

第二の確認（三）

佐々木　もとの問題に返って，二つの整式

$$U^j - u_0{}^j \quad と \quad r_0 + r_1 U + \cdots + r_{j-1} U^{j-1}$$

との最大公約式を

$$r_0' + r_1' U + r_2' U^2 + \cdots + r_N' U^N$$

とすると

$$1 \leqslant N \leqslant j-1$$

で，係数「r' のナントカ」は，一番目から $s-1$ 番目までの補助方程式の根と，$a_1, a_2, \cdots, a_n$ と $\zeta_k, \zeta_l, \cdots, \zeta_m$ とから加·減·乗·除で表わされてる．

$u_0{}^j$ も，$r_0, r_1, \cdots, r_{j-1}$ もソウだから．

小川　N が 1 のときは，さっきと同じ論法で矛盾に導けますね．

佐々木　N が 2 以上のときは，方程式

$$r_0'+r_1'U+\cdots+r_N'U^N=0$$

は，u_0 の外に，方程式

$$U^j-u_0{}^j=0$$

の $N-1$ 個の根を，根に持つ．つまり

$$\zeta_j u_0,\ \zeta_j{}^2 u_0,\ \cdots,\ \zeta_j{}^{j-1}u_0$$

の中の $N-1$ 個を．

だから，さっきのように，U^{N-1} の係数と根との関係から，ヘンな事が起こる．

広田　果たして，そうかな？

小川　えーと…，待って下さい．

たとえば，j が4で，Nが2で，方程式

$$r_0'+r_1'U+r_2'U^2=0$$

の根が $u_0, \zeta_4{}^2u_0$ のときは

$$u_0(1+\zeta_4{}^2)=-\frac{r_1'}{r_2'}$$

ですが，

$$\zeta_4{}^2=i^2=-1 \quad で \quad 1+\zeta_4{}^2=0$$

ですから…

佐々木

$$u_0=\frac{-r_1'}{(1+\zeta_4{}^2)r_2'}$$

とは書けない．それで矛盾に導けない——か．

小川　さっきの，定数項を使う僕の方法だと

$$u_0{}^N\zeta_j{}^M=(-1)^N\frac{r_0'}{r_N'}$$

を利用するわけですが，$u_0{}^N$ を何乗かして

$$u_0{}^{AN}=(u_0{}^j)^B u_0$$

と出来ると，いいわけですが…

佐々木　それも，j が4で，Nが2のときは出来ない．2を何乗しても $4B+1$

という奇数にはならない.

小川　という事は，勝手な j ではダメという事ですね.

広田　「ユークリッドの互除法」で注意した事があったな.

佐々木　そうか. N と j とが互いに素なら

$$1=AN-Bj$$

という正整数 A, B があるから，小川君のが使える.

小川　j を決めても，N は色んな場合がありますから，結局，「j は素数」と制限すると，いいですね.

佐々木　つまり，補助方程式の次数を素数に制限するんだね.　——「代数的可解性の原則」に影響ナイ？

小川　大丈夫ですね．補助方程式

$$U^j=\text{定数}$$

の次数が合成数，たとえば，6なら，右辺の定数の6乗根は，平方根を求めて，その3乗根を求めるといいですから，補助方程式

$$U^6=\text{定数}$$

は，二つの補助方程式

$$U_1{}^2=\text{定数},\quad U_2{}^3=\sqrt{\text{定数}},$$

に帰着されますね.

そして，新しい定数項も問題の性質を持ってます.

佐々木　一般的に，j の素因数を次数に持つ，補助方程式に分解するわけか.

広田　これで，補助方程式の根と次数との性質が少し修正された形で，第二の場合が確認されたな.

佐々木　だから，「代数的可解性の原則」も修正しないと，いけない.

代数的可解性の原則

小川　n 次の一般方程式

$$x^n+a_1x^{n-1}+\cdots+a_n=0$$

の解法が，いくつかの補助方程式

$$X^k = 定数,\ Y^l = 定数,\ \cdots,\ Z^m = 定数$$

に帰着される，とします．

これらの補助方程式の次数は素数で，定数項は，それぞれ，その前までに解く補助方程式の根と，$a_1, a_2, \cdots, a_n$ と $\zeta_k, \zeta_l, \cdots, \zeta_m$ とから加・減・乗・除で表わされてる，とします．

これらの補助方程式の根は，それぞれ，その前までに解く補助方程式の根と，$a_1, a_2, \cdots, a_n$ と $\zeta_k, \zeta_l, \cdots, \zeta_m$ とから加・減・乗・除では表わされない，とします．

そして，問題の n 次方程式の根は，これらの補助方程式の根と，$a_1, a_2, \cdots, a_n$ と $\zeta_k, \zeta_l, \cdots, \zeta_m$ とから加・減・乗・除で表われる，とします．

そうすると，これらの補助方程式の根は，$\zeta_k, \zeta_l, \cdots, \zeta_m$ と有理数とから加・減・乗・除で表わされる係数を持つ，問題の n 次方程式の根 $x_1, x_2, \cdots, x_n$ の有理式で表わされる――が成立します．

広田　念のために，証明すると？

佐々木　第一の確認事項から，最後に解く補助方程式

$$Z^m = 定数$$

の一つの根を z_0 とすると

$$x_1 = c_0 + c_1 z_0 + c_2 z_0{}^2 + \cdots + c_{m-1} z_0{}^{m-1}$$

と表わされる．

この係数「c のナントカ」は，最後から二番目までの補助方程式の根と，$a_1, a_2, \cdots, a_n$ と $\zeta_k, \zeta_l, \cdots, \zeta_m$ とから加・減・乗・除で表わされてる．

小川　z_0 の係数を1にするために，

（イ）　$c_1 \neq 0$ のときは，最後の補助方程式の代わりに，$w_0 = c_1 z_0$ を根に持つ補助方程式

$$W^m = c_1{}^m z_0{}^m$$

を取ると，補助方程式についての仮定に変更はなく

$$x_1 = d_0 + w_0 + d_2 w_0{}^2 + \cdots + d_{m-1} w_0{}^{m-1}$$

と表わされます．

$$d_0 = c_0,\quad d_q = \frac{c_q}{c_1{}^q}\qquad (q = 2, 3, \cdots, m-1)$$

ですから，新しい係数の性質にも変更はありません．

（ロ）$c_1=0$ のときは，残りの c_2 から c_{m-1} のドレカは零ではありません．もし，ソウなら，最後の補助方程式は節約できますから．

それで，c_2 から見ていって，初めて零でない係数を c_q とします．そして，最後の補助方程式の代わりに，$w_0=c_q z_0{}^q$ を根に持つ補助方程式

$$W^m=c_q{}^m z_0{}^{qm}$$

を取ると，補助方程式についての仮定に変更はなく

$$x_1=d_0+w_0+d_2w_0{}^2+\cdots+d_{m-1}w_0{}^{m-1}$$

と表わされ，新しい係数の性質にも変更はありません．

佐々木　どうして？

小川　$0<q<m$ で，mは素数ですから

$$1=Mq-Nm$$

という自然数 M, N がありますね．それで

$$z_0=\frac{w_0{}^M}{(z_0{}^m)^N}$$

ですから．

佐々木　これで，第二の確認事項から，最後に解く補助方程式の根は $x_1, x_2, \cdots, x_n$ の有理式で表わされる．その係数は有理数と $\zeta_k, \zeta_l, \cdots, \zeta_m$ とから加·減·乗·除で表わされる．

広田　最後から二番目の補助方程式の根は？

小川　それを

$$U^j=\text{定数},$$

この一つの根を u_0 とすると，

$$x_1=d_0+w_0+d_2w_0{}^2+\cdots+d_{m-1}w_0{}^{m-1}$$

の係数のドレカは u_0 を含んでます．もし，ソウでないなら，この補助方程式は節約できますから．

佐々木　その係数の一つを d_q とすると

$$d_q=r_0+u_0+r_2u_0{}^2+\cdots+r_{j-1}u_0{}^{j-1}$$

と書ける.

u_0 の係数が1でないときは，さっきと同じように，補助方程式を代えると，いいから．取り代えても，外の補助方程式の性質なんかにゼンゼン影響しない.

小川　そして，w_0 も $d_q w_0{}^q$ も問題の有理式で表わされてますから，d_q もソウです.

それで，第二の確認事項から，u_0 も問題の有理式で表わされます.

佐々木　その前の補助方程式の根 v_0 も同じ.

$r_0, r_2, \cdots, r_{j-1}$ のドレカに，v_0 が含まれてると，それを利用する.

$r_0, r_2, \cdots, r_{j-1}$ のドレにも，v_0 が含まれてないときは，もとの $d_0, d_2, \cdots, d_{q-1}, d_{q+1}, \cdots, d_{m-1}$ に返ると，そのドレカには含まれる.

それを d_p とすると，それに u_0 が含まれていると

$$d_p = r_0{}' + r_1{}'u_0 + r_2{}'u_0{}^2 + \cdots + r_{j-1}{}'u_0{}^{j-1}$$

で，この係数 $r_0{}', r_1{}', \cdots, r_{j-1}{}'$ のドレカには v_0 が含まれてる.

それを $r_t{}'$ とすると，u_0 は先の d_q から，$r_t{}'u_0{}^t$ は d_p から，問題の有理式で表わされるから，結局，$r_t{}'$ が利用できて，v_0 は問題の有理式で表わされる.

小川　d_p に u_0 が含まれていないときは，直接に

$$d_p = b_0 + v_0 + b_2 v_0{}^2 + \cdots$$

と書けて，今度も v_0 は問題の有理式で表わされます.

佐々木　これを繰り返すと，結局，補助方程式の根はゼンブ問題の有理式で表わされる.

広田　そこで，「代数的可解性の原則」を確認するには…

佐々木　n 次の一般方程式が代数的に解けるなら，その解法は，さっきの性質を持つ解法に帰着される事を調べると，いい.

小川　n 次の一般方程式

$$x^n + a_1 x^{n-1} + \cdots + a_n = 0$$

が代数的に解けると，それは，いくつかの補助方程式

$$X^k = 定数,\ Y^l = 定数,\ \cdots,\ Z^m = 定数$$

に帰着されますね.

これらの補助方程式の次数はゼンブ素数に取れます.

佐々木　ソウでないなら，素因数を次数に持つ，いくつかの補助方程式に帰着されたから.

小川　このとき，1の累乗根 $\zeta_k, \zeta_l, \cdots, \zeta_m$ がきまりますから，これらの補助方程式の根は，それぞれ，その前までに解く補助方程式の根と，$a_1, a_2, \cdots, a_n$ と $\zeta_k, \zeta_l, \cdots, \zeta_m$ とから 加·減·乗·除 で表わされるか――調べられます.

佐々木　ソウ表わされる補助方程式は節約する.

小川　それから，これらの補助方程式の定数項は，それぞれ，その前までに解く補助方程式の根と，$a_1, a_2, \cdots, a_n$ と $\zeta_k, \zeta_l, \cdots, \zeta_m$ とから加·減·乗·除で表わされてます.

佐々木　もともと，その前までに解く補助方程式の根と $a_1, a_2, \cdots, a_n$ とから 加·減·乗·除 で表わされてたから.

小川　ですから，問題の解法に帰着されて，「代数的可解性の原則」が確認されました.

広田　そこで，これから先は，ルフィニの方法が適用できて，「不可能の証明」が完成する.

佐々木　これから先きのアーベルの証明は，ルフィニのと同じ？

広田　いや，違う．それは別の機会にみよう.

今日のところを総括しておこう.

要　　約

小川「代数的可解性の原則」を確認して，「不可能の証明」を完成しました.

佐々木　アーベルとルフィニの証明は違うという事だけど，アーベルはルフィニの証明は知らなかったの？

広田　ヨーロッパ留学中の1826年頃に，初めて知ったそうだ．アーベルは遺稿“方程式の代数的解法について”の序文で，こう書いている：私以前に，一般方程式の代数的解法は不可能である事を証明しようとした，最初の，そして，ただ一人の人はルフィニである.

アーベルの証明は，“代数方程式について（5次の一般方程式の解法は不可能である事の証明)" という標題で，留学前の1824年に発表されている．アーベル全集の第1巻に収録してある．28頁から33頁だ．

佐々木　5次の場合しか証明してないの？

広田　「5次がダメなら，5次以上もダメ」と，論文の最後にチャンと断わってある．何故か，判るな．

もっとも，この標題は誤解を招きやすい．

これは，高木先生の『近世数学史談』(1942年河出版) だが――「よくもこんなものが書けたものだ，恐ろしいことだ」とガウスが言ふたと傳へられて，アーベル贔屓にガウスはひどいと怨まれる．ガウス側にも神經質な辯解がある．アーベルが小冊子の標題に「代数的」解法の不可能とことはらなかったのが手落である――と，あるだろう．

佐々木　人は見かけによらず，論文は標題によらない！

第21章　方程式は生きている

代数的解法による，根の公式の問題は解決した．

しかし，方程式の代数的解法に関する，すべての問題が完了したわけではない．係数を具体的に与えられた方程式の，代数的可解性を判定する問題が残っている．

その第一歩として，$x^n-1=0$　の代数的可解性を考察する．

数学に国境はない．ノーベル賞もない．

数学部門を設置すると誰にいくか――ノーベルの諮問には，仲の悪い数学者の名が返ってきた．だから，ボツとなった，そうである．

叔父さんは，この伝説の信奉者である．

目　　標

広田　5次以上の方程式には，代数的解法による根の公式はない――という事は判った．

だが，これで万事解決，メデタシ，めでたし，という訳には，いかぬな．

佐々木　「同じ次数のドンナ方程式にも共通に使える，代数的解法はない」という事で，「5次以上の方程式はゼンブ代数的には解けない」という事じゃない．

小川　個々別々の方法で，代数的に解けるかも知れません．

広田　たとえば？

小川　たとえば，5次方程式

$$x^5-1=0$$

は，代数的に解けます．

$$(x-1)(x^4+x^3+x^2+x+1)=0$$

と因数分解されますから．

広田　このように，個々の方程式を見れば，代数的に解けるものも，ある．

佐々木　どっこい，方程式は生きている！

広田　そこで…

佐々木　方程式が具体的に与えられたとき，それが代数的に解けるかどうか判定する——という問題が起こる．

広田　その通りだ．

アーベルも，この問題に取り組む．手始めとして，代数的に解ける，より一般な方程式を探求する．

佐々木　今日からは，その話だね．

広田　これと関連するもので，残された課題があったな？

佐々木　あった．

「1の累乗根は代数的に表わされるか」だ．

小川　つまり，n 次方程式

$$x^n-1=0$$

は，代数的に解けるか——です．

広田　この問題から始めよう．

問題の単純化

佐々木　この方程式の根は

$$\zeta_n=\cos\frac{2\pi}{n}+i\sin\frac{2\pi}{n}$$

の累乗だから，問題は

$$\cos\frac{2\pi}{n}\quad と\quad \sin\frac{2\pi}{n}$$

とが，方程式の係数1，－1から加・減・乗・除と累乗根とを使って表わされるか――だ．

つまり，有理数から加・減・乗・除と累乗根とを使って表わされるか――だ．

広田　nが4までは，出て来たな．

佐々木　$\zeta_2=\cos\pi+i\sin\pi=-1,$

$$\zeta_3=\cos\frac{2\pi}{3}+i\sin\frac{2\pi}{3}=\frac{-1+\sqrt{-3}}{2},$$

$$\zeta_4=\cos\frac{\pi}{2}+i\sin\frac{\pi}{2}=\sqrt{-1}.$$

広田　nが5のときは？

佐々木　$$\cos\frac{2\pi}{5}\quad と\quad \sin\frac{2\pi}{5}$$

との値は覚えてない．

でも，もとの方程式に返って，さっきの小川君のように

$$(x-1)(x^4+x^3+x^2+x+1)=0$$

と因数分解すると，ζ_5 は1ではないから

$$x^4+x^3+x^2+x+1=0$$

から求まる．

小川　これは，根の公式を使わなくても，解けますね．

佐々木　学校で，解いた事がある．

この方程式の根は零ではないから，両辺を真中の項 x^2 で割った

$$x^2+x+1+\frac{1}{x}+\frac{1}{x^2}=0$$

と同値で，これを

$$\left(x+\frac{1}{x}\right)^2+\left(x+\frac{1}{x}\right)-1=0$$

と変形する．これから

$$x+\frac{1}{x}=\frac{-1\pm\sqrt{5}}{2}$$

だから，問題の方程式は

$$\left(x^2+\frac{1+\sqrt{5}}{2}x+1\right)\left(x^2+\frac{1-\sqrt{5}}{2}x+1\right)=0$$

と因数分解される．

この四つの根は

$$-\frac{1+\sqrt{5}}{4}\pm\frac{\sqrt{2\sqrt{5}-10}}{4},\qquad \frac{\sqrt{5}-1}{4}\pm\frac{\sqrt{-10-2\sqrt{5}}}{4}.$$

$\frac{2\pi}{5}$ は第一象限の角で，その正弦・余弦は正だから

$$\zeta_5=\frac{\sqrt{5}-1}{4}+\frac{\sqrt{-10-2\sqrt{5}}}{4}.$$

広田　n が 6 のときは？

佐々木　これは，カンタン．

$$\zeta_6=\cos\frac{\pi}{3}+i\sin\frac{\pi}{3}=\frac{1+\sqrt{-3}}{2}.$$

小川　次々に ζ_n を求めていっても，一般的な n に対して ζ_n がどう表わされるのか見当つかないし，キリがありません．

ζ_n を具体的に求めるより，直接に，方程式

$$x^n-1=0$$

の代数的可解性を調べる方が，いいですね．

たとえば，n が 6 のとき

$$x^6-1=0$$

は

$$(x^3)^2-1=0$$

と変形されますから，二つの方程式

$$x^3=\zeta_2,\qquad x^3=\zeta_2{}^2$$

と同値です．

ですから，問題の方程式の根は

$$\sqrt[3]{\zeta_2}\,\zeta_3{}^l,\quad \sqrt[3]{\zeta_2{}^2}\,\zeta_3{}^l\qquad (l=1,2,3)$$

ですが，ζ_2 も ζ_3 も有理数から加・減・乗・除と累乗根とを使って表わされてま

すから，この六つの根もソウで，問題の方程式は代数的に解ける事が，判ります．

広田　その通りだ．

佐々木　でも，一般的な場合を，どう調べる？

広田　「問題の単純化」は，科学の定跡だ．

この観点から，小川君の考察を一般化すると？

小川　えーと…，方程式

$$x^n-1=0$$

の代数的可解性の問題は，n が素数の場合に帰着されます．

$$n=p_1p_2\cdots p_r$$

と素因数に分解されてると，この方程式の根は，それぞれ，さっきのように

$$X_1{}^{p_1}=1,\ X_2{}^{p_2}=A_2,\ \cdots,\ X_r{}^{p_r}=A_r$$

という型の方程式から求まります．定数項 A_j はその前までの方程式の根です．

それから，一般的に，p が素数のとき

$$x^p-1=0$$

が代数的に解けると，

$$x^p-A=0$$

も代数的に解けます．

この一つの根を $\sqrt[p]{A}$ で表わすと，残りの根は

$$\sqrt[p]{A}\,\zeta_p{}^l \qquad (l=1,2,\cdots,p-1)$$

ですが，ζ_p は有理数から加・減・乗・除と累乗根とを使って表わされてるので，これらの根は係数 1 と $-A$ とからソウ表わされますから．

とくに，Aが有理数から加・減・乗・除と累乗根とを使って表わされてると，これらの根もソウですね．

この二つの事から，p が素数のとき

$$x^p-1=0$$

が代数的に解けると，一般的に

$$x^n-1=0$$

も代数的に解ける事が判ります．

広田　その通りだ．

さて，この新しい問題も単純化されるな．nが5のときの，与次郎の考察を一般化すると．

佐々木　ワカル，判る．ζ_pは1ではないから

$$x^{p-1}+x^{p-2}+\cdots+x+1=0$$

の代数的可解性の問題に帰着される．

ラグランジュ路線

小川　pが奇数の素数の場合を調べると，いいですね．2の場合は，判ってますから．

佐々木　「新しい問題に直面したら，似た問題を思い出す」だ．

pは奇数の素数で…，さっき，5の場合があった．あの方法を真似すると，たとえば，7のときは

$$x^6+x^5+x^4+x^3+x^2+x+1=0$$

の両辺を真中の項x^3で割ると

$$x^3+x^2+x+1+\frac{1}{x}+\frac{1}{x^2}+\frac{1}{x^3}=0.$$

これを$x+\dfrac{1}{x}$について整理すると

$$\left(x+\frac{1}{x}\right)^3+\left(x+\frac{1}{x}\right)^2-2\left(x+\frac{1}{x}\right)-1=0$$

と，3次方程式になるから，代数的に解ける．

小川　この方法を一般化すると

$$x^{p-1}+x^{p-2}+\cdots+x+1=0$$

の両辺を真中の項$x^{\frac{1}{2}(p-1)}$で割って，$x+\dfrac{1}{x}$について整理すると，$\dfrac{1}{2}(p-1)$次の方程式と2次方程式とに帰着されますね．

しかし，pが7より大きくなると，$\dfrac{1}{2}(p-1)$次の方程式は5次以上になって，それが代数的に解けるのかどうか，だんだんアヤシクなりますね．

広田　その通りだ．

いま一つ，似た問題があったな．

佐々木　と，いうと？

広田　ラグランジュだよ．

5次方程式の代数的解法を，どのように，考察した？

佐々木　一にスイミン，二にラグランジュ！

小川　ラグランジュの分解式ですね．

5次方程式

$$ax^5+bx^4+cx^3+dx^2+ex+f=0 \quad (a \neq 0)$$

の五つの根を x_1, x_2, x_3, x_4, x_5 として

$$u=x_1+\zeta_5 x_2+\zeta_5{}^2 x_3+\zeta_5{}^3 x_4+\zeta_5{}^4 x_5$$

を作り，u を根に持つ補助方程式を考えました．

それは，u^5 で x_1, x_2, x_3, x_4, x_5 の置換をするときに出来る，24個の式を根に持つ，24次の方程式に帰着できる――という所まででした．

佐々木　この方法を真似するのか．

$$x^{p-1}+x^{p-2}+\cdots+x+1=0$$

の根を $x_1, x_2, \cdots, x_{p-1}$ として，ラグランジュの分解式

$$u=x_1+\zeta_{p-1}x_2+\zeta_{p-1}{}^2 x_3+\cdots+\zeta_{p-1}{}^{p-2}x_{p-1}$$

を作る．

そして，u^{p-1} で $x_1, x_2, \cdots, x_{p-1}$ の置換をするときに出来る違う式を根に持つ，方程式を考える．

でも，何次になるのか，ゼンゼンわからない．

小川　実験してみましょう．

p が3のときは

$$u^2=(x_1+\zeta_2 x_2)^2=(x_1-x_2)^2$$

で，これは見覚えがありますね．

佐々木　2次方程式の代数的解法に出て来た．

これは，x_1 と x_2 の対称式だったから，問題の方程式は1次．

小川　p が5のときは

$$u^4=(x_1+\zeta_4x_2+\zeta_4{}^2x_3+\zeta_4{}^3x_4)^4$$
$$=(x_1+ix_2-x_3-ix_4)^4$$

で，これも…

佐々木　4次方程式の代数的解法に出て来た．

これで x_1, x_2, x_3, x_4 の置換をするときに出来る違う式の個数は6で，問題の方程式は6次．

広田　以前に考察したときには，x_1, x_2, x_3, x_4 は独立変数だったな．

ところが，今の場合は，そうではない．

佐々木　この中の一つは ζ_5 だから，ほかの三つは，その累乗か．

広田　それを考慮すると，u^4 は x_1, x_2, x_3, x_4 の対称式となる事が計算される．

ヴァンデルモンドという人が，1771年の論文“方程式の解法について”で確認している，そうだ．

佐々木　「そうだ」というから，叔父さんは読んでないな．

広田　この論文は手に入らなかった．孫引きだ．

小川　1771年というと，ラグランジュの“方程式の代数的解法についての省察”と同じ時ですね．

広田　ただし，ラグランジュとは独立に研究している．

しかし，根の有理式に着目し，それを根とする補助方程式の研究，そのために「ラグランジュの分解式」を導入するなど，数々の点で一致している．

もっとも，ラグランジュの論文のような，透明さや一般性までは備えていない，そうだ．

佐々木　話す言葉は違っても，考えることミナ同じ！

広田　一つだけ，はっきりと先へ進んでいる．

$$x^{p-1}+x^{p-2}+\cdots+x+1=0$$

の研究だ．

この方程式の，ラグランジュの分解式の $p-1$ 乗は有理数となる事，を断定している．

小川　つまり，u^{p-1} は $x_1, x_2, \cdots, x_{p-1}$ の対称式，というわけですね．

広田　もっとも，pが11の場合までしか証明していない，そうだ．

佐々木　一般的に証明したのが，アーベル？

広田　いや，違う．ガウスだ．

原　始　根

広田　ガウスの証明は，数論の研究と関連する．1801年に出版された，『整数論』という有名な本にある．

数論では整除関係が基本だ．二つの整数 a, b の差が整数 c で割り切れるとき，a, b は c を法として合同である，と呼び

$$a \equiv b \qquad (c)$$

という記号で表わす習慣だ．――学校で，教わったか？

佐々木　習ってないけど，カンタン，かんたん．

たとえば，12と34との差22は11で割れるから，12と34とは11を法として合同で

$$12 \equiv 34 \qquad (11)$$

だ．二本の代わりに，三本ひくと，いい．

小川　12を11で割ると余りは１ですから

$$12 \equiv 1 \qquad (11),$$

34を11で割ると余りは１ですから

$$34 \equiv 1 \qquad (11).$$

佐々木　「34を11で割ると余り１」はアタリマエだよ．

34は，11の倍数と12との和だから．

小川　という事は

$$a \equiv b \qquad (c)$$

というのは，aをcで割った余りと，bをcで割った余りとは同じ，という事ですね．

広田　このように，合同関係を示す式は，合同式と呼ばれている．

佐々木　cの倍数を無視した，等式だ．

広田　等式には方程式があったように，合同式にも方程式がある．

代数方程式の解法では

$$x^m=1$$

という型の方程式が基本的だったな．

合同方程式では

$$x^{p-1}\equiv 1 \quad (p)$$

だ．p は素数だ．

たとえば，

$$x^4\equiv 1 \quad (5)$$

を解いてみよう？

小川　4乗して，5で割った余りが，1となる整数を求めるのですね．

佐々木　答は無数にあるぞ．

一つ答が判ると，それに5の倍数を足したのも，答だから．

たとえば，1, 6, 11, 16, …

広田　そのようなものは，同じ根と考える．

小川　5で割った余りが違うとき，違う根とするんですね．

佐々木　それじゃ，

$$0,\ 1,\ 2,\ 3,\ 4$$

の5通りしか，可能性はない．

0はダメ．1はいい．2は

$$2\equiv 2 \quad (5),\qquad 2^2\equiv 4 \quad (5),\qquad 2^3\equiv 3 \quad (5),\qquad 2^4\equiv 1 \quad (5),$$

で，いい．

$$3\equiv 3 \quad (5),\qquad 3^2\equiv 4 \quad (5),\qquad 3^3\equiv 2 \quad (5),\qquad 3^4\equiv 1 \quad (5),$$

で，3も，いい．

$$4\equiv 4 \quad (5),\qquad 4^2\equiv 1 \quad (5),\qquad 4^3\equiv 4 \quad (5),\qquad 4^4\equiv 1 \quad (5),$$

で，4も，いい．

結局，答は1, 2, 3, 4だ．

広田　0を除いたものは，すべて根だな．これらの根と，さっきの計算とを眺めて，何か気づかないか？

佐々木　と，いうと？

広田

$$x^m=1$$

の根は，どう表わされた？

佐々木　一つの根 ζ_m の累乗．

小川　わかりました．おっしゃりたい事が判りました．

$$x^4\equiv 1 \quad (5)$$

の根はゼンブ，2の累乗や3の累乗で表わされてます．

広田　残りの根1, 4の累乗では，すべての根は表わされないな．——何故だ？

佐々木　2や3は4乗して初めて1と合同になるのに，1や4は4乗する前に1と合同になるからだよ．

広田　一般に，合同方程式

$$x^{p-1}\equiv 1 \quad (p)$$

の根は，$1, 2, \cdots, p-1$ で，その中には，$p-1$ 乗して初めて1と合同になるものが，常に，存在する．

そのような根の一つを g とすると，この合同方程式のすべての根 $1, 2, \cdots, p-1$ は

$$g,\ g^2,\ \cdots,\ g^{p-1}$$

で表わされる．

小川

$$x^m=1$$

の場合と，ソックリですね．

広田　このような根 g は，p の原始根と呼ばれている．

佐々木　5の原始根は，2と3だ．

広田　7の原始根は？

小川

$$1,\ 2,\ 3,\ 4,\ 5,\ 6$$

の中から探すと，いいですね．

1は，明らかに，原始根ではありません．

佐々木　$2\equiv 2 \quad (7), \qquad 2^2\equiv 4 \quad (7), \qquad 2^3\equiv 1 \quad (7),$

だから，2も原始根ではない．

小川　それで，4も原始根ではありませんね．

$$4^3=(2^3)^2 \quad \text{で,} \quad 2^3\equiv 1 \quad (7)$$

ですから．

佐々木　$3\equiv 3 \quad (7),\qquad 3^2\equiv 2 \quad (7),\qquad 3^3\equiv 6 \quad (7),$

$3^4\equiv 4 \quad (7),\qquad 3^5\equiv 5 \quad (7),\qquad 3^6\equiv 1 \quad (7),$

だから，3は原始根だ．

小川　この三番目と，最後の合同式とから

$$6^2\equiv 3^6\equiv 1 \quad (7)$$

で，6は原始根ではありません．

佐々木　五番目の合同式から，5は原始根，が判る．

結局，7の原始根は，3と5だ．

広田　ガウスは，この原始根を利用する．

佐々木　どんな素数に対しても，いつでも原始根が見つかる事の証明は？

広田　それは別の機会にゆずり，話を進めよう．

$\dfrac{x^p-1}{x-1}=0$ の代数的可解性（一）

広田　先ず，pが5の場合を考察しよう．

佐々木　$x^4+x^3+x^2+x+1=0$

だね．この方程式の根を x_1, x_2, x_3, x_4 とすると，ラグランジュの分解式は，さっきのように

$$u=x_1+\zeta_4 x_2+\zeta_4{}^2 x_3+\zeta_4{}^3 x_4.$$

広田　この方程式の根を，ガウスは，5の原始根を使って表わす．

ここに，ガウス成功の秘密がある．

小川　2は，5の原始根で，

$$2,\ 2^2,\ 2^3,\ 2^4$$

は，5を法として，それぞれ，

$$2,\ 4,\ 3,\ 1$$

と合同でした．

一方，問題の方程式の根は

$$\zeta_5,\ \zeta_5{}^2,\ \zeta_5{}^3,\ \zeta_5{}^4$$

で，ζ_5 の5乗は1でした…から，表わされますね．この順番に

$$\zeta_5,\ \zeta_5{}^2,\ \zeta_5{}^{2^3},\ \zeta_5{}^{2^2}.$$

広田　見通しを良くするために，ζ_4 を ζ, ζ_5 を x と書く事としよう．

x_1, x_2, x_3, x_4 が x から始まるように，

$$x_j = x^{2^{j-1}} \qquad (j=1,2,3,4)$$

と取れば，ラグランジュの分解式は？

佐々木　　$x+\zeta x^2+\zeta^2 x^{2^2}+\zeta^3 x^{2^3}.$

広田　これは，根 x の整式だから，$u(x)$ と書こう：

$$u(x)=x+\zeta x^2+\zeta^2 x^{2^2}+\zeta^3 x^{2^3}.$$

これは，根 x から始まるように作った．だが，他の根 x^2, x^{2^2}, x^{2^3} の，どれから始まるようにしても，よいな．

佐々木　四根平等！

小川　x^2 から始まるようにするには

$$x_j=(x^2)^{2^{j-1}} \qquad (j=1,2,3,4)$$

と取るのですから，

$$x^2+\zeta x^{2^2}+\zeta^2 x^{2^3}+\zeta^3 x$$

ですね．

x^{2^2}, x^{2^3} から始まるのは，同じようにして

$$x^{2^2}+\zeta x^{2^3}+\zeta^2 x+\zeta^3 x^2, \qquad x^{2^3}+\zeta x+\zeta^2 x^2+\zeta^3 x^{2^2},$$

ですね．

$2^5, 2^6$ は，5を法として，それぞれ，$2, 2^2$ と合同ですから．

広田　この四つの式を眺めて，何か，気づかないか？

佐々木　四つの根がグルグル回ってる．

だから，$u(x)$ に，ζ^3, ζ^2, ζ を掛けたものだよ．前にも，こんな事があった．

広田　いま一つ，関連があるな．

小川　作り方から判るように，新しい三つの式は

$$u(x^2),\quad u(x^{2^2}),\quad u(x^{2^3})$$

と書けますね．

広田　そこで？

佐々木　$u(x^2)=\zeta^3u(x),\quad u(x^{2^2})=\zeta^2u(x),\quad u(x^{2^3})=\zeta u(x).$

広田　考察の対象は？

佐々木　ラグランジュの分解式の四乗だ――から，四乗すると

$$\{u(x)\}^4=\{u(x^2)\}^4=\{u(x^{2^2})\}^4=\{u(x^{2^3})\}^4.$$

小川　それで，問題の式は四つの根の対称式，なのですね．これから，

$$\{u(x)\}^4=\frac{1}{4}[\{u(x)\}^4+\{u(x^2)\}^4+\{u(x^{2^2})\}^4+\{u(x^{2^3})\}^4]$$

と表わされて，この右辺は四つの根 x, x^2, x^{2^2}, x^{2^3} の対称式ですから．

佐々木　ウェアリングの結果から，$u(x)$ の4乗は，1とζとから加法・減法で表わされる．

その値をAとすると，$u(x)$ の値は A の4乗根の一つで，それをaで表わすと

$$x+\zeta x^2+\zeta^2x^{2^2}+\zeta^3x^{2^3}=a.$$

でも，これだけでは，xの値は求まらない．

小川　こんな関係からxを求める問題は，補助方程式の根を，与えられた方程式の根で表わすときに，出て来ましたね．

佐々木　そうか．x を補助方程式の根と考えると，ζ を $\zeta^2, \zeta^3, \zeta^4$ でおきかえた式

$$x+\zeta^2x^2+x^{2^2}+\zeta^2x^{2^3},$$
$$x+\zeta^3x^2+\zeta^2x^{2^2}+\zeta x^{2^3},$$
$$x+x^2+x^{2^2}+x^{2^3}$$

の値が判ると，いい――これは，求まる．

$u(x)$ と同じ論法で，初めの二つの式の4乗は，1とζとから加法・減法・乗法で表わされる．それぞれ，B, C とすると，これらの式の値は，それぞれ，B, C の4乗根の一つで，それらを b, c で表わすと

$$x+\zeta^2x^2+x^{2^2}+\zeta^2x^{2^3}=b,$$

$$x+\zeta^3x^2+\zeta^2x^{2^2}+\zeta x^{2^3}=c.$$

三番目の式は，根と係数との関係から

$$x+x^2+x^{2^2}+x^{2^3}=-1.$$

小川　初めの式と，この三つの式とを加えると

$$x=\frac{1}{4}(a+b+c-1)$$

ですが，ζ つまり ζ_4 は有理数から加・減・乗・除と累乗根とを使って表わされてますから，さっき注意したように，a,b,c もソウ表わされてます．

ですから，x つまり ζ_5 もソウ表わされます．

問題の方程式の代数的可解性が，証明されました．

広田　この方法は，一般化されるな．

佐々木　p についての帰納法で，出来る．

$\dfrac{x^p-1}{x-1}=0$ の代数的可解性（二）

佐々木　p が2のときは，代数的に解けた．

小川　それで，p が2より大きい素数のとき，p より小さい素数に対しては問題の方程式は代数的に解ける――と仮定して，p のときも代数的に解ける事を示します．

佐々木　g を p の原始根とすると

$$g,\ g^2,\ \cdots,\ g^{p-1}$$

は，p を法として，この順番ではないけど，全体として

$$1,\ 2,\ \cdots,\ p-1$$

と合同だ．

それから，

$$a\equiv b\ (p)\quad なら\quad \zeta_p{}^a=\zeta_p{}^b$$

だから，方程式

$$x^{p-1}+x^{p-2}+\cdots+x+1=0$$

の根は

$$\zeta_p,\ \zeta_{p^g},\ \zeta_{p^{g^2}},\ \cdots,\ \zeta_{p^{g^{p-2}}}$$

と表わされる.

小川　ζ_p を x, ζ_{p-1} を ζ と書いて，ラグランジュの分解式を作ります:

$$u(x,\zeta)=x+\zeta x^g+\zeta^2 x^{g^2}+\cdots+\zeta^{p-2}x^{g^{p-2}}.$$

さっきのように，$u(x)$ とは書かないで ζ を入れたのは，あとで ζ も変えるからです.

佐々木　一般的に，$1\leqslant k\leqslant p-2$ のとき

$$u(x,\zeta)\quad と\quad u(x^{g^k},\zeta)$$

の関係を見つける.

$$u(x^{g^k},\zeta)=x^{g^k}+\zeta x^{g^{k+1}}+\cdots+\zeta^{p-2}x^{g^{k+(p-2)}}$$

で，$k+l\geqslant p-1$ のとき

$$g^{k+l}\equiv g^{k+l-(p-1)}\quad (p)$$

だから

$$\begin{aligned}u(x^{g^k},\zeta)=x^{g^k}&+\zeta x^{g^{k+1}}+\cdots+\zeta^{p-2-k}x^{g^{p-2}}\\&+\zeta^{p-1-k}x+\zeta^{p-k}x^g+\cdots+\zeta^{p-2}x^{g^{k-1}}.\end{aligned}$$

これは，$u(x,\zeta)$ で $x, x^g, \cdots, x^{g^{p-2}}$ を k 回左へグルグル回したものだから

$$\zeta^{p-1-k}u(x,\zeta)=u(x^{g^k},\zeta),$$

つまり

$$u(x^{g^k},\zeta)=\zeta^{-k}u(x,\zeta).$$

小川　これから

$$\{u(x^{g^k},\zeta)\}^{p-1}=\{u(x,\zeta)\}^{p-1}$$

で

$$\{u(x,\zeta)\}^{p-1}=\frac{1}{p-1}\sum_{k=0}^{p-2}\{u(x^{g^k},\zeta)\}^{p-1}$$

ですから，$u(x,\zeta)$ の $p-1$ 乗は，問題の方程式の根の対称式で，1と ζ とから加・減・乗を使って表わされます.

佐々木　その値を A_1 とすると，$u(x,\zeta)$ の値は A_1 の $p-1$ 乗根の一つで，それを a_1 で表わすと

$$x+\zeta x^{g}+\zeta^{2}x^{g^{2}}+\cdots+\zeta^{p-2}x^{g^{p-2}}=a_{1}.$$

小川　同じ論法で，$u(x,\zeta^{k})$ の $p-1$ 乗も，問題の方程式の根の対称式で，1 と ζ とから加・減・乗を使って表わされます．

佐々木　その値を A_{k} とすると，$u(x,\zeta^{k})$ の値は A_{k} の $p-1$ 乗根の一つで，それを a_{k} で表わすと

$$x+\zeta^{k}x^{g}+(\zeta^{k})^{2}x^{g^{2}}+\cdots+(\zeta^{k})^{p-2}x^{g^{p-2}}=a_{k}\quad(k=1,2,\cdots,p-2).$$

小川　これと，根と係数との関係から，結局

$$\begin{cases} x+x^{g}+x^{g^{2}}+\cdots+x^{g^{p-2}}=-1,\\ x+\zeta x^{g}+\zeta^{2}x^{g^{2}}+\cdots+\zeta^{p-2}x^{g^{p-2}}=a_{1},\\ x+\zeta^{2}x^{g}+(\zeta^{2})^{2}x^{g^{2}}+\cdots+(\zeta^{2})^{p-2}x^{g^{p-2}}=a_{2},\\ \qquad\cdots\qquad\cdots\qquad\cdots\\ x+\zeta^{p-2}x^{g}+(\zeta^{p-2})^{2}x^{g^{2}}+\cdots+(\zeta^{p-2})^{p-2}x^{g^{p-2}}=a_{p-2}.\end{cases}$$

佐々木　これを加えて

$$x=\frac{1}{p-1}(-1+a_{1}+a_{2}+\cdots+a_{p-2}).$$

この前，計算したように，$1\leqq l\leqq p-2$ のとき

$$1+\zeta^{l}+\zeta^{2l}++\zeta^{(p-2)l}=\frac{1-\zeta^{(p-1)l}}{1-\zeta^{l}}=0$$

だから．

小川　$p-1$ の素因数は p より小さいので，帰納法の仮定から，ζ つまり ζ_{p-1} は有理数から加・減・乗・除と累乗根とを使って表わされてます．

ですから，A_{k} も有理数から加・減・乗・除と累乗根とを使って表わされてます．

それで，方程式

$$x^{p-1}-A_{k}=0$$

の根になっている a_{k} も有理数から加・減・乗・除と累乗根とを使って表わされてます．

佐々木　だから，x つまり ζ_{p} も有理数から加・減・乗・除と累乗根とを使って表わされてる．

つまり，方程式

$$x^{p-1}+x^{p-2}+\cdots+x+1=0$$

は，代数的に解ける．

広田　実は，$a_2, a_3, \cdots, a_{p-2}$ は，a_1 から自動的に定まる．

$$a_k(a_1)^{p-1-k}=u(x,\zeta^k)\{u(x,\zeta)\}^{p-1-k}$$

は，同様な論法で，問題の方程式の根の対称式となる事が，示される．家で試みると，よい．

このガウスの方法を発展させて，代数的に可解な，より一般な方程式を，アーベルは発見する．

それは，次の機会に，見る．

さて，今日のところを総括しておこう．

要　　約

佐々木　方程式

$$x^n-1=0$$

は，代数的に解ける事を証明した．

小川　それで，何次でも，代数的に解ける方程式のある事が判りますね．一億次でも，一兆次でも．

佐々木　証明は，ガウスの方法を使った．

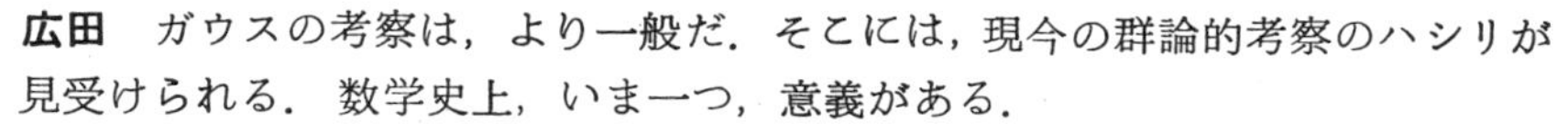

広田　ガウスの考察は，より一般だ．そこには，現今の群論的考察のハシリが見受けられる．数学史上，いま一つ，意義がある．

ガウスは，この考察から，正十七角形の作図法を発見する．「伝説によれば，正十七角形の作図法の発見はガウスをして数学を専攻する決心をなさしめた動因であるという」とあるだろう．例の『近世数学史談』だ．

佐々木　12頁だね．

小川　108頁の写真は，「オスロ宮城前のアーベル記念碑」ですね．

佐々木　そうか．

ノーベル賞がダメでも，記念碑がアル！

第22章　アーベルは燃えている

方程式　$x^n-1=0$　は代数的に解ける——というのはガウスの結果であった．

アーベルは，この結果の一般化を試みる．そして，代数的に可解な方程式の，より広大な領域——いわゆる，「アーベル方程式」——へと駒を進める．あと１年数カ月という貴重な命を，この探求へ燃焼させるのである．

アーベルの，25歳の軌跡を追う．

クラドスポリウム・レシナエ．

ジェット機を食うカビである．燃料タンクに穴をあける．原因不明とされている墜落事故には，このカビにやられたのが多いのでは，といわれている．

叔父さんが空の旅を敬遠するのは，この科学的根拠に基づいている…

目　　標

広田　「楕円関数」は，知っているな．

佐々木　名前だけは．

叔父さんに読んでもらった，“ガロアの遺書”にも出て来た．

小川　楕円積分の逆関数ですね．

広田　歴史的には，その通りだ．

佐々木　楕円積分て？

小川　この間，学校で，曲線の弧の長さの計算があったでしょう．そのとき，

楕円

$$\frac{x^2}{a^2}+\frac{y^2}{b^2}=1 \qquad (a>b>0)$$

の周の長さも求めましたね．たしか

$$\frac{2}{a}\int_{-a}^{a}\sqrt{\frac{a^4-(a^2-b^2)x^2}{a^2-x^2}}\,dx$$

でした．

しかし，問題の不定積分は有理関数・三角関数・指数関数・対数関数などでは表わされない．そして，楕円に関係して出て来る積分なので，楕円積分と呼ばれてるものの一つ――という事でしたね．

佐々木　思い出した．「入学試験には出ない」と，いわれたので，忘れたのだ．

ボクは，ヨケイなものは覚えない主義なのだ．

小川　それで，この値を求めるためには

$$f(x)=\int_0^x\sqrt{\frac{a^4-(a^2-b^2)t^2}{a^2-t^2}}\,dt$$

という，新しい関数を調べる必要がある．

それには，この関数の逆関数を調べるのが便利で，それは楕円関数と呼ばれてる高等な関数の一つ――という話もありましたね．

佐々木　あの時も，ピンと，こなかった．

何か，ウマイ例は，ない？

広田　かりに，有理関数しか知らない，とする．

それでも，双曲線

$$y=\frac{1}{x}$$

と，三直線 $y=0$, $x=1$, $x=2$ とで囲まれた図形の面積を求める，という問題が生ずるな．

この面積は？

佐々木

$$\int_1^2\frac{1}{x}dt.$$

広田　しかし，導関数が $\frac{1}{x}$ となる，有理関数は存在しない．

そこで，新しい関数

$$g(x)=\int_1^x \frac{1}{t}dt \qquad (x>0)$$

を導入する必要が生ずる.

実は,「数Ⅲ」になると…

小川　この $g(x)$ が対数関数と呼ばれて $\log x$ で表わされる関数で, $g(x)$ の逆関数が指数関数と呼ばれて e^x で表わされる関数——という事が判りますね.

佐々木　そうか.

楕円関数て, そんな感じのものなのか.

広田　そう早合点されても, 困る.

楕円関数を導入する事情は, $g(x)$ のそれと同様だ. だが, 問題の逆関数を, 複素変数の関数として考察する所に, 楕円関数の特色が現われる, らしい.

もっとも, その特色の説明は, シロウトの手に余る.

佐々木　なんダ. 叔父さんも, 詳しくないの.

広田　ともかく, 楕円関数論は19世紀数学の華だ. その創設には, ガウス, アーベル, ヤコビが寄与している.

ガウスが, 方程式

$$x^n-1=0$$

の代数的可解性を証明した事は, 先日, 述べた.

この方程式の解法の, 幾何学的意味は？

小川　半径1の円に内接する, 正 n 角形の頂点を見つける事です.

佐々木　つまり, 円周の n 等分.

広田　この「周の等分」という問題を, ガウスは円以外の曲線にも試みる. レムニスケートの等分問題から, 楕円関数を発見している.

佐々木　レムニスケート？

広田　極座標で, 一般に, 方程式

$$r^2=2a^2\cos 2\theta$$

で表わされる曲線だ.

佐々木　連珠形か. こんな形だ.

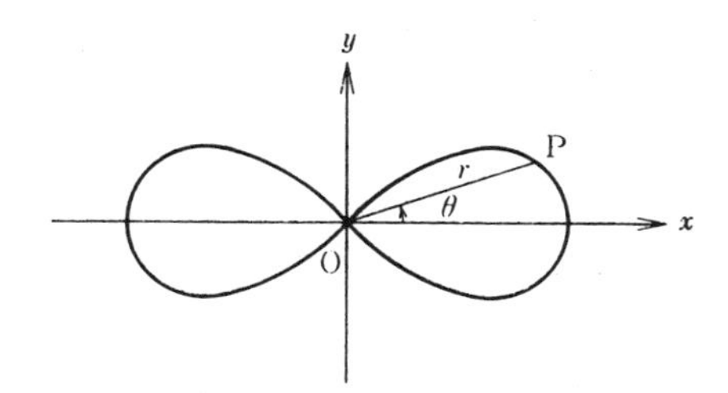

広田　$2a^2=1$ の場合に，弧 OP の長さを求めよう．

一般に，曲線の方程式が，媒介変数 t を使って

$$x=f(t),\quad y=g(t)\qquad (t_1 \leqq t \leqq t_2)$$

と与えられていると，t が t_1 から t_2 まで変わるときの，この曲線の長さは？

佐々木　$$\int_{t_1}^{t_2}\sqrt{\left(\frac{dx}{dt}\right)^2+\left(\frac{dy}{dt}\right)^2}\,dt.$$

広田　そこで，問題のレムニスケートの第一象限の部分を，r を媒介変数として，表わすと？

小川　$x=r\cos\theta,\quad y=r\sin\theta\qquad \left(0\leqq r\leqq 1,\ 0\leqq\theta\leqq\frac{\pi}{4}\right)$

です．

佐々木　これは，極座標と直交座標との関係だけ，じゃない．

小川　$0\leqq\theta\leqq\frac{\pi}{4}$ のとき，

$$r^2=\cos 2\theta$$

から，θ は r の関数ですから，r を媒介変数とする方程式ですね．

佐々木　そうか．θ を r の関数とすると

$$\frac{dx}{dr}=\cos\theta-r\sin\theta\frac{d\theta}{dr},\quad \frac{dy}{dr}=\sin\theta+r\cos\theta\frac{d\theta}{dr}.$$

そして

$$2r=-2\sin 2\theta\frac{d\theta}{dr}$$

から

$$\frac{d\theta}{dr}=-\frac{r}{\sin 2\theta}=-\frac{r}{\sqrt{1-r^4}}.$$

だから，弧 OP の長さは

$$\int_0^r\sqrt{\left(\frac{dx}{dr}\right)^2+\left(\frac{dy}{dr}\right)^2}dr=\int_0^r\sqrt{1+\frac{r^4}{1-r^4}}dr=\int_0^r\frac{1}{\sqrt{1-r^4}}dr.$$

広田　大まかな所もあるが，その通りだ．

そこで，

$$\tilde{\omega}=\int_0^1\frac{1}{\sqrt{1-r^4}}dr$$

とおくと，問題のレムニスケートの右側の部分の全周の長さは，$2\tilde{\omega}$ だな．

この周を n 等分する事は？

小川　たとえば

$$\frac{2\tilde{\omega}}{n}=\int_0^x\frac{1}{\sqrt{1-r^4}}dr$$

となる x を求める事です．

佐々木　$\mathrm{OP}=x$ となる点 P が，n 等分点の一つだ．

広田

$$s=\int_0^x\frac{1}{\sqrt{1-r^4}}dr\qquad(0\leqq x\leqq 1)$$

という積分で定義される関数 $s=h(x)$ の逆関数

$$x=\varphi(s)$$

の性質を使うと，問題の n 等分点に対応する $\varphi\left(\frac{2\tilde{\omega}}{n}\right)$ を求めるのは，n^2 次の方程式の解法に帰着される．

5等分の場合には，問題の25次の方程式は代数的に解ける．四則と平方根だけを使って解ける——を，ガウスは示している．

さらに，この25次の方程式は，五つの実根と，二十の虚根とを持つ．実根は等分点と対応する．すると，虚根の意味は何か？

この疑問を解くために，問題の逆関数 $\varphi(s)$ を，複素変数へと拡張して考察する事となる．これが，楕円関数の発見に，つながる．

小川　方程式と楕円関数とは，因縁が深いんですね．

広田　代数的に解ける方程式に関する，アーベルの考察も，彼の楕円関数の研究に端を発している．

その結果は，“代数的に可解な，ある種の方程式について”という標題の論文で，発表している．

佐々木　今日は，この論文の話だね．

アーベルとガウス

広田　アーベルは楕円積分

$$s=\int_0^x \frac{1}{\sqrt{(1-c^2t^2)(1+e^2t^2)}}dt$$

から出発する．c, e は定数だ．

小川　$c=e=1$ のときは，さっきのレムニスケートに出て来たもの，ですね．

佐々木　ガウスの真似だ．

広田　ガウスは，生前には，彼の楕円関数論を発表していない．例の『整数論』で，円周等分と同様な方法がレムニスケートにも適用できると，チラリと，ほのめかしているに過ぎない．

この一節が，アーベルとヤコビとを刺激する．

佐々木　ガウスの一言，アーベル，ヤコビを走らす！

広田　この楕円積分で定義される関数の逆関数

$$x=\varphi(s)$$

について，

$$\varphi\left(\frac{\tilde{\omega}}{2n+1}\right)$$

を求める．ここで

$$\varphi\left(\frac{\tilde{\omega}}{2}\right)=\frac{1}{c}.$$

この問題は，“楕円関数についての研究”という標題の論文の，第5章で論じている．この論文は，アーベル全集の第1巻に収録してある．263頁から388頁だ．

小川　$$\frac{\tilde{\omega}}{2}=\int_0^{\frac{1}{c}}\frac{1}{\sqrt{(1-c^2t^2)(1+e^2t^2)}}dt,$$

で，問題は

$$\frac{\tilde{\omega}}{2n+1}=\int_0^x\frac{1}{\sqrt{(1-c^2t^2)(1+e^2t^2)}}dt$$

という x を求める事ですから，「周の等分」の一般化ですね．

広田　n 個の値

$$\varphi\left(\frac{\tilde{\omega}}{2n+1}\right),\quad \varphi\left(\frac{2\tilde{\omega}}{2n+1}\right),\quad \cdots,\quad \varphi\left(\frac{n\tilde{\omega}}{2n+1}\right)$$

の2乗を根とする n 次方程式は代数的に解け，これらの値は c と e とから四則と累乗根とを使って表わされる事を，示している．

問題の n 次方程式の根の性質と，方程式

$$\frac{x^p-1}{x-1}=0$$

の根の性質との共通点に着目し，ガウスの方法を適用する．

アーベルは，大学一年で，ガウスの『整数論』を学習している．ガウスの方法には精通している．

佐々木　根の性質の共通点て？

広田　ガウスの方法で使った，根の性質は？

佐々木　素数 p の原始根の一つを g，方程式

$$\frac{x^p-1}{x-1}=0$$

の一つの根を x とすると，この方程式の根は

$$x,\ x^g,\ x^{g^2},\ \cdots,\ x^{g^{p-2}}$$

と表わされる事だ．

小川　それで，ζ_{p-1} を簡単に ζ と書くとき，ラグランジュの分解式

$$u(x,\zeta^k)=x+\zeta^kx^g+\zeta^{2k}x^{g^2}+\cdots+\zeta^{(p-2)k}x^{g^{p-2}}$$

の $p-1$ 乗が，ウマク求まりました．

この分解式で，x に x^g を次々に代入すると，右辺の

$$x, x^g, x^{g^2}, \cdots, x^{g^{p-2}}$$

が，グルグルと回るからです．

広田　問題のn次方程式の根も，これと同様な性質を持つ事に気づいたのだ．

この二種類の方程式の，根の性質の共通点を抽出すると——任意の根は，一つの特定な根の有理式で表わされる．しかも，同一な有理式を次々と合成したもので表わされる——と，なる．

小川　ガウスの場合，xにx^gを次々に代入するという事は，xの有理式

$$f(x)=x^g$$

を次々に合成する事でした．そして，確かに

$$f\{f(x)\}=x^{g^2},\quad f[f\{f(x)\}]=x^{g^3},\ \cdots$$

となって，n回目で，もとのxに返ります．

広田　このような性質を持つ方程式にも，ガウスの方法が適用できる事は，容易に，予測されるな．

アーベルも，それを実行する．より一般な，代数的に可解な方程式の発見への，第一歩を踏み出す．

ガウスの結果の一般化

広田　n次方程式

$$x^n+a_1x^{n-1}+\cdots+a_n=0$$

のn個の根は

$$x,\quad \theta(x),\quad \theta^2(x),\ \cdots,\ \theta^{n-1}(x)$$

と表わされるものとする．

xは，この方程式の一つの根だ．

$\theta(x)$は，xの有理式で，その係数は$1, a_1, a_2, \cdots, a_n$から四則で表わされている．

$\theta^m(x)$は，θをm回つづけて合成したものだ．すなわち，

$$\theta^2(x)=\theta(\theta(x)),\quad \theta^3(x)=\theta(\theta(\theta(x))),\ \cdots$$

だ．

そして，$\theta^n(x)=x$ とする．

このとき，問題の方程式は代数的に解ける事を，証明しよう．

佐々木　この前の方法を真似するんだね．

ζ_n を簡単に ζ と書いて，ラグランジュの分解式を作る

$$u(x,\zeta^k)=x+\zeta^k\theta(x)+\zeta^{2k}\theta^2(x)+\cdots\cdots+\zeta^{(n-1)k}\theta^{n-1}(x)$$

小川　x に $\theta^m(x)$ を代入すると

$$u(\theta^m(x),\zeta^k)$$
$$=\theta^m(x)+\zeta^k\theta^{m+1}(x)+\cdots+\zeta^{(n-m)k}\theta^n(x)+\zeta^{(n-m+1)k}\theta^{n+1}(x)+\cdots+\zeta^{(n-1)k}\theta^{n+m-1}(x)$$

ですが，

$$\theta^n(x)=x,\quad \theta^{n+1}(x)=\theta(x),\ \cdots\cdots,\ \theta^{n+m-1}(x)=\theta^{m-1}(x)$$

で

$$\zeta^l=\zeta^{(n-m)+(m+l)}$$

ですから，$n-m$ 項ずらすと

$$u(\theta^m(x),\zeta^k)=\zeta^{(n-m)k}[x+\zeta^k\theta(x)+\cdots\cdots+\zeta^{(n-1)k}\theta^{n-1}(x)]$$
$$=\zeta^{(n-m)k}u(x,\zeta^k)$$

です．

佐々木　だから

$$\{u(x,\zeta^k)\}^n=\{u(\theta^m(x),\zeta^k)\}^n.$$

これから，$m=1,2,\cdots,n$ とおいて加えると

$$\{u(x,\zeta^k)\}^n=\frac{1}{n}\left[\{u(x,\zeta^k)\}^n+\{u(\theta(x),\zeta^k)\}^n+\cdots\cdots+\{u(\theta^{n-1}(x),\zeta^k)\}^n\right]$$

となって，n 個の根の対称な有理式だ．

小川　それで，$u(x,\zeta^k)$ の n 乗は，$1,a_1,\cdots,a_n$ と ζ とから加・減・乗・除で表わされます．

$u(x,\zeta^k)$ は，この値の n 乗根の一つですから，それを A_k とすると，A_k は 1, $a_1,\cdots,a_n$ から代数的に表わされます．ζ は，有理数から代数的に表わされてましたから．――この間，調べました．

佐々木　根と係数との関係と，$k=1,2,\cdots,n-1$ とおいたものとから

$$\begin{cases} -a_1 = x + \theta(x) + \theta^2(x) + \cdots\cdots + \theta^{n-1}(x), \\ A_1 = x + \zeta\theta(x) + \zeta^2\theta^2(x) + \cdots\cdots + \zeta^{n-1}\theta^{n-1}(x), \\ A_2 = x + \zeta^2\theta(x) + \zeta^4\theta^2(x) + \cdots\cdots + \zeta^{2(n-1)}\theta^{n-1}(x), \\ \quad \cdots \qquad \cdots \qquad \cdots \\ A_{n-1} = x + \zeta^{n-1}\theta(x) + \zeta^{2(n-1)}\theta^2(x) + \cdots\cdots + \zeta^{(n-1)(n-1)}\theta^{n-1}(x) \end{cases}$$

ゼンブ加えると，結局

$$x = \frac{1}{n}\{-a_1 + A_1 + A_2 + \cdots + A_{n-1}\}$$

と，x は $1, a_1, \cdots, a_n$ から代数的に表わされる．

小川　外の根 $\theta^m(x)$ は，x と $1, a_1, a_2, \cdots, a_n$ とから加・減・乗・除で表わされてますから，これも $1, a_1, a_2, \cdots, a_n$ から代数的に表わされます．

佐々木　つまり，問題の方程式は代数的に解けるのだ．

広田　その通りだ．

また，$A_2, A_3, \cdots, A_{n-1}$ も A_1 から自動的に定まる．

小川　$u(x, \zeta^k)\{u(x, \zeta)\}^{n-k}$

が，n 個の根の対称な有理式になる，からですね．

さっきと同じ方法で，判りますね．

広田　さて，問題の方程式の根は，二つの性質を持っていたな．

佐々木　どの根も，一つの特別な根の有理式で表わされてる．

小川　それから，同じ一つの有理式を次々に合成したもので，全部の根が表わされてました．

広田　第二の性質は，第一の性質に付加されたものだ．

アーベルは，この第二の性質を取り去った，より一般な方程式の代数的可解性をも考察する．

既約性の導入

佐々木　n 次方程式

$$x^n + a_1x^{n-1} + \cdots + a_n = 0$$

の n 個の根が，その中の一つの根 x_0 の有理式で表わされている場合を考えるんだね．

小川　この有理式の係数は，$1, a_1, \cdots, a_n$ から加・減・乗・除で表わされてる，とするのですね．

広田　その通りだ．

佐々木　で，どうすれば，いい——か，というと，似た問題を思いだすのだ．

さっきの方程式もソウだけど，もっと具体的な

$$x^n-1=0$$

がある．

小川　この方程式を調べるとき，問題を単純化しましたね．

佐々木　この方程式の根は，その中の一つ ζ_n の有理式で表わされてる．だから，ζ_n が代数的に表わされる事を確かめると，よかった．

そのために，ζ_n を根に持つ，もっと低い次数の方程式に帰着させた．その方が，簡単になるから．

小川　$(x-1)(x^{n-1}+x^{n-2}+\cdots+1)=0$

と因数分解されたので，$n-1$ 次の方程式

$$x^{n-1}+x^{n-2}+\cdots+1=0$$

を，調べましたね．

佐々木　この方針を真似すると，問題の方程式

$$x^n+a_1x^{n-1}+\cdots+a_n=0$$

では，問題の根 x_0 が代数的に表わされるかを調べると，いい．もし，そうなら，外の根もゼンブ代数的に表わされるから．

小川　それで，x_0 を根に持つ，もっと低い次数の方程式に帰着させます．

つまり，問題の方程式を因数分解します．そして，その中の因数で，x_0 を根に持つ，次数の一番低いのを考えます．それを

$$x^m+b_1x^{m-1}+\cdots+b_m=0$$

とすると，この方程式だけを調べて，いいですね．

広田　係数「b ナントカ」は？

佐々木　モチ，$1, a_1, a_2, \cdots, a_n$ から 加·減·乗·除で表わされてるものだよ．

さっきの $x^n-1=0$ の因数分解でも，そうだったから．

広田　とすると，「問題の方程式の因数分解」とは，精確には？

小川　問題の方程式の左辺を，$1, a_1, \cdots, a_n$ から加·減·乗·除で表わされる係数を持つ，x の整式に因数分解する事です．

それから，方程式

$$x^m+b_1x^{m-1}+\cdots+b_m=0$$

の左辺は，$1, a_1, \cdots, a_n$ から 加·減·乗·除 で表わされる係数を持つ，x の整式には，もう因数分解されません．

佐々木　もし，ソウ因数分解されると，x_0 を根に持つ，もっと低い次数の方程式が見つかるから．

広田　この m 次の方程式の性質を，アーベルは既約と呼ぶ．

佐々木　くわしく，いうと？

広田　一般に，いくつかの複素数 $a, b, c, \cdots$ が与えられている，とする．それは有限個でも，そうでなくとも，よい．これらの 複素数を 基礎とする．

これらの複素数から四則で表わされる係数を持つ方程式が，同様な性質の係数を持つ，より低次の方程式へは分解されないとき，この方程式は既約である，とアーベルは呼ぶ．

佐々木　スデに分解されてしまった，という意味だね．

広田　この既約性の導入は，数学史上，重要なものだ．

佐々木　ボク達も，アーベル並みだ！

名前は付けなかったけど，同じ事を考えた．

広田　アーベル以前にも，既約という概念はあった．だが，それは，有理数を係数に持つ方程式が，有理数を係数に持つ，より低次の方程式へは分解されない場合に限られていた．

この一般な既約性の概念は，"代数的に可解な，ある種の方程式" で，初めて導入されたものだ．

小川　そうしますと，既約かどうかは，係数をどの範囲に制限するかに，関係しますね．

広田　その通りだ．

たとえば，基礎に取った複素数 $a, b, c, \cdots$ が，すべて有理数のとき，方程式

$$x^2-2=0$$

は？

佐々木　既約だ．

もし，因数分解されると

$$(x-\alpha)(x-\beta)=0$$

と，1次式の積で，α, β は，この方程式の根．でも，α, β は有理数じゃない．

広田　基礎に取った複素数 $a, b, c, \cdots$ に，有理数の外に $\sqrt{2}$ が含まれて，いると？

小川　既約では，ありません．

$$(x-\sqrt{2})(x+\sqrt{2})=0$$

と因数分解されます．

広田　さて，最初の問題に立ち返ると？

小川　方程式

$$x^n+a_1x^{n-1}+\cdots+a_n=0$$

の代数的可解性を調べる問題は，$1, a_1, \cdots, a_n$ を基礎に取ったとき，x_0を根に持つ，既約な方程式

$$x^m+b_1x^{m-1}+\cdots+b_m=0$$

の代数的可解性を調べる問題に帰着されました．

佐々木　これから，どうする？

既約方程式の性質

小川　方程式

$$x^n-1=0$$

のときは，n が素数の場合に帰着されましたね．

佐々木　でも，それは，この方程式が特別な形をしてるからだ．問題の方程式には，真似できない．

広田　いま一つ，特別な場合だが，問題の性質を持つ方程式を，知ってるな？

佐々木　さっきの，ガウスの結果を一般化したときの，方程式？

小川　わかりました．おっしゃりたい事が判りました．

$$x^m+b_1x^{m-1}+\cdots+b_m=0$$

のm個の根は，問題の根 x_0 の，一つの有理式を次々に合成したもので表わされるか――調べるのですね．

もし，ソウ表わされてると，代数的に解けますから．

佐々木　m 個の根が，x_0 の有理式で表わされてる事は，確かだ．

どれも，もとのn次方程式の根だから．

小川　それで，m個の根は

$$x_0,\quad \theta_1(x_0),\quad \theta_2(x_0),\ \cdots,\ \theta_{m-1}(x_0)$$

と表わされてますね．

$\theta_1(x), \theta_2(x), \cdots, \theta_{m-1}(x)$ は，それぞれ，x の有理式で，その係数は $1, a_1, \cdots, a_n$ から 加･減･乗･除で表わされている，ものです．

問題は，$\theta_1, \theta_2, \cdots, \theta_{m-1}$ の中のドレカ一つをθと書くと，このm個の根が

$$\theta(x_0),\quad \theta^2(x_0),\ \cdots,\ \theta^m(x_0)=x_0$$

と表わされるか――ですね．

広田　それには？

佐々木　それには，$\theta^k(x_0)$ が，問題の方程式の根になるか，先ず確かめないと，いけない．

ソウでないと，骨折り損の何とやら，だから．

広田　その通りだ．

佐々木　サエてる，サエてる．

海岸通りのリンゴ色！

広田　整理すると？

小川　$f(x)=x^m+b_1x^{m-1}+\cdots+b_m$

と，おきます．

このとき

$$f(\theta^k(x_0))=0 \qquad (k=1, 2, \cdots, m-1)$$

となるか――です．

佐々木　$k=1$ のとき

$$f(\theta(x_0))=0$$

は，明らか．

小川　$k=2$ のときは

$$f(\theta^2(x_0))=0$$

を確かめるんですが…

広田　$\theta^2(x_0)$ を精確に書くと？

佐々木　$$f(\theta(\theta(x_0)))=0.$$

広田　$k=1$ の場合と比べて，何か気づかないか？

小川　$$f(\theta(x_0))=0$$

の x_0 に $\theta(x_0)$ を代入したものですね…そうか．結局，

$$g(x)=f(\theta(x))$$

とおくと，分数方程式

$$g(x)=0$$

が，$\theta(x_0)$ を根に持つか――という問題になります．

広田　二つの方程式が出て来たな．

佐々木　$f(x)=0$　と　$g(x)=0.$

広田　第一の方程式の性質は？

小川　係数は $1, a_1, \cdots, a_n$ から 加・減・乗・除 で表わされていて，既約です．

広田　第二の方程式を 分母・分子 に分けると？

小川　$g(x)$ は x の有理式ですから

$$g(x)=\frac{g_2(x)}{g_1(x)}$$

と書けます．g_1, g_2 は互いに素な整式で，係数は$1, a_1, \cdots, a_n$ から 加・減・乗・除 で表わされてます．

ですから，第二の方程式の性質は

「$g_2(x_0)=0$　で　$g_1(x_0)\neq 0$」

という事です.

広田　とすると，当面の課題は？

佐々木　一つは，第一の方程式の根 $\theta(x_0)$ は，$g_2(x)=0$ の根になるか——だ.

広田　そこで，この問題は一般に次を確かめる事と，なるな.

「複素数 $a, b, c, \cdots$ を基礎に取る．二つの方程式

$$F(x)=0, \qquad G(x)=0$$

の係数は，それぞれ，これらの複素数から四則で表わされていて，第一の方程式は既約とする.

さらに，この二つの方程式は共通根を持つとする.

このとき，第一の方程式の任意の根は，第二の方程式の根となる.」

小川　問題の $\theta(x_0)$ は $f(x)=0$ のドノ根にもなる可能性があるので，「第一の方程式の任意の根は」と，なるのですね.

佐々木　これが正しいと，

$$F(x)=f(x), \qquad G(x)=g_2(x)$$

という場合から，$\theta(x_0)$ は $g_2(x)=0$ の根になる事が判る.

でも，もう一つ問題がある.

$$g_1(\theta(x_0)) \neq 0$$

でないと，いけない.

小川　えーと…，それもコレから判りますね．もし

$$g_1(\theta(x_0))=0$$

なら，$f(x)=0$ と $g_1(x)=0$ とは共通な根 $\theta(x_0)$ を持つので，$g_1(x_0)=0$ となって，これは「g_1, g_2 は互いに素」という仮定に反します.

佐々木　これを確かめるには——どうしていいか判らないので，理想的な場合を考えるのだ.

つまり，これが正しいなら，$G(x)$ は $F(x)$ で割り切れる．という事は，$F(x)$ と $G(x)$ の最大公約式は $F(x)$ と，いう事だ…

小川　わかりました.

$F(x)$ と $G(x)$ の最大公約式を $P(x)$ とします.

$P(x)$ は1次以上です．二つの方程式は共通な根を持ってるので，$F(x)$ と $G(x)$ の1次の公約式がありますから．

$P(x)$ の係数は，基礎に取った複素数から加・減・乗・除で表わされてます．$F(x)$ と $G(x)$ の係数がソウですから．ユークリッドの互除法のとき調べました．

$P(x)$ の，この二つの性質から，$P(x)$ と $F(x)$とは定数倍の違いしかありません．つまり，$G(x)$と $F(x)$ の最大公約式は $F(x)$ です．

佐々木　もし，ソウでなくて，$P(x)$ の次数が$F(x)$ の次数より低いなら，

$$F(x)=Q(x)P(x)$$

と因数分解される．

PもQも1次以上で，Qの係数は，基礎に取った複素数から加・減・乗・除で表わされてる．FやPの係数もソウで，整式の割算では，係数の間の加・減・乗・除しか使わないから．

でも，この結果は，Fが既約な事と矛盾する．

結局，叔父さんの命題は正しい．

広田　叔父さんのではない．アーベルのだ．

佐々木　どっちにしても，これから

$$f(\theta^2(x_0))=0$$

が判った．

小川　アーベルの命題は，今の証明から，$G(x)$がxの有理式のときも成立します．ですから

$$F(x)=f(x), \qquad G(x)=f(\theta^2(x))$$

という場合を考えると，

$$f(\theta^3(x_0))=0$$

も判りますね．

佐々木　同じ論法を繰り返すと

$$f(\theta^k(x_0))=0 \qquad (k=1, 2, \cdots, m-1)$$

が判る．

小川　この論法は，θ が $\theta_1, \theta_2, \cdots, \theta_{m-1}$ のドレでも，いつでも，通用しますね．

佐々木　でも，

$$\theta^m(x_0)=x_0$$

となるのかは，まだ，判らない．

小川　ですから，問題のm個の根が

$$\theta(x_0),\quad \theta^2(x_0),\ \cdots,\ \theta^m(x_0)$$

で表わされるかは，判りませんね．

広田　それには，より深い考察が必要だ．だが，そろそろ時間だ．それは次の機会にしよう．

さて，今日のところを総括しておこう．

要　　約

佐々木　ガウスの結果を一般化した．

方程式の根が，その中の一つの根の有理式を次々に合成したもので表わされてると，この方程式は代数的に解けた．

小川　これを，もっと一般化しよう，としました．

どの根も，一つの根の有理式で表わされてる，そんな方程式の代数的可解性を調べ始めました．

佐々木　問題の有理式を次々に合成したのも，根になる事まで判った．

小川　その途中で，既約方程式という概念や，既約方程式の性質が出て来ました．

広田　今日のところは，“代数的に可解な，ある種の方程式について”の第1節と第3節とに相当する．

いい忘れたが，この論文はアーベル全集の第1巻に収録してある．478頁から507頁だ．

1828年3月29日という日付がある．この頃，アーベルは労咳におかされている．余命いくばくも，ない．

佐々木　パラアミノサリチル酸や，ストレプトマイセス何とかというカビも見つかってない，時代だね．

第23章　夢は方程式を駆けめぐる

各根が特定な一つの根の有理式で表わされる，そんな方程式の代数的可解性を，引きつづき考察する．アーベルの論文“代数的に可解な，ある種の方程式について”の思想を見る．

「アーベル方程式」・「アーベル群」の用語は，アーベルの，この論文に由来する．

命短し，恋せよ乙女…

叔父さんは，志村喬の大のファンである．小学生のとき，アラカンの「右門捕物帖」で見初めて以来というから，筋金が入っている．

目　　標

広田　先日から考察している方程式は？

佐々木　こんなんだ: 方程式

$$x^n+a_1x^{n-1}+\cdots+a_n=0$$

の各根は，それぞれ，その中の一つ x_0 の有理式で表わされる．これらの有理式の係数は，この方程式の係数から 加・減・乗・除 で表わされてる．

小川　x_0 が代数的に求まると，ほかの根もソウなりますから，問題は，x_0 を根に持つ既約方程式

$$x^m+b_1x^{m-1}+\cdots+b_m=0$$

に帰着されました．

$b_1, b_2, \cdots, b_m$ は，初めの方程式の係数から加・減・乗・除で表わされてます．

佐々木　この場合の「既約性」は，与えられた方程式の係数 $1, a_1, \cdots, a_n$ を基礎にして，考えてるから．

小川　この既約方程式の根は，初めの方程式の根ですから，それらは

$$x_0,\quad \theta_1(x_0),\quad \theta_2(x_0),\ \cdots,\ \theta_{m-1}(x_0)$$

と書けます．

$\theta_k(x)$ は，初めの方程式の係数から加・減・乗・除で表わされる係数を持つ，x の有理式です．

佐々木　それで，$\theta_1, \theta_2, \cdots, \theta_{m-1}$ のドレカ一つを次々に合成したもので，この m 個の根が表わされるとウマイんだがと思って，それを調べようとした．

小川　その途中で，既約方程式の性質——複素数 $a, b, c, \cdots$ を基礎に取る．二つの方程式

$$F(x)=0,\qquad G(x)=0$$

の係数は，それぞれ，これらの複素数から加・減・乗・除で表わされていて，第一の方程式は既約とする．このとき，この二つの方程式が共通な根を持つと，$G(x)$ は $F(x)$ で割り切れる——に，ぶつかり，証明しました．

佐々木　これから，どの θ_k でも，それを次々に合成した $\theta_k{}^l(x_0)$ は，問題の既約方程式の根になる事が判った．

ここまで，だった．

広田　この考察を続けよう．

根のグループ化

小川　それで，$\theta_1, \theta_2, \cdots, \theta_{m-1}$ のドレでもいいから，その一つを θ と書くと

$$\theta(x_0),\quad \theta^2(x_0),\quad \theta^3(x_0),\ \cdots$$

は，ゼンブ，問題の既約方程式の根ですね．

佐々木　この数列で，初めの m 項は互いに違い，第 m 項が x_0 だと，理想的だけど…

小川　それには，この数列に x_0 が現われないと，いけませんね．

これを確かめる手掛りは，「この数列の各項は，問題の既約方程式の根」だ

けで…

佐々木　バクゼンと，してるー．

広田　手掛りは，細かく，分析する．

既約方程式の性質は，さっき復習した．それと，当面の課題とを結びつけると？

小川　えーと…，この数列の項のドレカを根に持つ

$$\theta^s(x)=x$$

という型の方程式が見つかると，いいですね．

佐々木　そうか．つまり，

$$\theta^s(\theta^j(x_0))=\theta^j(x_0)$$

となる，自然数 s, j があると，いいわけか．

問題の既約方程式の係数も，小川君の方程式

$$\theta^s(x)=x$$

の係数も，基礎に取った $1, a_1, \cdots, a_n$ から加・減・乗・除で表わされていて，$\theta^j(x_0)$ が共通な根だから，問題の既約方程式の根はゼンブ小川君の方程式の根で，とくに

$$\theta^s(x_0)=x_0.$$

でも，うまく見つかる？

広田　一方，問題の数列は無限数列だな．

ところが，問題の既約方程式の根は有限個——と，すると？

佐々木　わかった．

この数列の項はゼンブ違うわけにはいかないから，少なくともドレカ二つは一致する．だから

$$\theta^j(x_0)=\theta^{j+s}(x_0)\quad つまり\quad \theta^s(\theta^j(x_0))=\theta^j(x_0)$$

となる自然数 j, s は必ずある．

小川　それで，この数列には x_0 が現われます．

そして，初めて x_0 になる項を $\theta^l(x_0)$ とすると

$$\theta(x_0),\quad \theta^2(x_0),\ \cdots,\ \theta^l(x_0)=x_0$$

の l 個は互いに違い，$1\leqq l\leqq m$ です．

もし，$l\geqq 2$ のとき

$$\theta^j(x_0)=\theta^k(x_0)\quad(1\leqq j<k\leqq l)$$

だと，いまと同じ論法で

$$\theta^{k-j}(x_0)=x_0\quad(0<k-j<l)$$

となって，第 l 項より前の第 $k-j$ 項が x_0 になってしまいますから．

佐々木　$l=1$ のときは？

小川　「互いに違うか」という心配は，いりませんね．

広田　実は，l は1とはならない．

一般に，「既約方程式は重根を持たない」からだ．

佐々木　今まで黙ってるなんて，ズルイや．でも，この証明は，カンタン，かんたん，さっきのように，既約方程式の性質から判る．

既約方程式 $F(x)=0$ が重根を持つとすると，この互いに違う根 $x_1, x_2, \cdots, x_N$ から

$$G(x)=(x-x_1)(x-x_2)\cdots(x-x_N)$$

が作れる．そして，二つの方程式

$$F(x)=0\quad と\quad G(x)=0$$

とは共通な根を持つ．

だから，$G(x)$ は $F(x)$ で割り切れないと，いけない．

でも，これはオカシイ．$G(x)$ の次数は，$F(x)$の次数より低くて，1次以上だから．

小川　$G(x)$ の係数は，$F(x)$ の係数と同じ性質を持つか，つまり，基礎に取った複素数から加・減・乗・除で表わされてるか——を確かめないと，ダメですね．

佐々木　そうだった．それを調べる…

広田　それも悪くはないが，このような性質の方程式は身近にある．代数の問題だからといって，代数にコダワル必要はない．

佐々木　それじゃ，解析にコダワルと…，アル，ある．導関数だね．

$F(x)$ の係数と $F'(x)$ の係数は同じ性質を持つ．そして，$F(x)=0$ が重根を持つなら，これと $F'(x)=0$ とは共通な根を持つから，オカシクなる．

小川　そういえば，「α が $F(x)=0$ の重根となるための必要十分条件は $F(\alpha)=0$ かつ $F'(\alpha)=0$」は，学校の練習問題にありましたね．

広田　さて，もとの問題へ返ると？

佐々木　結局，$2\leqq l\leqq m$ で，l 個の数

$$\theta(x_0),\quad \theta^2(x_0),\ \cdots,\ \theta^l(x_0)$$

は，互いに違う．

小川　そして，数列

$$\theta(x_0),\quad \theta^2(x_0),\quad \theta^3(x_0),\ \cdots$$

には，この l 個の数が，この順番に，繰り返し出て来ます．

$$\theta^{l+k}(x_0)=\theta^k(\theta^l(x_0))=\theta^k(x_0)$$

ですから．

佐々木　それで，$l=m$ なら理想的だけど，$l<m$ なら，問題の既約方程式の根で，この数列に出て来ないのがある．

既約方程式は重根を持たないから．

広田　そのような根の一つを x_1 として，x_0 に対してと同様な考察をすると？

佐々木　問題の既約方程式の，根の数列

$$\theta(x_1),\quad \theta^2(x_1),\quad \theta^3(x_1),\ \cdots$$

には，互いに違う l 個の数

$$\theta(x_1),\quad \theta^2(x_1),\ \cdots,\ \theta^l(x_1)=x_1$$

が，この順番に，繰り返し出て来る．

さっきから使ってる論法で，$\theta(x_1)$ も根で，

$$\theta^s(x_0)=x_0 \quad と \quad \theta^s(x_1)=x_1$$

は同値だから．

広田　この新しい l 個の根と，初めの l 個の根とは，互いに異なるな．

小川　えーと…，そうですね．

$$\theta^j(x_0)=\theta^k(x_1)\quad(1\leqq j,k<l)$$

ですと

$$x_1=\theta^l(x_1)=\theta^{l-k}(\theta^k(x_1))=\theta^{l-k}(\theta^j(x_0)),$$

つまり

$$x_1=\theta^{l-k+j}(x_0)\quad (l-k+j>0)$$

で，x_1 が初めの数列に現われて不合理ですね．

佐々木　これで，$2l=m$ なら，ゼンブの根が出て来る．$2l<m$ なら，同じ事を繰り返す．

でも，根はm個しかない…

広田　r 回目で終了すると？

小川　問題の既約方程式の根は

$$\begin{cases} x_0, & \theta(x_0), & \theta^2(x_0), & \cdots, \theta^{l-1}(x_0), \\ x_1, & \theta(x_1), & \theta^2(x_1), & \cdots, \theta^{l-1}(x_1), \\ & \cdots & \cdots & \cdots \\ x_{r-1}, & \theta(x_{r-1}), & \theta^2(x_{r-1}), & \cdots, \theta^{l-1}(x_{r-1}), \end{cases}$$

と表わされます．

広田　l 個ずつの，r 個のグループに分けられるな．

佐々木　だから

$$m=lr$$

で，r が 1 なら

$$l=m$$

で，理想的な場合だ．

この場合には，この前しらべたように，x_0 は $1, a_1, \cdots, a_n$ から代数的に表わされて，問題の方程式

$$x^n+a_1x^{n-1}+\cdots+a_n=0$$

は，代数的に解ける．

広田　$l\geqq 2$ だから，m が素数なら r は 1 だな．

小川　$r\geqq 2$ のときは，問題は

$$x_0,\ \ \theta(x_0),\ \ \theta^2(x_0),\ \cdots,\ \theta^{l-1}(x_0)$$

を根に持つ l 次の方程式

$$x^l+c_1x^{l-1}+\cdots+c_l=0$$

に帰着されますね．

この間しらべたように，この方程式の係数が $1, a_1, \cdots, a_n$ から代数的に表わされてると，x_0 もソウ表わされますから．

佐々木　結局，この方程式の，係数の性質が問題だ．

係数の性質（一）

佐々木　係数の性質を調べるんだけど——どうしてイイのか判らないときは，理想的な場合を考えると，よかった．

小川　理想的な場合というのは，係数 c_k が $1, a_1, \cdots, a_n$ から代数的に表わされてる，という事ですね．

佐々木　そのとき，c_k は，係数が $1, a_1, \cdots, a_n$ から 加・減・乗・除 で表わされていて，代数的に解ける方程式の根だから，結局，そんな方程式を見つけると，いい．

小川　手掛りは，$(-1)^kc_k$ が

$$x_0,\quad \theta(x_0),\quad \theta^2(x_0),\ \cdots,\ \theta^{l-1}(x_0)$$

の基本対称式という事ですね．

佐々木　もう一つ，ある．

この l 個の数は，既約方程式

$$x^m+b_1x^{m-1}+\cdots+b_m=0$$

の根だ．

小川　わかりました．

c_k を根に持つ方程式で，その係数が $1, a_1, \cdots, a_n$ から，加・減・乗・除で表わされてるのが作れますね．ラグランジュの方法で．

佐々木　そうか．

c_k は，この既約方程式の，m 個の根の有理式だから，これらの m 個の根の置換を c_k でする．そのとき出来る互いに違う式だけを，根に持つ方程式だ．

広田　そのラグランジュの方法は，今の場合，一般には通用しない．

たとえば，方程式

$$(x-1)(x^2+1)=0$$

の三根を

$$x_1=1, \quad x_2=i, \quad x_3=-i$$

として，これらの有理式

$$f(x_1, x_2, x_3)=\frac{1}{{x_2}^2+{x_3}^2}$$

を考えてみよう．

この有理式で根の置換をすると？

小川　そのときに出来る互いに違う式は

$$\frac{1}{{x_2}^2+{x_3}^2}, \quad \frac{1}{{x_1}^2+{x_2}^2}, \quad \frac{1}{{x_1}^2+{x_3}^2}$$

の三つです．

ですから，これらを根に持つ方程式は…

広田　x_1, x_2, x_3 は具体的な数だな．

佐々木　だから，これらを根とする方程式は——作れないぞ．

$${x_1}^2+{x_2}^2=0, \quad {x_1}^2+{x_3}^2=0$$

で，二番目と三番目の数が考えられない．

小川　あっ，そうか．ラグランジュの場合，根は独立変数でしたから，こんな事は起こらなかったのですが，今の場合はソウでないから，ダメなのですね．——そういえば，根の公式でも，こんな事がありましたね．

佐々木　一般的にはソウでも，問題の c_k は m 個の根の整式だから，こんな事は起こらない．

小川　ですから，l 個の係数 $c_1, c_2, \cdots, c_l$ のそれぞれから，一つずつ，こんな方程式を作ると，問題は，この l 個の方程式が代数的に解けるか——ですね．

広田「問題の単純化」という点からは，不満だ．

佐々木　l 個より少なく出来ないか——と，いう事？

広田　その通りだ．

そこで，いま一度，ラグランジュの方程式論を復習しよう．

佐々木　将棋は中原，方程式はラグランジュ！

係数の性質　(二)

広田　与えられた方程式の根の有理式が二つあるとき，一方の値が判れば，他方の値も判るか——という問題があったな．

佐々木　アッタ．あった．

「$x_1, x_2, \cdots, x_n$ を根に持つ n 次方程式と，これらの根の，二つの有理式

$$F(x_1, x_2, \cdots, x_n) \quad と \quad G(x_1, x_2, \cdots, x_n)$$

とが与えられている．

F を変える根の置換では何時も G が変わるとき，つまり，Gを変えない根の置換では何時もFが変わらないときは，G の値から F の値が求まる」と，いうのだろ．

広田　さて，$c_1, c_2, \cdots, c_l$ に共通な性質は？

佐々木　m次既約方程式の l 個の根

$$x_0,\quad \theta(x_0),\quad \theta^2(x_0),\ \cdots,\ \theta^{l-1}(x_0)$$

の対称式，という事だ．

広田　「根 x_0 ダケの有理式」とも単純化されるな．

こう考えて，m個の根の置換をすると？

小川　x_0 を，この l 個の根のドレカにおきかえるような置換では，ドノ c_k も変わりません…，わかりました．

問題の既約方程式の，m個の根の有理式Gで

（イ）　x_0 を，l 個の根

$$x_0,\quad \theta(x_0),\quad \theta^2(x_0),\ \cdots,\ \theta^{l-1}(x_0)$$

のドレカにおきかえる置換では，Gの値は変わらない．

（ロ）　その外の置換では，Gの値は変わる．——という性質を持つものを見つけるのですね．Gが，（イ）の性質を持つには

$$x_0,\quad \theta(x_0),\quad \theta^2(x_0),\ \cdots,\ \theta^{l-1}(x_0)$$

の対称な有理式で，いいですね．

佐々木　だから，c_k でも，いい．

小川　しかし，c_k は（ロ）の性質を持つかどうか判りませんね．

さっき注意されたように，c_k の形ではなくて，c_k の値が問題ですから．

佐々木　それじゃ，どうする？

広田　今までの議論に，c_k の外にも，問題の l 個の根の対称式があったな．

小川　えーと…，

$$x^l+c_1x^{l-1}+\cdots+c_l$$

ですか．これは

$$(x-x_0)(x-\theta(x_0))\cdots(x-\theta^{l-1}(x_0))$$

ですから．

佐々木　でも，x は変数だから，問題の l 個の根の対称式じゃない．

小川　x に数値を代入すると，いいわけですね．

それも，(ロ) の性質を持つように．

広田　その通りだ．そのような x の値を求めよう．

そこで，x は，問題の既約方程式の，m 個の根には関係しない定数と考えて，m 個の根の置換をすると？

小川　c_k と同じように，この値は x_0 からきまるので，$G(x_0)$ と x_0 ダケの有理式と考えて，どう変わるか調べます．

えーと…，m 個の根は

$$\begin{cases} x_0, & \theta(x_0), & \theta^2(x_0), & \cdots, \theta^{l-1}(x_0), \\ x_1, & \theta(x_1), & \theta^2(x_1), & \cdots, \theta^{l-1}(x_1), \\ & \cdots & \cdots & \cdots \\ x_{r-1}, & \theta(x_{r-1}), & \theta^2(x_{r-1}), & \cdots, \theta^{l-1}(x_{r-1}), \end{cases}$$

でした．

佐々木　そして，x_0 を $\theta^k(x_j)$ におきかえる置換で，$G(x_0)$ は

$$G(\theta^k(x_j))=(x-\theta^k(x_j))(x-\theta^{k+1}(x_j))\cdots(x-\theta^{k+l-1}(x_j))$$

になる．しかし，l 個の数

$$\theta^k(x_j),\quad \theta^{k+1}(x_j),\quad \theta^{k+2}(x_j),\ \cdots,\ \theta^{k+l-1}(x_j)$$

は

$$x_j,\quad \theta(x_j),\quad \theta^2(x_j),\ \cdots,\ \theta^{l-1}(x_j)$$

を並べかえたものだから，

$$G(\theta^k(x_j))=G(x_j)$$

で，結局，$G(x_0)$ は $G(x_j)$ になる．

小川　ですから，r 個の値

$$G(x_0),\quad G(x_1),\ \cdots,\ G(x_{r-1})$$

が互いに違うようになる，そんな x の値を求めると，いいんですね．

佐々木　つまり，$j \neq k$ のとき

$$(x-x_j)(x-\theta(x_j))\cdots(x-\theta^{l-1}(x_j))$$
$$\neq(x-x_k)(x-\theta(x_k))\cdots(x-\theta^{l-1}(x_k))$$

となる x の値だけど…

広田　数学に限らず，一つの事柄を色々な角度から眺める姿勢が大切だ．

このxの値に対して，別の見方をすると？

小川　それは，$j \neq k$ である，ドンナ j, k の組に対しても，x の値は

$$(x-x_j)(x-\theta(x_j))\cdots(x-\theta^{l-1}(x_j))$$
$$=(x-x_k)(x-\theta(x_k))\cdots(x-\theta^{l-1}(x_k))$$

という関係を満足しない，ともいえますが…，ワカリマシタ，わかりました．

たしかに，問題の x の値が求まります．

この関係は，x の方程式で，x の恒等式ではありません．

佐々木　恒等式なら，ドンナ x の値でも成り立つから，たとえば，x に x_j を代入しても

$$(x_j-x_j)(x_j-\theta(x_j))\cdots(x_j-\theta^{l-1}(x_j))$$
$$=(x_j-x_k)(x_j-\theta(x_k))\cdots(x_j-\theta^{l-1}(x_k))$$

だけど，これはオカシイ．

左辺は零なのに，右辺は零ではない．

小川　それで，これは $l-1$ 次以下の方程式で，その根は $l-1$ 個以下です．

そして，こんな方程式の個数はゼンブで ${}_rC_2$ 個ですから…

佐々木　こんな ${}_rC_2$ 個の方程式の根をゼンブ集めても有限個．ところが，複素数は無数にあるから，これらのドノ方程式の根にもならない x の値がある．

それが，問題の値だ．

小川　それから，Gの係数は $1, a_1, \cdots, a_n$ から加･減･乗･除で表わされるのを求めるのでしたから，x の値は有理数から取って来ます．

有理数は，$a_1, a_2, \cdots, a_n$ がドンナ複素数でも，1から 加･減･乗･除 で表わされますから．

広田　整理すると？

小川　問題の x の値を有理数 y_0 とします．

そして，

$$(y_0-x_0)(y_0-\theta(x_0))\cdots(y_0-\theta^{l-1}(x_0))$$

をアラタメて $G(x_0)$ と書きます．

それから，互いに違う r 個の数

$$G(x_0),\quad G(x_1),\ \cdots,\ G(x_{r-1})$$

を根に持つ r 次の方程式を

$$y^r+d_1y^{r-1}+\cdots+d_r=0$$

とします．係数 d_k は，勿論，$1, a_1, \cdots, a_n$ から加･減･乗･除 で表わされてます．それは，Gの係数と，$1, b_1, \cdots, b_m$ とからソウ表わされてますから．

問題は，この r 次の方程式に帰着されました．

これが代数的に解けると，c_k は $1, a_1, \cdots, a_n$ から代数的に表わされますから．

広田　係数 d_k が $1, a_1, \cdots, a_n$ から四則で表わされる事と，c_k が $G(x_0)$ と $1, a_1, \cdots, a_n$ とから四則で表わされる事との，理由は？

佐々木　ラグランジュの結果からだよ．

広田　残念ながら，このラグランジュの結果も，今の場合には，使えない．

それは，根の有理式の「形」を問題として得られたものだが，今の場合には，その「値」を問題としているからだ．

「有理式の値が同じ」という事と「有理式として同じ」という事とが同値な場合には使えるが，一般には同値ではないな．

たとえば，さっきの方程式

$$(x-1)(x^2+1)=0$$

で，二つの有理式

$$x_1^2+x_2^2 \qquad と \qquad x_1^2+x_3^2$$

とは，x_1, x_2, x_3 の有理式としては異なるが，その値は同じだな．

この事は，既に，ルフィニも問題としている．

佐々木　それじゃ，いままでのは，水の泡？

広田　そうでは，ない．

アーベルは，d_k や c_k の性質をチャンと証明している．それは次の機会に見る

安心して先へ進もう．

アーベル方程式

佐々木　問題は，この r 次の方程式の代数的可解性だけど…，どうしたら，いい？

広田　先日からの，基本方針は？

佐々木　そうか．この方程式の根は，その中の一つの根の有理式を次々に合成したもので表わされるか，を調べるのだね．

小川　それには，この方程式の r 個の根

$$G(x_0),\quad G(x_1),\ \cdots,\ G(x_{r-1})$$

は，それぞれ，その中の一つの根の有理式で表わされるかを初めに確かめないと，いけませんね．

佐々木　手掛りは，$x_1, x_2, \cdots, x_{r-1}$ が x_0 の有理式．

小川　それで，アラタメて

$$x_k=\theta_k(x_0) \quad (k=1, 2, \cdots, r-1)$$

と書きましょう．$\theta_k(x)$ は x の有理式で，その係数は $1, a_1, \cdots, a_n$ から 加・減・乗・除 で表わされてます．

こうすると，r 個の根は

$$G(x_0),\quad G(\theta_k(x_0)) \quad (k=1, 2, \cdots, r-1)$$

で，$G(\theta_k(x_0))$ は $G(x_0)$ の有理式か——ですね．

佐々木　もう一つの手掛りは，$G(x_0)$ も $G(\theta_k(x_0))$ も

$$x^m+b_1x^{m-1}+\cdots+b_m=0$$

の，m 個の根の有理式で，$G(x_0)$ は，x_0 を，その中の l 個の根

$$x_0,\quad \theta(x_0),\quad \theta^2(x_0),\ \cdots,\ \theta^{l-1}(x_0)$$

のドレカにおきかえる置換では変わらないで，その外の置換では変わるものだ．

小川　ですから，$G(x_0)$ と $G(\theta_k(x_0))$ との間に，さっきの，$G(x_0)$ と c_k との間と同じ関係があると，$G(\theta_k(x_0))$ は $G(x_0)$ の有理式で表わされるんじゃ，ないですか．同じ証明で．

広田　その通りだ．

佐々木　でも，そんな関係ある？

広田　一般には，期待できないだろう．

そこで，そのような関係が成立するには，どのような条件を付加すればよいか，を考えよう．

アーベルも，この方針で臨む．

佐々木　なんだ．アーベル，お前もか！

小川　それには，$G(\theta_k(x_0))$ が，問題の l 個の根の対称な有理式になると，いいですね．

広田　$G(\theta_k(x_0))$ は

$$\{y_0-\theta_k(x_0)\}\{y_0-\theta(\theta_k(x_0))\}\{y_0-\theta^2(\theta_k(x_0))\}\cdots\{y_0-\theta^{l-1}(\theta_k(x_0))\}$$

だったから，たとえば

$$\theta_k(x_0)=F(x_0),\quad \theta(\theta_k(x_0))=F(\theta(x_0)),$$
$$\theta^2(\theta_k(x_0))=F(\theta^2(x_0)),\ \cdots\cdots,\ \theta^{l-1}(\theta_k(x_0))=F(\theta^{l-1}(x_0)),$$

となる有理式 F が見つかると，よいな．

佐々木　一番目の式で $\theta_k(x_0)$ は初めから x_0 の有理式だから，F は θ_k にすると簡単だ．つまり

$$\theta(\theta_k(x_0))=\theta_k(\theta(x_0)),\quad \theta^2(\theta_k(x_0))=\theta_k(\theta^2(x_0)),\ \cdots$$

小川　この二番目以下の関係は，一番目の関係から自動的に出て来ますね．ですから，

$$\theta(\theta_k(x_0))=\theta_k(\theta(x_0))\quad (k=1,2,\cdots,r-1)$$

という条件を付け加えると，ドノ $G(\theta_k(x_0))$ も $G(x_0)$ の有理式で表わされます．

広田　精確には？

小川　$G(\theta_k(x_0))=\lambda_k(G(x_0))$ $(k=1,2,\cdots,r-1)$と書けます．$\lambda_k(x)$ は x の有理式で，その係数は$1, a_1, \cdots, a_n$ から 加・減・乗・除 で表わされてます．

それは，m 次の既約方程式の係数 $1, b_1, \cdots, b_m$と，その m 個の根の有理式 $G(x_k)$ や $G(x_0)$ の係数とからソウ表わされてますから．

佐々木　これで，

$$y^r+d_1y^{r-1}+\cdots+d_r=0$$

の代数的可解性を調べるのは，この各根が，$\lambda_1, \lambda_2, \cdots, \lambda_{r-1}$ の中の一つ λ を次々に合成したもので表わされるかを調べる事になって――それは，一番初めの方程式

$$x^n+a_1x^{n-1}+\cdots+a_n=0$$

の代数的可解性を調べるのと，同じ問題！

小川　それで，$1, a_1, \cdots, a_n$ を基礎に取って，この方程式を因数分解すると，$G(x_0)$ を根に持つ

$$y^{m_1}+b_1'y^{m_1-1}+\cdots+b_{m_1}'=0$$

という既約方程式に帰着されますね．

佐々木　そして，この既約方程式の m_1 個の根は，l_1 個ずつの r_1 個のグループに分けられて，

$$l_1\geqq 2 \quad で \quad m_1=l_1r_1.$$

だから，r_1 が1なら，$G(x_0)$ が $1, a_1, \cdots, a_n$ から代数的に表わされて，問題は解決する．

小川　$r_1\geqq 2$ のときは，

$$G(x_0),\ \lambda(G(x_0)),\ \lambda^2(G(x_0)),\cdots,\lambda^{l_1-1}(G(x_0))$$

を根に持つ方程式

$$y^{l_1}+c_1'y^{l_1-1}+\cdots+c_{l_1}'=0$$

と，その係数 c_k' を決定する方程式

$$z^{r_1}+d_1'z^{r_1-1}+\cdots+d_{r_1}'=0$$

とに帰着されますね．係数 d_k' は $1, a_1, \cdots, a_n$ から 加・減・乗・除 で表わされてます．

佐々木　基本方針どおりに，この r_1 次の方程式の代数的可解性を調べると——さっきの r 次の方程式の場合と同じ問題に突き当たる！　犬も歩けば，棒に当たる！

小川　それで，r_1 個の根をアラタメて

$$\lambda(G(x_0)),\quad \lambda_1(G(x_0)),\quad \lambda_2(G(x_0)),\ \cdots\cdots,\ \lambda_{r_1-1}(G(x_0))$$

とするとき

$$\lambda\{\lambda_k(G(x_0))\}=\lambda_k\{\lambda(G(x_0))\}\ \ (k=1, 2, \cdots, r_1-1)$$

という条件を付け加えます．

広田　$\lambda(G(x_0))$ は，r 次の方程式の 根のドレカだな．そこで，精確に，λ を λ_j と書こう．このとき

$$\lambda_j\{\lambda_k(G(x_0))\}=\lambda_k\{\lambda_j(G(x_0))\}$$

となる条件を分析しよう．

佐々木　　$\lambda_s(G(x_0))=G(\theta_s(x_0))$

だから

$$\lambda_j\{G(\theta_k(x_0))\}=\lambda_k\{G(\theta_j(x_0))\}$$

となる条件だ．

でも，$\lambda_s(G(x_0))$ の x_0 に $\theta_k(x_0)$ を代入すると，どうなるのかな．

小川　えーと…，手掛りは

$$\lambda_s(G(x_0))=\{y_0-\theta_s(x_0)\}\{y_0-\theta(\theta_s(x_0))\}\cdots\cdots\{y_0-\theta^{l-1}(\theta_s(x_0))\}$$

ですね…，ワカリマシタ，わかりました．

x_0 を x にかえた方程式

$$\lambda_s(G(x))=\{y_0-\theta_s(x)\}\{y_0-\theta(\theta_s(x))\}\cdots\cdots\{y_0-\theta^{l-1}(\theta_s(x))\}$$

の係数は $1, a_1, \cdots, a_n$ から 加・減・乗・除 で表わされてますから，さっきからの

論法で，既約方程式

$$x^m+b_1x^{m-1}+\cdots+b_m=0$$

の根はゼンブ，この方程式の根ですね．

佐々木　そうか．これから

$$\lambda_j\{G(\theta_k(x_0))\}$$
$$=\{y_0-\theta_j(\theta_k(x_0))\}\{y_0-\theta(\theta_j(\theta_k(x_0)))\}\cdots\cdots\{y_0-\theta^{l-1}(\theta_j(\theta_k(x_0)))\},$$
$$\lambda_k\{G(\theta_j(x_0))\}$$
$$=\{y_0-\theta_k(\theta_j(x_0))\}\{y_0-\theta(\theta_k(\theta_j(x_0)))\}\cdots\cdots\{y_0-\theta^{l-1}(\theta_k(\theta_j(x_0)))\},$$

だから，

$$\theta_j(\theta_k(x_0))=\theta_k(\theta_j(x_0))$$

という条件を付け加えると，いい．

広田　今までの議論を振り返ると，この $\theta_j(x_0), \theta_k(x_0)$ は，m 次の既約方程式のドノ根にもなる可能性がある．さらに，さかのぼって，問題の n 次方程式のドノ根にもなる可能性がある．

と，すると？

小川　問題の n 次方程式

$$x^n+a_1x^{n-1}+\cdots+a_n=0$$

の勝手な二つの根 $\theta_j(x_0), \theta_k(x_0)$ に対して何時も

$$\theta_j(\theta_k(x_0))=\theta_k(\theta_j(x_0))$$

が成り立つ，という条件を付け加えます．

広田　アーベルも，このように仮定する．

さて，もとの問題へ返ると？

佐々木　結局，このとき，r_1 次の方程式

$$z^{r_1}+d_1'z^{r_1-1}+\cdots+d_{r_1}'=0$$

の各根は，それぞれ，その中の一つ z_0 の有理式で表わされる．その有理式の係数は $1, a_1, \cdots, a_n$ から 加・減・乗・除 で表わされてる．

小川　それで，この r_1 次の方程式の代数的可解性を調べるのは，さっきと同じ事になりますね．

佐々木　$1, a_1, \cdots, a_n$ を基礎に取って，この方程式を因数分解すると，z_0 を根に持つ既約方程式

$$z^{m_2}+b_1''z^{m_2-1}+\cdots+b_{m_2}''=0$$

に帰着され，この m_2 個の根は，l_2 個ずつの r_2 個のグループに分けられて，

$$l_2\geqq 2 \text{ で } m_2=l_2r_2.$$

だから，r_2 が 1 なら，問題は解決する．

小川　$r_2\geqq 2$ のときは，

$$z_0,\quad \sigma(z_0),\quad \sigma^2(z_0),\ \cdots,\ \sigma^{l_2-1}(z_0)$$

という根を持つ方程式

$$z^{l_2}+c_1''z^{l_2-1}+\cdots+c_{l_2}''=0$$

と，その係数 c_k'' を決定する方程式

$$w^{r_2}+d_1''w^{r_2-1}+\cdots+d_{r_2}''=0$$

とに帰着されますね．係数 d_k'' は $1, a_1, \cdots, a_n$ から加・減・乗・除で表わされてます．

佐々木　この方程式の，二つの勝手な根 $\sigma_j(z_0), \sigma_k(z_0)$ の間には

$$\sigma_j(\sigma_k(z_0))=\sigma_k(\sigma_j(z_0))$$

が成り立つ．

さっきの r_1 次の方程式が，こんな性質を持ってたから，同じ論法で判る．

小川　それで，この r_2 次の方程式の代数的可解性を調べるのは，いままでの繰り返しに，なりますね．

佐々木　でも，

$$n\geqq m>r\geqq m_1>r_1\geqq m_2>r_2>\cdots$$

だから，次数 r のナントカはダンダン小さくなるから，何回目かには遂に 1 になって，問題は解決する．

つまり，問題の n 次方程式は代数的に解ける．

広田　その通りだ．

さて，今日のところを総括しておこう．

要　約

小川　n 次方程式

$$x^n+a_1x^{n-1}+\cdots+a_n=0$$

の各根が，それぞれ，その中の一つ x_0 の有理式で表わされ，勝手な二つの根 $\theta_j(x_0)$ と $\theta_k(x_0)$ の間に

$$\theta_j(\theta_k(x_0))=\theta_k(\theta_j(x_0))$$

が成り立つと，これは代数的に解けました．

広田　この性質を持つ方程式は，アーベルに因んで，アーベル方程式と呼ばれている．

だが，一般な「代数的可解性の判定法」の発見は果たさず，労咳に倒れる．婚約者クリスチーヌに看取られながら，26年の生涯を閉じる．

佐々木　旅に病んで

夢は方程式を

駆けめぐる

第24章　方程式の群を導入する

19世紀に入って，方程式論のテンポは早い．
　代数的可解性の判定は，ガウス，アーベルの跡を追ったガロアによって完成される．アーベルの論文“代数的に可解な，ある種の方程式について”の僅か３年後のことである．
　ガロア成功の秘密は，「方程式の群」にある．

オーギュスト･デュパンは，1841年，『モルグ街の殺人』でデビューする．
　明智小五郎は，1925年，『Ｄ坂の殺人事件』で初登場する．『怪人二十面相』は，与次郎の愛読書の一つなのである．

目　　標

広田　先日からは，アーベルの方程式論を見て来たな．
　彼の最終目標は？
小川　具体的に係数が与えられたとき，その方程式が代数的に解けるかどうかを判定する，キメ手を発見する事です．
佐々木　でも，その目標は達成できなかった．
　キメ手を見つけたのは，ガロアだ．
広田　“方程式が累乗根で解けるための条件について”という標題の論文で発表している．
　1831年１月16日という日付がある．
佐々木　“ガロアの遺書”にあった第一論文だ．

今日から，その話だね．

アーベル路線

広田　ガロアの思想は，アーベルの方程式論を一般化する過程で得られる．

小川　ガロアは，アーベルの論文を読んでるんですか？

広田　アーベルは，ガロアを知らない．

だが,ガロアはアーベルの業績に精通している．

佐々木　アーベルの方程式論の一般化て？

広田　アーベルが出発点とした方程式は？

小川　ドノ根も，その中の特別な一つの根の有理式で表わされてるものです．

広田　この根の性質を一般化すると？

佐々木　ドノ根も，その中の特別な二つの根の有理式で表わされている,とか…,ドノ根も，その中の特別な三つの根の有理式で表わされている，とか….

小川　完全に一般化すると，こうなりますね．

n 次方程式

$$x^n+a_1x^{n-1}+\cdots+a_n=0$$

のドノ根 x_k も，n 個の根 $x_1, x_2, \cdots, x_n$ の有理式で表わされてる．

佐々木　そこまで一般化するのは，ユキスギだよ．何にも条件を付けないのと，一緒だよ．

ドノ x_k も，もともと，$x_1, x_2, \cdots, x_n$ の有理式なんだから．

小川　アーベルの場合，もう一つ，特徴があったでしょう．問題の特別な一つの根が代数的に求まると，ほかの根もゼンブ代数的に求まりますね．

ですから，今の場合も，問題の有理式の一つの値が代数的に求まると，その値から問題の方程式の根がゼンブ代数的に求まる――という特徴を付け加える事になりますね．

佐々木　そうか．有理式の性質に条件が付くのか．

でも，そんなのアル？　アーベルのより一般的なので．

小川　たとえば，$1, a_1, \cdots, a_n$ から加·減·乗·除で表わされた係数を持つ有理式

$$G(x_1, x_2, \cdots, x_n)$$

で，根 $x_1, x_2, \cdots, x_n$ の置換をするときに出来るGの値が，ゼンブ互いに違うようになる，そんな有理式Gが見つかる方程式だと，いいですね．

Gの値を変えない置換は単位置換だけで，それは x_k の値を変えませんから，ドノ x_k もGと $1, a_1, \cdots, a_n$ とから 加・減・乗・除 で表わされて，結局，x_k は $x_1, x_2, \cdots, x_n$ の有理式で表わされて，G の値が代数的に求まると，x_k もソウなりますから．

佐々木　この道は，いつか来た道！

でも，このラグランジュの結果は，有理式の値を考えるときは使えなかった．この前，注意された．

小川　しかし，根の置換をした有理式で，「有理式の値が同じ」という事と「有理式として同じ」という事とが同値なときは，使えますね．

問題の

$$G(x_1, x_2, \cdots, x_n)$$

は，この性質を持ってますね．$x_1, x_2, \cdots, x_n$ の置換をするときに出来るGの値はゼンブ互いに違うのですから，G で根の置換をした有理式では，「値が同じになる」のは，「有理式として同じになる」場合だけです．

それから，

$$F_k(x_1, x_2, \cdots, x_n) = x_k \qquad (k=1, 2, \cdots, n)$$

もGと同じ性質，つまり，$x_1, x_2, \cdots, x_n$ の置換をするときに出来る F_k の値 $x_1, x_2, \cdots, x_n$ が互いに違うときは，F_k で根の置換をした有理式では，「値が同じ」になるのは，「有理式として同じ」場合だけですね．

ですから，ラグランジェの論法が使えて——Gで根の置換をするときに出来る互いに違う n 個の値を

$$G,\quad G_1,\ \cdots,\ G_{n-1}$$

として，これらを根に持つ n 次方程式を

$$f(t)=0,$$

それから，G を G_j にかえる根の置換を F_k でするときに出来る値を F_{kj} として，t の整式

$$f(t)\left\{\frac{F_k}{t-G}+\frac{F_{k1}}{t-G_1}+\cdots+\frac{F_{kn-1}}{t-G_n}\right\}$$

を $h(t)$ と書くと,

$$F_k f'(G)=h(G)$$

が成り立ちます．ここで，$f(t)=0$ は重根を持たないので，$f'(G)\fallingdotseq 0$ で，これから

$$F_k=\frac{h(G)}{f'(G)}$$

ですね．

佐々木　なるヘソ．

与えられた n 次方程式が重根を持たないときには，問題の一般化が出来るかも知れない――と，いうわけか．

広田　問題の G を，具体的に求めよう．

佐々木　重根を持たないと，何時でも，見つかるの？

小川　ダメなら，もっと条件を付け加えるのでしょう．

広田　$x_1, x_2, \cdots, x_n$ の有理式で，最も簡単なものは？

佐々木　1次式で,

$$c_1x_1+c_2x_2+\cdots+c_nx_n$$

という形．

この式で $x_1, x_2, \cdots, x_n$ の置換をするときに出来る n の階乗個の式の値が互いに違うようになる，有理数 $c_1, c_2, \cdots, c_n$ を求めるんだね．

この前も，似た問題があった．

小川　ありましたね．

これらの $n!$ 個の式の二つを等しいと置いた

$$c_1(x_j-x_k)+c_2(x_l-x_m)+\cdots+c_n(x_u-x_v)=0$$

は，$c_1, c_2, \cdots, c_n$ の方程式で，恒等式じゃありません．$x_1, x_2, \cdots, x_n$ は互いに違うので，c_k の係数はゼンブ零になる事はありませんから．

そして，こんな方程式の個数は ${}_{n!}\mathrm{C}_2$ と有限個ですから，これらのドノ方程式の根にもならない，有理数の組は見つかりそうですね．

佐々木 一般的に,

$$c_1A_1+c_2A_2+\cdots+c_nA_n=0$$

という形の有限個の方程式が与えられたとき，これらのドノ方程式の根にもならない，n 個の有理数の組が見つかるか，調べるといい．

小川 n が 2 のときは,

$$c_1A_1+c_2A_2=0$$

という形の方程式が有限個ですが，一つの方程式の根の組 (c_1, c_2) は原点を通る直線上に並んでるので，それらの有限個の直線以外の点で，有理数の座標を持つのは，沢山ありますね．

佐々木 だから，n までは問題の組が見つかると仮定して，$n+1$ のときを調べると，いい．

小川 $n+1$ のときは,

$$c_1A_1+c_2A_2+\cdots+c_nA_n+c_{n+1}A_{n+1}=0$$

という形の有限個の方程式が問題ですね．

えーと…，帰納法の仮定は，これらの方程式で c_{n+1} の係数を零と置いたもの全部を考えると，使えますね．

佐々木 それらの，ドノ方程式の根にもならない，n 個の有理数の組がある．

小川 それを

$$(c_{10}, c_{20}, \cdots, c_{n0})$$

と，しましょう．

あとは c_{n+1} の値ですが，それは

$$c_1A_1+\cdots+c_nA_n+c_{n+1}A_{n+1}=0 \quad (A_{n+1}\neq 0)$$

という形の方程式ゼンブと c_{k0} とに関係するわけですが…，わかりました．

$$c_{10}A_1+\cdots+c_{n0}A_n+c_{n+1}A_{n+1}=0 \quad (A_{n+1}\neq 0)$$

という形の，c_{n+1} の方程式のドノ根にもならないのを求めると，いいですね．

佐々木 そんな有理数は，ある．

この方程式から，

$$c_{n+1}=-\frac{c_{10}A_1+\cdots+c_{n0}A_n}{A_{n+1}}$$

で，右辺の値は有限個だから，そのドレとも違う有理数は，確かに，ある．

小川　その一つを $c_{n+1\,0}$ とすると，何時でも

$$c_{10}A_1+c_{20}A_2+\cdots+c_{n0}A_n+c_{n+1\,0}A_{n+1}\neq 0$$

ですね．

佐々木　A_{n+1} が零のは，$c_{10}, c_{20}, \cdots, c_{n0}$ の選び方からソウなるし，A_{n+1} が零でないのも，$c_{n+1\,0}$ の選び方からソウなる．

小川　結局，有理数を係数に持つ１次式

$$c_1x_1+c_2x_2+\cdots+c_nx_n$$

で，この式で n 個の根の置換をするときに出来る $n!$ 個の式の値が互いに違うようになるもの，があります．

広田　整理すると？

佐々木　重根を持たない，n 次方程式

$$x^n+a_1x^{n-1}+\cdots+a_n=0$$

の各根は，いま作った，n 個の根の１次式

$$c_1x_1+c_2x_2+\cdots+c_nx_n$$

の有理式で表わされ，その有理式の係数は $1, a_1, \cdots, a_n$ から加・減・乗・除で表わされてる．

　問題は，重根を持たない方程式へと，一般化された．

広田　この方程式の解法は？

小川　問題の１次式で根の置換をするときに出来る $n!$ 個の，互いに違う値を根に持つ $n!$ 次の方程式に帰着されます．

　問題の１次式の値から，与えられた n 次方程式の根が求まりますから．

広田　この $n!$ 次の方程式の係数は？

佐々木　$1, a_1, \cdots, a_n$ から加・減・乗・除で表わされてる．

　問題の１次式で根の置換をした整式では，「値が同じになる」のと「整式として同じになる」のとは同値で，ラグランジュの論法が使えるから．

広田　この $n!$ 次の方程式の，根の性質は？

小川　それは，問題の１次式で n 個の根の置換をしたもので…，わかりました．おっしゃりたい事が，判りました．

問題の1次式の値を変えない置換は単位置換だけで，それは外の根の値も変えません．

そして，さっきから繰り返してるように，今の場合にはラグランジュの論法が使えますから，この $n!$ 次の方程式のドノ根も，問題の1次式の値の有理式で表わされます．この有理式の係数は，$1, a_1, \cdots, a_n$ から加·減·乗·除で表わされてます．

佐々木　結局，$n!$ 次の方程式のドノ根も，その中の特別な一つの根の有理式で表わされていて——ナンダ，もとのアーベルの出発点にもどってしまった！

これから先は，アーベルと同じ？

広田　それでは，アーベルの一般化とは，ならない．

一般化のためには，アーベルの方程式論を反省し，その本質を抽き出さねば，ならない．

アーベル理論の反省

小川　アーベルの方程式論を復習します．

n 次方程式

$$x^n + a_1 x^{n-1} + \cdots + a_n = 0$$

の n 個の根は，その中の一つの根 x_0 の有理式で表わされていて，その有理式の係数は $1, a_1, \cdots, a_n$ から加·減·乗·除で表わされてる場合から出発しました．

佐々木　これは，$1, a_1, \cdots, a_n$ を基礎に取ったとき，x_0 を根に持つ，既約な方程式

$$x^m + b_1 x^{m-1} + \cdots + b_m = 0$$

の代数的可解性を調べる問題に帰着された．

小川「問題の根 x_0 の，一つの有理式を次々に合成したものを根に持つ方程式に帰着させる」という方針で，この既約方程式を調べました．

佐々木　そうすると，m個の根は

$$\begin{cases} x_0, & \theta(x_0), & \theta^2(x_0), & \cdots, & \theta^{l-1}(x_0), \\ x_1, & \theta(x_1), & \theta^2(x_1), & \cdots, & \theta^{l-1}(x_1), \\ \cdots & \cdots & \cdots & & \\ x_{r-1}, & \theta(x_{r-1}), & \theta^2(x_{r-1}), & \cdots, & \theta^{l-1}(x_{r-1}), \end{cases}$$

と，l 個ずつの r 個のグループに分けられた．

$\theta(x)$ は，$1, a_1, \cdots, a_n$ から加・減・乗・除で表わされた係数を持つ，x の有理式で，$\theta^k(x)$ は，θ を k 回つづけて合成したもの．

小川　それで，第一のグループ

$$x_0,\quad \theta(x_0),\quad \theta^2(x_0),\ \cdots,\ \theta^{l-1}(x_0)$$

を根に持つ方程式

$$x^l+c_1x^{l-1}+\cdots+c_l=0$$

と，その係数 c_k を決定する方程式

$$y^r+d_1y^{r-1}+\cdots+d_r=0$$

とに帰着されました．

佐々木　一番目の方程式の根は，$1, c_1, \cdots, c_l$ から代数的に表わされるから，二番目の方程式の代数的可解性を調べる事に帰着された．

小川　初めに与えられた n 次方程式の，勝手な二つの根が $\theta_j(x_0)$, $\theta_k(x_0)$ と x_0 の有理式で表わされてるとき

$$\theta_j\{\theta_k(x_0)\}=\theta_k\{\theta_j(x_0)\}$$

が成立するという条件を付け加えると，この r 次の方程式の解法は，初めの n 次方程式と同じになりました．

佐々木　だから，同じ論法を，r が 1 になるまで繰り返す事ができて，結局，与えられた n 次方程式は代数的に解ける事が判った．

でも，この r 次の方程式の係数 d_k は $1, a_1, \cdots, a_n$ から加・減・乗・除で表わされる事，c_k は，その一つの根と $1, a_1, \cdots, a_n$ とから加・減・乗・除で表わされる事，それから，そのドノ根も一つの特別な根の有理式で表わされる事は，まだ，証明してない．

広田　この機会に，証明しておこう．

このr次方程式の根は？

小川　互いに違う

$$G(x_0),\quad G(x_1),\ \cdots,\ G(x_{r-1})$$

です．

佐々木　$G(x)=(y_0-x)(y_0-\theta(x))\cdots(y_0-\theta^{l-1}(x))$

で，y_0 は有理数.

広田　$G(x)$ の特徴は，

$$x,\quad \theta(x),\quad \theta^2(x),\ \cdots,\ \theta^{l-1}(x)$$

の対称式という事だな.

そこで，アーベルは問題を一般化して，これらの対称な有理式

$$f(x, \theta(x), \theta^2(x), \cdots, \theta^{l-1}(x))$$

を考察する.

小川　f の係数は $1, a_1, \cdots, a_n$ から 加·減·乗·除で表わされてるんですね.

広田　f は，また，x の有理式だから

$$F(x)=f(x, \theta(x), \cdots, \theta^{l-1}(x))$$

と書き，これに x_k に代入した値を

$$y_{k+1}=F(x_k) \qquad (k=0, 1, 2, \cdots, r-1)$$

と書こう.

無論，f には，「$F(x_k)$ が確定する」という制限は仮定する.

小川　一般的に，$y_1, y_2, \cdots, y_r$ の基本対称式は，m次方程式のm個の根の対称な有理式になる事が判ると，第一の問題は解決しますね.

佐々木　で，どうするの？

広田　アーベルは，「$y_1, y_2, \cdots, y_r$ の基本対称式は

$$y_1{}^s+y_2{}^s+\cdots+y_r{}^s \quad (s=1, 2, \cdots, r)$$

の，有理数を係数とする，整式で表わされる」というニュートンの公式を援用する.

佐々木　それじゃ，累乗の和が，m次方程式のm個の根の対称な有理式になるか，調べるんだね.

小川　えーと…，これと似た問題がありましたね.

佐々木　ラグランジュの分解式の累乗は，根の対称な有理式になる——という，ガウスのだ.

小川　あれを真似して，$F(x_k)$ で x_k を外の根におきかえると，

$$y_{k+1}=F(x_k)=F(\theta(x_k))=\cdots=F(\theta^{l-1}(x_k))$$

は成り立ちますね.

佐々木

$$F(\theta^j(x_k))=f(\theta^j(x_k),\ \theta^{j+1}(x_k),\ \cdots,\ \theta^{j+l+1}(x_k))$$

だけど,

$$\theta^j(x_k),\quad \theta^{j+1}(x_k),\ \cdots,\ \theta^{j+l+1}(x_k)$$

は

$$x_k,\quad \theta(x_k),\ \cdots,\ \theta^{l-1}(x_k)$$

を並べかえたもので, f は, それらの対称な有理式だから.

小川　それで,

$$y_{k+1}{}^s=\{F(x_k)\}^s=\{F(\theta(x_k))\}^s=\cdots\cdots=\{F(\theta^{l-1}(x_k))\}^s$$

で, これから

$$y_{k+1}{}^s=\frac{1}{l}[\{F(x_k)\}^s+\{F(\theta(x_k))\}^s+\cdots\cdots+\{F(\theta^{l-1}(x_k))\}^s].$$

佐々木　だから, 累乗の和

$$y_1{}^s+y_2{}^s+\cdots+y_r{}^s$$

は, $\{F(x)\}^s$ の x に, m 次方程式の m 個の根を代入したものの和の $\frac{1}{l}$ で表わされて, 結局, m 次方程式の m 個の根の対称な有理式で, この有理式の係数は $1, a_1, \cdots, a_n$ から 加・減・乗・除 で表わされてる.

広田　第一の課題は解決した.

次に, c_k は, $G(x_0)$ と $1, a_1, \cdots, a_n$ とから四則で表わされる事を確かめよう. c_k の特徴は?

小川　$x_0,\ \theta(x_0),\ \cdots,\ \theta^{l-1}(x_0)$

の対称式です.

広田　そこで, 問題を一般化して, さき程の $F(x_0)$ という, m 次方程式の根の有理式で, m 個の根の置換をして出来る互いに異なる値が, さき程の

$$y_1,\quad y_2,\ \cdots,\ y_r$$

という r 個であるとき,

$$x,\quad \theta(x),\ \cdots,\ \theta^{l-1}(x)$$

の対称な有理式

$$h(x, \theta(x), \cdots, \theta^{l-1}(x))$$

の x_0 に対する値は，y_1 と $1, a_1, \cdots, a_n$ とから四則で表わされる事を示そう．
　無論，h には，「x_k に対する値は確定する」という制限は仮定する．

佐々木　h の係数は，$1, a_1, \cdots, a_n$ から加·減·乗·除で表わされてるんだね．
　で，どうするの？

広田　ラグランジュの方法の原点は？

小川　x_0 を x_k にかえる置換は，$F(x_0)$ を $y_{k+1}=F(x_k)$ にかえるので，この置換を

$$h(x_0,\ \theta(x_0),\ \cdots,\ \theta^{l-1}(x_0))$$

で，するんですが…

佐々木　h の値は x_0 だけで決まるから

$$H(x)=h(x, \theta(x), \cdots, \theta^{l-1}(x))$$

と，x だけの式と考えると，$H(x_0)$ は $H(x_k)$ になる．

小川　それで，$F(x_0)$ を，それぞれ

$$y_1,\ y_2,\ \cdots,\ y_r$$

にかえる置換で，$H(x_0)$ は，それぞれ

$$H(x_0),\ H(x_1),\ \cdots,\ H(x_{r-1})$$

になります．
　ですから，

$$\begin{cases} H(x_0) + H(x_1) + \cdots\cdots + H(x_{r-1}) = M_0, \\ y_1 H(x_0) + y_2 H(x_1) + \cdots\cdots + y_r H(x_{r-1}) = M_1, \\ y_1^2 H(x_0) + y_2^2 H(x_1) + \cdots\cdots + y_r^2 H(x_{r-1}) = M_2, \\ \cdots \qquad \cdots \qquad \cdots \\ y_1^{r-1} H(x_0) + y_2^{r-1} H(x_1) + \cdots\cdots + y_{r-1}{}^r H(x_{r-1}) = M_{r-1}, \end{cases}$$

という $H(x_0), H(x_1), \cdots, H(x_{r-1})$ の連立１次方程式から，$H(x_0)$ の値を求める——というのが，ラグランジュの方法の原点です．

佐々木　右辺の値 M_s が，$1, a_1, \cdots, a_n$ から加·減·乗·除で表わされてると，$H(x_0)$ は，$F(x_0)$ と $1, a_1, \cdots, a_n$ とから加·減·乗·除で表わされた.

$y_1, y_2, \cdots, y_r$ は互いに違う値だから.

広田　と，すると？

佐々木　M_s，つまり，

$$y_1{}^s H(x_0) + y_2{}^s H(x_1) + \cdots + y_r{}^s H(x_{r-1})$$

が，m次方程式のm個の根の対称な有理式になる事が，判ると，いい.

小川　さっきの問題と似てますが…，わかりました．さっきと同じ論法が使えますね.

$$H(x_k) = H(\theta(x_k)) = \cdots = H(\theta^{l-1}(x_k))$$

ですから，

$$\begin{aligned} y_{k+1}{}^s H(x_k) &= \{F(x_k)\}^s H(x_k) \\ &= \{F(\theta(x_k))\}^s H(\theta(x_k)) = \cdots\cdots = \{F(\theta^{l-1}(x_k))\}^s H(\theta^{l-1}(x_k)) \end{aligned}$$

で，これから

$$y_{k+1}{}^s H(x_k) = \frac{1}{l} \sum_{j=0}^{l-1} \{F(\theta^j(x_k))\}^s H(\theta^j(x_k))$$

ですね．$\theta^0(x)$ は，x の意味です.

佐々木　だから，

$$y_1{}^s H(x_0) + y_2{}^s H(x_1) + \cdots + y_r{}^s H(x_{r-1}),$$

つまり，M_s は，$\{F(x)\}^s H(x)$ の x に，m 次方程式の根を代入したものの和の $\dfrac{1}{l}$ で表わされて，結局，m次方程式のm個の根の対称な有理式で，この式の係数は $1, a_1, \cdots, a_n$ から加·減·乗·除で表わされる.

広田　これで，c_k は，$G(x_0)$ と $1, a_1, \cdots, a_n$ とから四則で表わされる事が判った.

さて，$G(x_k)$ は，$G(x_0)$ と $1, a_1, \cdots, a_n$ とから四則で表わされる事は？

佐々木　これは，さっきの c_k と $G(x_0)$ との問題に似てる…

小川　えーと…，同じ問題ですね.

$G(x_k)$ は，この間，調べたように，

$$x_0,\ \ \theta(x_0),\ \cdots,\ \theta^{l-1}(x_0)$$

の対称な有理式で，その係数は $1, a_1, \cdots, a_n$ から加・減・乗・除 で表わされてましたから．

佐々木　$H(x_0)$ として，$G(x_k)$ が取れるんだね．

これで，カリは，返したゼ！

アーベル理論の本質

広田　アーベルの方程式論の要点は，さきほど復習したように，与えられた n 次方程式の解法を，問題の x_0 を根に持つ l 次方程式と，その係数を決定する r 次方程式との解法に帰着させる事と，この手順を繰り返す事だったな．

「アーベルの方程式論の一般化」という観点から，この手順の本質を考えてみよう．

先ず，l 次方程式の性質は？

佐々木　$\theta(x_0)$ を次々に合成したのを根に持つ．

小川　この性質は，一般化という立場からは，重要ではありませんね．

アーベルの場合は，「問題の x_0 の，一つの有理式を次々に合成したものを根に持つ方程式に帰着させる」というのが基本方針で，その方針の下で，この性質に注目したのですし，「一般化」の場合には，アーベルの基本方針を乗り超えて行くのですから．

佐々木　花も，嵐も，ふみこえて！

広田　と，すると？

小川　残るのは，l 次の方程式の係数が，r 次の方程式の一つの根 $G(x_0)$ と $1, a_1, \cdots, a_n$ とから加・減・乗・除で表わされている，という事ですね．

広田　その r 次方程式の性質は？

佐々木　$\theta(x_0)$ を次々に合成した l 個の根の対称式で，m個の根の置換をするときに出来る，互いに違う値を根に持つ．

でも，「合成」や「対称式」は重要でないから，コッチにおいといて，結局，m次方程式の根の有理式で，根の置換をして出来る互いに違う値を根に持つ．

小川　もっと一般化すると，「与えられた n 次方程式の根の有理式」になりますね．

それから，r 次の方程式の係数は，$1, a_1, \cdots, a_n$ から 加・減・乗・除 で表わされてます．

広田　整理すると？

佐々木　与えられた n 次方程式の解法を，二つの方程式に帰着させる．

一つの方程式は，n 次方程式の根の有理式を根に持つ．この有理式の係数も，この方程式の係数も $1, a_1, \cdots, a_n$ から 加・減・乗・除 で表わされている．

もう一つの方程式は，問題の根 x_0 を根に持つ．その係数は，いま作った方程式の一つの根と $1, a_1, \cdots, a_n$ とから加・減・乗・除で表わされている．

広田　第二の方程式は，第一の方程式が作れると，代数的に解けるかを問題としなければ，容易に求まるな．

小川　えーと…，基礎に取る複素数の範囲を，$1, a_1, \cdots, a_n$ に，第一の方程式の一つの根を付け加えて拡げ，この新しい範囲で，m次方程式を因数分解すると，いいですね．

広田　問題は第一の方程式だ．アーベルの場合，第一の方程式を作る際に，重要な役割を果したものは？

小川　m次方程式のm個の根の置換です．

それも，x_0 を m 次方程式のドノ根におきかえるか，ダケが問題でした．

佐々木　m 次方程式の根の有理式は，x_0 だけの有理式と考えて，置換できたから．

広田　と，すると？

小川　わかりました．おっしゃりたい事が判りました．

m次方程式の根を，x_0 の有理式で表わしたのを

$$x_0 = \theta_0(x_0),\ \theta_1(x_0),\ \cdots,\ \theta_{m-1}(x_0)$$

とするとき

$$\begin{pmatrix} \theta_0(x_0) & \theta_1(x_0) & \cdots & \theta_{m-1}(x_0) \\ \theta_0(\theta_k(x_0)) & \theta_1(\theta_k(x_0)) & \cdots & \theta_{m-1}(\theta_k(x_0)) \end{pmatrix}$$

というm個の置換だけに関係しています．

佐々木　第一の方程式を作るのには，このm個の置換を利用するのだ．

でも，さっきは，第一の方程式の根は，m次方程式の根の有理式からn次方

程式の根の有理式にまで，一般化してしまった…

小川　そのときは，n 次方程式の根の有理式を，x_0 だけの有理式と考えて置換する事になりますから，n 次方程式の根を x_0 の有理式で表わしたのを

$$x_0=\theta_0(x_0),\cdots,\theta_{m-1}(x_0),\ \theta_m(x_0),\cdots,\theta_{n-1}(x_0)$$

としたとき，

$$\begin{pmatrix}\theta_0(x_0) & \theta_1(x_0) & \cdots & \theta_{n-1}(x_0)\\ \theta_0(\theta_k(x_0)) & \theta_1(\theta_k(x_0)) & \cdots & \theta_{n-1}(\theta_k(x_0))\end{pmatrix}\ (k=0,1,2,\cdots,m-1)$$

という m 個の置換を利用するんですね．

広田　その通りだ．

さて，アーベルの場合，「問題の二つの方程式へ帰着させる」という手順を繰り返して，代数的に解けたのは？

佐々木　$\theta_j\{\theta_k(x_0)\}=\theta_k\{\theta_j(x_0)\}$

という条件を付け加えた，からだ．

広田　この条件は，問題の m 個の置換の性質を規制する事となるな．

佐々木　問題の置換の，下の段の値だから．

広田　とすると，アーベルの方程式論の本質は？

小川　問題の，m 個の置換の性質ですね．アーベルは，その性質の一つをウマク見つけたのですね．

広田　この観点からすると，一般化の方向は？

佐々木　二つの方程式に帰着させるという手順を繰り返して行くとき，与えられた方程式が代数的に解けるような，そんなウマイ性質で，アーベルのよりも一般的な，問題の m 個の置換の性質を見つける事だ．

方程式の群

広田　この一般化の方向を，重根を持たない n 次方程式

$$f(x)=x^n+a_1x^{n-1}+\cdots+a_n=0$$

に適用しよう．

佐々木　この方程式の各根は，さっき作った

$$t_0=c_1x_1+c_2x_2+\cdots+c_nx_n$$

の有理式で表わされ，その有理式の係数は $1, a_1, \cdots, a_n$ から加・減・乗・除で表わされてるから，それらを

$$x_1=\theta_1(t_0),\quad x_2=\theta_2(t_0),\ \cdots,\ x_n=\theta_n(t_0)$$

とする．

小川　この方程式の解法は，t_0 で n 個の根の置換をするときに出来る，互いに違う $n!$ 個の値を根に持つ方程式に帰着されます．

佐々木　この $n!$ 次の方程式の係数は，$1, a_1, \cdots, a_n$ から加・減・乗・除で表わされてるから，$1, a_1, \cdots, a_n$ を基礎に取って因数分解すると，t_0 を根に持つ既約方程式が作れる．それを

$$g(t)=t^m+b_1t^{m-1}+\cdots+b_m=0,$$

この m 個の根を，

$$t_0,\quad t_1,\ \cdots,\ t_{m-1}$$

とする．

小川　これが，アーベルの場合の m 次方程式に相当しますから，問題の m 個の置換は

$$\begin{pmatrix} \theta_1(t_0) & \theta_2(t_0) & \cdots & \theta_n(t_0) \\ \theta_1(t_k) & \theta_2(t_k) & \cdots & \theta_n(t_k) \end{pmatrix}\ (k=0, 1, 2, \cdots, m-1)$$

です．

佐々木　でも，これは，本当に，n 個の根の置換かな？

小川　$\theta_j(t_0)$ は x_j ですから，

$$f(\theta_j(t_0))=0$$

ですね．ということは，分数方程式

$$f(\theta_j(t))=0$$

と，既約方程式

$$g(t)=0$$

とは共通な根 t_0 を持つ，という事です．

ですから，既約方程式の性質から

$$f(\theta_j(t_k))=0$$

ですね.

佐々木　$\theta_1(t_k),\ \theta_2(t_k),\ \cdots,\ \theta_n(t_k)$

は，n 次方程式の根な事は判ったけど，どれかが同じかも知れない.

小川　もし，

$$\theta_j(t_k)=\theta_l(t_k) \qquad (j \neq l)$$

なら，分数方程式

$$\theta_j(t)=\theta_l(t)$$

と，既約方程式

$$g(t)=0$$

とは共通な根 t_k を持ちますから…

佐々木　既約方程式の性質から，

$$\theta_j(t_0)=\theta_l(t_0) \qquad (j \neq l)$$

となって，$\theta_j(t_0) \neq \theta_l(t_0)$ に矛盾するな．結局，

$$\theta_1(t_k),\ \theta_2(t_k),\ \cdots,\ \theta_n(t_k)$$

は，

$$\theta_1(t_0),\ \theta_2(t_0),\ \cdots,\ \theta_n(t_0)$$

を並べかえたものだ.

小川　t_k が既約方程式の根になってるのが，大切なんですね.

広田　実は，この m 個の置換全体は，n 次の置換群だ.

佐々木　二つの置換

$$\begin{pmatrix} \theta_1(t_0) & \theta_2(t_0) & \cdots & \theta_n(t_0) \\ \theta_1(t_j) & \theta_2(t_j) & \cdots & \theta_n(t_j) \end{pmatrix} \text{ と } \begin{pmatrix} \theta_1(t_0) & \theta_2(t_0) & \cdots & \theta_n(t_0) \\ \theta_1(t_k) & \theta_2(t_k) & \cdots & \theta_n(t_k) \end{pmatrix}$$

との積が

$$\begin{pmatrix} \theta_1(t_0) & \theta_2(t_0) & \cdots & \theta_n(t_0) \\ \theta_1(t_l) & \theta_2(t_l) & \cdots & \theta_n(t_l) \end{pmatrix}$$

という形に，書けるんだね.

小川　一般的に，$\theta_s(t_0)$ は第一の置換によって $\theta_s(t_j)$ になり，これは

$$\theta_1(t_0),\ \theta_2(t_0),\ \cdots,\ \theta_n(t_0)$$

のドレカですから，

$$\theta_s(t_j)=\theta_r(t_0)$$

と，します．

佐々木　この $\theta_r(t_0)$ は第二の置換で $\theta_r(t_k)$ になるから，結局，積では $\theta_s(t_0)$ は $\theta_r(t_k)$ になる：

$$\theta_s(t_0) \to \theta_s(t_j)=\theta_r(t_0) \to \theta_r(t_k).$$

だから，$\theta_r(t_k)$ を「θ_s のナントカ」と書いたときの「ナントカ」が問題だ．

広田　既約方程式 $g(t)=0$ の根の性質は？

小川　t_0 の有理式でしたから，一般的に

$$t_j=\lambda_j(t_0)$$

と表わされます…，わかりました．

$$\theta_s(t_j)=\theta_r(t_0)$$

は，

$$\theta_s(\lambda_j(t_0))=\theta_r(t_0)$$

と書けますから，分数方程式

$$\theta_s(\lambda_j(t))=\theta_r(t)$$

と，既約方程式

$$g(t)=0$$

とは共通な根 t_0 を持ちます．

佐々木　それで，

$$\theta_r(t_k)=\theta_s(\lambda_j(t_k))$$

で，結局，積は

$$\begin{pmatrix} \theta_1(t_0) & \theta_2(t_0) & \cdots & \theta_n(t_0) \\ \theta_1(\lambda_j(t_k)) & \theta_2(\lambda_j(t_k)) & \cdots & \theta_n(\lambda_j(t_k)) \end{pmatrix}$$

だから，$\lambda_j(t_k)$ が既約方程式の根か——だ．

小川　それは，明らかですね．

$$g(\lambda_j(t_0))=0$$

ですから，さっきと同じ論法で

$$g(\lambda_j(t_k))=0.$$

広田　そこで，ガロアは，この置換群を，与えられた n 次方程式の群と呼ぶ.

小川　一般化の方向は，方程式の群の性質で，与えられた方程式が代数的に解けるもので，アーベルのよりも一般的なのを見つける事ですね.

広田　その通りだが，そろそろ時間だ.

今日のところを総括しておこう.

要　　約

小川　アーベルの方程式論を一般化する，方向を見つけました.

佐々木　それは，方程式の群を調べる事だ.

小川　面白いけど，難しくなりそうですね.

佐々木　灰色の脳細胞を活躍させなきゃ！

第25章　方程式の群を観察する

ある辞典によると,「実験科学とは数学・天文学を除く自然科学の通称」だそうである.
しかし, われわれは実験する. 方程式の群を作り観察する. この観察から推測される性質を考察する. 方程式の群の一意性・方程式の群の位数に関するものである.

仕合せを促進してくれるものは何だとお考えになりますか？　——さあ，一ばん重要なものは四つだと思います．たぶん第一は，健康でしょう．第二は貧乏を寄せつけないだけの財産．第三は，仕合せな対人関係．第四が仕事の成功でしょう．

叔父さんは，バートランド·ラッセルの，この意見に共鳴している…

目　　標

広田　アーベルの方程式論の一般化だったな.

佐々木　この前は，一般化の方向を考えた.

小川　それは，与えられた方程式が代数的に解けるようなもので，アーベルのよりも一般的な，与えられた方程式の群の性質を見つける——という事でした.

広田　方程式の群とは？

佐々木　重根を持たない方程式

$$x^n + a_1x^{n-1} + \cdots + a_n = 0$$

ダケにしか作れない.

小川　そのとき，この方程式の n 個の根 $x_1, x_2, \cdots, x_n$ の1次式で，n 個の根の置換をするときに出来る $n!$ 個の式の値が互いに違うようになるもの，があります.

佐々木　そうなるように，1次式の係数を有理数の中から，何時でも，ウマク選べた.

小川　問題の1次式を

$$t_0 = c_1x_1 + c_2x_2 + \cdots + c_nx_n$$

とすると，方程式の各根は t_0 の有理式で表わされ，その有理式の係数は $1, a_1, \cdots, a_n$ から加･減･乗･除 で表わされます.

そう表わしたのを

$$x_1 = \theta_1(t_0),\quad x_2 = \theta_2(t_0),\ \cdots,\ x_n = \theta_n(t_0)$$

とします.

佐々木　それから，t_0 で n 個の根の置換をするときに出来る，互いに違う $n!$ 個の値を根に持つ方程式では，その係数は $1, a_1, \cdots, a_n$ から加･減･乗･除で表わされる.

だから，$1, a_1, \cdots, a_n$ を基礎に取って因数分解すると，t_0 を根に持つ既約方程式が作れる．それを

$$t^m + b_1t^{m-1} + \cdots + b_m = 0,$$

この m 個の根を

$$t_0,\quad t_1,\ \cdots,\ t_{m-1}$$

とする.

小川　このとき，m 個の置換

$$\begin{pmatrix}\theta_1(t_0) & \theta_2(t_0) & \cdots & \theta_n(t_0)\\ \theta_1(t_k) & \theta_2(t_k) & \cdots & \theta_n(t_k)\end{pmatrix}\quad (k = 0, 1, 2. \cdots, m-1)$$

の全体は，n 次の置換群で…

佐々木　これが，与えられた方程式の群だ.

広田　さて，一般化の方向を具体化しよう.

佐々木　ストップ．

方程式の群の定義は覚えたけど，まだピンとこない．

広田　そうか．

このところ，理論的な話がつづいたし，ここらで一息いれるか．

今日は，方程式の群の 実験・観察 に切り替えよう．

$x^2-6x+7=0$ の群

広田　方程式

$$x^2-6x+7=0$$

の群を作ってみよう．

佐々木　この二つの根は

$$x_1=3+\sqrt{2}\,,\qquad x_2=3-\sqrt{2}$$

だから，重根じゃない．

小川　問題の t_0 を求めるためには，x_1, x_2 の１次式

$$c_1x_1+c_2x_2$$

で，根の置換をして出来る式を二つずつ等しいと置いた c_1, c_2 の方程式で，そのドノ方程式の根にもならない有理数の値を見つけるのでしたね．

佐々木　根の置換をすると，

$$c_1x_1+c_2x_2,\qquad c_1x_2+c_2x_1$$

の二つしか出来ない．

だから，問題の方程式は

$$c_1x_1+c_2x_2=c_1x_2+c_2x_1,$$

つまり

$$c_1(x_1-x_2)+c_2(x_2-x_1)=0$$

しかない．

小川　$x_1 \neq x_2$ ですから，結局

$$c_1-c_2=0$$

ですね．

佐々木　だから，$c_1 \neq c_2$ という値ならいい．

小川　たとえば,

$$c_1=1, \qquad c_2=-1$$

と取ると

$$t_0=x_1-x_2$$

ですね.

佐々木　2次方程式の根の公式に出て来たのと同じだ. あのときは, x_1, x_2 は独立変数だったけど.

小川　t_0 で x_1, x_2 の置換をすると

$$t_0=x_1-x_2=2\sqrt{2}, \qquad t_1=x_2-x_1=-2\sqrt{2}$$

ですから, これらを根に持つ方程式は

$$(t-2\sqrt{2})(t+2\sqrt{2})=0,$$

つまり

$$t^2-8=0$$

で, これは, 与えられた方程式の係数 1, −6, 7 を基礎に取るとき, 既約です.

これを因数分解すると, 1次式の積になる場合しかなくて, そのとき係数に $\sqrt{2}$ という無理数が出て来ますから.

それで, t_0 を根に持つ既約方程式の根は t_0 と t_1 の二つです.

佐々木　そして,

$$x_1=3+\frac{1}{2}t_0=\theta_1(t_0), \qquad x_2=3-\frac{1}{2}t_0=\theta_2(t_0),$$

と表わされるから,

$$\theta_1(t_1)=3+\frac{1}{2}t_1=3-\sqrt{2}=x_2, \quad \theta_2(t_1)=3-\frac{1}{2}t_1=3+\sqrt{2}=x_1,$$

で, 問題の置換は

$$\begin{pmatrix}\theta_1(t_0) & \theta_2(t_0)\\ \theta_1(t_0) & \theta_2(t_0)\end{pmatrix}=\begin{pmatrix}x_1 & x_2\\ x_1 & x_2\end{pmatrix}, \qquad \begin{pmatrix}\theta_1(t_0) & \theta_2(t_0)\\ \theta_1(t_1) & \theta_2(t_1)\end{pmatrix}=\begin{pmatrix}x_1 & x_2\\ x_2 & x_1\end{pmatrix},$$

の二つだ.

小川　与えられた方程式の群は, 結局, 2次の対称群ですね.

佐々木　でも, スッキリしないナー…

広田　どこが？

佐々木　t_0 の選び方だけど，さっき調べたように，$c_1 \neq c_2$ という値からなら，ドレからでも作れるだろ.

たとえば，

$$c_1=0, \qquad c_2=1$$

と，さっきと違うように取って，

$$s_0=x_2$$

から出発して方程式の群を作るとき，さっきと同じ置換群になるの？

広田　それは，よい質問だ.

与次郎も，なかなか鋭くなったな.

佐々木　数学の常識デス！

小川　調べてみましょう.

s_0 で x_1, x_2 の置換をすると，

$$s_0=x_2=3-\sqrt{2}, \qquad s_1=x_1=3+\sqrt{2}$$

で，これらを根に持つ方程式は

$$(t-(3-\sqrt{2}))(t-(3+\sqrt{2}))=0$$

つまり

$$t^2-6t+7=0$$

で，これは与えられた方程式と同じで，もちろん既約ですね.

佐々木　だから，s_0 を根に持つ既約方程式の根は s_0 と s_1 の二つで，

$$x_1=3+(3-s_0)=6-s_0=\varphi_1(s_0), \quad x_2=s_0=\varphi_2(s_0),$$

と表わされるから，

$$\varphi_1(s_1)=6-s_1=3-\sqrt{2}=x_2, \quad \varphi_2(s_1)=s_1=x_1,$$

で，問題の置換は

$$\begin{pmatrix}\varphi_1(s_0) & \varphi_2(s_0)\\ \varphi_1(s_0) & \varphi_2(s_0)\end{pmatrix}=\begin{pmatrix}x_1 & x_2\\ x_1 & x_2\end{pmatrix}, \qquad \begin{pmatrix}\varphi_1(s_0) & \varphi_2(s_0)\\ \varphi_1(s_1) & \varphi_2(s_1)\end{pmatrix}=\begin{pmatrix}x_1 & x_2\\ x_2 & x_1\end{pmatrix},$$

の二つで，さっきと同じだ.

小川　結局，t_0 をドンナ風に選んでも，方程式の群は何時でも同じになって，

ただ一通りに決まるんじゃ，ないんですか？

広田　それを，一般に，確かめてみよう．

方程式の群の一意性

佐々木　重根を持たない方程式

$$x^n+a_1x^{n-1}+\cdots+a_n=0$$

の n 個の根 $x_1, x_2, \cdots, x_n$ の 1 次式で，n 個の根の置換をするときに出来る $n!$ 個の式の値が互いに違うようになるもので，有理数の係数を持つのを

$$t_0=c_1x_1+c_2x_2+\cdots+c_nx_n, \quad s_0=d_1x_1+d_2x_2+\cdots+d_nx_n,$$

と二つ取って来る．

小川　$1, a_1, \cdots, a_n$ を基礎に取るとき，t_0 を根に持つ既約方程式を

$$g(t)=t^m+b_1t^{m-1}+\cdots+b_m=0,$$

その m 個の根を

$$t_0, \quad t_1, \quad \cdots, \quad t_{m-1}$$

とします．

そして，x_k を，$1, a_1, \cdots, a_n$ から加·減·乗·除で表わされる係数を持つ，t_0 の有理式で表わしたのを

$$x_1=\theta_1(t_0), \quad x_2=\theta_2(t_0), \quad \cdots, \quad x_n=\theta_n(t_0)$$

として，置換

$$\begin{pmatrix}\theta_1(t_0) & \theta_2(t_0) & \cdots & \theta_n(t_0)\\ \theta_1(t_k) & \theta_2(t_k) & \cdots & \theta_n(t_k)\end{pmatrix}$$

を簡単に τ_k と書くと，t_0 から作られる方程式の群は

$$T=\{\tau_0, \tau_1, \cdots, \tau_{m-1}\}$$

です．

佐々木　同じように，s_0 を根に持つ既約方程式を

$$h(t)=t^l+b_1't^{l-1}+\cdots+b_l'=0,$$

その l 個の根を

$$s_0,\quad s_1,\ \cdots,\ s_{l-1}$$

として，x_k を s_0 の有理式で表わしたのを

$$x_1=\varphi_1(s_0),\quad x_2=\varphi_2(s_0),\ \cdots,\ x_n=\varphi_n(s_0)$$

とする．

　置換

$$\begin{pmatrix}\varphi_1(s_0) & \varphi_2(s_0) & \cdots & \varphi_n(s_0)\\ \varphi_1(s_k) & \varphi_2(s_k) & \cdots & \varphi_n(s_k)\end{pmatrix}$$

を簡単に σ_k と書くと，s_0 から作られる方程式の群は

$$S=\{\sigma_0, \sigma_1, \cdots, \sigma_{l-1}\}$$

で，問題は

$$T=S$$

か——だ．

小川　二つの集合 T, S が，同じになるかどうか，ですから，「$T\supset S$」と「$T\subset S$」の両方を確かめると，いいですね．

佐々木　「$T\supset S$」から始めると，それは，「$\sigma_k\in S$ なら，$\sigma_k\in T$」を調べる事だ．

広田　精確には？

佐々木

$$\sigma_k=\begin{pmatrix}\varphi_1(s_0) & \varphi_2(s_0) & \cdots & \varphi_n(s_0)\\ \varphi_1(s_k) & \varphi_2(s_k) & \cdots & \varphi_n(s_k)\end{pmatrix}$$

が，T のある置換

$$\tau_j=\begin{pmatrix}\theta_1(t_0) & \theta_2(t_0) & \cdots & \theta_n(t_0)\\ \theta_1(t_j) & \theta_2(t_j) & \cdots & \theta_n(t_j)\end{pmatrix}$$

と等しくなるかだ．

小川　$\varphi_u(s_0)=x_u=\theta_u(t_0)\qquad(u=1, 2, \cdots, n)$

ですから，結局，

$$\varphi_u(s_k)=\theta_u(t_j)\qquad(u=1, 2, \cdots, n)$$

となる t_j が見つかると，いいですね．

佐々木　$\varphi_u(s_k)$ を θ_u で表わすんだけど，手掛りは

$$\varphi_u(s_0)=\theta_u(t_0)$$

ぐらい…

広田　その外にも，s_0 と t_0 との関係が，あるな．

小川　えーと，s_0 も t_0 も $x_1, x_2, \cdots, x_n$ の整式で…，わかりました．

この二つの式で，$x_1, x_2, \cdots, x_n$ の置換をするとき，s_0 の値を変えない置換は単位置換だけですから，s_0 の値を変えない置換では t_0 の値も変わりません．

そして，この式のそれぞれで，$x_1, x_2, \cdots, x_n$ の置換をした $n!$ 個の整式では，「整式の値が同じ」という事と「整式として同じ」という事とは同値です．

ですから，ラグランジュの論法が使えて，t_0 は s_0 の有理式で表わされます．その有理式の係数は $1, a_1, \cdots, a_n$ から加・減・乗・除で表わされてます．

佐々木　そう表わしたのを

$$t_0=\lambda(s_0)$$

とすると…，そうか，さっきの手掛りと組み合わすと

$$\varphi_u(s_0)=\theta_u(\lambda(s_0))$$

だから，この前からの論法で，分数方程式

$$\varphi_u(t)=\theta_u(\lambda(t))$$

と，既約方程式

$$h(t)=0$$

とは共通な根 s_0 を持つから，

$$\varphi_u(s_k)=\theta_u(\lambda(s_k))$$

と，$\varphi_u(s_k)$ は θ_u で表わされる．

でも，$\lambda(s_k)$ は，

$$g(t)=0$$

の根なのかな？

小川　それも，大丈夫ですね．

$$t_0=\lambda(s_0)$$

でしたから，

$$g(\lambda(s_0))=0$$

でしょう．

佐々木　そうか．分数方程式

$$g(\lambda(t))=0$$

と，既約方程式

$$h(t)=0$$

とは共通な根 s_0 を持つから，さっきの論法で，

$$g(\lambda(s_k))=0.$$

これで，「$T\supset S$」が判った．

小川　今の議論で，s_0 と t_0 とを入れかえると，もう一方の「$T\subset S$」が判りますね．

結局，方程式の群は，t_0 の選び方に無関係に，ただ一つ決まるのですね．

広田　その通りだ．

佐々木　方程式の‘a’群じゃなくて，方程式の‘the’群なのだ．

アーベル方程式の群

小川　さっきの2次方程式では，x_1 が x_2 の整式で表わされる事に気がついてると,簡単でしたね．わざわざ c_1, c_2 の方程式を作らなくても，よかったですね．

佐々木　一般的に，各根が，その中の特別な一つの根の有理式で表わされてると，その特別な根を t_0 として選べる．

その特別な根で，与えられた方程式の根の置換をするときに出来る値は，互いに違うから．

小川　それから，

$$x_1=\varphi_1(x_2),\qquad x_2=\varphi_2(x_2)$$

でしたから，

$$\varphi_1\{\varphi_2(x_2)\}=\varphi_1(x_2)=\varphi_2\{\varphi_1(x_2)\}$$

で,さっきの2次方程式はアーベル方程式ですね．

広田　そこで，一般なアーベル方程式の群を求めてみよう．

小川　方程式

$$x^n+a_1x^{n-1}+\cdots+a_n=0$$

は，重根を持たない，アーベル方程式とします．

佐々木　つまり，この方程式の各根は，その中の一つ x_0 の有理式で表わされてる．その有理式の係数は，勿論，$1, a_1, \cdots, a_n$ から加・減・乗・除で表わされてる．

そして，勝手な二つの根が $\theta_j(x_0), \theta_k(x_0)$ と x_0 の有理式で表わされてるとき

$$\theta_j\{\theta_k(x_0)\}=\theta_k\{\theta_j(x_0)\}$$

が成立する．

小川　このとき，t_0 として x_0 が取れますね．

さっき，佐々木君が注意したように．

佐々木　与えられた方程式を，$1, a_1, \cdots, a_n$ を基礎に取って，因数分解して，x_0 を根に持つ既約方程式を作る．

それを

$$t^m+b_1t^{m-1}+\cdots+b_m=0,$$

その m 個の根を

$$x_0=\theta_0(x_0),\quad x_1=\theta_1(x_0),\ \cdots,\ x_{m-1}=\theta_{m-1}(x_0)$$

とする．

小川　与えられた方程式の，残りの $n-m$ 個の根を

$$x_m=\theta_m(x_0),\quad x_{m+1}=\theta_{m+1}(x_0),\ \cdots\cdots,\ x_{n-1}=\theta_{n-1}(x_0)$$

とすると，問題の群は，m 個の置換

$$\begin{pmatrix}\theta_0(x_0) & \theta_1(x_0) & \cdots & \theta_{n-1}(x_0)\\ \theta_0(x_k) & \theta_1(x_k) & \cdots & \theta_{n-1}(x_k)\end{pmatrix}\quad (k=0, 1, 2, \cdots, m-1)$$

の全体です．

広田　この置換群の任意の二つ

$$\begin{pmatrix}\theta_0(x_0) & \theta_1(x_0) & \cdots & \theta_{n-1}(x_0)\\ \theta_0(x_j) & \theta_1(x_j) & \cdots & \theta_{n-1}(x_j)\end{pmatrix}$$

と

$$\begin{pmatrix}\theta_0(x_0) & \theta_1(x_0) & \cdots & \theta_{n-1}(x_0)\\ \theta_0(x_k) & \theta_1(x_k) & \cdots & \theta_{n-1}(x_k)\end{pmatrix}$$

との積は？

佐々木　$x_j=\theta_j(x_0)$

だから，この前しらべたように，この積は

$$\begin{pmatrix}\theta_0(x_0) & \theta_1(x_0) & \cdots & \theta_{n-1}(x_0) \\ \theta_0(\theta_j(x_k)) & \theta_1(\theta_j(x_k)) & \cdots & \theta_{n-1}(\theta_j(x_k))\end{pmatrix}.$$

広田　掛ける順序を変えると？

佐々木　$x_k=\theta_k(x_0)$

だから，今度の積は

$$\begin{pmatrix}\theta_0(x_0) & \theta_1(x_0) & \cdots & \theta_{n-1}(x_0) \\ \theta_0(\theta_k(x_j)) & \theta_1(\theta_k(x_j)) & \cdots & \theta_{n-1}\theta_k(x_j))\end{pmatrix}.$$

広田　$\theta_j(x_k), \theta_k(x_j)$ を x_0 で表わすと？

佐々木　$\theta_j(x_k)=\theta_j\{\theta_k(x_0)\}$，　$\theta_k(x_j)=\theta_k\{\theta_j(x_0)\}$，

だよ.

広田　と，すると？

小川　$\theta_j(x_k)=\theta_k(x_j)$

で…，わかりました．おっしゃりたい事が，判りました.

アーベル方程式の群では，積の順序は関係ない，つまり，交換法則が成立しますね.

広田　このように交換法則の成立する置換群は，この事実に因んで，アーベル群とか可換群とか呼ばれている.

佐々木　「たくあん」と同じだ.

$x^3-2=0$ の群

広田　いま一つ，方程式

$$x^3-2=0$$

の群は，どうだ.

佐々木　三つの根は

$$x_1=\sqrt[3]{2},\quad x_2=\sqrt[3]{2}\left(\frac{-1+i\sqrt{3}}{2}\right),\qquad x_3=\sqrt[3]{2}\left(\frac{-1-i\sqrt{3}}{2}\right)$$

で，重根じゃない．

小川　1次式

$$c_1x_1+c_2x_2+c_3x_3$$

で，x_1, x_2, x_3 の置換をすると6個の式が出来ますから，その二つずつを等しいと置いて出来る c_1, c_2, c_3 の方程式は

$$c_1(x_j-x_k)+c_2(x_l-x_m)+c_3(x_u-x_v)=0$$

という形で，${}_6C_2$ 個，つまり，15個できます．

jlu や kmv は，１２３の順列で，違うものです．

佐々木　このドノ方程式の根にもならない c_1, c_2, c_3 の値を求めるには，この前の一般論からだと，c_3 の係数を零と置いた15個の方程式

$$c_1(x_j-x_k)+c_2(x_l-x_m)=0$$

を作って，このドノ方程式の根にもならない c_1, c_2 の値を最初に求める．

でも，全部を書いて一つ一つの方程式を計算して，c_1 と c_2 の関係を出すのは面倒くさい．ヤマカンで行こう——さっきの2次方程式のように，

$$c_1=0,\quad c_2=1$$

は…，c_2 の係数 x_l-x_m が零の方程式でダメか．

小川　えーと…，これで行けますね．

この値を初めの方程式に代入すると，c_2 の係数が零でないのから

$$(x_l-x_m)+c_3(x_u-x_v)=0 \qquad (x_l-x_m\neq 0)$$

という形の12個の方程式と，c_2 の係数が零のから

$$c_3(x_u-x_v)=0 \qquad (x_u-x_v\neq 0)$$

という形の3個の方程式が出来ます．

c_2 の係数が零のときは，$l=m$ で，jlu と kmv は１２３の違う順列ですから，$u\neq v$ ですね．

佐々木　そうか．これで，

$$-\frac{x_l-x_m}{x_u-x_v} \qquad (x_l-x_m\neq 0,\ x_u-x_v\neq 0)$$

という9個の値や零とは違う有理数を c_3 に取ると，いいんだな．

一番目の形の方程式で，$u=v$ となるのが3個あって，それは c_3 のドンナ値に対しても，成立しないから．

小川　この式で，$l=v$ で同時に $u=m$ という場合がヤッパリ3個あって，その値は1ですね．

佐々木　残りは6個で，

$$-\frac{x_2-x_3}{x_1-x_2},\quad -\frac{x_3-x_1}{x_1-x_2},\quad -\frac{x_2-x_1}{x_1-x_3},$$

$$-\frac{x_3-x_2}{x_1-x_3},\quad -\frac{x_1-x_2}{x_2-x_3},\quad -\frac{x_3-x_1}{x_2-x_3},$$

で，計算すると…，

$$-\frac{x_2-x_3}{x_1-x_2}=-\frac{x_2-x_1}{x_1-x_3}=-\frac{x_3-x_1}{x_2-x_3}=\frac{1}{2}(1-i\sqrt{3}),$$

$$-\frac{x_3-x_1}{x_1-x_2}=-\frac{x_3-x_2}{x_1-x_3}=-\frac{x_1-x_2}{x_2-x_3}=\frac{1}{2}(1+i\sqrt{3}),$$

となって有理数じゃない．

小川　結局，c_3 は 0, 1 と違う有理数なら，いいですね．たとえば，-1 と取れます．

佐々木　　$c_1=0,\quad c_2=1,\quad c_3=-1$

と取ると，

$$t_0=x_2-x_3$$

で，これで x_1, x_2, x_3 の置換をすると，

$$t_0=0x_1+1x_2+(-1)x_3=i\sqrt[3]{2}\sqrt{3},$$

$$t_1=0x_1+1x_3+(-1)x_2=-i\sqrt[3]{2}\sqrt{3},$$

$$t_2=0x_2+1x_1+(-1)x_3=\frac{\sqrt[3]{2}\sqrt{3}}{2}(\sqrt{3}+i),$$

$$t_3=0x_2+1x_3+(-1)x_1=-\frac{\sqrt[3]{2}\sqrt{3}}{2}(\sqrt{3}+i),$$

$$t_4=0x_3+1x_1+(-1)x_2=\frac{\sqrt[3]{2}\sqrt{3}}{2}(\sqrt{3}-i),$$

$$t_5=0x_3+1x_2+(-1)x_1=-\frac{\sqrt[3]{2}\sqrt{3}}{2}(\sqrt{3}-i).$$

小川　それで，t_0 を根に持つ方程式は

$$t^6+108=0$$

で，これは初めに与えられた方程式の係数 1, −2 を基礎に取ると，既約ですね.

佐々木　どんなに因数分解しても，係数に無理数や虚数が現われる.

小川　今度は，x_1, x_2, x_3 を t_0 の有理式で表わすんですね.

佐々木　一般論からだと，たとえば，x_1 を表わすのは，t_0 を $t_0, t_1, t_2, t_3, t_4, t_5$ のそれぞれに変える置換で，x_1 は，それぞれ，$x_1, x_1, x_2, x_2, x_3, x_3$ に変わるから，t の整式

$$h(t)=f(t)\left\{\frac{x_1}{t-t_0}+\frac{x_1}{t-t_1}+\frac{x_2}{t-t_2}+\frac{x_2}{t-t_3}+\frac{x_3}{t-t_4}+\frac{x_3}{t-t_5}\right\}$$

を作る. ここで

$$f(t)=t^6+108.$$

このとき，

$$x_1=\frac{h(t_0)}{f'(t_0)}$$

だけど，この計算も大変だ…

小川　もっとウマイ方法がありますね.

t_0 を根に持つ既約方程式の次数と，方程式の群の位数とは同じですね. 一般的な定義では，どっちも m ですから.

それで，今の場合，t_0 の既約方程式の次数は 6 ですから，問題の方程式の群の位数は 6. ところが，3 次の置換群で位数が 6 になるのは，3 次の対称群だけです.

ですから，方程式

$$x^3-2=0$$

の群は，3 次の対称群ですね.

佐々木　でも，t_0 を根に持つ既約方程式の次数と，方程式の群の位数とが同じかどうかは，まだ，確かめてない.

一般的な定義では，m 個の置換の全体を方程式の群といったけど，この m 個の中に同じ置換があると，その位数は m じゃない.

広田　その通りだ. 今日の与次郎は，ますます鋭い.

だが，これは成立する．それを確かめよう．

方程式の群の位数

佐々木　重根を持たない方程式

$$x^n+a_1x^{n-1}+\cdots+a_n=0$$

の n 個の根 $x_1, x_2, \cdots, x_n$ の1次式で，n 個の根の置換をするときに出来る $n!$ 個の式の値が互いに違うようになるもので，有理数の係数を持つのを

$$t_0=c_1x_1+c_2x_2+\cdots+c_nx_n$$

とする．

小川　$1, a_1, \cdots, a_n$ を基礎に取るとき，t_0 を根に持つ既約方程式を

$$t^m+b_1t^{m-1}+\cdots+b_m=0,$$

その m 個の根を

$$t_0,\ t_1,\ \cdots,\ t_{m-1}$$

とします．

佐々木　x_k を，$1, a_1, \cdots, a_n$ から加・減・乗・除で表わされる係数を持つ，t_0 の有理式で表わしたのを

$$x_1=\theta_1(t_0),\quad x_2=\theta_2(t_0),\ \cdots,\ x_n=\theta_n(t_0)$$

とする．

小川　置換

$$\begin{pmatrix}\theta_1(t_0) & \theta_2(t_0) & \cdots & \theta_n(t_0)\\ \theta_1(t_k) & \theta_2(t_k) & \cdots & \theta_n(t_k)\end{pmatrix}$$

を簡単に τ_k と書くと，方程式の群は

$$T=\{\tau_0, \tau_1, \cdots, \tau_{m-1}\}$$

ですから…

佐々木　問題は，「$j\neq k$ のとき $\tau_j\neq\tau_k$」かだ．

だから，$j\neq k$ のとき，$x_1, x_2, \cdots, x_n$ の二つの順列

$$\theta_1(t_j)\quad \theta_2(t_j)\ \cdots\ \theta_n(t_j)$$

と

$$\theta_1(t_k) \quad \theta_2(t_k) \quad \cdots \quad \theta_n(t_k)$$

とは違うかどうか調べると，いい．

広田　それを調べるのも悪くはない．だが，難しい．

このような置換は，何に使う？

佐々木　$x_1, x_2, \cdots, x_n$ の有理式に使う．

小川　わかりました．

τ_j と τ_k とが同じ置換なら，$x_1, x_2, \cdots, x_n$ のドンナ有理式でしても，置換したのは同じ値にならないと，いけません．

ですから，置換 τ_j をした値と，置換 τ_k をした値とが違うようになる，$x_1, x_2, \cdots, x_n$ の有理式が見つかると，いいですね．

広田　一般に，$1, a_1, \cdots, a_n$ から四則で表わされる係数を持つ，$x_1, x_2, \cdots, x_n$ の有理式

$$f(x_1, x_2, \cdots, x_n)$$

に，置換 τ_j をすると？

佐々木

$$f(x_1, x_2, \cdots, x_n) = f(\theta_1(t_0), \theta_2(t_0), \cdots, \theta_n(t_0))$$

だから，

$$\{f(x_1, x_2, \cdots, x_n)\}\tau_j = f(\theta_1(t_j), \theta_2(t_j), \cdots, \theta_n(t_j))$$

だ．

小川　つまり，

$$f(\theta_1(t), \theta_2(t), \cdots, \theta_n(t)) = F(t)$$

と書くと，F は t の有理式で，その係数は $1, a_1, \cdots, a_n$ から加・減・乗・除で表わされてます．

ですから，問題の置換は

$$\{F(t_0)\}\tau_j = F(t_j)$$

で，これは，$x_1, x_2, \cdots, x_n$ の有理式を t_0 の有理式で表わして，t_0 を t_j に変えるという，アーベルの原点そのものです．

広田　当面の課題と結びつけると？

佐々木　わかった.

$F(t_0)$ として, t_0 の場合を考えると,

$$\{t_0\}\tau_j = t_j,$$
$$\{t_0\}\tau_k = t_k,$$

だけど, $t_j \neq t_k$ だから, τ_j と τ_k とは違う置換だ.

小川　結局, t_0 を根に持つ既約方程式の次数と, 方程式の群の位数とは同じですね.

佐々木　そうすると, t_0 を根に持つ既約方程式の次数 m は, $n!$ の約数だ.

広田　さて, 今日のところを総括しておこう.

要　　約

佐々木　方程式の群を実際に作った.

でも,「言うは易く行なうは難し」だった.

広田　方程式の群の性質が判ってくると, 直接, 定義によらずに求める方法も, ないではない.

小川　それから, 方程式の群は, t_0 の選び方に関係なく決まる事と, 方程式の群の位数は, t_0 を根に持つ既約方程式の次数に等しい事も判りました.

広田　いい忘れたが, 先日は失礼した.

風邪をこじらせて, 気管支炎になり, せっかく来てくれたのに, 起き上る事も出来なかった.

佐々木　叔父さんの半生は, 学校と病院とに尽きる!

第26章　正規部分群を発見する

新しい理論の創造は，99パーセントの類推と1パーセントの独創とから成る．
ラグランジュ，アーベルの方程式論との類比を追いつつ，方程式の群を解明する．この考察を通じて，いわゆる，「正規部分群」の概念が導入される．それは，ガロアに負うものである．

夕方の四時から六時――叔父さんは，面会時間を，こう指定している．心理学によると，「ノー」を言うのに最適の時間帯だから，だそうである．

目　　標

広田　アーベルの方程式論の一般化だったな．

佐々木　一般化する方向は考えた．――方程式の群の性質を調べる．

広田　この方向を具体化しよう．その方針は？

小川　与えられた方程式が代数的に解けるような，方程式の群の性質を見つけるのですが，それには何を手掛りに調べるのか，という事ですね．

佐々木　そんなら，モチ，アーベルの方程式論．

重根を持たないn次方程式

$$f(x)=x^n+a_1x^{n-1}+\cdots+a_n=0$$

の根 $x_1, x_2, \cdots, x_n$ の１次式で，有理数 c_k をウマク選んで作った

$$t_0=c_1x_1+c_2x_2+\cdots+c_nx_n$$

を根に持つ既約方程式を

$$g(t)=t^m+b_1t^{m-1}+\cdots+b_m=0$$

とすると，与えられたn次方程式の解法は，このm次方程式に帰着された．

アーベルの方程式論を真似すると…，このm次方程式の解法を，二つの方程式に帰着させる：

一つは，$x_1, x_2, \cdots, x_n$ の有理式を根に持ち，この有理式の係数も，この方程式の係数も $1, a_1, \cdots, a_n$ から 加・減・乗・除 で表わされるもの．

もう一つは，t_0 を根に持ち，その係数は，いま作った方程式の一つの根と $1, a_1, \cdots, a_n$ とから加・減・乗・除 で表わされるもの．

小川　二番目の方程式は，一番目の方程式から，すぐに作れましたね．

基礎に取る複素数の範囲を，$1, a_1, \cdots, a_n$ に一番目の方程式の一つの根を付け加えて拡げ，この新しい範囲でm次方程式を因数分解して．

佐々木　だから，一番目の方程式が問題で，それを作れるような，方程式の群の性質を調べないと，いけない．アーベルの場合，それを作るのに重要な役割をした置換を真似して，方程式の群を考え出したのだから．

それから，この二つの方程式が代数的に解けるといいけど，そうでない時は，アーベルの場合を真似すると…，この手順を繰り返す事になる．

だから，この手順を繰り返しているうちに，m次方程式が代数的に解けるような，そんな方程式の群の性質を調べないと，いけない．

小川　この手順は，なんだか，ラグランジュの方程式論とも似てますね．

ラグランジュは，与えられた方程式の根の有理式を根に持つ，代数的に解ける補助方程式を探して，根の公式を求めようとしましたね．

問題の一番目の方程式と，このラグランジュの補助方程式とは，似た役割をしてるように思えます．

佐々木　そういえば，似てる！

ラグランジュの立場で補助方程式を探すのには，与えられた方程式の根の対称群を利用したし，この一番目の方程式を作るのには方程式の群が関係してるのだから，ますます似てる．

小川　ですから，ラグランジュの方程式論も，方程式の群の性質を調べるのに，参考になりそうですね．アーベルも，ラグランジュを下じきにしてる所がありました．

広田　二人とも，よいカンだ．

佐々木　連想ゲームなら，まかしとき．フミさんだって，かなわない．

広田　この方針で，行ってみよう．

ラグランジュ理論との類比 (一)

小川　ラグランジュの場合，与えられた方程式の根の有理式を根に持つ補助方程式としては，その有理式で根の置換をするときに出来るゼンブの式を根に持つのから始めましたね．

佐々木　この補助方程式の次数は，与えられた方程式の次数の階乗で，係数は，与えられた方程式の係数と，問題の有理式の係数とから 加・減・乗・除で表わされた．

小川　これに対応する一番目の方程式は，$x_1, x_2, \cdots, x_n$ の有理式で方程式 $f(x)=0$ の群に含まれる置換をするときに出来る，ゼンブの式の値を根に持つものです．

ラグランジュの場合は，根は独立変数でしたから，有理式は本当に根の有理式ですが，今の場合は，根は具体的な数値なので，有理式の値が問題になりますから．

佐々木　この方程式の次数は m.

方程式の群の位数は，方程式 $g(t)=0$ の次数だから．

広田　係数は？

小川　$1, a_1, \cdots, a_n$ から加・減・乗・除で表わされると，いいんですが…

佐々木　それを確かめるんだね．

ラグランジュの補助方程式が，さっきの性質を持ったのは，係数が根の対称な有理式になったからで…

広田　根の置換という立場から眺めると？

佐々木　係数は，根の置換全体，つまり，対称群に含まれるドノ置換ででも，根の有理式として，変わらない．

小川　これに対応するのは——$x_1, x_2, \cdots, x_n$ の有理式で表わされる，問題の方程式の係数で方程式の群に含まれる置換をするとき，ドノ置換ででも，その値は変わらない——ですが…，これは大丈夫ですね．

ラグランジュのと同じ論法で，判ります．

方程式 $f(x)=0$ の群を

$$T=\{\tau_0, \tau_1, \cdots, \tau_{m-1}\},$$

問題の有理式を

$$h(x_1, x_2, \cdots, x_n),$$

とすると，問題のm個の式は

$$h\tau_0,\quad h\tau_1,\ \cdots,\ h\tau_{m-1},$$

で，これらの式で，T に含まれる置換 τ_k をすると

$$h\tau_0\tau_k,\quad h\tau_1\tau_k,\ \cdots,\ h\tau_{m-1}\tau_k$$

となりますが，積 $\tau_j\tau_k$ $(0\leqq j\leqq m-1)$ はTに含まれてます．Tは置換群ですから．

そして，$\tau_j \neq \tau_l$ のとき $\tau_j\tau_k \neq \tau_l\tau_k$ ですから，

$$T=\{\tau_0\tau_k, \tau_1\tau_k, \cdots, \tau_{m-1}\tau_k\}$$

となって，結局

$$h\tau_0\tau_k,\quad h\tau_1\tau_k,\ \cdots,\ h\tau_{m-1}\tau_k,$$

というm個の式の値は

$$h\tau_0,\quad h\tau_1,\ \cdots,\ h\tau_{m-1},$$

というm個の式の値を並べかえたものです．

そして，問題の方程式の係数は，これらのm個の式の対称式ですから，その値は，Tに含まれるドノ置換ででも変わりません．

佐々木　でも，Tはn次の対称群とは限らないから，すぐには問題の性質は出て来ない．

小川　それで，一般的に，「$1, a_1, \cdots, a_n$ から 加・減・乗・除 で表わされる係数を持つ，$x_1, x_2, \cdots, x_n$ の有理式

$$c(x_1, x_2, \cdots, x_n)$$

でTに含まれる置換をするとき，ドノ置換ででも，その値が変わらないなら，これは $1, a_1, \cdots, a_n$ から加·減·乗·除で表わされる」を確かめると，いいですね．

これは…，n次方程式の各根を，$1, a_1, \cdots, a_n$ から加·減·乗·除で表わされる係数を持つ，t_0の有理式で表わしたのを

$$x_1=\theta_1(t_0),\quad x_2=\theta_2(t_0),\ \cdots,\ x_n=\theta_n(t_0),$$

方程式 $g(t)=0$ の根を

$$t_0,\quad t_1,\ \cdots,\ t_{m-1},$$

として

$$\tau_k=\begin{pmatrix}\theta_1(t_0) & \theta_2(t_0) & \cdots & \theta_n(t_0)\\ \theta_1(t_k) & \theta_2(t_k) & \cdots & \theta_n(t_k)\end{pmatrix}$$

と書くと，問題の有理式で置換 τ_k をするのは

$$c(\theta_1(t),\quad \theta_2(t),\ \cdots,\ \theta_n(t))=C(t)$$

という t の有理式で，t_0 を代入した値を，t_k を代入した値に置きかえるのと一緒でしたから，問題の仮定は

$$C(t_0)=C(t_1)=\cdots=C(t_{m-1})$$

となって…

佐々木　わかった．ガウスの論法を使うと，これから

$$C(t_0)=\frac{1}{m}(C(t_0)+C(t_1)+\cdots+C(t_{m-1}))$$

で，問題の有理式 $c(x_1, x_2, \cdots, x_n)$ の値 $C(t_0)$ は，$t_0, t_1, \cdots, t_{m-1}$ の対称な有理式で表わされて，結局，$1, a_1, \cdots, a_n$ から加·減·乗·除で表わされる．

広田　今の議論で，「hやCの値は確定している」と仮定はしてあるのだろうが，それらでTに含まれる置換をしたものの値も確定するかな？

小川　この間の例のような事が起こらないか——ですね．

えーと…，大丈夫です．$C(t)$ で証明します．かりに，$C(t)$ で τ_k をしたとき，$C(t)$ の分母 $D(t)$ の値が零になると，二つの方程式

$$g(t)=0 \qquad \text{と} \qquad D(t)=0$$

とは共通な根 t_k を持ちますが，$g(t)=0$ は既約ですから，t_0 も $D(t)=0$ の根になって，これは仮定に反します．

広田　物にはツイデ，命題には逆があるが…

佐々木　いま証明した命題の逆，つまり，「$1, a_1, \cdots, a_n$ から加・減・乗・除 で表わされる係数を持つ，$x_1, x_2, \cdots, x_n$ の有理式

$$c(x_1, x_2, \cdots, x_n)$$

の値が $1, a_1, \cdots, a_n$ から 加・減・乗・除 で表わされているなら，この有理式で T に含まれる置換をするとき，ドノ置換ででも，その値は変わらない」だね．

小川　この式の値を d とすると，仮定は

$$C(t_0)=d$$

で，結論は

$$C(t_k)=d \quad (k=0, 1, 2, \cdots, m-1)$$

ですから…

佐々木　これも，カンタン．

仮定は，二つの方程式

$$C(t)=d \quad と \quad g(t)=0$$

とが共通な根 t_0 を持つという事で，この二つの方程式の係数は $1, a_1, \cdots, a_n$ から 加・減・乗・除 で表わされていて，あとの方程式は既約だから，結論が成り立つ．

ラグランジュ理論との類比（二）

小川　ラグランジュの場合，さっきの補助方程式では満足しないで，もっと次数の低いのを作りましたね．

佐々木　与えられた方程式の根の有理式で置換をするときに出来る，互いに違う有理式ダケを根に持つものだ．

この補助方程式の次数は，与えられた方程式の次数の階乗の約数で，その係数は，さっきの補助方程式の係数と同じ性質を持っていた．

小川　これに対応する一番目の方程式は，$x_1, x_2, \cdots, x_n$ の有理式で方程式の群

Tに含まれる置換をするときに出来る式の，互いに違う値ダケを根に持つものですね．

この係数と次数が問題ですね．

広田　ラグランジュの補助方程式の，次数の性質は，何から来た？

佐々木　根の有理式を変えない置換の全体が，置換群になること．

小川　ですから，「$1, a_1, \cdots, a_n$ から 加・減・乗・除で表わされる係数を持つ，$x_1, x_2, \cdots, x_n$ の有理式

$$h(x_1, x_2, \cdots, x_n)$$

の値を変えない，Tに含まれる置換全体の集合Sは置換群になる」のか調べてみます．

佐々木　それには，τ_j, τ_k がSに含まれてると，その積 $\tau_j\tau_k$ もSに含まれるか——だ．

小川　「$h\tau_j=h,\ h\tau_k=h$」という仮定から，「$h\tau_j\tau_k=h$」という結論を出すのですが…

佐々木　この等号が，有理式として等しい，というのなら明らかだけど…

広田　これらの等式は，両辺の有理式の値が等しい，という意味だな．そこに注目して，仮定を眺めると？

小川　えーと…，わかりました．

仮定の初めの式は，$h\tau_j-h$ という $x_1, x_2, \cdots, x_n$の有理式の値が零という事で，零は $1, a_1, \cdots, a_n$から 加・減・乗・除 で表わされる数ですから，さっきの命題から，$h\tau_j-h$ で T に含まれるドノ置換をしても，その値は零で，とくに τ_k をしても

$$h\tau_j\tau_k-h\tau_k=0$$

ですが，もう一つの仮定から，$h\tau_k$ の値はhですから

$$h\tau_j\tau_k=h$$

ですね．

佐々木　これで，Sは置換群で，その位数をsとすると，Tに含まれるm個の置換全体は，s個ずつの，互いに共通な置換を含まない組に分けられる．

この組の個数をrとすると，互いに違う値はr個で，問題の方程式の次数もrで，ヤッパリ，方程式の群の位数の約数だ．ラグランジュのときと，同じ論法

で判る．

広田　SはTの部分集合で置換群だな．

一般に，置換群Uの部分集合Vが置換群のとき，VはUの部分群と呼ばれる．

佐々木　それじゃ，一般的に，部分群の位数は，それを含む置換群の位数の約数だ．ラグランジュのときと同じ論法で判る．

小川　ですから，置換の位数も，それが属する置換群の位数の約数で，とくに，位数が素数の置換群は巡回群ですね．——素数の約数は1か素数それ自身ですから．

広田　さて，係数は？

小川　互いに違う値を持つ，r個の式を

$$h=h\tau_0,\quad h\tau_1,\ \cdots,\ h\tau_{r-1},$$

とします．このτ_jのjは，初めのjとは一般的には同じではありませんが，適当に付け直したものです．

問題の係数は，このr個の式の対称式ですから，これらの式でTに含まれる勝手な置換τ_kをするとき，これらが互いに入れかわると，さっきのように，$1, a_1, \cdots, a_n$から加·減·乗·除で表わされる事が判りますね．

佐々木　積$\tau_j\tau_k$はTに含まれる置換だから，

$$h\tau_0\tau_k,\quad h\tau_1\tau_k,\ \cdots,\ h\tau_{r-1}\tau_k,$$

の値は，初めのr個の値のドレカだ．

だから，このr個の値が互いに違うと，互いに入れかわった事になる…

小川　もし，この中の二つの値が同じになり，それが

$$h\tau_j\tau_k=h\tau_l\tau_k\quad(i\neq l)$$

で，この値が$h\tau_q$ $(0\leqq q\leqq r-1)$の値と同じなら，$\tau_j\tau_k$と$\tau_l\tau_k$とはτ_qを含む同じ組に含まれますから，

$$\tau_j\tau_k=\tau\tau_q,\quad \tau_l\tau_k=\tau'\tau_q$$

と書けますね．τ, τ'はSに含まれる置換です．

ラグランジュのとき調べたように，τ_qを含む組は，Sに含まれる置換と

τ_q との積の全体でしたから.

佐々木　そうか. これから

$$\tau_j=\tau(\tau_q\tau_k^{-1}),\quad \tau_l=\tau'(\tau_q\tau_k^{-1})$$

だから, τ_j と τ_k とは $\tau_q\tau_k^{-1}$ を含む同じ組に含まれて, これは τ_j と τ_k とは違う組に含まれてる事に反する. ——これで, 問題の係数は $1, a_1, \cdots, a_n$ から 加·減·乗·除 で表わされてる事が判った.

広田　この方程式の次数は, 下げられないか?

佐々木　$1, a_1, \cdots, a_n$ を基礎に取るとき, この方程式は因数分解できないか, つまり, 既約かどうかだね.

そういえば, アーベルの場合も次の手順に進むとき, 既約なのを作った.

小川　因数分解したとき, h を根に持つ既約な因数を $R(y)$ としますと

$$R(h(x_1, x_2, \cdots, x_n))=0$$

ですが…, これは, $1, a_1, \cdots, a_n$ から加·減·乗·除 で表わされる係数を持つ, $x_1, x_2, \cdots, x_n$ の有理式

$$Q(x_1, x_2, \cdots, x_n)=R(h(x_1, x_2, \cdots, x_n))$$

の値が零という事ですから, さっきのように, Q で T に含まれるドノ置換をしても, その値は零ですね.

ところが, Q で T に含まれる置換をするのは, h で置換したのを R に代入するのと一緒ですから, 結局, さっきの r 個の値はゼンブ $R(y)=0$ の根で, この方程式と問題の方程式とは同値になりますね.

佐々木　つまり, 問題の方程式は既約だ.

そうすると, アーベルのときの方程式も既約!

ラグランジュ理論との類比 (三)

小川　それから, ラグランジュの場合, 補助方程式を求めるのに, 与えられた方程式の根の, 二つの有理式の間の関係も利用しましたね.

佐々木　一つの有理式を変えない置換が, いつも, もう一つの有理式を変えないとき, あとの有理式は初めの有理式で表わされた.

小川　これに対応する事も…, 成り立ちそうですね. ラグランジュと同じ論法

で.

$1, a_1, \cdots, a_n$ から加・減・乗・除で表わされる係数を持つ，$x_1, x_2, \cdots, x_n$ の二つの有理式を

$$F(x_1, x_2, \cdots, x_n), \quad G(x_1, x_2, \cdots, x_n)$$

として，Tに含まれる置換でGの値を変えないものは，いつも，Fの値も変えない――と，します.

G で T に含まれる置換をするときに出来る式で，互いに違う値を持つのを

$$G=G\tau_0, \quad G\tau_1, \quad G\tau_2, \cdots, G\tau_{r-1}$$

として，これらの値を根に持つ r 次の方程式を

$$\varphi(t)=0,$$

それから，t の整式

$$\varphi(t)\left(\frac{F\tau_0}{t-G\tau_0}+\frac{F\tau_1}{t-G\tau_1}+\cdots+\frac{F\tau_{r-1}}{t-G\tau_{r-1}}\right)$$

を $\psi(t)$ と書きます.

そして，$\psi(t)$ の係数で，T に含まれる置換 τ_k をすると…

佐々木　$\varphi(t)$ は変わらない．さっき 調べたように.

小川　もう一つの因数は

$$\frac{F\tau_0\tau_k}{t-G\tau_0\tau_k}+\frac{F\tau_1\tau_k}{t-G\tau_1\tau_k}+\cdots+\frac{F\tau_{r-1}\tau_k}{t-G\tau_{r-1}\tau_k}$$

になりますが，さっき調べたように，r 個の置換

$$\tau_0\tau_k, \quad \tau_1\tau_k, \cdots, \tau_{r-1}\tau_k$$

は，Gの値を変えない置換の全体になる，Tの部分群 S で T の置換全体を r 個の組に分けたときの，互いに違う組に，それぞれ，含まれてます.

それで，$\tau_j\tau_k$ が τ_l $(0\leqq l\leqq r-1)$ を含む組に入っていると，

$$\tau_j\tau_k=\tau\tau_l \quad (\tau\in S)$$

と書けますが，さっきと同じ論法で，

$$G\tau_j\tau_k=G\tau\tau_l=G\tau_l, \quad F\tau_j\tau_k=F\tau\tau_l=F\tau_l,$$

ですね．G も F も τ では値が変わりませんから.

佐々木　だから，

$$\frac{F\tau_j\tau_k}{t-G\tau_j\tau_k}=\frac{F\tau_l}{t-G\tau_l}$$

で，問題の因数も変わらない．

小川　ですから，$\psi(t)$ の係数は，T に含まれるドノ置換ででも，その値は変わらないで，それは $1, a_1, \cdots, a_n$ から加·減·乗·除で表わされてます．

佐々木　そして，$\varphi(t)=0$ は重根を持たないから，

$$F=\frac{\psi(G)}{\varphi'(G)}$$

と，結局，F の値は，G の値と $1, a_1, \cdots, a_n$ とから加·減·乗·除で表わされる．

小川　ラグランジュの場合，もう一つ問題がありました．

置換群を一つ取って来たとき，それに含まれる置換では変わらないで，それに含まれない置換では変わるような，根の有理式は見つかるか——と，いうのです．

この事を調べないでも，「不可能の証明」は出来てしまいましたけど…

佐々木　これに対応する事は…，似た問題があった．アーベルだ．あの時は，x_0 を，l 個の根

$$x_0,\quad \theta(x_0),\quad \theta^2(x_0),\ \cdots,\ \theta^{l-1}(x_0),$$

のドレカに置きかえる置換では値は変わらないで，その外の置換では値が変わる——という整式を見つけた．

初めの性質を持つ置換の全体は，問題の有理式の値を変えないものの全体だから,いま考えると，方程式の群の部分群だ．だから，同じ問題だ．

小川　そして，この部分群に含まれる置換を x_0 でするときに出来る根の全体が，これらの l 個の根ですね．

佐々木　だから，アーベルの方法を真似すると，S を T の部分群，その位数を s として，x_1 で S に含まれる置換をするときに出来る根を

$$x_1,\quad x_2,\ \cdots,\ x_s$$

として，y の整式

$$(y-x_1)(y-x_2)\cdots(y-x_s)$$

を作る.

この整式で，Sに含まれる置換をすると…

小川　さっきのように,Tに含まれる置換全体は，s個ずつのr個の組に分けられますから，各組に含まれる一つの置換を，それぞれ，

$$\tau_0,\quad \tau_1,\ \cdots,\ \tau_{r-1}$$

とすると，問題の整式からは

$$(y-x_1)(y-x_2)\cdots(y-x_s),$$
$$(y-x_1\tau_1)(y-x_2\tau_1)\cdots(y-x_s\tau_1),$$
$$\cdots\qquad\cdots\qquad\cdots$$
$$(y-x_1\tau_{r-1})(y-x_2\tau_{r-1})\cdots(y-x_s\tau_{r-1}),$$

というr個の式しか出来ません．さっきからの論法で，判りますね.

佐々木　だから，このr個の式の二つを等しいと置いて出来る，${}_rC_2$個のyの方程式のドの根にもならない有理数の一つをy_0とすると

$$(y_0-x_1)(y_0-x_2)\cdots(y_0-x_s)$$

が問題の式になる.

チョン･チョコ･チョンと簡単だ.

$g(t)=0$ の因数分解

広田　方程式の群と第一の方程式との関係は，かなり，判って来たな.

今度は，第二の方程式との関係を調べよう.

小川　一番目の方程式は，代数的に解けるかどうかを問題にしないなら，どんな有理式からでも作れました.

それで，一般的に，さっきの有理式

$$h(x_1,x_2,\cdots,x_n)$$

を根に持つr次の既約方程式

$$\Phi(y)=(y-h)(y-h\tau_1)\cdots(y-h\tau_{r-1})=0$$

を一番目の方程式に取るとき，二番目の方程式は，どうなるか——を調べます.

佐々木　それは，基礎に取る複素数の範囲を，$1, a_1, \cdots, a_n$ に，この方程式の一つの根 h を付け加えて拡げ，この新しい範囲で方程式 $g(t)=0$ を因数分解して出来る，t_0 を根に持つ既約な方程式だ．

これを——どう書こう．もう，記号がない…

広田

$$g(t:h)=0$$

と書こう．

小川　この方程式の係数は $1, a_1, \cdots, a_n, h$ から加・減・乗・除で表わされていて，g の係数よりも h だけ広くなっている，という意味ですね．

広田　さて，次数は？

佐々木　根がゼンブ判ると，いいけど…，手掛りは

$$g(t_0:h)=0.$$

小川　もう一つの手掛りは，t_0 も h も $x_1, x_2, \cdots, x_n$ の有理式という事で…，似た問題がありました．

この等式は

$$g_1(x_1, x_2, \cdots, x_n)=g(c_1x_1+c_2x_2+\cdots+c_nx_n : h(x_1, x_2, \cdots, x_n))$$

という，$1, a_1, \cdots, a_n$ から加・減・乗・除で表わされる係数を持つ，$x_1, x_2, \cdots, x_n$ の有理式 g_1 の値が零という事ですね．

ですから，さっきのように，g_1 で T に含まれるドノ置換をしても，その値は零で，とくに S に含まれる置換 τ では h の値も変わりませんから

$$g(t_0\tau:h)=0.$$

それで，t_0 で S に含まれる置換をするときに出来る s 個の式を

$$t_0,\quad t_1,\ \cdots,\ t_{s-1}$$

とすると，これはゼンブ根ですね．

佐々木　この外には？

小川　ナイと思いますよ．逆に，

$$(t-t_0)(t-t_1)\cdots(t-t_{s-1})=0$$

という s 次の方程式を考えると，この係数は $t_0, t_1, \cdots, t_{s-1}$ の対称式ですから，S に含まれるドノ置換ででも値は変わりませんね．さっきからの論法で．

ですから，この方程式の係数も…

佐々木　$1, a_1, \cdots, a_n$ と h とから加・減・乗・除で表わされてる．——h の値を変えない置換は，この係数の値も変えないから．

小川　そして，この係数と同じ範囲で，最初の方程式は既約でしたから，その根は，いま作った方程式の根以外にはなくて，結局，この二つの方程式は同値で，問題の次数は s ですね．

佐々木　部分群 S の位数！

広田　整理すると？

小川　与えられた n 次方程式 $f(x)=0$ の解法は，

$$\Phi(y)=0 \quad と \quad g(t:h)=0$$

という二つの方程式に帰着されました．

一番目の方程式は，$1, a_1, \cdots, a_n$ から加・減・乗・除で表わされる係数を持つ，$x_1, x_2, \cdots, x_n$ の有理式 h を根に持ち，$1, a_1, \cdots, a_n$ を基礎に取るとき，既約です．その次数は，方程式 $f(x)=0$ の群 T の部分群 S——T に含まれる置換で，h の値を変えないものの全体——の位数 s で T の位数 m を割ったものです．

二番目の方程式は，t_0 を根に持ち，$1, a_1, \cdots, a_n$ と h とを基礎に取るとき，既約です．その次数は，T の部分群 S の位数 s と同じです．

佐々木　でも，この二つの方程式が代数的に解けるかどうかは，判らない．

代数的に解けるなら問題は解決だけど，そうでないなら，この手順を繰り返す事になる．

小川　それで，この手順を繰り返すとき，方程式の群 T はどんな性質を持つのか，調べてみないと，いけませんね．

広田　その前に，いま一つ，問題がある．

正規部分群

広田　第一の方程式 $\Phi(y)=0$ を利用して，もっと次数の低い，第二の方程式は得られないか？

小川　出来るだけ低い方が，たとえば4次以下になったりすると，代数的に解ける可能性が大きいからですね．

佐々木　そのためには，基礎に取る複素数の範囲を，もっと拡げると，いい．

たとえば，h の外に，もう一つの根 $h\tau_1$ を付け加えた範囲で，方程式 $g(t)=0$ を因数分解して，t_0 を根に持つ既約なのを

$$g(t : h, h\tau_1)=0$$

とすると，この方程式の次数は，さっきのより低いかも知れない．少なくとも，高くはない．

広田　その次数は？

小川　えーと…，さっきの論法が使えそうですから，h の値も $h\tau_1$ の値も両方とも変えない置換の個数と同じになる，のじゃないんですか．

広田　$h\tau_1$ の値を変えない置換全体の集合は？

佐々木　似た事を前に考えた．あれと同じ論法が使えるから，S に含まれる置換を τ_1 で変換したものの全体

$$\{\tau_1^{-1}\tau\tau_1 \mid \tau\in S\}.$$

広田　一般に，Vが置換群Uの部分群のとき，Uに含まれる置換 τ で，Vに含まれる置換を変換したもの全体の集合はUの部分群だ．これは，Vと共役な部分群と呼ばれ，$\tau^{-1}V\tau$ で表わす習慣だ．

とくに，$\sigma\in\tau^{-1}V\tau$ なら，$\sigma^{-1}V\sigma=\tau^{-1}V\tau$ だ．

小川　この事も，$\tau^{-1}V\tau$ が U の部分群になる事も，定義から明らかですね．

広田　さて，小川君の予想では，$S\cap\tau_1^{-1}S\tau_1$——これもTの部分群だな——の位数が問題の方程式の次数，という事だが．

佐々木　その位数を s'，それに含まれる置換を t_0 でするときに出来る s' 個の式を

$$t_0,\quad t_1,\quad t_2,\ \cdots,\ t_{s'-1},$$

とすると，これらは問題の方程式の根だ．さっきと同じ論法で判る．

だから，逆に，s' 次の方程式

$$(t-t_0)(t-t_1)\cdots(t-t_{s'-1})=0$$

の係数が $1, a_1, \cdots, a_n, h, h\tau_1$ から加・減・乗・除で表わされると，いい．

小川　それには…，この係数の値は，$S\cap\tau_1^{-1}S\tau_1$に含まれるドノ置換ででも変わりませんから…，

（イ）$S\cap\tau_1^{-1}S\tau_1$ に含まれる置換では，その値は変わらない．

（ロ）　その外の，Tに含まれる置換では，その値は変わる．——という，h と $h\tau_1$ との有理式が見つかると，いいですね．

佐々木　こんな問題は，ウンザリするほど解いて来た…，　有理数 d_1, d_2 をウマク選んだ

$$d_1h+d_2h\tau_1$$

が，ソウだ．t_0 のときのように．

小川　（イ）の性質は，明らかですね．

それから，Tに含まれる置換全体は，s' 個ずつの r' 個の組に分けられます——勿論，$m=s'r'$ ですが——から，各組に含まれる一つの置換を，それぞれ

$$\tau_0,\quad \tau_1,\quad \tau_2,\ \cdots,\ \tau_{r'-1}$$

とすると，問題の式からは

$$d_1h\tau_j+d_2h\tau_1\tau_j\quad (j=0,1,2,\cdots,r'-1)$$

という r' 個の式しか出来ませんから，これらの二つを等しいと置いて出来る，${}_{r'}C_2$ 個の d_1, d_2 についての方程式のドノ根にもならない有理数を選んで来ると，(ロ)も成立しますね．

佐々木　結局，問題の次数は s' だ．

小川　この方法を一般化すると，もっと低い次数を持つ二番目の方程式が作れますね．

基礎に取る複素数の範囲を，$1, a_1, \cdots, a_n$ に一番目の方程式の根をゼンブ付け加えて拡げ，その範囲で $g(t)=0$ を因数分解するときに出来る，t_0を根に持つ

$$g(t:h, h\tau_1, \cdots, h\tau_{r-1})=0$$

という既約方程式です．

この次数は，Tの部分群

$$S_1=S\cap\tau_1{}^{-1}S\tau_1\cap\tau_2{}^{-1}S\tau_2\cap\cdots\cap\tau_{r-1}{}^{-1}S\tau_{r-1}$$

の位数と同じで，係数は，$1, a_1, \cdots, a_n$ と

$$h_1=d_1h+d_2h\tau_1+d_3h\tau_2+\cdots+d_rh\tau_{r-1}$$

とから加·減·乗·除で表わされてます．d_j は，さっきの（イ），(ロ）に対応する

性質を持つように選んだ有理数です.

広田　S_1 は，S と共役な部分群ゼンブの共通部分だな.

小川　えーと…，そうですね．σ を T に含まれる勝手な置換とすると，σ は $h, h\tau_1, \cdots, h\tau_{r-1}$ のドレカの値を変えませんから，たとえば $h\tau_j$ の値を変えないと，σ は $\tau_j^{-1}S\tau_j$ に含まれ，さっき注意された事から

$$\sigma^{-1}S\sigma=\tau_j^{-1}S\tau_j \quad (0\leqslant j\leqslant r-1)$$

ですから.

佐々木　もっと，もっと，低く出来るんじゃない.

係数を見ていて気がついたんだけど，小川君の方程式は，$1, a_1, \cdots, a_n$ に h_1 を付け加えて因数分解した形だ．だから，h_1 を根に持つ既約方程式の根をゼンブ付け加えて因数分解すると，いい.

広田　その次数は？

佐々木　S_1 と共役な部分群ゼンブの，共通部分の位数.

広田　S_1 と共役な $\sigma^{-1}S_1\sigma$ を S から求めると？

佐々木　S_1 は，S と共役な部分群ゼンブの共通部分，つまり，$\tau^{-1}S\tau$ というので τ を T に含まれる置換ゼンブに変えて出来るものの共通部分だから，
$\sigma^{-1}S_1\sigma$ は，

$$\sigma^{-1}(\tau^{-1}S\tau)\sigma,\quad \text{つまり，}\quad (\tau\sigma)^{-1}S(\tau\sigma)$$

というので，τ を T に含まれる置換ゼンブに変えて出来るものの共通部分.

小川　τ を T に含まれる置換ゼンブに変えると，$\tau\sigma$ も T に含まれる置換ゼンブを変わりますから，結局，

$$\sigma^{-1}S_1\sigma=S_1$$

ですね.

佐々木　なんだ．そんなら，S_1 と共役な部分群ゼンブの共通部分も S_1 で，方程式の次数は変わらない.

小川　$\Phi(y)=0$ を利用する限りでは，二番目の方程式の次数は，S_1 の位数までしか下げられない，のですね.

それは，S_1 と共役な部分群は S_1 ダケだから，なのですね.

広田　S_1 の，この性質は，いま見たように，方程式論で重要な意味を持つ.

そこで，名前が付いている．

一般に，Vが置換群Uの部分群で，任意の$\tau\in U$に対して，$\tau^{-1}V\tau=V$ となるとき，すなわち，Vと共役な部分群はVに限るとき，VはUの正規部分群と呼ばれている．

正規部分群の概念を導入し，その重要性に初めて気づいたのは，ガロアだ．“ガロアの遺書”の冒頭，ここにあるだろう：「第一論文の命題IIとIIIによれば，方程式に，その補助方程式の根を一つ添加する場合と，全部を添加する場合とでは，大変な違いがある．」

佐々木　そのあとの説明は，どういう意味？

広田　これまで，よく使った論法で——一般に，Vが置換群Uの部分群のとき，Uの置換全体をVで組み分けする——というのが，あったな．

小川　Uの位数をu，Vの位数をvとすると，Uに含まれる置換全体は，互いに共通な置換を含まない，v個ずつのr個の組——勿論，$u=vr$——に分けられ，各組に含まれる一つの置換を，それぞれ，

$$\sigma_0,\quad \sigma_1,\quad \sigma_2,\ \cdots,\ \sigma_{r-1}$$

とすると，各組は$\{\tau\sigma_j|\tau\in V\}$という集合でした．

広田　この集合は$V\sigma_j$と書き，この組み分けは

$$U=V\sigma_0+V\sigma_1+\cdots+V\sigma_{r-1}$$

と表わす習慣だ．この組の個数rは，Uに対するVの指数と呼ばれている．

一方，$\{\sigma_j\tau|\tau\in V\}$を$\sigma_jV$と書くと，この集合に含まれる置換の個数は$v$で，$j\neq k$のときと$\sigma_jV$と$\sigma_kV$に共通に含まれる置換はないから，

$$U=\sigma_0V+\sigma_1V+\cdots+\sigma_{r-1}V$$

という，Uの組み分けも出来るな．

小川　置換群の位数は，次数の階乗の約数——というラグランジュの結果を調べたときの，「タテ・ヨコ」方式からのが最初の組み分けで，「ヨコ・タテ」方式に対応するのが，あとの組み分けですね．

広田　この二つの組み分けが一致する，すなわち，

$$V\sigma_j=\sigma_jV\quad (j=0,1,2,\cdots,r-1)$$

が成立するのは？

佐々木　VがUの正規部分群の場合ダケ！

広田　“ガロアの遺書”での，さっきの文章の続きは，この事を主張している．

以上の議論は，先日の例などで実験すると，ナオよく判る．しかし，予定の時刻は過ぎた．家で試みると，よい．今日のところを総括しておこう．

要　　約

佐々木　ラグランジュやアーベルの方程式論を参考にして，方程式の群と方程式の解法との関係を調べた．

ラグランジュと平行に議論できた．

小川　それは，対称群と方程式の群とが対応していて，それに含まれる置換をするとき，ラグランジュの場合の「二つの有理式が，有理式として，等しい」というのと，今の場合の「二つの有理式の値が等しい」というのとが，ウマク対応したからでした．

それを保証したのが，一番はじめに調べた，方程式の群の二つの性質です．

佐々木　与えられた方程式は，方程式の群の，部分群の位数と指数とを，それぞれ，次数に持つ二つの方程式に帰着された．

でも，この手順を繰り返すときの，方程式の群の性質は調べてない．

広田　それを実行する過程で，代数的に可解なための必要十分条件が得られる．

佐々木　「イエス」か「ノー」かと迫る，決め手だね．

第27章　代数的可解性を特徴づける

方程式論のエベレストを征服する．
ガロアの論文“方程式が累乗根で解けるための条件について”の核心にふれ，「代数的可解性の判定法」を確立する．
ガロアの，この成果は，数学の性格に一大転機をもたらす事となる．

野球評論家·政治評論家 …，いろんな評論家がテレビに出演する．先日などは，芸能評論家というのまで現われた．初めてお目にかかるので，熱心に拝聴した．ところが，何の事はない，芸能界のゴシップ解説者だった――叔父さんは，茶を飲んでは，煙草をふかし，煙草をふかしては茶を飲んでいる…

目　　　標

広田　重根を持たない n 次方程式

$$f(x)=x^n+a_1x^{n-1}+\cdots+a_n=0$$

を，調べて来たな．

佐々木　この方程式の解法は，その根 $x_1, x_2, \cdots, x_n$ の１次式で，有理数 c_k をウマク選んで作った

$$t_0=c_1x_1+c_2x_2+\cdots+c_nx_n$$

を根に持つ既約方程式

$$g(t)=t^m+b_1t^{m-1}+\cdots+b_m=0$$

に帰着される.

小川　$1, a_1, \cdots, a_n$ から加·減·乗·除で表わされてる係数を持つ，$x_1, x_2, \cdots, x_n$ の有理式

$$h(x_1, x_2, \cdots, x_n)$$

を一つ取り，方程式 $f(x)=0$ の群 T に含まれる置換で h の値を変えないものの全体を S，T を S で組み分けしたのを

$$T=S\tau_0+S\tau_1+S\tau_2+\cdots+S\tau_{r-1}$$

とすると，方程式 $g(t)=0$ は，二つの方程式

$$\Phi(y)=(y-h\tau_0)(y-h\tau_1)\cdots(y-h\tau_{r-1})=0,$$
$$g(t: h\tau_0, h\tau_1, \cdots, h\tau_{r-1})=0,$$

に帰着されました. τ_0 は単位置換です.

佐々木　二番目の方程式の次数は，$\Phi(y)=0$ の根を利用する限りでは，これより低くは下げられない.

$1, a_1, \cdots, a_n$ と $h, h\tau_1, \cdots, h\tau_{r-1}$ とから加·減·乗·除で表わされる数は，有理数 d_k をウマク選んで作った

$$h_1=d_1h+d_2h\tau_1+\cdots+d_rh\tau_{r-1}$$

と $1, a_1, \cdots, a_n$ とから加·減·乗·除で表わされるし，この逆もいえるから——$1, a_1, \cdots, a_n, h, h\tau_1, \cdots, h\tau_{r-1}$ を基礎に取って $g(t)=0$ を因数分解するのと，$1, a_1, \cdots, a_n, h_1$ を基礎に取って $g(t)=0$ を因数分解するのとは同じになるし…

小川　h_1 に，h と同じ事を繰り返しても，T に含まれる置換で h_1 の値を変えないものの全体 S_1 は T の正規部分群ですから——h_1 で T に含まれる置換をするときに出来る式で，互いに違う値を持つ $h_1, h_2, h_3, \cdots$ では，それぞれの値を変えない置換の全体は同じ S_1 で，$h_2, h_3, \cdots$ は $1, a_1, \cdots, a_n$ と h_1 とから加·減·乗·除で表わされて，さっきの二番目の方程式と

$$g(t: h_1)=0, \quad g(t: h_1, h_2)=0, \quad g(t: h_1, h_2, h_3)=0, \cdots$$

はゼンブ同値になりますから.

広田　そこで——S は T の正規部分群で，T は

$$T=S\tau_0+S\tau_1+S\tau_2+\cdots+S\tau_{r-1}$$

と組み分けされ，$g(t)=0$ は，二つの方程式

$$\Phi(y)=(y-h)(y-h\tau_1)\cdots(y-h\tau_{r-1})=0,$$
$$g(t:h)=0,$$

に帰着される――という所から議論を始めても，一般性は失われないな．

小川　h_1 から出発して，h_1 を h，S_1 を S と書き直したんですね．

佐々木　この二つの方程式が代数的に解けるなら，問題は解決だ．そうでないときは，この手順を繰り返す事になる．だから，この手順を繰り返すときの，方程式の群 T の性質を一般的に調べないと，いけない．

広田　それを実行しよう．そして，代数的可解性の判定法を求めよう．

方程式の群の簡約

佐々木　アーベルの場合は，二番目の方程式 $g(t:h)=0$ に対応するのはソノママにして，一番目の方程式 $\Phi(y)=0$ に対応するのダケに，この手順を繰り返した．

小川　それは，二番目の方程式に対応するのには，代数的に解けるのを初めに取って来て，それから一番目の方程式に対応するのを作ったからで――今の場合は，初めに $\Phi(y)=0$ を決めて，それから $g(t:h)=0$ を作ったんですから――アーベルを真似すると…，$g(t:h)=0$ で，この手順を繰り返す事になりますね．

代数的に解けるような $\Phi(y)=0$ を探す――という問題は残りますけど．

佐々木　そうすると，$x_1, x_2, \cdots, x_n$ の有理式

$$h_1(x_1, x_2, \cdots, x_n)$$

を一つ取って，$g(t:h)=0$ の解法を，二つの方程式に帰着させる：一つの方程式は h_1 を根に持ち，もう一つの方程式は t_0 を根に持つ．

さっきも h_1 という記号を使ったけど，あの h_1 と，この h_1 とは，モチ，関係ない．

広田　この h_1 の係数は？

小川　$1, a_1, \cdots, a_n, h$ から加・減・乗・除で表わされる数，でいいですね．

この間は，hの係数と，$g(t)=0$ の係数とは同じ性質を持つようにしましたし，今度の $g(t:h)=0$ の係数は $1, a_1, \cdots, a_n, h$ から加·減·乗·除で表わされてますから．

つまり，この間は $1, a_1, \cdots, a_n$ を基礎に取ったんですが，今度は $1, a_1, \cdots, a_n, h$ を基礎に取りますから．

広田　とすると，h_1 を根とする方程式は？

佐々木　この前は，hを根に持つ方程式は，Tに含まれる置換でhの値を変えないものの全体Sから作れた．

小川　それは，基礎に取った $1, a_1, \cdots, a_n$ とTとの関係——$1, a_1, \cdots, a_n$ から加·減·乗·除で表わされてる係数を持つ，$x_1, x_2, \cdots, x_n$ の有理式が $1, a_1, \cdots, a_n$ から加·減·乗·除で表わされるのは，T に含まれるドノ置換ででも，その値が変わらない場合ダケ——から保証されましたね．

佐々木　だから，いま基礎に取った $1, a_1, \cdots, a_n, h$ に対して，Tと同じ関係を持つのを見つける．

小川　この間の証明を反省しますと $\cdots$, $1, a_1, \cdots, a_n$ から加·減·乗·除で表わされる係数を持つ，$x_1, x_2, \cdots, x_n$ の有理式

$$c(x_1, x_2, \cdots, x_n)$$

で T に含まれる置換をするのは，$1, a_1, \cdots, a_n$ から加·減·乗·除で表わされる係数を持つ，t の有理式

$$c(\theta_1(t), \theta_2(t), \cdots, \theta_n(t))=C(t)$$

で，t_0 を代入した値を，$g(t)=0$ の根を代入した値に置きかえるのと一緒，という事と，$g(t)=0$ は $1, a_1, \cdots, a_n$ を基礎に取るとき既約，という事との二つが利いてました．

この二つに対応する事が成り立つと，同じ証明法が使えますね．

佐々木　今度の $g(t:h)=0$ は，$1, a_1, \cdots, a_n, h$ を基礎に取るとき既約だから，これは二番目に対応してる．

それから，Tに含まれる置換は，t_0 を $g(t)=0$ の根に置きかえるものの全体だから，一番目に対応するものの候補には，t_0 を $g(t:h)=0$ の根に置きかえる，Tに含まれる置換の全体が考えられる．

広田　それは？

佐々木　それは――S.　この前，調べた.

小川　そして，$1, a_1, \cdots, a_n$, h から加·減·乗·除で表わされる係数を持つ，x_1, $x_2, \cdots, x_n$ の有理式

$$c(x_1, x_2, \cdots, x_n : h)$$

でSに含まれる置換をするのは，$1, a_1, \cdots, a_n, h$ から加·減·乗·除で表わされる係数を持つ，t の有理式

$$c(\theta_1(t),\ \ \theta_2(t),\ \cdots,\ \theta_n(t) : h) = C(t : h)$$

で，t_0 を代入した値を，$g(t : h) = 0$ の根を代入した値に置きかえるのと一緒――という事も成り立ちます．この間の論法で.

佐々木　結局，基礎に取った $1, a_1, \cdots, a_n$, h とSとの関係は，この前の $1, a_1$, $\cdots, a_n$ とTとの関係と同じだ.

小川　それで，S に含まれる置換で h_1 の値を変えないものの全体を S_1 とすると，h_1 を根に持つ方程式が，S_1 から作れますね.

佐々木　さっきのように，S_1 は S の正規部分群としても一般性は失わないし，h_1 を根に持つ方程式を

$$\Phi_1(y) = 0$$

とすると，これは $1, a_1, \cdots, a_n$, h を基礎に取るとき既約で，この次数は S に対する S_1 の指数になる.

小川　t_0 を根に持つ二番目の方程式は

$$g(t : h, h_1) = 0$$

と書けますね.

これは，$g(t : h) = 0$ を $1, a_1, \cdots, a_n$, h, h_1 を基礎に取って因数分解したものですが，それは $g(t) = 0$ を，この新しい範囲で，因数分解した因数ですから.

そして，この方程式は $1, a_1, \cdots, a_n$, h, h_1 を基礎に取るとき既約で，その次数は S_1 の位数と同じです.

広田　さらに，この手順を繰り返すと？

佐々木　S_1 の正規部分群 S_2 が求まって，方程式 $g(t : h, h_1) = 0$ の解法は，二

つの方程式

$$\Phi_2(y)=0, \quad g(t:h, h_1, h_2)=0$$

に帰着される.

一番目の方程式は h_2 を根に持ち, $1, a_1, \cdots, a_n, h, h_1$ を基礎に取るとき既約で, その次数は S_1 に対する S_2 の指数になる.

二番目の方程式は $1, a_1, \cdots, a_n, h, h_1, h_2$ を基礎に取るとき既約で, その次数は S_2 の位数と同じだ.

広田　この手順を次々と繰り返すと?

小川　何回目かで終わります.

$S, S_1, S_2, \cdots$ の位数は, それぞれ, その前の置換群の位数の約数で, だんだん小さくなりますから.

佐々木　単位置換だけを含む部分群でオシマイ.

ガロアの構想

広田　以上を整理すると?

小川　問題の手順が $N+1$ 回で終わると,

$$T\supset S\supset S_1\supset S_2\supset\cdots\supset S_N=\{\tau_0\}$$

という, 方程式 $f(x)=0$ の群 T の, 部分群の系列が見つかります. S_k は S_{k-1} の正規部分群です. 勿論, S_0 は S, S_{-1} は T の意味です.

佐々木　そして, $g(t)=0$ の解法は, 次々に

$$\Phi_k(y)=0, \quad g(t:h, h_1, h_2, \cdots, h_k)=0$$

という, 二つの方程式に帰着される.

広田　先日からの課題は?

佐々木　与えられた方程式が代数的に解けるような, 方程式の群の性質を見つける事.

広田　そこに立ち返って, 今の結果を眺めて見よう.

先ず, t_0 を根とする方程式は?

小川　係数は, $1, a_1, \cdots, a_n$ と $\Phi_k(y)=0$ の根とから次々に加·減·乗·除で表わされます.

佐々木　次数は，だんだん小さくなって，最後には1になる．最後の方程式

$$g(t:h, h_1, h_2, \cdots, h_N)=0$$

の次数は，S_N の位数と同じだから．

広田　と，すると？

佐々木　t_0 を根に持つ方程式は，代数的に解ける方程式に帰着された！

小川　ですから，あとは $\Phi_k(y)=0$ が代数的に解けるような，S_k の性質を見つけると，いいんですね．

広田　その通りだ．

このようにして，問題の手順は――方程式 $\Phi_k(y)=0$ を次々と求め，その根を $1, a_1, \cdots, a_n$ に次々と付け加えた範囲で方程式 $g(t)=0$ を因数分解し，遂には，1次方程式へと帰着させる――と捉えられるな．

方程式 $\Phi_k(y)=0$ を求める事は S_k を求める事だから，この手順を方程式 $f(x)=0$ の群 T で表現すると？

佐々木　T から始まって，単位置換だけを含む部分群に終わるような，T の部分群の系列――それぞれは，そのすぐ前の正規部分群になる――を求める，となる．

広田　これが，方程式の群を通じての，方程式の解法に対するガロアの視点だ．

この視点に立って，方程式の代数的可解性を解明しよう――というのが，ガロアの構想だ．

小川　与えられた方程式が代数的に解けるような，部分群の系列の性質を見つける，という事ですね．

佐々木　アーベルとでは，一番目の方程式と二番目の方程式との役割が逆転してる．

小川　そういえば，ラグランジュの方程式論も，それ以前の方程式論とは考え方を逆にして，成功したんでしたね．

佐々木　逆転こそ，数学の泉！

代数的解法の分析　（一）

広田　ガロアの構想に従うと？

佐々木　と，いわれても，バクゼンとしてる…

小川　どうしてイイか判らないときは，理想的な場合を考えるんでしたね．

佐々木　そうか．

方程式 $f(x)=0$ が代数的に解けると，その群 T の部分群の系列は，どんな性質を持つか調べる．

小川　そのとき，$g(t)=0$ も代数的に解けて，t_0 は $1, a_1, \cdots, a_n$ から代数的に表わされますね．

佐々木　つまり，t_0 は，

$$X^u=\text{定数},\quad Y^v=\text{定数},\ \cdots\ Z^w=\text{定数}$$

という，いくつかの補助方程式の根と $1, a_1, \cdots, a_n$ とから 加·減·乗·除 で表わされる．

広田　精確には？

小川　これらの補助方程式の次数は素数で，定数項は，それぞれ，その前までに解く補助方程式の根と $1, a_1, \cdots, a_n$ と $\zeta_u, \zeta_v, \cdots, \zeta_w$ とから 加·減·乗·除 で表わされる数です．

そして，これらの補助方程式の根は，それぞれ，その前までに解く補助方程式の根と，$1, a_1, \cdots, a_n$ と $\zeta_u, \zeta_v, \cdots, \zeta_w$ とから 加·減·乗·除 では表わされない，として，よかったですね．

「不可能の証明」のときに調べました．

佐々木　これらの補助方程式は，さっきの $\Phi_k(y)=0$ の役割をしてる感じ．

これらの補助方程式の根を $1, a_1, \cdots, a_n$ に次々に付け加えた範囲で $g(t)=0$ を因数分解すると，t_0 を根に持つ1次方程式が出来るから．

でも，完全に同じかどうかは，これらの補助方程式は既約なのか，その根は $x_1, x_2, \cdots, x_n$ の有理式で表わされるのか，を確かめないと…

小川　既約性から調べましょう．

一般的に，「方程式

$$X^p=A$$

の次数 p は素数で，定数項 A は複素数 $a, b, c, \cdots$ から 加·減·乗·除 で表わされ

ていて，この方程式の根は $a, b, c, \cdots$ から 加·減·乗·除 では表わされない.

このとき，複素数 $a, b, c, \cdots$ を基礎に取ると，この方程式は既約である」を調べると，いいですね.

佐々木　で，どうするか——というと…，似た問題があった．ヤッパリ，「不可能の証明」のときだ.

j は素数で，$u_0{}^j$ は，いくつかの与えられた複素数から 加·減·乗·除 で表わされてるけど，u_0 はソウ表わされていないとき，U の整式

$$U^j - u_0{}^j$$

は，与えられた複素数から 加·減·乗·除 で表わされてる係数 $r_0{}', r_1{}', \cdots, r_N{}'$ を持つ，

$$r_0{}' + r_1{}'U + \cdots + r_N{}'U^N \quad (1 \leqq N < j)$$

という因数では割り切れない——を証明した.

小川　ですから，「$X^p = A$ は既約」の証明は，そのときに，すんでますね.

代数的解法の分析　(二)

佐々木　お次は，問題の補助方程式の根は $x_1, x_2 \cdots, x_n$ の有理式で表わされるか——だけど…，これも似た問題があった.

ヤッパリ，やっぱり，「不可能の証明」のときだ.

小川　あのときの論法を真似すると，問題の補助方程式の根は，有理数と ζ_u, $\zeta_v, \cdots, \zeta_w$ とから 加·減·乗·除 で表わされる 係数を持つ，　$x_1, x_2, \cdots, x_n$ の有理式で表わされる事に，なりそうですね.

広田　それが正しいとしても，いま一つ，問題がある.

ガロアの視点に立つとき，第一に解く方程式

$$\Phi(y) = 0$$

の係数は $1, a_1, \cdots, a_n$ から四則で表わされ，その根も，$1, a_1, \cdots, a_n$ から四則で 表わされる 係数を持つ，$x_1, x_2, \cdots, x_n$ の有理式だな.

ところが，問題の補助方程式で，第一に解くものの係数は $1, a_1, \cdots, a_n$ と $\zeta_u, \zeta_v, \cdots, \zeta_w$ とから四則で表わされ，その根は——小川君の予想が正しいとすると——$1, a_1, \cdots, a_n$ と $\zeta_u, \zeta_v, \cdots, \zeta_w$ とから四則で表わされる係数を持つ，

$x_1, x_2, \cdots, x_n$ の有理式で…

小川　わかりました．おっしゃりたい事が判りました．

$\zeta_u, \zeta_v, \cdots, \zeta_w$ が，それぞれ，$1, a_1, \cdots, a_n$ から加·減·乗·除で表わされてると，$\Phi(y)=0$ と同じ性質を持つ事になって問題ありませんが —— そうでないときは，一番目の補助方程式は，$1, a_1, \cdots, a_n$ に次々に $\zeta_u, \zeta_v, \cdots, \zeta_w$ を付け加えて行って，基礎に取る複素数の範囲を拡げたとき初めて解く方程式なんですね．ガロア式ですと．

広田　その通りだ．

佐々木　「根の公式」を出すときは，1の累乗根はトクベツ扱いだったけど，今度はソウは行かないのか．

小川　そうすると，$1, a_1, \cdots, a_n$ から $\zeta_u, \zeta_v, \cdots, \zeta_w$ を求める手順も考えないと，いけませんね．

佐々木　1の累乗根は有理数から代数的に表わされた．

広田　その証明は？

佐々木　帰納法を使った．

広田　という事は，素数 p に対して，1の p 乗根を有理数から代数的に表わす際には，1の累乗根は，p より小さい素数に対するものだけを利用した，という事だな．

したがって，また，1の p 乗根を有理数から代数的に表わす際には，累乗根は，p より小さい素数に対するものだけを使ったわけだな．

小川　ですから，$\zeta_u, \zeta_v, \cdots, \zeta_w$ を求める手順は，その中で $1, a_1, \cdots, a_n$ から加·減·乗·除で表わされてるものを $\zeta_j, \zeta_k, \cdots, \zeta_l$ とすると，素数 $j, k, \cdots, l$ の中で一番大きいものの，次の素数に対する累乗根から順番に始める事になりますね．

そして，素数 p から始まると，ζ_p は

$$X^{p_1}=\text{定数}, \qquad X^{p_2}=\text{定数}, \cdots$$

という，いくつかの補助方程式の根と，$1, a_1, \cdots, a_n$ とから加·減·乗·除で表わされます．

これらの補助方程式の次数は素数で，これらの補助方程式は，それぞれ，そ

の前までに解く補助方程式の根を $1, a_1, \cdots, a_n$ に付け加えた範囲で，既約です．

広田　次数に対する１の累乗根に，神経質でないと，いけなかったな．

小川　それぞれの次数に対する１の累乗根は，$1, a_1, \cdots, a_n$ から 加・減・乗・除 で表わされてます．

次数 $p_1, p_2, \cdots$ は，p より小さい素数ですから．

佐々木　p の次に大きい素数が q なら，ζ_q は

$$X^{q_1}=\text{定数},\qquad X^{q_2}=\text{定数},\ \cdots$$

という，いくつかの補助方程式の根と，ζ_p を求めるときの補助方程式の根と，$1, a_1, \cdots, a_n$ とから 加・減・乗・除 で表わされる．

これらの補助方程式の次数は素数で，これらの補助方程式は，それぞれ，その前までに解く補助方程式の根を $1, a_1, \cdots, a_n$ に付け加えた範囲で，既約だ．

そして，それぞれの次数に対する１の累乗根は，この範囲の数から 加・減・乗・除 で表わされている．

小川　これを続けると，何回目かには，$\zeta_u, \zeta_v, \cdots, \zeta_w$ は，全部，$1, a_1, \cdots, a_n$ から求まりますね．

佐々木　だから，その後で，さっきの補助方程式

$$X^u=\text{定数},\quad Y^v=\text{定数},\ \cdots,\ Z^w=\text{定数}$$

を解く事になる．

そして，これらの補助方程式の次数も素数で，これらの補助方程式も，それぞれ，その前までに解く補助方程式の根を $1, a_1, \cdots, a_n$ に付け加えた範囲で，既約だ．

それぞれの次数に対する１の累乗根も，この範囲の数から 加・減・乗・除 で表わされている．

広田　整理すると？

小川　方程式 $f(x)=0$ が代数的に解けると，t_0 は

$$X^{l_1}=A_1,\quad X^{l_2}=A_2,\ \cdots,\ X^{l_M}=A_M$$

という，いくつかの補助方程式の根と，$1, a_1, \cdots, a_n$ とから 加・減・乗・除 で表わされます．

佐々木　そして，

（イ）　$l_1, l_2, \cdots, l_M$ は素数.

（ロ）　$X^{l_k}=A_k$ は，$k=1$ のときは $1, a_1, \cdots, a_n$ を，$k\geqq 2$ のときは $k-1$ 番目までの補助方程式の根を $1, a_1, \cdots, a_n$ に付け加えた範囲を基礎に取るとき，既約.

（ハ）　1の l_k 乗根は，$k=1$ のときは $1, a_1, \cdots, a_n$ から，$k\geqq 2$ のときは $k-1$ 番目までの補助方程式の根と $1, a_1, \cdots, a_n$ とから，加・減・乗・除で表わされている.

小川　この新しい補助方程式について，それらの根は $x_1, x_2, \cdots, x_n$ の有理式で表わされるか，調べるのですね.

代数的解法の分析（三）

佐々木　「不可能の証明」のときの論法を真似すると——k 番目の補助方程式

$$X^{l_k}=A_k$$

の一つの根を α_k とするとき，

（1）　一番目，二番目，…，k 番目の補助方程式の根と $1, a_1, \cdots, a_n$ とから加・減・乗・除で表わされる数は

$$B_0+B_1\alpha_k+B_2\alpha_k{}^2+\cdots+B_{l_k-1}\alpha_k{}^{l_k-1}$$

と，α_k の整式で表わされる.

ただし，この整式の係数は，一番目，二番目，…，$k-1$ 番目の補助方程式の根と $1, a_1, \cdots, a_n$ とから加・減・乗・除で表わされている.

（2）　この数が

$$G(x_1, x_2, \cdots, x_n)=B_0+B_1\alpha_k+\cdots+B_{l_k-1}\alpha_k{}^{l_k-1}$$

と，$x_1, x_2, \cdots, x_n$ の有理式で表わされると，右辺で α_k を $X^{l_k}=A_k$ の外の l_k-1 個の根に，それぞれ，置きかえた l_k-1 個の数は，G で $x_1, x_2, \cdots, x_n$ の置換をするときに出来る，互いに違う有理式を持つ方程式の，根になる.

ただし，Gの係数は，有理数と $\zeta_u, \zeta_v, \cdots, \zeta_w$ とから加・減・乗・除で表わされている.

——この二つを確かめる事になる.

小川　(1) は成立しますね．この間の論法で．

(2) は，このままの形ではダメですね．さっき注意されたように，Gの係数が問題ですから．

佐々木　(2) は，

$$B_0+B_1\alpha_k+B_2\alpha_k{}^2+\cdots+B_{l_k-1}\alpha_k{}^{l_k-1}=0$$

なら

$$B_0=B_1=B_2=\cdots=B_{l_k-1}=0$$

という事から証明された．これが本質的なのかな．

小川　それは，$X^{l_k}=A_k$ が既約だから成立しますね．

もう一つの手掛りは，$g(t)=0$ の因数分解ですから，一番目の補助方程式で実験してみましょう．

佐々木　　$X^{l_1}=A_1$

の一つの根 α_1 を $1, a_1, \cdots, a_n$ に付け加えた範囲で，$g(t)=0$ を因数分解したとき，t_0 を根に持つ既約な因数を

$$g(t:\alpha_1)=0$$

とする．

この方程式の係数は，$1, a_1, \cdots, a_n$ と α_1 とから加・減・乗・除で表わされてるから，(1) から，それは α_1 の整式で表わされる．その整式の係数は $1, a_1, \cdots, a_n$ から加・減・乗・除で表わされている．

——これから，どうする？

小川　理想的な場合を考えると，つまり，α_1 が，$1, a_1, \cdots, a_n$ から加・減・乗・除で表わされる係数を持つ，$x_1, x_2, \cdots, x_n$ の有理式で表わされると，問題の方程式の係数もソウなりますし…，そうなると (2) でGの係数を修正したのが成立しそうですね．

佐々木　でも，どうやって，ソレを確かめる？

広田　理想的な場合には，その外にも色々と面白い性質があるな．

小川　$g(t:\alpha_1)=0$ は，T の部分群から決まります．

広田　それは？

佐々木　t_0 を $g(t:\alpha_1)=0$ の根に置きかえる，T に含まれる置換の全体．

小川　わかりました．

$$g(t:\alpha_1)=0$$

の根を

$$t_0,\quad t_1,\quad t_2,\ \cdots,\ t_L$$

として，これらを，$1, a_1, \cdots, a_n$ から加·減·乗·除で表わされる係数を持つ，t_0 の有理式で表わしたのを

$$t_j=\lambda_j(t_0)\qquad (j=0, 1, 2, \cdots, L)$$

とします．

$$g(\lambda_j(t_0):\alpha_1)=0\qquad (0\leqq j\leqq L)$$

ですから，$1, a_1, \cdots, a_n, \alpha_1$ から加·減·乗·除で表わされる係数を持つ，二つの方程式

$$g(\lambda_j(t):\alpha_1)=0\quad と\quad g(t:\alpha_1)=0$$

とは共通な根 t_0 を持ち，あとの方程式は，$1, a_1, \cdots, a_n, \alpha_1$ を基礎に取るとき，既約ですから

$$g(\lambda_j(t_l):\alpha_1)=0\quad (0\leqq j, l\leqq L)$$

となります．

佐々木　これは，t_0 を t_j に置きかえる置換と，t_0 を t_l に置きかえる置換との積は，t_0 を $g(t:\alpha_1)=0$ の根 $\lambda_j(t_l)$ に置きかえる事を示してるから——t_0 を $g(t:\alpha_1)=0$ の根に置きかえる，T に含まれる置換の全体は，T の部分群だ．

小川　この，T の部分群を S^* とします．

そうすると，S^* に含まれる置換では値は変わらないで，S^* に含まれない置換では値が変わる，$1, a_1, \cdots, a_n$ から加·減·乗·除で表わされる係数を持つ，$x_1, x_2, \cdots, x_n$ の整式が見つかりましたね．

佐々木　そうか．それを

$$h^*(x_1, x_2, \cdots, x_n)$$

として，$1, a_1, \cdots, a_n$ に h^* を付け加えた範囲で $g(t)=0$ を因数分解して，t_0 を根に持つ既約な因数を

$$g(t:h^*)=0$$

とすると，これの根も

$$t_0,\quad t_1,\quad t_2,\ \cdots,\ t_L.$$

小川　ですから，二つの方程式

$$g(t:\alpha_1)=0 \quad と \quad g(t:h^*)=0$$

は同値になって，$g(t:\alpha_1)=0$ の係数は $1, a_1, \cdots, a_n$ と h^* とから加·減·乗·除で表わされて，結局，$1, a_1, \cdots, a_n$ から加·減·乗·除で表わされる係数を持つ，$x_1, x_2, \cdots, x_n$ の有理式で表わされますね.

佐々木　だから，$g(t:\alpha_1)=0$ の係数で α_1 を含むものがあると，つまり，$g(t)=0$ が $1, a_1, \cdots, a_n$ に α_1 を付け加えた範囲で本当に因数分解されると

$$B_0+B_1\alpha_1+B_2\alpha_1{}^2+\cdots+B_{l_1-1}\alpha_1{}^{l_1-1}=G(x_1, x_2, \cdots, x_n)$$

と書ける．G の係数も，α_1 の整式の係数も，$1, a_1, \cdots, a_n$ から加·減·乗·除で表わされている.

小川　G で T に含まれる置換をするときに出来る互いに違う値を根に持つ方程式を作ると，その係数は，$1, a_1, \cdots, a_n$ から加·減·乗·除で表わされます.

ですから，(2) そのものでなく，さっき佐々木君が注意した事を使うと，「不可能の証明」のときと同じ論法で，α_1 が，$1, a_1, \cdots, a_n$ から加·減·乗·除で表わされる係数を持つ，$x_1, x_2, \cdots, x_n$ の有理式で表わされる事が，判りますね.

佐々木　α_1 と違う根は

$$\alpha_1\zeta_{l_1},\quad \alpha_1\zeta_{l_1}{}^2,\ \cdots,\ \alpha_1\zeta_{l_1}{}^{l_1-1}$$

で，ζ_{l_1} は $1, a_1, \cdots, a_n$ から加·減·乗·除で表わされてるから，これらも同じ性質の有理式で表わされる.

小川　同じ論法で，二番目の補助方程式の一つの根 α_2 を $1, a_1, \cdots, a_n, \alpha_1$ に付け加えた範囲で

$$g(t:\alpha_1)=0$$

が本当に因数分解されると，二番目の補助方程式の根は，全部，$1, a_1, \cdots, a_n, \alpha_1$ から加·減·乗·除で表わされる係数を持つ，$x_1, x_2, \cdots, x_n$ の有理式で表わされる事が判りますね.

佐々木　「$1, a_1, \cdots, a_n$」の代わりに「$1, a_1, \cdots, a_n, \alpha_1$」を基礎に取って，「$T$」の代わりに「$S^*$」,「$g(t)=0$」の代わりに「$g(t:\alpha_1)=0$」を考えると，いい．

小川　一般的に，k番目の補助方程式の一つの根α_kを$1, a_1, \cdots, a_n, \alpha_1, \alpha_2, \cdots, \alpha_{k-1}$に付け加えた範囲で

$$g(t:\ \alpha_1, \alpha_2, \cdots, \alpha_{k-1})=0$$

が本当に因数分解されると，k番目の補助方程式の根は，全部，$1, a_1, \cdots, a_n, \alpha_1, \alpha_2, \cdots, \alpha_{k-1}$から加·減·乗·除で表わされる係数を持つ，$x_1, x_2, \cdots, x_n$の有理式で表わされますね．

佐々木　「根の公式」のときと同じように，今度も，「代数的可解性の原則」が成立する!

代数的に可解なための条件

広田　ガロアの視点に立って，以上の結果を眺めると?

小川　方程式$f(x)=0$が代数的に解けると，t_0は

$$X^{l_1}=A_1,\quad X^{l_2}=A_2,\ \cdots,\ X^{l_M}=A_M$$

という，いくつかの——さっき調べた，(イ)，(ロ)，(ハ)の性質を持つ——補助方程式の根と，$1, a_1, \cdots, a_n$とから加·減·乗·除で表わされます．

佐々木　これらの補助方程式が，$\Phi_k(y)=0$の役割をしてる．

広田　精確には?

佐々木　これらの補助方程式の根$\alpha_1, \alpha_2, \cdots, \alpha_M$を$1, a_1, \cdots, a_n$に次々に付け加えた範囲で$g(t)=0$の因数分解を考えると，何回目かには，本当に因数分解される．

多くてもM回目には，1次式に因数分解されるから．

小川　$g(t)=0$が1次のときは，問題ありませんね．

佐々木　k回目に，初めて，本当に因数分解されると，α_kは，$1, a_1, \cdots, a_n, \alpha_1, \alpha_2, \cdots, \alpha_{k-1}$から加·減·乗·除で表わされる係数を持つ，$x_1, x_2, \cdots, x_n$の有理式で表わされる．

小川　　$g(t)=g(t:\ \alpha_1, \alpha_2, \cdots, \alpha_{k-1})$

ですからね.

佐々木　問題の有理式の値を変えない，Tの部分群をS_1とすると，S_1はTの正規部分群.

$1, a_1, \cdots, a_n$, $\alpha_1, \alpha_2, \cdots, \alpha_{k-1}$ に，k番目の補助方程式の一つの根 α_k を付け加えた範囲で因数分解するのと，全部の根を付け加えた範囲で因数分解するのとは，(ハ)から，同じだから.

小川　そして，(ロ)から，Tに対するS_1の指数は，l_kですね.

佐々木　S_1の位数が1なら，

$$g(t:\ \alpha_1, \alpha_2, \cdots, \alpha_k)=0$$

は1次で，オシマイ.

そうでないときは，$1, a_1, \cdots, a_n, \alpha_1, \alpha_2, \cdots, \alpha_k$ に $\alpha_{k+1}, \alpha_{k+2}, \cdots$ を次々に付け加えた範囲で，この新しい方程式を因数分解して行くと，さっきと同じ理由で，S_1の正規部分群S_2が求まって，S_1に対するS_2の指数は，「lのナントカ」という素数.

小川　この手順は，多くてもM回目には終わります.

佐々木　結局，$f(x)=0$ が代数的に解けると，その群Tは単位置換だけを含むか，そうでないときは，Tは

$$T\supset S_1\supset S_2\supset\cdots\supset S_N=\{\tau_0\}$$

という，有限個の部分群の系列を持つ. S_kはS_{k-1}の正規部分群で，S_{k-1}に対するS_kの指数は素数. 勿論，S_0はTの意味.

小川　代数的に解けるためには，「S_k の指数は素数」という性質が必要なんですね.

広田　逆は？

佐々木　Tが単位置換だけしか含まないときは，$g(t)=0$ は1次で，$f(x)=0$ は代数的に解ける.

そうでないときは，S_1 に含まれる置換では値は変わらないで，S_1 に含まれない置換では値が変わる，$x_1, x_2, \cdots, x_n$ の整式

$$h_1(x_1, x_2, \cdots, x_n)$$

が見つかる. この係数は $1, a_1, \cdots, a_n$ から加·減·乗·除 で表わされている.

そして，$g(t)=0$ は，二つの方程式

$$g(t:h_1)=0 \quad と \quad \Phi_1(y)=0$$

とに帰着される.

問題は，$\Phi_1(y)=0$ が代数的に解けるか，だ.

小川　それも，この方程式の群から調べるのが，スジですね.

佐々木　スジを通すが男の道!

この方程式は，$1, a_1, \cdots, a_n$ を基礎に取るとき既約だから，重根は持たない.

$$T=S_1\tau_0+S_1\tau_1+S_1\tau_2+\cdots+S_1\tau_{p-1}$$

と組み分けされると，

$$\Phi_1(y)=(y-h_1\tau_0)(y-h_1\tau_1)\cdots(y-h_1\tau_{p-1}).$$

小川　もう一つの手掛りは，S_1 は T の正規部分群ですから…，$h_1\tau_k$ $(1\leqq k\leqq p-1)$ の値を変えない置換の全体もS_1 で，$h_1\tau_k$ は，$1, a_1, \cdots, a_n$ から加・減・乗・除 で表わされる係数を持つ，h_1 の有理式で表わされますね. ですから…

佐々木　ソウ表わしたのを

$$h_1\tau_k=\theta_k(h_1) \quad (k=0, 1, 2, \cdots, p-1)$$

とすると，$\Phi_1(y)=0$ の群は，p 個の置換

$$\sigma_k=\begin{pmatrix}\theta_0(h_1) & \theta_1(h_1) & \cdots & \theta_{p-1}(h_1)\\ \theta_0(h_1\tau_k) & \theta_1(h_1\tau_k) & \cdots & \theta_{p-1}(h_1\tau_k)\end{pmatrix}$$

の全体だ.

小川　この群の位数p は，T に対する S_1 の指数で…，素数ですから，これは巡回群ですね.

佐々木　そうすると，この群の置換は，単位置換でない σ_1 の累乗で表わされるから，

$$\sigma_k=\sigma_1{}^k \quad (k=0, 1, 2, \cdots, p-1)$$

と書ける. 適当に番号を付け直して.

小川　これは

$$h_1\tau_k=h_1\tau_1{}^k$$

という事で…，$h_1\tau_1{}^k$ は $\theta_1{}^k(h_1)$ ですから，結局，$\Phi_1(y)=0$ のp 個の根は

$$\theta_1(h_1),\quad \theta_1{}^2(h_1),\ \cdots,\ \theta_1{}^p(h_1)=h_1,$$

と，$\theta_1(h_1)$ を次々に合成したもので表わされてますね．

佐々木　だから，$\Phi_1(y)=0$ は代数的に解ける．

アーベルのと同じ論法で判る．あのときは，「1の累乗根は有理数から代数的に表わされる」というガウスの結果を使ったが，これはイラナイ．今度は，(ハ)の性質があるから．

だから，h_1 は $1, a_1, \cdots, a_n$ から代数的に表わされて，$g(t)=0$ は，$1, a_1, \cdots, a_n$ から代数的に表わされる係数を持つ方程式 $g(t:h_1)=0$ に帰着される．

小川　同じ事を S_2 で繰り返すと，$1, a_1, \cdots, a_n, h_1$ から代数的に表わされる数 h_2 が求まって，$g(t)=0$ は，$1, a_1, \cdots, a_n$ から代数的に表わされる係数を持つ方程式 $g(t:h_1, h_2)=0$ に帰着されますね．

佐々木　最後には，$g(t)=0$ は，$1, a_1, \cdots, a_n$ から代数的に表わされる係数を持つ，1次方程式

$$g(t:\ h_1, h_2, \cdots, h_N)=0$$

に帰着されて，t_0 は $1, a_1, \cdots, a_n$ から代数的に表わされて，$f(x)=0$ は代数的に解ける！

小川　$f(x)=0$ が代数的に解けるための必要十分条件は，その方程式の群が，さっきの性質を持つ事ですね．

佐々木　これが，ガロアの「代数的可解性の判定法」か——アーベルの夢が実現した！

広田　今日のところを総括しておこう．

要　　約

小川　「代数的可解性の判定法」を見つけました．

佐々木　でも，これは重根を持たない場合だ．重根を持つ方程式に対する判定法は，どうなる？

小川　既約方程式に因数分解して，それぞれに対して，この判定法を使うと，いいですね．

広田　それでも，よい．別の考え方もあるが，それは割愛しよう．

ところで，代数的可解性の仕組みを，その方程式の群の性質に写し取る——という，ガロアの，この手法は，式から群へと考察の視点を移した画期的なものだ．ガロアの成功は，現代数学の夜明けを告げるものである事を，歴史は証明する．

佐々木　光は東方より，現代数学は方程式論より！

広田　与次郎も，いっぱしの評論家とは，なったな．

第28章　代数的可解性を判定する

美しい理論は，広い応用を持つ．
ガロアの理論を応用して，代数的には解けない方程式を構成する．そして，５次以上の方程式には，代数的解法による，根の公式は存在しない事を再確認する．

明石志賀之助·綾川五郎次·丸山権太左衛門……，初代から五十五代まで，与次郎はホイホイと暗唱する．叔父さんが知っているのは，双葉山定次ただ一人である．

目　　標

広田　先日は，「代数的可解性の判定法」を調べたな．
佐々木　重根を持たない方程式 $f(x)=0$ が代数的に解けるための必要十分条件は，その方程式の群 G が単位置換だけを含むか，そうでないときは，G が

$$G\supset G_1\supset G_2\supset\cdots\supset G_N$$

という，有限個の部分群の系列を持つかだ．G_k は G_{k-1} の正規部分群で，G_{k-1} に対する G_k の指数は素数．G_0 は G の意味で，G_N は単位置換だけを含む．
広田　この事実に因んで，問題の性質を持つ置換群は，現在では，可解群と呼ばれている．

小川　そうすると，重根を持たない方程式が代数的に解けるための必要十分条件は，その方程式の群が可解群となる事である——と，簡潔にいえますね．

佐々木　4次までの置換群はゼンブ可解群なのだ．

広田　その通りだ．3次まではスグに判る．4次の場合が面倒だが，家で試みるとよい．

その結果から，4次以下の方程式は代数的に解ける事が再確認される．

佐々木　5次の置換群は？

広田　実は，5次の対称群それ自身が可解ではない．

今日は，この事を確かめて，代数的には解けない5次方程式を作ってみよう．

5次対称群の非可解性（一）

広田　5次の対称群 S_5 で，問題の部分群の系列を求めてみよう．最初の部分群は？

小川　エーと…，それは長さ3の巡回置換をゼンブ含むんじゃないんでしょうか．

佐々木　どうして．

小川　S_5 が可解かどうかは，5次方程式の代数的解法と関係しますね．それで，ルフィニ先生の不可能の証明が浮かんだんですが，あのとき補助方程式の根になる有理式は，長さ3の，どんな巡回置換ででも変わりませんでした．

ところが，ガロアの方法では，補助方程式の根の値を変えない置換全体が，問題の部分群です．ですから，問題の部分群は長さ3の巡回置換をゼンブ含むんじゃないか，と思ったんです．

チョッと突飛な連想ですが．

広田　連想は，飛躍するほど価値がある！

佐々木　でも，どうやって確かめる．

小川　具体的に調べましょう．問題の部分群は，単位置換とは違うのを含んでますね．それを τ とします．

佐々木　単位置換だけなら，指数は120で合成数だ．

小川　単位置換でない5次の置換を，互いに共通な文字を含まない，巡回置換の積に分解すると

（イ）　長さ5の巡回置換，

（ロ）　長さ4の巡回置換，

（ハ）　長さ3の巡回置換，

（ニ）　長さ3の巡回置換と長さ2の巡回置換との積，

（ホ）　長さ2の巡回置換，

（ヘ）　長さ2の巡回置換と長さ2の巡回置換との積，

の六通りでした．

それぞれの場合から，長さ3の巡回置換が作り出せないか，調べてみましょう．

手掛りは，S_5 の勝手な置換σでτを変換した $\sigma^{-1}\tau\sigma$ が問題の部分群に含まれる事，ですね．

佐々木　（イ）の場合には，

$$\tau=(1\ 2\ 3\ 4\ 5)$$

としても，一般性は失われない．でも，σが何でも，

$$\sigma^{-1}\tau\sigma=(\sigma(1)\ \sigma(2)\ \sigma(3)\ \sigma(4)\ \sigma(5))$$

で，何時でも，長さ5の巡回置換だ．前に調べた．

小川　ですから，このままではダメで…，もう一つの手掛りは，τの累乗も問題の部分群に含まれる事ですから…，たとえば，τ^{-1} を掛けてみましょう．

佐々木　$\sigma^{-1}\tau\sigma\tau^{-1}$ が長さ3の巡回置換になるような，σがあるかだ．一つ一つ確かめるか．

小川　ルフィニ先生のときは，長さ3の巡回置換で責め立てるのが基本でしたから，σを長さ3の巡回置換から選んだら．

広田　形よく指す将棋は，筋が良い．

佐々木　それじゃ，一番カッコいい

$$\sigma=(1\ 2\ 3)$$

から始めると,

$$\sigma\tau\sigma^{-1}=(2\ 3\ 1\ 4\ 5),$$

$$(2\ 3\ 1\ 4\ 5)(1\ 2\ 3\ 4\ 5)^{-1}$$
$$=\begin{pmatrix}1&2&3&4&5\\4&3&1&5&2\end{pmatrix}\begin{pmatrix}1&2&3&4&5\\5&1&2&3&4\end{pmatrix}=\begin{pmatrix}1&2&3&4&5\\3&2&5&4&1\end{pmatrix},$$

——ピッタシ，長さ3の巡回置換（1 3 5）だ.

小川　(ロ)の場合も，一般的に

$$\tau=(1\ 2\ 3\ 4)$$

として，いいですね．今と同じように，

$$\sigma=(1\ 2\ 3)$$

とすると,

$$\sigma^{-1}\tau\sigma=(2\ 3\ 1\ 4),$$

$$(2\ 3\ 1\ 4)(1\ 2\ 3\ 4)^{-1}$$
$$=\begin{pmatrix}1&2&3&4&5\\4&3&1&2&5\end{pmatrix}\begin{pmatrix}1&2&3&4&5\\4&1&2&3&5\end{pmatrix}=\begin{pmatrix}1&2&3&4&5\\3&2&4&1&5\end{pmatrix},$$

で，これも長さ3の巡回置換（1 3 4）ですね.

佐々木　(ハ)の場合は問題ない．(ニ)の場合は…

小川　これは簡単ですね．長さ3の巡回置換の2乗は長さ3の巡回置換で，長さ2の巡回置換の2乗は単位置換ですから，τ の2乗は長さ3の巡回置換です.

それから，(ホ)の場合は起こりません.

佐々木　どうして.

小川　一般的に,

$$\tau=(1\ 2)$$

として,

$$\sigma=(1\ 2\ 3\ 4\ 5)$$

を取ると，前に調べたように，τ を $\sigma, \sigma^2, \sigma^3, \sigma^4$ で変換すると，それぞれ

$$(2\ 3),\ (3\ 4),\ (4\ 5),\ (5\ 1)$$

でした．そして，τ で (2 3) を変換すると (1 3) になって，この (1 3) で (3 4) を変換すると (1 4) になりました．

それで，問題の部分群は

$$(1\ 2),\ (1\ 3),\ (1\ 4),\ (1\ 5)$$

を含んでいて，結局，S_5 と一致しますから．

佐々木　そうか．(ヘ)の場合は，一般的に，

$$\tau=(1\ 2)(3\ 4)$$

として，いい．

$$\sigma=(1\ 2\ 3)$$

とすると…，

$$\sigma^{-1}\tau\sigma\tau^{-1}=(1\ 3)(2\ 4)$$

で，ダメ．

小川

$$\sigma=(1\ 2\ 4)$$

とすると…，

$$\sigma^{-1}\tau\sigma\tau^{-1}=(1\ 4)(2\ 3)$$

で，これも長さ3の巡回置換になりませんね．

佐々木

$$\sigma=(1\ 2\ 5)$$

とすると，

$$\sigma^{-1}\tau\sigma=(2\ 5)(3\ 4),$$

$$\begin{aligned}&\{(2\ 5)(3\ 4)\}\{(1\ 2)(3\ 4)\}^{-1}\\&=(2\ 5)(3\ 4)(3\ 4)(1\ 2)\\&=(2\ 5)(1\ 2)=(2\ 5\ 1)\end{aligned}$$

で，長さ3の巡回置換！

これで，問題の部分群は，長さ3の巡回置換を少なくとも一つ含む事は判ったけど…

小川　それで，ゼンブ含む事も判りますね．

問題の部分群は，長さ3の巡回置換

$$\tau=(1\ 2\ 3)$$

を含むとしても，一般性は失われませんね．

そして，前に調べたように，

$$\sigma^{-1}\tau\sigma=(\sigma(1)\ \sigma(2)\ \sigma(3))$$

でしたから．

佐々木　そうか．$1', 2', 3'$ を $1, 2, 3, 4, 5$ の中の，三つの勝手な順列とすると，

$$\sigma=\begin{pmatrix} 1 & 2 & 3 & 4 & 5 \\ 1' & 2' & 3' & * & * \end{pmatrix}$$

で τ を変換した，長さ3の巡回置換 $(1'\ 2'\ 3')$ が含まれる．

広田　とすると，問題の部分群は？

佐々木　偶数個の互換の積で表わされる，置換の全体で——位数60の部分群でないと，いけない．前に調べた．

広田　これは，5次の交代群と呼ばれ，A_5 で表わす習慣だ．

小川　A_5 は S_5 の正規部分群ですね．

A_5 の置換 τ を，S_5 のドンナ置換 σ で変換しても，$\sigma^{-1}\tau\sigma$ は偶数個の互換の積で表わされますから．

佐々木　S_5 に対する A_5 の指数は2で，素数だ．

これで，問題の部分群の系列の最初の部分は

$$S_5 \supset A_5$$

でないと，いけない．

5次対称群の非可解性（二）

広田　そこで，問題の部分群の系列に現われる，第二の部分群は？

小川　A_5 の正規部分群で，A_5 に対する指数が素数のですが…，これも長さ3の巡回置換を含みますね．

問題の部分群は，単位置換とは違うのを含み，それを τ とすると…

佐々木　(イ), (ロ), (ヘ) の場合に，τ を変換するのに使った σ は長さ3の巡回置換で，それは A_5 に含まれるから，さっきと同じ論法が使える．

(ハ), (ニ) の場合も，文句なく，さっきと同じ論法が使える…

小川　そして，(ホ)の場合は，今度も，起こりませんね．

互換を変換するのに使った，長さ5の巡回置換は，長さ3の巡回置換の積で，それは A_5 に含まれますから，さっきと同じ論法で判ります．

佐々木　でも，「少なくとも一つ含む」から「ゼンブ含む」という所は，さっきの σ が A_5 に含まれてないと，うまくない．

小川　エーと…，A_5 に含まれるのが取れそうです．

$1', 2', 3'$ が $1, 2, 3$ の順列のときは，

$$\sigma' = \begin{pmatrix} 1 & 2 & 3 \\ 1' & 2' & 3' \end{pmatrix}$$

が単位置換なら，σ は必要ないし，そうでないなら，互いに共通な文字を含まない，巡回置換の積で表わすと，

(i)　長さ3の巡回置換，

(ii)　長さ2の巡回置換，

の二通りですね．

ですから，(i)の場合は

$$\sigma = \begin{pmatrix} 1 & 2 & 3 & 4 & 5 \\ 1' & 2' & 3' & 4 & 5 \end{pmatrix}$$

を取ると，これは長さ3の巡回置換で，A_5 に含まれるし，(ii)の場合には，

$$\sigma = \begin{pmatrix} 1 & 2 & 3 & 4 & 5 \\ 1' & 2' & 3' & 5 & 4 \end{pmatrix}$$

を取ると，これは二つの互換の積で，これも A_5 に含まれます．

佐々木　$1', 2', 3'$ の中に，4か5がタダ一つあるときは？

小川　$2', 3'$ は $2, 3$ の順列で，

$$\sigma = \begin{pmatrix} 1 & 2 & 3 & 4 & 5 \\ 4 & 2' & 3' & * & * \end{pmatrix}$$

という場合を考えても，一般性は失われませんね．

このとき，

$$\sigma''=\begin{pmatrix}2 & 3\\ 2' & 3'\end{pmatrix}$$

が単位置換なら，

$$\sigma=\begin{pmatrix}1&2&3&4&5\\4&2&3&5&1\end{pmatrix}=(1\ 4\ 5)$$

が取れます．σ'' が互換なら，

$$\sigma=\begin{pmatrix}1&2&3&4&5\\4&3&2&1&5\end{pmatrix}=(1\ 4)(2\ 3)$$

が取れます．

佐々木　$1', 2', 3'$ の中に，4と5とがあるときは？

小川　そのときは，

$$\sigma=\begin{pmatrix}1&2&3&4&5\\4&5&3'&*&*\end{pmatrix}$$

という場合を考えても，一般性は失われませんね．

$3'$ が3なら，

$$\sigma=\begin{pmatrix}1&2&3&4&5\\4&5&3&1&2\end{pmatrix}=(1\ 4)(2\ 5)$$

が取れるし，$3'$ が2なら，

$$\sigma=\begin{pmatrix}1&2&3&4&5\\4&5&2&3&1\end{pmatrix}=(1\ 4\ 3\ 2\ 5)$$

が取れますね．

佐々木　$3'$ が1なら，

$$\sigma=\begin{pmatrix}1&2&3&4&5\\4&5&1&2&3\end{pmatrix}=(1\ 4\ 2\ 5\ 3)$$

が取れる．

結局，単位置換ではない置換を含む，A_5 の正規部分群は A_5 だけか．

小川　それで，A_5 と違う，A_5 の正規部分群は，単位置換だけを含むものですが，A_5 に対する指数は60で，素数ではありませんね．

佐々木　だから，A_5 から先は，問題の部分群の系列は作れない．つまり，S_5 は可解群ではナイ！

広田　その通りだ.

この事実は，ガロアも指摘している.「分解不可能な群が持つ事のできる順列の個数で最小なものは，素数の場合を除けば，5×4×3 だ」と，“ガロアの遺書”にあっただろう.

既約方程式の群

佐々木　5次の対称群は可解群ではないから，目標の，代数的には解けない方程式としては，その方程式の群が5次の対称群になるのを作るんだね.

広田　その通りだ.

5次とは限らず，何次の対称群でも，それを群に持つ数係数の方程式が存在する．それは，ヒルベルトという人が初めて証明した．1892年の事だ.

もっとも，ヒルベルトの場合は「存在」の証明であって，具体的に，どんな係数となるかは示していない.

具体的な係数を決定する問題は，ウェーバーという人が著書『代数学』で初めて考察した．1898年の事だ.

佐々木　周恩来首相が生まれた年だ．で，どうするの？

広田　ウェーバーは，彼の時代までに知られていた知識を動員する.

先ず，「既約方程式の群は推移群」という性質だ．これを確認しよう.

小川　推移群でないと既約ではない，わけですね.

佐々木　チャンと考えると――n次の方程式

$$f(x)=0$$

は重根を持たなくて，その群をGとする.

Gが推移群でないとき，$f(x)$ は，その係数を基礎に取った範囲で，因数分解される事を確かめる.

小川　そのときの因数は，この方程式の根の一部分を，根に持つものですから，どんな根から問題の因数が求まるか――ですね.

広田　それも，G次第だな.

佐々木　だから，Gと根との関係を調べる．つまり，根で，Gに含まれる置換をしてみる…

小川　Gに含まれる置換をしても，ヤッパリ，問題の方程式の根ですが…，わかりました．

x_1を問題の方程式の根とします．x_1でGに含まれる置換をするときに出来る，互いに違う根を

$$x_1,\quad x_2,\ \cdots,\ x_m$$

とします．

Gが推移群でないときは，$m<n$ です．

佐々木　どうして．

小川　$m=n$ なら，$x_1, x_2, \cdots, x_n$ の中の勝手な二つ x_k, x_j に対して，x_k を x_j におきかえる置換がGの中にありますね．

x_1 を x_k におきかえる置換の逆置換と，x_1 を x_j におきかえる置換との積が，そうです．

ですから，$m=n$ なら，Gは推移群になります．

佐々木　そうか．

小川　それで，問題の因数として，

$$g(x)=(x-x_1)(x-x_2)\cdots(x-x_m)$$

が考えられますね．

佐々木　問題の因数になるのには，$g(x)$ の係数が，$f(x)$ の係数から 加·減·乗·除 で表わされてないと，いけない．

小川　手掛りは，$g(x)$ の係数は $x_1, x_2, \cdots, x_m$ の対称式という事で…

広田　いま一つある．G は方程式 $f(x)=0$ の群，という性質は，まだ，使ってない．

小川　あっ，そうか…，わかりました．

「$f(x)$ の係数から 加·減·乗·除 で表わされる係数を持つ，$f(x)=0$ の根の有理式でGに含まれる置換をするとき，ドノ置換ででも，その値が変わらない

なら，その有理式は $f(x)$ の係数から加·減·乗·除で表わされる」を使うんですね．

佐々木　それじゃ，Gに含まれる勝手な置換τで，

$$x_1,\quad x_2,\ \cdots,\ x_m$$

は，互いに入れかわる事が判ると，いい．

小川　それは，大丈夫ですね．

$$x_1\tau,\quad x_2\tau,\ \cdots,\ x_m\tau$$

が，互いに違う根になる事は，明らかですね．

佐々木　τは，根の間の置換だから．

小川　それから，x_1 を $x_j(1\leqq j\leqq m)$ におきかえる置換をσとすると，$\sigma\tau$ は x_1 を $x_j\tau$ におきかえるので，$x_j\tau$ は $x_1, x_2, \cdots, x_m$ のドレカです．

佐々木　結局，既約方程式の群は推移群！

広田　この事実に相当する命題は，1802年の，ルフィニの論文にある．「有理数係数の既約方程式の，根の有理式の値を変えない置換の全体は，推移群である」という形で．

互換を含む推移群

広田　5次の既約方程式の群は推移群，という事は判った．さらに，どんな性質を持つと，対称群となるか？

小川　エーと…，ルフィニ先生の結果では，「5次の推移群の位数は5の倍数」で，「位数が5の倍数である5次の置換群は，位数5の置換を含む」のでしたから，5次の推移群は長さ5の巡回置換を含みます．

ですから，さっきも調べたように，互換を含むと対称群になります．

佐々木　でも，このルフィニの結果は，まだ，証明してない．

広田　ウェーバーは，「少なくとも一つの互換を含む，次数が素数の推移群は対称群」という，小川君の結論を一般化した性質，も動員する．

今度は，これを確認しよう．

小川　問題の推移群をG，その位数をnとします．Gは互換$(1\ 2)$を含む，としても一般性は失われません．

佐々木　この外の，$n-2$ 個の互換

$$(1\ j)\qquad (j=3, 4, \cdots, n)$$

も含むと，Gは対称群だ．

だから，Gが対称群でないなら，$m-1$ 個の互換

$$(1\ j)\qquad (j=2, 3, \cdots, m)$$

はGに含まれるが，残りの $n-m$ 個の互換

$$(1\ k)\qquad (k=m+1,\ m+2, \cdots, n)$$

はGには含まれない，としても一般性は失われない．

これから，何かオカシナ事が出てくる？

広田　1をmより大きい自然数へおきかえる互換は，Gには含まれない．だが，Gは推移群だから…

小川　1をmより大きい自然数におきかえる，互換ではない，置換をGは含みます．

広田　その一つを

$$\tau=\begin{pmatrix} 1 & 2 & \cdots & m & \cdots \\ i_1 & i_2 & \cdots & i_m & \cdots \end{pmatrix}$$

としよう．i_1 はmより大きい自然数だ．

すると，Gは対称群ではない推移群，という性質は？

小川　$i_1, i_2, \cdots, i_m$ というm個の自然数が，$1, 2, \cdots, n$ の中にある，と捉えられますね．

佐々木　わかって来た．

このm個の自然数は $1, 2, \cdots, m$ のドレとも違うんだ．キット．

そして，これらの $2m$ 個の自然数の外に，n以下の自然数があると，同じ事を繰り返し考えて行く．

この手順は何回かで終わるから，s回で終わるとすると，$n=sm$ だけど，m

は2以上の自然数だから，これはnが素数という事と矛盾する．だから，Gは対称群だ——という寸法だ．

これと似た論法は，いままで，何回も使った．

広田　その通りだが，与次郎が注意した性質は？

小川　エーと…，マトモに証明するのは，どうしていいのか判りませんので——$i_2, \cdots, i_m$ の中の一つ i_l が $1, 2, \cdots, m$ の中のjと同じとして，矛盾が出ないか調べてみます．

佐々木　手掛りは，$(1\ l)$ も $(1\ j)$ もτもGに含まれている，という事で…わかった．

さっき，5次の対称群の可解性を調べた時のように，$(1\ l)$ をτで変換すると，

$$\tau^{-1}(1\ l)\tau=(i_1\ i_l)=(i_1\ j)$$

はGに含まれる．

だから，これを $(1\ j)$ で変換した

$$(1\ j)^{-1}(i_1\ j)(1\ j)=(i_1\ 1)$$

がGに含まれる事になる．

でも，これはオカシイ．i_1 は m より大きい自然数なんだから．

小川　jが1のときは，$(1\ j)$ という互換はないけど，そのときは，前半で矛盾が出ますね．

佐々木　結局，$i_1, i_2, \cdots, i_m$ は $1, 2, \cdots, m$ のドレとも違う．

そして，これらの $2m$ 個の外に，n以下の自然数 k_1 があると，1をk_1におきかえる置換

$$\rho=\begin{pmatrix} 1 & 2 & \cdots & m & \cdots \\ k_1 & k_2 & \cdots & k_m & \cdots \end{pmatrix}$$

がGに含まれている．だから，

$$k_1,\quad k_2,\quad \cdots,\quad k_m$$

という自然数が $1, 2, \cdots, n$ の中にあって，さっきの $2m$ 個の自然数のドレとも違う．

$1, 2, \cdots, m$ のドレとも違う事は，さっきと同じ論法で判る．

小川　$i_1, i_2, \cdots, i_m$ のドレとも違う事は，もし $k_p (2 \leqq p \leqq m)$ と i_q とが同じなら，

$$\rho^{-1}(1\ p)\rho = (k_1\ k_p) = (k_1\ i_q)$$

がGに含まれます．それから，えーと…，k_1は $i_1, i_2, \cdots, i_m$ のドレとも違うので，

$$\tau^{-1} = \begin{pmatrix} i_1 & i_2 & \cdots & i_m & \cdots & k_1 & \cdots \\ 1 & 2 & \cdots & m & \cdots & r & \cdots \end{pmatrix}$$

と書けますね．rはmより大きい，自然数です．

ですから，τ^{-1} で $(k_1\ k_q)$ を変換すると，

$$\tau(k_1\ i_q)\tau^{-1} = (r\ q)$$

がGに含まれて，qが1なら矛盾ですし，qが1でないときは，さっきの後半と同じ論法で，矛盾が出ます．

佐々木　この手順は何回かで終わる．s回で終わると，$1, 2, \cdots, n$ はm個ずつの，互いに共通な自然数を含まない，s個の組に分けられる．同じ論法で判る．

だから，$n = sm$ でないと，いけない．mは2以上の自然数だから，これはnが素数という事に矛盾して――結局，Gは対称群．

ウェーバーの構想

広田　さて，対称群を方程式の群に持つものを構成するのに，ウェーバーは，実係数の既約方程式と，その実根の個数とに着目する．

佐々木　どうして．

広田　方程式の解法に対する，ガロアの視点は？

小川　重根を持たないn次方程式

$$f(x) = 0$$

を解くのに，その根 $x_1, x_2, \cdots, x_n$ の1次式で，有理数 c_k をウマク選んで作った

$$t_0=c_1x_1+c_2x_2+\cdots+c_nx_n$$

を根に持つ既約方程式

$$g(t)=0$$

に帰着させます．

佐々木　そして，f の係数から 加·減·乗·除 で表わされてる係数を持つ，$x_1, x_2, \cdots, x_n$ の有理式

$$h(x_1, x_2, \cdots, x_n)$$

を一つ取ってきて，$g(t)=0$ を，二つの方程式

$$\Phi(y)=0 \qquad \text{と} \qquad g(t:h)=0$$

とに帰着させる．

小川　それから，f の係数と h とから 加·減·乗·除 で表わされる係数を持つ，$x_1, x_2, \cdots, x_n$ の有理式

$$h_1(x_1, x_2, \cdots, x_n)$$

を一つ取ってきて，$g(t:h)=0$ を，二つの方程式

$$\Phi_1(y)=0 \qquad \text{と} \qquad g(t:h, h_1)=0$$

とに帰着させます．

佐々木　t_0 を根に持つ方程式

$$g(t:h, h_1)=0$$

が1次方程式になるまで，これを繰り返す．

この手順を，方程式の群の立場から眺めるのが，ガロアの視点だった．

広田　t_0 を根とする，方程式の次数は？

佐々木　$g(t)=0$ の次数は，方程式 $f(x)=0$ の群 G の位数だ．

小川　$g(t:h)=0$ の次数は，G に含まれる置換で，h の値を変えないもの全体の置換群 G_1 の位数です．

佐々木　$g(t:h, h_1)=0$ の次数は，G_1 に含まれる置換で h_1 の値を変えないもの，つまり，G に含まれる置換で h, h_1 の値を変えないもの全体の置換群 G_2 の位数で——順々に，こうなってる．

広田　この手順で，

$$h(x_1, x_2, \cdots, x_n)=x_1,$$
$$h_j(x_1, x_2, \cdots, x_n)=x_{j+1} \quad (j=1, 2, \cdots, n-1)$$

と取れるな．nが3より大きいとき，

$$g(t:\ h, h_1, \cdots, h_{n-3})=0$$

の次数は？

佐々木　つまり，

$$g(t:\ x_1, x_2, \cdots, x_{n-2})=0$$

の次数だから，Gに含まれる置換で $x_1, x_2, \cdots, x_{n-2}$ の値を変えないもの全体の置換群 G_{n-3} の位数．

広田　G_{n-3} に含まれる置換は？

小川　えーと…，

$$\begin{pmatrix} x_1 & x_2 & \cdots & x_{n-2} & x_{n-1} & x_n \\ x_1 & x_2 & \cdots & x_{n-2} & * & * \end{pmatrix}$$

という形ですから，互換か単位置換ですね．

広田　Gが互換を含まないと？

佐々木　G_{n-3} は単位置換だけを含むから，問題の次数は1だ．

広田　とすると，t_0 は？

小川　$x_1, x_2, \cdots, x_{n-2}$ とfの係数とから，加·減·乗·除 で表わされます．

広田　すると，残りの二根 x_{n-1}, x_n は？

佐々木　$x_1, x_2, \cdots, x_{n-2}$ とfの係数とから，加·減·乗·除 で表わされる．t_0 とfの係数からソウ表わされるから．

広田　そこで，n は3より大きい素数，$f(x)=0$ は実係数の既約方程式で，それが $n-2$ 個の実根を持つ場合に着目すると？

小川　わかりました．おっしゃりたい事が判りました．

Gが対称群でないときは，残りの二つの根も実根ですね．——Gは推移群で，その次数は素数ですから，Gが対称群でないときは，Gは互換を含みませんから．

ですから…

佐々木　問題の方程式が，$n-2$ 個の実根と，2個の共役な虚根とを持つと，Gは対称群!

この結果を使って，代数的には解けない方程式を作ろう，というのがウェーバーの構想なんだね．

代数的には解けない方程式

広田　既約方程式を求めるのに，ウェーバーは次の判定法を援用する．

「$f(x)$ は整数を係数とする整式とする．$f(x)$ の最高次の係数は，ある素数 p では割り切れないが，それ以外の，すべての係数は p で割り切れ，しかも，その定数項が p^2 では割り切れないなら，この整式 $f(x)$ は，係数を基礎に取るとき，既約である．」

これは，アイゼンシュタインの定理と呼ばれている，有名な既約性の判定法だ．もっとも，アイゼンシュタインが発表したのは1850年だが，その前の1846年に，シェーネマンという人が，同じ雑誌に，発表している．

佐々木　そうすると，この判定法の条件を満足していて，三つの実根と二つの共役な虚根を持つ，5次方程式を作ると，いい．

小川　えーと…，数ⅡBの教科書に，こんな問題がありましたね：a が正の実数のとき，5次方程式

$$x^5-5a^4x-5=0$$

が，三つの異なる実根と一組の虚根とを持つように，a の範囲を決めよ．

これが使えますね．

佐々木　あった，あった．でも，答は忘れた．

小川　$$g(x)=x^5-5a^4x-5$$

とおくと，$g(x)=0$ が三つの違う実根と一組の虚根を持つ事は，$y=g(x)$ のグラフが x 軸と三回交わる事と同値で…

佐々木　$$g'(x)=5x^4-5a^4=5(x-a)(x+a)(x^2+a^2)$$

だから，$g'(x)$ の符号と $f(x)$ の増減表は

x		$-a$		a	
$g'(x)$	$+$	0	$-$	0	$+$
$g(x)$	↗	極大	↘	極小	↗

小川　それで，極小値は

$$g(a)=-(4a^5+5)<0,$$

極大値は

$$g(-a)=4a^5-5.$$

佐々木　だから，$y=g(x)$ のグラフが x 軸と三回交わるための必要十分条件は，極大値が正となる事で，

$$a^5>\frac{5}{4}\quad つまり\quad a>\sqrt[5]{\frac{5}{4}}.$$

小川　それで，$a=2$ とすると，5次方程式

$$x^5-80x-5=0$$

は，さっきの判定法の条件を満足していて，三つの実根と一組の虚根とを持ちますから，この方程式の群は5次の対称群ですね．

佐々木　これで，グー．

代数的には解けない方程式が作れた！

小川　アイゼンシュタインの定理の証明は…

広田　割愛する．そろそろ時間だ．

佐々木　要するに，因数分解されると，仮定に反する．

広田　整係数の整式が，有理数係数の整式に因数分解されると，これら因数の係数は整数に取る事が出来る——という点に留意さえすれば，よい．

問題の $f(x)$ が既約でないなら，整係数の二つの整式へと因数分解される．この二つの因数の係数と，f の係数との関係を考察する．

すると，f の定数項が p^2 では割り切れない事と，f の最高次以外の係数は p で割り切れる事とから，f の最高次の項の係数が p で割り切れるという，不

合理が導かれる．——家で試みると，よい．

さて，今日のところを総括しておこう．

要　　約

佐々木　代数的には解けない，５次方程式を作った．

小川　それで，５次方程式には，代数的解法による，根の公式はない事が，ガロアの理論から，再確認されました．

佐々木　だから，５次以上の方程式にも，代数的解法による，根の公式はない事も再確認された．

小川　方程式の代数的解法の問題には，これでケリがつきましたね．

佐々木　カルダノ・フェラリ・チルンハウゼン…，思えば，ずいぶんとシゴかれた！

第29章　ガロア理論ここに始まる

大切りは，デデキントである．
方程式論における最後の大改革は，デデキントによって，遂行される．「集合と写像」という視点に立つもので，現代代数学の基礎はココに確立する．

ネッシーはバイキングの船だ，て新聞に出てた——与次郎が切り出す．

佐々木　諸説フンプンで，どれが本当か迷っちゃう．

小川　どれも本当ではないかも知れませんね．

広田　ともかく，色んな発想があるものだ．そこが面白い．方程式に関するガロアの理論にも，大きな発想の転換が行われる．

佐々木　引っ越しのとき，チラと出てきた，デデキントだね．今日は，その話だね．

数体の導入

広田　デデキントは「集合と写像」という視点に立つ．

佐々木　数学教育の現代化みたいだ．

広田　現代数学の，この思潮は，デデキントを以て嚆矢とする．

さて，方程式の代数的解法とは？

佐々木　方程式の各根を，その方程式の係数から，加・減・乗・除 と累乗根とを使って表わす事だ．

広田　精確には？

小川　与えられた方程式を，

$$X^l = \text{定数}$$

という型の，いくつかの補助方程式に帰着させて解く事です．このとき，帰着させる補助方程式の定数項は，次の性質を持つように制限されます：

一番目に解く補助方程式の定数項は，問題の方程式の係数から 加・減・乗・除で作られる．二番目に解く補助方程式の定数項は，一番目の補助方程式の根と，問題の方程式の係数とから 加・減・乗・除 で作られる．——順々に，こうなっています．

広田　結局，代数的解法では，方程式の係数と，補助方程式の根とから，四則で表わされる数が問題となるな．

このように，いくつかの数から四則で表わされる数全体の集合に，デデキントは着目する．

この集合の特徴は？

佐々木　質問の意味が判らない．

広田　この集合は四則から作られた．そこで，四則という観点から眺めると？

小川　問題の集合に含まれる数から 加・減・乗・除 で表わされる数は，ヤッパリ問題の集合に含まれます．

広田　この特徴から，デデキントは「数体」という概念を導入する．1857年の事だ．

佐々木　下田条約が結ばれた年だね．

広田　「実数または複素数の，ある一つの集合が，四則によって，それ自身が再生されるという性質を持つとき，これを数体と呼ぶ」と，デデキントは書いている．

「この際，商の分母としては，もちろん，零をとらない．だから，数体には少なくとも一つの，零とは異なる数が含まれるものと仮定する．そうでないと，商という事が対象とならないからである」と，補足説明する．

小川 数体というのは，複素数全体の集合の部分集合で，零とは違う数を少なくとも一つ含んでいて，この集合に含まれている勝手な二つの数の和・差・積・商が，また，この集合に含まれる——というもの，なんですね．

広田 たとえば？

佐々木 有理数の全体．

有理数から加・減・乗・除で表わされる数は，有理数だから．

広田 これは有理数体と呼ばれ，$\boldsymbol{Q}$ で表わす習慣だ．

佐々木 それから，実数全体の集合や，複素数全体の集合も．

広田 これらは，実数体・複素数体と呼ばれ，それぞれ，$\boldsymbol{R}$・$\boldsymbol{C}$ で表わす習慣だ．

複素数体 $\boldsymbol{C}$ は，任意の数体を含むな．この包含関係の意味で，$\boldsymbol{C}$ は最大の数体だ．

佐々木 それじゃ，有理数体 $\boldsymbol{Q}$ は最小の数体だ．

数体は零でない数 a を含むから，a を a で割った，1を含む．だから，整数全体を含み，それでまた，有理数全体を含む．つまり，$\boldsymbol{Q}$ は勝手な数体に含まれる．

広田 この数体という概念は，当時としては，革新的なものだ．

「この名称は，科学・幾何学または人間の社会生活におけると同様に，何等かの意味で完結していて，有機的な全体として自然に一つのものにまとまった，という意味合いのものである」と，デデキントは，わざわざ，著書『整数論講義』で注釈している位だ．

小川 ルフィニ先生の置換群は，「それに含まれる勝手な二つの置換の積が，また，それに含まれる」というのでしたね．

これからすると，数体の概念は自然に受け入れられる，と思うんですが．

広田 置換群と数体とでは，集合として，大きな違いがある．一方は有限集合で，他方は無限集合だ．

「私は，無限というものを何か完結したものとして扱うことに反対する．そんな概念の使い方は，数学においては決して許されない」という思想が支配していた時代だ．

これは，1831年のガウスの意見だ．1831年は，デデキント誕生の年でもある．

数体の拡大

広田　方程式論では，$\boldsymbol{Q}\cdot\boldsymbol{R}\cdot\boldsymbol{C}$ の外にも，種々な数体が現われるな．

佐々木　方程式の係数から 加·減·乗·除 で表わされる数の全体，という数体がある．

代数的解法で，一番目に解く補助方程式の定数項は，この数体に含まれる数だ．

広田　これは，係数を含む最小の数体だな．

小川　二番目に解く補助方程式の定数項は——与えられた方程式の係数を含む最小の数体と，一番目の補助方程式の根とを含む——最小の数体に，含まれます．

広田　一般に，いくつかの複素数 $a, b, c, \cdots$ が与えられている，とする．それは有限個でも，そうでなくとも，よい．

このとき，小川君の数体を一般化すると，一つの数体Aと，これらの複素数 $a, b, c, \cdots$ とから，数体が作れるな．

佐々木　Aに含まれる数と $a, b, c, \cdots$ とから，加·減·乗·除 で表わされる数の全体．

小川　Aと $a, b, c, \cdots$ とを含む最小の数体です．

広田　これは，Aに $a, b, c, \cdots$ を添加した数体と呼ばれ，

$$A(a, b, c, \cdots)$$

で表わす習慣だ．

佐々木　そうすると，複素数体 $\boldsymbol{C}$ は，実数体 $\boldsymbol{R}$ に虚数単位 i を添加した数体で，

$$\boldsymbol{C}=\boldsymbol{R}(i)$$

と書ける.

広田　わかりが，よいな．今日の，与次郎は.

佐々木　ヒトコト多い．でも，「数体」というのは便利だね．今までのように，「加·減·乗·除 で表わされる」という文句を繰り返さなくても，すむ.

小川　既約性の問題も，そうですね.

与えられた，いくつかの複素数を基礎にとって，これらの数から 加·減·乗·除で表わされる係数を持つ，方程式を考えるのでしたから——与えられた複素数を含む最小の数体を基礎にとって，この数体に含まれる数を係数に持つ，方程式を調べる事になりますから.

佐々木　たとえば，ある数体に含まれる数を係数に持つ，二つの整式の最大公約式は，ヤッパリ，この数体に含まれる数を係数に持つ——と，いった具合だ.

広田　記述の簡単化だけでは，ない.

方程式の代数的解法を，数体を通して，眺めると？

小川　えーと…，与えられた方程式の根を，その係数と，補助方程式の根とから 加·減·乗·除 で表わす事ですから——与えられた方程式の係数を含む最小の数体に，補助方程式の根を次々に添加していって，最後には，与えられた方程式の根を含む，そんな数体を作る事です.

広田　その通りだ．いまの説明で，最後の数体は，最初の数体を含んでいるな.

これを一般化して，数体 A が数体 B を含むとき，A を B の拡大体，B を A の部分体と呼び，

$$A/B$$

で表わす習慣だ.

方程式の代数的解法を，数体の拡大の問題として捉える——これがデデキントの卓見で，肝要なのだ.

そこで，ガロアの理論も，「数体の拡大」という立場から眺めてみよう.

小川　ガロアは，重根を持たないn次方程式

$$f(x)=0$$

を解くのに，その根 $x_1, x_2, \cdots, x_n$ の1次式で，有理数 c_k をウマク選んで作った

$$t_0=c_1x_1+c_2x_2+\cdots+c_nx_n$$

を根に持つ既約方程式

$$g(t)=0$$

に帰着させます．

佐々木　そして，f の係数から 加・減・乗・除 で表わされている係数を持つ，$x_1, x_2, \cdots, x_n$ の有理式

$$h(x_1, x_2, \cdots, x_n)$$

を一つ取ってきて，$g(t)=0$ を二つの方程式

$$\Phi(y)=0 \qquad \text{と} \qquad g(t:h)=0$$

とに帰着させる．

小川　それから，fの係数とhとから 加・減・乗・除 で表わされる係数を持つ，$x_1, x_2, \cdots, x_n$ の有理式

$$h_1(x_1, x_2, \cdots, x_n)$$

を一つ取ってきて，$g(t:h)=0$ を二つの方程式

$$\Phi_1(y)=0 \qquad \text{と} \qquad g(t:h, h_1)=0$$

とに帰着させます．

佐々木　t_0 を根に持つ方程式

$$g(t:h, h_1)=0$$

が1次方程式になるまで，これを繰り返す．

この手順を，方程式の群から眺めるのだった．

小川　ですから，方程式 $f(x)=0$ の係数を含む最小の数体をKとすると，Kに補助方程式の根 $h, h_1, \cdots, h_N$ を次々に添加していって，最後には，t_0を含む数体 $K(h, h_1, \cdots, h_N)$ を作る事です．

t_0 が，最後には，f の係数と $h, h_1, \cdots, h_N$ とから加·減·乗·除で表わされるように，するのですから．

佐々木　結局，Kを拡大して，

$$K(t_0) \subset K(h, h_1, \cdots, h_N)$$

となる，数体 $K(h, h_1, \cdots, h_N)$ を求める事だ．

$h, h_1, \cdots, h_N$ が f の係数から代数的に表わされてると，$x_1, x_2, \cdots, x_n$ もソウ表わされる．$x_1, x_2, \cdots, x_n$ は $K(t_0)$ に含まれてるから．

小川　つまり，

$$K(x_1, x_2, \cdots, x_n) \subset K(t_0)$$

ですからね．

広田　一方，h は $K(x_1, x_2, \cdots, x_n)$ に含まれる数だな．また，h_1 は $K(x_1, x_2, \cdots, x_n, h)$ すなわち $K(x_1, x_2, \cdots, x_n)$ に含まれる数で…

小川　結局，

$$K(h, h_1, \cdots, h_N) \subset K(x_1, x_2, \cdots, x_n)$$

ですね．

広田　と，いう事は？

佐々木　さっきのと合わせて，

$$K(x_1, x_2, \cdots, x_n) = K(t_0) = K(h, h_1, \cdots, h_N)$$

という事だ．

広田　と，すると？

小川　Kに問題の方程式の根を添加した数体 $K(x_1, x_2, \cdots, x_n)$ を作る事で，問題の方程式が代数的に解けるかどうかは——この数体が，Kに含まれる数から代数的に表わされる数を，Kに添加して求められるか——と，いう事になりますね．

広田　その通りだ．そして，$h, h_1, \cdots, h_N$ の選び方は，方程式の群と関連していた．

そこで，方程式の群と数体 $K(x_1, x_2, \cdots, x_n)$ との関係に目が向けられる事となる．

佐々木　あんた，数体の何なのサ？

自己同型の導入

広田　問題の方程式 $f(x)=0$ の群とは？

佐々木　この方程式の根は，Kに含まれる数を係数に持つ，t_0の有理式で表わされるから，そう表わしたのを

$$x_1=\theta_1(t_0),\quad x_2=\theta_2(t_0),\ \cdots,\ x_n=\theta_n(t_0)$$

とする．

そして，t_0 を根に持つ方程式 $g(t)=0$ の次数をm，そのm個の根を

$$t_0,\quad t_1,\ \cdots,\ t_{m-1}$$

とするとき，m個の置換

$$\begin{pmatrix} \theta_1(t_0) & \theta_2(t_0) & \cdots & \theta_n(t_0) \\ \theta_1(t_k) & \theta_2(t_k) & \cdots & \theta_n(t_k) \end{pmatrix} \quad (k=0,1,2,\cdots,m-1)$$

の集合が，問題の群だ．

広田　この置換の原点は？

小川　アーベルで，Kに含まれる数を係数に持つ，$x_1,x_2,\cdots,x_n$ の有理式を，t_0の有理式で表わして，t_0 を t_k に換える，という事でした．

広田　当面の課題と結びつけると？

佐々木　$K(x_1,x_2,\cdots,x_n)$ に含まれる数を t_0 の有理式で表わして，t_0 を t_k に換える事だ．

Kに含まれる数を係数に持つ，$x_1,x_2,\cdots,x_n$ の有理式で表わされる数の全体は，$K(x_1,x_2,\cdots,x_n)$ だから．

広田　t_0 を t_k に置き換えた，問題の数は？

小川　$K(x_1,x_2,\cdots,x_n)$ に含まれますね．

t_k は，K に含まれる数を係数に持つ，t_0 の有理式で表わされて，$K(t_0)=K(x_1,x_2,\cdots,x_n)$ ですから．

広田　すると，問題の方程式の群に含まれる置換とは？

佐々木　$K(x_1, x_2, \cdots, x_n)$ から $K(x_1, x_2, \cdots, x_n)$ への写像だ.

小川　写像になるには，t_0 を t_k に換えるとき，ただ一つの数が決まらないと，いけませんが…，大丈夫ですね.

　$K(x_1, x_2, \cdots, x_n)$ つまり $K(t_0)$ に含まれる数は，Kに含まれる数を係数に持つ t_0 の整式で，ただ一通りに，表わされますから.

佐々木　どうして.

小川　前に調べたように，K に含まれる数を係数に持つ t_0 の有理式は，$g(t)=0$ を利用して分母を有理化すると，

$$c_0+c_1t_0+c_2t_0{}^2+\cdots+c_{m-1}t_0{}^{m-1} \quad (c_j \in K)$$

と表わされますね.

　そして，$K(t_0)$ に含まれる数が，二通りに表わされると，つまり

$$c_0+c_1t_0+\cdots+c_{m-1}t_0{}^{m-1}=d_0+d_1t_0+\cdots+d_{m-1}t_0{}^{m-1}$$

となると，

$$(c_0-d_0)+(c_1-d_1)t_0+\cdots+(c_{m-1}-d_{m-1})t_0{}^{m-1}=0$$

ですが，Kを基礎に取るとき，$g(t)=0$ は既約ですから，これから

$$c_0-d_0=0,\quad c_1-d_1=0,\ \cdots,\ c_{m-1}-d_{m-1}=0$$

となりますね.

広田　問題の写像

$$\varphi_k:\ c_0+c_1t_0+\cdots+c_{m-1}t_0{}^{m-1} \longmapsto c_0+c_1t_k+\cdots+c_{m-1}t_k{}^{m-1}$$

の性質は？

佐々木　「一対一」だ.

$$c_0+c_1t_k+\cdots+c_{m-1}t_k{}^{m-1}=d_0+d_1t_k+\cdots+d_{m-1}t_k{}^{m-1}$$

なら，小川君が注意したように，

$$c_0=d_0,\quad c_1=d_1,\ \cdots,\ c_{m-1}=d_{m-1}$$

で，

$$c_0+c_1t_0+\cdots+c_{m-1}t_0{}^{m-1}=d_0+d_1t_0+\cdots+d_{m-1}t_0{}^{m-1}$$

だから．

小川　それから，「上への」写像ですね．

t_0 も，さっきのように，K に含まれる数を係数に持つ t_k の整式で表わされますから，$K(t_0)$ に含まれる数は，

$$d_0+d_1t_k+\cdots+d_{m-1}t_k{}^{m-1} \qquad (d_j\in K)$$

と書けて，

$$\varphi_k(z)=d_0+d_1t_k+\cdots+d_{m-1}t_k{}^{m-1}$$

となる数 $z=d_0+d_1t_0+\cdots+d_{m-1}t_0{}^{m-1}$ が，$K(t_0)$ に含まれてますから．

広田　数体は四則から作られた．そこで，四則という観点からの性質は？

佐々木　質問の意味が判らない．

小川　u, v が $K(t_0)$ に含まれるとき，$\varphi_k(u)$ と $\varphi_k(v)$ との和・差・積・商と，u と v との和・差・積・商との関係ですね．

広田　その通りだ．

佐々木

$$u=c_0+c_1t_0+\cdots+c_{m-1}t_0{}^{m-1},$$
$$v=d_0+d_1t_0+\cdots+d_{m-1}t_0{}^{m-1},$$

と書くと，

$$\begin{aligned}&\varphi_k(u)+\varphi_k(v)\\&\quad=(c_0+d_0)+(c_1+d_1)t_k+\cdots+(c_{m-1}+d_{m-1})t_k{}^{m-1}\\&\quad=\varphi_k((c_0+d_0)+(c_1+d_1)t_0+\cdots+(c_{m-1}+d_{m-1})t_0{}^{m-1})\\&\quad=\varphi_k(u+v).\end{aligned}$$

小川　同じ計算で…，

$$\varphi_k(u)-\varphi_k(v)=\varphi_k(u-v),$$
$$\varphi_k(v)\cdot\varphi_k(v)=\varphi_k(uv),$$
$$\frac{\varphi_k(u)}{\varphi_k(v)}=\varphi_k\left(\frac{u}{v}\right),$$

ですね．

広田　「数体 A の任意の数 $u, v, w, \cdots$ から有理演算によって，A に属する数 t が得られるとき，それらの像 $u', v', w', \cdots$ から，同じ有理演算によって，数 t

の像 t' が得られるようにしたい．この性質を持つ写像 φ を，A の同型置換とよぶ．

どんな有理演算も，加法·減法·乗法·除法の組み合わせによって生ずるから，写像 φ が同型置換となるのは，A に含まれる任意の二つの数 u, v に対して次の四つの基本法則が成り立つときで，かつ，このときに限る：

$$(u+v)'=u'+v', \tag{1}$$

$$(u-v)'=u'-v', \tag{2}$$

$$(uv)'=u'v', \tag{3}$$

$$\left(\frac{u}{v}\right)'=\frac{u'}{v'}. \tag{4}$$

同型置換の特徴である，すなわち，必要十分なこれらの条件の中の最後のものによれば，像 a' のすべてが零というわけではない事が要請される．

逆に，写像 φ がこの性質を持ち，さらに法則 (1) と (3) とに従えば，これから証明するように，法則 (2) と (4) とはそれから導かれ，したがって，φ は A の同型置換となるのである」と，デデキントはいう．

一般に，数体 A から数体 A' への一対一の写像 φ が，

$$\varphi(u+v)=\varphi(u)+\varphi(v),$$
$$\varphi(uv)=\varphi(u)\cdot\varphi(v) \qquad (u, v\in A),$$

という性質を持つとき，φ は A から A' への同型写像と，現在では，呼ばれている．

とくに，A から A 自身の上への同型写像は，A の自己同型と呼ばれている．

佐々木　問題の写像 φ_k は，数体 $K(t_0)$ の自己同型だ．

不変体と自己同型群

広田　問題の数体 $K(t_0)$ の自己同型は，方程式の群に含まれる置換から生じた，φ_k とは限らない．この外にも，あり得るな．

そこで，これらの φ_k は，$K(t_0)$ の自己同型の中で，どういう位置を占める

のか，が問題となる．

そのために，方程式の群の性質を反省すると？

佐々木　f の係数から 加·減·乗·除 で表わされる係数を持つ，$x_1, x_2, \cdots, x_n$ の有理式で方程式の群に含まれる置換をするとき，ドノ置換ででも，その値が変わらないなら，これは f の係数から 加·減·乗·除 で表わされる——という性質があった．

小川　この逆も成り立ちました．

f の係数から 加·減·乗·除 で表わされる係数を持つ，$x_1, x_2, \cdots, x_n$ の有理式の値が，f の係数から 加·減·乗·除 で表わされているなら，方程式の群に含まれるドノ置換ででも，その値は変わらない——です．

広田　第一の性質を，問題の自己同型で解釈すると？

佐々木　$K(t_0)$ に含まれる数 u に対して

$$\varphi_k(u)=u \qquad (k=0, 1, 2, \cdots, m-1)$$

なら，u は K に含まれる——だ．

小川　二番目の性質は，逆に，u が K に含まれてると，

$$\varphi_k(u)=u \qquad (k=0, 1, 2, \cdots, m-1)$$

が成り立つ——という事です．

広田　この二つを結びつけると？

佐々木　結局，

$$K=\{u\in K(t_0)\,|\,\varphi_k(u)=u \ \ (k=0, 1, 2, \cdots, m-1)\}$$

だ．

広田　一般化すると，数体 A の，いくつかの自己同型の集合 S に対して，集合

$$\{u\in A\,|\,\varphi(u)=u \ \ (u\in S)\}$$

が考えられるな．これは，A の部分体となる．

小川　証明は簡単ですね．

広田　これは，S の不変体と呼ばれ，$\mathscr{F}(S)$ で表わす事もある．

佐々木
$$G=\{\varphi_0, \varphi_1, \cdots, \varphi_{m-1}\}$$
とすると，KはGの不変体で，
$$K=\mathscr{F}(G).$$

小川　これが，φ_k の特徴なんですね．

そして，ガロアの理論では，このGとKの拡大との関係が，問題だったんですね．

広田　たとえば，Kに第一の補助方程式の根hを添加した，$K(h)$ と関連するものは？

小川　えーと…，方程式の群に含まれる置換で，hの値を変えないものの全体で…

佐々木　それは，$K(h)$ に含まれる勝手な数を変えないから，G でホンヤクすると，
$$\{\varphi\in G|\varphi(u)=u \ (u\in K(h)\}$$
という，Gの部分集合と関係がある．

広田　一般化すると，数体Aの部分集合M——これはAの部分体とは限らない——に対して，Aの自己同型の集合
$$\{\varphi|\varphi(u)=u \ (u\in M)\}$$
が考えられるな．これは $\mathscr{G}(M)$ で表わす事もある．

いい忘れたが，方程式の群に含まれる置換の積を，写像 φ_k で解釈すると？

小川　二つの置換
$$\begin{pmatrix} \theta_1(t_0) & \theta_2(t_0) & \cdots & \theta_n(t_0) \\ \theta_1(t_j) & \theta_2(t_j) & \cdots & \theta_n(t_j) \end{pmatrix} \quad と \quad \begin{pmatrix} \theta_1(t_0) & \theta_2(t_0) & \cdots & \theta_n(t_0) \\ \theta_1(t_k) & \theta_2(t_k) & \cdots & \theta_n(t_k) \end{pmatrix}$$
との積は，前に調べたように，t_j を
$$t_j=\lambda_j(t_0)$$
と，Kに含まれる数を係数に持つ t_0 の整式で表わすと
$$\begin{pmatrix} \theta_1(t_0) & \theta_2(t_0) & \cdots & \theta_n(t_0) \\ \theta_1(\lambda_j(t_k)) & \theta_2(\lambda_j(t_k)) & \cdots & \theta_n(\lambda_j(t_k)) \end{pmatrix}$$

でしたから…

佐々木　Gでホンヤクすると，t_0 を $\lambda_j(t_k)$ に換える自己同型だけど――それには，t_0 を t_j に換えて，それから，$t_j=\lambda_j(t_0)$ を $\lambda_j(t_k)$ に換える，つまり，t_0 を t_k に換えるのだから，結局，φ_j と φ_k との合成写像 $\varphi_k\circ\varphi_j$ だ．

広田　そこで，Gに含まれる任意の二つの自己同型の合成は，Gに含まれるな．

「数体Aの，有限個の自己同型の集合Πが一つの群をなすというのは，その任意の二つの結合が再びΠの中にあるときの事である」と，デデキントはいう．

現在では，この性質を持つΠを，Aの自己同型群と呼んでいる．

小川　置換群の定義と一緒ですね．

佐々木　Gは，$K(t_0)$ の自己同型群だ．

広田　$K(t_0)$ の部分集合 M に対して，

$$\mathcal{G}(M)=\{\varphi\in G|\varphi(u)=u\ (u\in M)\}$$

も，$K(t_0)$ の自己同型群となる．証明は簡単だな．

これはGの部分集合だから，置換群のときのように，Gの部分群と呼ばれる．

佐々木　そうすると，$K(h)$ から作った，$\mathcal{G}(K(h))$ はGの部分群．

小川　同じように，K を $K(h)$, $K(h, h_1)$ … と拡大するとき，G の部分群 $\mathcal{G}(K(h))$, $\mathcal{G}(K(h,h_1))$ … が出て来ますから――ガロアの理論では，K の拡大とGの部分群との関係が，問題だったんですね．

中間体と部分群との対応

広田　$K(h)$, $K(h, h_1)$ … はKの拡大体で，$K(t_0)$ の部分体だな．

一般化して――AはBの拡大体とする．CがBの拡大体で，同時に，Aの部分体のとき，Cは A/B の中間体と呼ばれる．

佐々木　$K(h)$, $K(h, h_1)$ … は $K(t_0)/K$ の中間体．

広田　$K(t_0)/K$ の中間体は，これら以外にもあり得るが，$K(t_0)/K$ の中間体がすべて求まると，これらの中間体も判明し，問題の方程式が代数的に解けるかどうかも，解決するな．

そこで,「$K(t_0)/K$ の中間体を完全に決定する事」をデデキントは問題とし,「中間体は, G の部分群をすべて決定する事で完全に記述される」事を発見する.

佐々木　チャンと, いうと?

広田　デデキントは問題を一般化して, 次の結論に達する:「A は B の拡大体, Π は A の自己同型群で,

$$B=\mathcal{F}(\Pi)$$

となるもの, とする.

このとき, A/B の中間体 A' と, Π の部分群 Π' とは, 次の関係で一対一に対応する:

$$A'=\mathcal{F}(\Pi'),\quad \Pi'=\mathcal{G}(A').\ 」$$

小川　「$B=\mathcal{F}(\Pi)$」というのは, さっきの「$K=\mathcal{F}(G)$」を一般化したのですね.

そして, Π の部分群から, その不変体を作ると, A/B の中間体がゼンブ見つかる, わけですね.

佐々木　逆に, A/B の中間体 A' から $\mathcal{G}(A')$ を作ると, Π の部分群がゼンブ見つかる, わけだ.

広田　このように方程式論を離れて, ガロアの理論を,「中間体と部分群との対応」として捉えるのが, デデキントの理論だ.

これが, 現在の「ガロア理論」の始まりだ. 20世紀の代数学はココに方向づけられる. これを契機として, 方程式論中心の代数学は, 群や体などを対象とする代数学へと脱皮するのだ.

佐々木　エンゼツは, その位にして, 証明しようよ.

広田　叔父さんの手に余る.

この証明や, 現在の「ガロア理論」, それを拡張した種々の理論は, 大学へ行って勉学すると, よい.

佐々木　小川君は, 数学科志望だろ.

小川　そう. 佐々木君は?

佐々木　迷ってる.

小川　ストレイ・シープ, ストレイ・シープ!

人 名 表

アバティ	Abbati, Pietro	(1768-1842)
アーベル	Abel, Niels Henrik	(1802-1829)
ウェアリング	Waring, Edward	(1734-1798)
ウェーバー	Weber, Heinrich	(1842-1913)
ヴァンデルモンド	Vandermonde, Alexandre Théophile	(1735-1796)
オイラー	Euler, Leonhard	(1707-1783)
ガウス	Gauss, Carl Friedrich	(1777-1855)
カルダノ	Cardano, Gerolamo	(1501-1576)
ガロア	Galois, Évariste	(1811-1832)
コーシー	Cauchy, Augustin Louis	(1789-1857)
チルンハウゼン	Tschirnhausen, Ehrenfried Walter	(1651-1708)
デデキント	Dedekind, Julius Wilhelm	(1831-1916)
ヒルベルト	Hilbert, David	(1862-1943)
ベッティ	Betti, Enrico	(1823-1892)
フェラリ	Ferrari, Ludovico	(1522-1565)
ヤコビ	Jacobi, Carl Gustav Jacob	(1804-1851)
ラグランジュ	Lagrange, Joseph Louis	(1736-1813)
ルジャンドル	Legendre, Adrien Marie	(1752-1833)
ルフィニ	Ruffini, Paolo	(1765-1822)

索　引

あ 行

か 行

さ 行

た 行

は 行

や 行

著者紹介：

矢ヶ部　巌（やかべ・いわお）

1976 年　九州大学理学部数学科卒業

九州大学名誉教授

主著：『多変数の微積分』（実教出版）
　　『行列と群とケーリーと』（現代数学社）
　　『半分配環論入門』（近代科学社）
　　『数学での証明法』，『教養課程線形代数』（共立出版）

新装版 数Ⅲ方式 ガロアの理論

——アイデアの変遷を追って

1976 年 6 月 20 日　初　版 1 刷発行
2002 年 2 月 15 日　　9　　刷
2016 年 2 月 18 日　新装版 1 刷発行
2016 年 4 月 23 日　新装版 2 刷発行

検印省略

著　者　矢ヶ部 巌
発行者　富田 淳
発行所　株式会社　現代数学社
〒606-8425 京都市左京区鹿ヶ谷西寺ノ前町 1
TEL075 (751) 0727　FAX 075 (744) 0906
http://www.gensu.co.jp/

印刷・製本　株式会社　亜細亜印刷

装　丁　Espace ／ espace3@me.com

ISBN978-4-7687-0453-0